TRAITÉ

DE

GÉOMÉTRIE.

PARIS. — IMPRIMÉ PAR E. THUNOT ET Cⁱᵉ,
rue Racine, 26, près de l'Odéon.

TRAITÉ

DE

GÉOMÉTRIE,

PAR

J. ADHÉMAR.

Deuxième Édition,
Revue et corrigée.

Ancien Comptoir
DES IMPRIMEURS-UNIS.

PARIS,

Ancienne Maison
L. MATHIAS (Augustin

Librairie Scientifique-Industrielle et Agricole

DE LACROIX-COMON,
15 Quai Malaquais.

1858

PRÉFACE.

Cette seconde édition de mon *Traité de Géométrie* diffère peu de la première; j'ai transporté la trigonométrie après la géométrie de l'espace et j'ai supprimé le chapitre qui contenait quelques notions de Géométrie descriptive.

J'avais cru devoir traiter ce sujet dans la première édition, pour exercer les élèves sur la théorie du plan ; mais cette partie, trop étendue pour la géométrie élémentaire ne l'était pas assez pour être immédiatement utile, c'est pourquoi j'ai préféré renvoyer ces études au moment où les élèves seront assez avancés pour bien comprendre la géométrie descriptive et ses nombreuses applications.

La première édition contenant depuis longtemps tout ce qui est exigé par les nouveaux programmes, je n'ai pas eu besoin de la modifier.

Enfin, j'ai ajouté une table analogue a celle qui termine les traités d'arithmétique et d'algèbre. Ces résumés ont l'avantage de remettre rapidement sous les yeux du lecteur les principes les plus importants de la science qu'il vient d'étudier.

J'ai un instant hésité si je remplacerais l'atlas par des figures dans le texte. Cette méthode a quelque avantage lorsqu'il s'agit de faire comprendre la forme d'un coquillage, d'une fleur, ou les détails peu composés d'une machine, etc. Mais pour les figures de géométrie, cela est plus incommode qu'utile.

En effet, la figure placée dans le texte occupe une grande partie de la page, et l'espace qui reste n'a plus assez de largeur pour que l'on puisse y placer les formules.

La brièveté des lignes, et par suite le peu de matière contenue dans chaque page, force à tourner souvent le feuillet; de sorte que l'on n'a presque jamais sous les yeux la figure à laquelle se rapporte la démonstration, ce qui devient insupportable lorsqu'il y a beaucoup de lettres auxquelles il faut revenir à chaque instant. Enfin, et je crois cette dernière raison concluante, c'est que *l'on ne doit jamais étudier sur la figure du livre.*

Il faut d'abord faire une figure qui ne contienne que les lignes nommées dans l'énoncé du théorème à démontrer ou du problème à résoudre ; et l'on ne doit y ajouter les autres lignes, qu'au moment où chacune d'elles devient nécessaire pour expliquer le raisonnement ; or, puisque l'on doit tracer la figure sur le papier ou sur un tableau, il est parfaitement indifférent qu'elle soit placée dans le texte, ou dans un atlas séparé.

TABLE DES MATIÈRES.

GÉOMÉTRIE.

GÉOMÉTRIE PLANE.

LIVRE PREMIER.

POSITION RELATIVE DES LIGNES ET COMPARAISON DES FIGURES.

LIVRE DEUXIÈME.

LIGNES PROPORTIONNELLES ET FIGURES SEMBLABLES.

LIVRE TROISIÈME.

MESURE DE L'ÉTENDUE.

LIVRE QUATRIÈME

APPLICATIONS DE L'ALGÈBRE.

GÉOMÉTRIE DE L'ESPACE.

LIVRE PREMIER.

POSITION RELATIVE DES LIGNES ET DES PLANS.

LIVRE DEUXIÈME.

ESPACES LIMITÉS.

LIVRE TROISIÈME.

TRIGONOMÉTRIE.

FIN DE LA TABLE DES MATIÈRES.

TRAITÉ

DE

GÉOMÉTRIE.

PARIS. — IMPRIMÉ PAR E. THUNOT ET Cᵉ,
rue Racine, 26, près de l'Odéon.

TRAITÉ

DE

GÉOMÉTRIE,

PAR

J. ADHÉMAR.

Deuxième Edition,
Revue et corrigée.

———◆———

PARIS.

LACROIX-COMON, LIBRAIRE, ◆ HACHETTE, LIBRAIRE,
QUAI MALAQUAIS, 15.   RUE PIERRE-SARRAZIN, 14.

DALMONT ET DUNOD, LIBRAIRES, | MALLET-BACHELIER, LIBRAIRE,
QUAI DES AUGUSTINS, 49.   ▽   QUAI DES AUGUSTINS, 55.

1858

TRAITÉ

DE

GÉOMÉTRIE,

PAR

J. ADHÉMAR.

Deuxième Édition,
Revue et corrigée.

PARIS.

LACROIX-COMON, LIBRAIRE,
QUAI MALAQUAIS, 15.

HACHETTE, LIBRAIRE,
RUE PIERRE-SARRAZIN, 14.

DALMONT ET DUNOD, LIBRAIRES,
QUAI DES AUGUSTINS, 49.

MALLET-BACHELIER, LIBRAIRE,
QUAI DES AUGUSTINS, 55.

1858

PARIS. — IMPRIMÉ PAR E. THUNOT ET Ce,
rue Racine, 26, près de l'Odéon.

TRAITÉ

DE

GÉOMÉTRIE.

GÉOMÉTRIE DE L'ESPACE.

LIVRE PREMIER.

POSITION RELATIVE DES LIGNES ET DES PLANS.

LIVRE DEUXIÈME.

ESPACES LIMITÉS.

LIVRE TROISIÈME.

TRIGONOMÉTRIE.

FIN DE LA TABLE DES MATIÈRES.

TABLE DES MATIÈRES.

GÉOMÉTRIE.

GÉOMÉTRIE PLANE.

LIVRE PREMIER.

POSITION RELATIVE DES LIGNES ET COMPARAISON DES FIGURES.

LIVRE DEUXIÈME.

LIGNES PROPORTIONNELLES ET FIGURES SEMBLABLES.

LIVRE TROISIÈME.

MESURE DE L'ÉTENDUE.

LIVRE QUATRIÈME

APPLICATIONS DE L'ALGÈBRE.

tage lorsqu'il s'agit de faire comprendre la forme d'un coquillage, d'une fleur, ou les détails peu composés d'une machine, etc. Mais pour les figures de géométrie, cela est plus incommode qu'utile.

En effet, la figure placée dans le texte occupe une grande partie de la page, et l'espace qui reste n'a plus assez de largeur pour que l'on puisse y placer les formules.

La brièveté des lignes, et par suite le peu de matière contenue dans chaque page, force à tourner souvent le feuillet; de sorte que l'on n'a presque jamais sous les yeux la figure à laquelle se rapporte la démonstration, ce qui devient insupportable lorsqu'il y a beaucoup de lettres auxquelles il faut revenir à chaque instant. Enfin, et je crois cette dernière raison concluante, c'est que *l'on ne doit jamais étudier sur la figure du livre.*

Il faut d'abord faire une figure qui ne contienne que les lignes nommées dans l'énoncé du théorème à démontrer ou du problème à résoudre; et l'on ne doit y ajouter les autres lignes, qu'au moment où chacune d'elles devient nécessaire pour expliquer le raisonnement; or, puisque l'on doit tracer la figure sur le papier ou sur un tableau, il est parfaitement indifférent qu'elle soit placée dans le texte, ou dans un atlas séparé.

PRÉFACE.

Cette seconde édition de mon *Traité de Géométrie* diffère peu de la première; j'ai transporté la trigonométrie après la géométrie de l'espace et j'ai supprimé le chapitre qui contenait quelques notions de Géométrie descriptive.

J'avais cru devoir traiter ce sujet dans la première édition, pour exercer les élèves sur la théorie du plan; mais cette partie, trop étendue pour la géométrie élémentaire ne l'était pas assez pour être immédiatement utile, c'est pourquoi j'ai préféré renvoyer ces études au moment où les élèves seront assez avancés pour bien comprendre la géométrie descriptive et ses nombreuses applications.

La première édition contenant depuis longtemps tout ce qui est exigé par les nouveaux programmes, je n'ai pas eu besoin de la modifier.

Enfin, j'ai ajouté une table analogue a celle qui termine les traités d'arithmétique et d'algèbre. Ces résumés ont l'avantage de remettre rapidement sous les yeux du lecteur les principes les plus importants de la science qu'il vient d'étudier.

J'ai un instant hésité si je remplacerais l'atlas par des figures dans le texte. Cette méthode a quelque avan-

tage lorsqu'il s'agit de faire comprendre la forme d'un
coquillage, d'une fleur, ou les détails peu composés d'une
machine, etc. Mais pour les figures de géométrie, cela
est plus incommode qu'utile.

En effet, la figure placée dans le texte occupe une
grande partie de la page, et l'espace qui reste n'a plus
assez de largeur pour que l'on puisse y placer les formules.

La brièveté des lignes, et par suite le peu de matière
contenue dans chaque page, force à tourner souvent le
feuillet; de sorte que l'on n'a presque jamais sous les
yeux la figure à laquelle se rapporte la démonstration,
ce qui devient insupportable lorsqu'il y a beaucoup de
lettres auxquelles il faut revenir à chaque instant. Enfin,
et je crois cette dernière raison concluante, c'est que
l'on ne doit jamais étudier sur la figure du livre.

Il faut d'abord faire une figure qui ne contienne que
les lignes nommées dans l'énoncé du théorème à démontrer ou du problème à résoudre; et l'on ne doit y ajouter
les autres lignes, qu'au moment où chacune d'elles devient
nécessaire pour expliquer le raisonnement; or, puisque
l'on doit tracer la figure sur le papier ou sur un tableau,
il est parfaitement indifférent qu'elle soit placée dans le
texte, ou dans un atlas séparé.

TABLE DES MATIÈRES.

GÉOMÉTRIE.

GÉOMÉTRIE PLANE.

LIVRE PREMIER.

POSITION RELATIVE DES LIGNES ET COMPARAISON DES FIGURES.

LIVRE DEUXIÈME.

LIGNES PROPORTIONNELLES ET FIGURES SEMBLABLES.

LIVRE TROISIÈME.

MESURE DE L'ÉTENDUE.

LIVRE QUATRIÈME.

APPLICATIONS DE L'ALGÈBRE.

GÉOMÉTRIE DE L'ESPACE.

FIN DE LA TABLE DES MATIÈRES.

GÉOMÉTRIE.

INTRODUCTION.

1. Les objets tels qu'ils existent dans la nature, et ceux qui sont le produit de notre industrie, se nomment des *corps* ou *solides;* ainsi, un morceau de bois, une barre de fer, un arbre, une pierre, sont des corps.

2. L'espace occupé par un corps, est limité de toutes parts; mais l'espace en général doit être considéré comme *infini*.

3. La partie de l'espace, occupée par un corps, se nomme son *volume*, et la limite de ce volume se nomme *surface*. Ainsi, la surface d'un corps sépare son volume de l'espace qui l'environne.

4. On donne encore le nom de surface à la limite qui, dans notre imagination, sépare deux parties voisines de l'espace, sans qu'il soit nécessaire de supposer ces parties occupées par des corps.

5. La limite qui sépare deux parties voisines d'une surface se nomme une *ligne*.

6. Le lieu de l'espace suivant lequel deux surfaces *se rencontrent*, est une ligne.

7. La direction, suivant laquelle on estime l'étendue, se nomme une *dimension*.

8. Toutes les questions relatives aux propriétés de l'espace, peuvent être résolues en ne considérant que trois directions

1

principales, que l'on nomme *les dimensions de l'étendue*, et que l'on désigne par les mots, *longueur, largeur* et *profondeur*. Cette dernière dimension est quelquefois nommée *hauteur* ou *épaisseur*.

---

9. La GÉOMÉTRIE a principalement pour but la recherche des relations qui existent entre les trois dimensions de l'étendue.

10. Un corps ou solide est étendu suivant trois dimensions, savoir : *longueur, largeur, épaisseur*.

11. Une surface n'a que deux dimensions : *longueur* et *largeur*.

12. Une ligne n'a qu'une dimension, que l'on nomme *longueur*.

13. Dans les corps ou solides, aucune des trois dimensions ne peut exister sans les deux autres, mais il est souvent utile de les considérer *séparément*; c'est ce qu'on appelle faire des *abstractions*.

Supposons, par exemple, que l'on veut peindre la façade d'une maison, il est évident que pour calculer la quantité de couleur qui doit être employée, il ne sera pas nécessaire de connaître l'*épaisseur* des murs; on pourra donc *négliger* cette dimension pour ne s'occuper que de l'étendue en *surface*.

Lorsqu'un homme doit entreprendre un voyage, il s'occupe principalement de la *longueur* de la route qu'il doit parcourir, et ne s'inquiète pas de la largeur de cette route ou de l'épaisseur du pavé, il fait donc abstraction de la *largeur* et de l'*épaisseur*.

C'est ainsi que, souvent, l'on néglige quelques-unes des dimensions de l'étendue, pour ne s'occuper que de celles qui se rapportent à la question proposée.

14. Indépendamment de l'*étendue finie* occupée par les corps, il est souvent utile d'étudier les propriétés de l'*étendue infinie* qui les entoure. De nouvelles définitions deviennent nécessaires pour atteindre ce but.

15. Quelque petit que soit un corps, il possède toujours les trois dimensions de l'étendue. Ainsi un grain de sable, un grain de poussière, sont étendus en longueur, largeur et épaisseur.

Si, par la pensée, nous supposons que ce corps diminue de volume, chacune de ses dimensions diminuera.

A mesure que les dimensions diminuent, le volume devient plus petit, et lorsque les trois dimensions sont réduites à zéro, le volume devient nul et le corps est réduit à un point.

16. On peut donc considérer le point comme la *limite* à laquelle parvient le volume d'un corps lorsque ses dimensions deviennent *infiniment petites*.

17. *Le* **point** *n'a donc pas d'étendue*. Le corps le plus petit que l'on puisse concevoir, est toujours *plus grand qu'un point*. C'est une conception géométrique qui ne peut exister que dans notre imagination.

18. Si l'on suppose qu'un point se meut d'une manière quelconque dans l'espace, le chemin qu'il aura parcouru sera une *ligne*.

19. Le point n'ayant pas d'étendue, il s'ensuit que la ligne *ne peut avoir ni largeur ni épaisseur*, elle n'a qu'une dimension nommée *longueur*, qui représente la route parcourue par le point mobile.

20. Si le point générateur se détourne un peu à chaque instant, la ligne engendrée est une *courbe;* dans le cas contraire c'est une ligne droite.

21. On peut considérer la ligne droite comme la trace d'un point qui se meut de manière à se diriger toujours vers un seul et même point; par conséquent *la ligne droite est le plus court chemin d'un point à un autre*.

22. Cette définition comprend le cas où les deux points dont il s'agit seraient *infiniment éloignés*. Alors, la droite qui joint ces points est elle-même *infiniment longue*.

La ligne droite peut donc être considérée de deux manières entièrement différentes :

1° Elle est *finie* lorsqu'elle représente *une distance;*

2° Elle est *infinie* lorsqu'elle exprime une *direction*.

Il est plus exact de dire que *toutes les lignes droites sont infinies*, sauf à ne considérer dans chaque question que la portion de ligne droite dont on aura besoin. Ainsi,

23. *La* **droite** *est une ligne infinie, telle que la partie de cette ligne comprise entre deux quelconques de ses points, est plus courte que toute autre ligne qui joindrait l'un de ces points à l'autre.*

Il résulte de cette définition :

1° Que par deux points donnés on ne peut faire passer qu'une seule ligne droite;

2° Que par conséquent *deux points donnés déterminent la position d'une droite.*

24. Lorsque deux lignes passent par un même point, on dit qu'elles *se rencontrent* ou qu'elles *se coupent*, et le point commun se nomme leur *intersection*.

25. Si deux lignes droites se rencontrent, et que l'on fasse mouvoir une troisième droite de manière qu'elle coupe toujours les deux premières, le lieu de l'espace qui contient toutes les positions de la droite mobile se nomme un *plan*, donc :

26. *Le* **plan** *est le lieu qui contient toutes les positions que peut prendre une droite assujettie à s'appuyer constamment sur deux droites immobiles qui se rencontrent.*

La droite mobile se nomme *génératrice*, et les deux droites sur lesquelles elle s'appuie se nomment *directrices*.

27. Ces deux dernières lignes étant données, il est évident que la position du plan sera connue. C'est pourquoi on dit que *deux lignes qui se coupent déterminent la position du plan.*

Trois points déterminent aussi la position d'un plan, puisqu'en joignant ces points *deux à deux*, par trois droites, on pourrait toujours considérer deux quelconques de ces droites comme directrices du plan dont la troisième droite sera la génératrice.

28. Il résulte encore de la définition précédente, qu'*un plan est une surface sur laquelle une ligne droite peut être appliquée dans tous les sens.*

Par conséquent une ligne droite ne peut être en partie dans un plan et en partie en dehors de ce plan.

29. Les génératrices et les directrices d'un plan étant des droites infinies, il s'ensuit que tous les plans sont essentiellement *infinis*.

30. La ligne droite n'est infinie qu'en *longueur*, tandis que le plan est infini en *longueur* et *largeur*.

31. Toute combinaison de lignes tracées dans un plan est une *figure plane*.

32. Lorsque les quantités que l'on considère sont toutes comprises dans un même plan, on dit que la question appartient à la *géométrie plane ou à deux dimensions*. Dans le cas contraire elle dépend de la *géométrie* à *trois dimensions ou dans l'espace*.

33. Nous allons commencer par étudier les questions qui dépendent de la géométrie plane. Mais, avant de passer aux démonstrations des principes, je dois donner l'explication de quelques termes employés dans le langage géométrique.

---

34. Axiome est une vérité tellement évidente, qu'elle n'a pas besoin de démonstration.

35. Théorème est une vérité qui ne devient évidente qu'au moyen d'une démonstration.

36. Corollaire est une vérité qui résulte si évidemment d'une autre vérité que l'on vient d'établir, qu'elle n'a pas besoin d'une démonstration particulière.

L'ensemble des axiomes, théorèmes et corollaires, compose ce qu'on appelle la *théorie*.

37. Problème est une question à résoudre, c'est une application de la théorie.

38. Hypothèse est une supposition faite, soit dans l'énoncé d'un théorème, soit dans le courant de la démonstration.

39. Réciproque est l'inverse d'une proposition précédemment énoncée, c'est-à-dire que la conséquence est admise comme *hypothèse*, tandis que l'hypothèse à son tour devient la conséquence.

40. Notation. Les signes employés sont les mêmes que dans l'algèbre, et se prononcent de la même manière.

41. Les lettres majuscules placées sur les figures, représentent des extrémités ou des intersections de lignes, et n'ont par conséquent aucune valeur par elles-mêmes.

Pour désigner la droite qui joint deux points A et B on écrit AB, ce qui par conséquent ne signifie pas, comme dans l'algèbre, le produit de A par B.

Pour exprimer le quarré dont le côté est AB, on écrira $\overline{AB}^2$, et, dans ce cas, la barre qui précède l'exposant 2 ne doit pas être prise pour le signe *moins*.

42. Dans les formules, on emploie les petites lettres pour exprimer les *quantités*. Ainsi, on représentera souvent par une petite lettre la *longueur* de la portion de ligne droite comprise entre deux points.

---

43. Axiomes. *Deux quantités égales à une troisième sont égales entre elles.*

44. *Le tout est plus grand que chacune de ses parties.*

45. *Le tout est égal à la somme de ses parties.*

46. *Deux figures sont égales lorsqu'en plaçant l'une d'elles sur l'autre, elles se confondent dans tous leurs points. On dit alors qu'elles coïncident.*

47. *Lorsqu'une quantité ne peut être ni plus grande ni plus petite qu'une autre quantité, elle lui est nécessairement égale.*

Lorsque la première quantité ne peut être égale à la seconde ni plus grande qu'elle, elle est plus petite.

Enfin, si la première quantité ne peut être égale à la seconde, ni plus petite qu'elle, elle est plus grande.

48. *Une hypothèse est fausse lorsque sa conséquence est absurde.*

GÉOMÉTRIE PLANE.

LIVRE PREMIER.

POSITION RELATIVE DES LIGNES ET COMPARAISON
DES FIGURES.

CHAPITRE PREMIER.

Angles. Perpendiculaires. Obliques.

49. Définitions. Si nous supposons que deux droites AB,
AC, *fig.* **1**re, *pl.* **1**, aboutissent à un même point A, et que
l'on fasse tourner la droite AB en la faisant successivement
passer par toutes les positions AB′, AB″, AB‴, etc., la quantité
plus ou moins grande dont cette droite mobile aura tourné
pour s'écarter de l'autre droite sera un *angle*. Le point A est le
sommet de l'angle, et les deux droites AB‴, AC, en sont les
côtés.

La grandeur d'un angle est indépendante de la longueur des
côtés, que l'on doit toujours considérer comme *infinis*.

50. On désigne un angle par la lettre du sommet et par
deux autres lettres placées sur les côtés, en ayant le soin de
mettre la lettre du sommet entre les deux autres. Ainsi, l'angle

BAC est compris entre les deux lignes BA et AC, tandis que l'angle B'AC est formé par les droites B'A, AC.

Lorsqu'il y a plusieurs lettres sur les côtés de l'angle, il vaut mieux choisir celles qui sont le plus rapprochées du sommet.

Lorsqu'il n'y a point d'autre angle à côté de celui que l'on veut désigner, on se contente quelquefois d'énoncer la lettre du sommet seulement.

Quelquefois aussi on emploie une petite lettre, qui, dans ce cas, doit être placée entre les côtés. Ainsi l'on aurait : angle $m = $ BAC; angle $n = $ B'AB.

51. Les lignes droites, considérées d'une manière générale, étant infinies, il en résulte que toutes les fois que deux droites se coupent, elles forment *quatre angles*, *fig.* **2**.

52. Les deux angles d'un même côté par rapport à l'une quelconque des deux droites, se nomment *angles adjacents.* Ainsi, les angles EAB, BAD, sont des angles adjacents.

Il en est de même des angles BAD, DAC.

53. Les angles BAD, EAC, sont des angles *opposés par le sommet*, ainsi que les angles EAB, DAC.

54. Si les angles formés par deux droites qui se coupent, *fig.* **5**, sont égaux, on leur donne le nom d'*angles droits*, et les lignes qui forment les côtés de ces angles, sont dites *perpendiculaires* l'une à l'autre.

Ainsi, AB est perpendiculaire sur CD, et réciproquement CD est perpendiculaire sur AB.

55. Tout angle plus petit qu'un angle droit est un angle *aigu*. Ainsi, l'angle DBC, *fig.* **5**, est un angle aigu.

56. Tout angle plus grand qu'un angle droit est un angle *obtus*. L'angle ABD est un angle obtus.

57. Le *complément* d'un angle est sa différence avec un angle droit; l'angle EBD est le complément de DBC, et par la même raison, l'angle DBC est le complément de EBD.

58. On nomme ligne *oblique* celle qui fait des angles inégaux avec une autre. Ainsi, chacune des deux droites BC, ED, *fig.* **2**, est oblique par rapport à l'autre.

59. Théorème. *Les angles droits sont tous égaux entre eux.*

Démonstration. Si l'on transporte la figure 5 sur la figure 4, en plaçant la droite CD sur PQ, et faisant coïncider le point E avec F, il est évident que la perpendiculaire AB doit se confondre avec la perpendiculaire MN ; car, supposons, pour un instant, que AB prenne une position telle que VS, on aurait l'angle droit PFV plus grand que l'angle droit VFQ, ce qui serait contraire à la définition du n° 54.

---

60. Théorème. *Fig.* **5.** *Lorsqu'une ligne droite* DB *vient aboutir à un point d'une autre droite* AC, *elle fait avec celle-ci deux angles adjacents* ABD, DBC, *dont la somme est égale à deux angles droits.*

Démonstration. Concevons la droite BE perpendiculaire sur AC, on aura :

l'angle obtus ABD $= 1$ *angle droit* $+$ EBD,
l'angle aigu   DBC $= 1$ *angle droit* $-$ EBD.

Ajoutant et réduisant il viendra :

ABD $+$ DBC $= 2$ *angles droits.*

61. Corollaire I. Le *supplément* d'un angle est sa différence avec deux angles droits. Par conséquent l'angle ABD est le supplément de DBC, et l'angle DBC est le supplément de ABD.

Si l'un des deux angles est droit, son supplément le sera pareillement.

62. Cor. II. *Fig.* **6.** *Tous les angles consécutifs* ABO, OBH, HBI, *etc.,* *formés au point* B, *et d'un même côté de la droite* AC, *valent ensemble deux angles droits, quel que soit leur nombre ;* car leur somme est égale à celle des deux angles droits ABD, DBC.

63. Cor. III. *Fig.* **7.** *Tous les angles formés autour d'un point* A, *valent ensemble quatre angles droits, quel que soit leur nombre ;* car leur somme est égale à celle des quatre angles droits formés par les deux droites BC, DE.

---

64. Théorème. *Fig.* **8.** *Si deux angles adjacents* ABC,

CBD, *valent ensemble deux angles droits, les côtés extérieurs* AB, BD, *seront en ligne droite.*

Démonstration. Supposons que BE soit le prolongement de AB, on aurait alors (60) :

$$ABC + CBE = 2 \text{ angles droits.}$$

Mais on a par l'énoncé :

$$2 \text{ angles droits} = ABC + CBD.$$

Ajoutant ces équations et réduisant, on aurait :

$$CBE = CBD,$$

c'est-à-dire que la partie serait égale au tout, ce qui est *absurde* (44). Par conséquent (48) le prolongement de AB ne peut pas être situé *au-dessous* de BD; on démontrerait de la même manière qu'il ne peut pas être *au-dessus;* il faut donc que ce prolongement soit BD.

---

65. Théorème. *Lorsque deux droites se coupent, les angles opposés par le sommet sont égaux.*

Démonstration. *Fig.* **2.** La ligne ED étant droite, on a (60) : $EAB + BAD = 2$ *angles droits.*

La ligne BC étant droite, on a :

$$2 \text{ *angles droits* } = CAD + BAD.$$

Ajoutant et réduisant, on a :

$$EAB = CAD.$$

On démontrerait de même que l'angle $BAD = EAC$.

66. Corollaire. *Si l'un des quatre angles est droit,* fig. **3,** *les trois autres le seront également.*

Parallèles.

67. Définitions. *Fig.* **9.** Si deux droites AB, AC, sont rencontrées par une troisième droite BC, les intersections de ces droites, deux à deux, déterminent *trois points* A, B, C, dont chacun est le sommet commun à quatre angles.

68. Si l'on fait tourner la droite AC, *fig.* **10**, autour du point A, et qu'on lui fasse prendre les positions AC′, AC″, AC‴, le point d'intersection de la droite mobile avec BC, glissera sur cette dernière ligne en s'éloignant du point B.

Par suite de ce mouvement, l'angle CAB passant par tous les états de grandeurs, deviendra successivement C′AB, C″AB, etc., et lorsqu'on aura l'angle C‴AB égal à l'angle C″BF, les deux droites C‴A, C″B, seront *parallèles.* Ainsi :

69. *Deux droites sont* **parallèles** *lorsqu'en les coupant par une troisième droite, à laquelle on donne le nom de* sécante, *elles sont également inclinées et du même côté par rapport à cette dernière ligne.*

70. Les droites AC‴, BC″, étant infinies (**23**), elles n'ont pas dû cesser de se rencontrer, jusqu'au moment où la droite mobile est arrivée dans la position AC‴. Ainsi, le point d'intersection, s'est éloigné jusqu'à l'*infini.* C'est pourquoi on considère souvent les parallèles comme des droites qui *se rencontrent infiniment loin.* Ce qui, au surplus, revient à dire qu'elles ne *se rencontrent pas.*

71. La droite mobile AC s'appuyant toujours sur les deux droites AB, BC″, il en résulte que ces trois lignes sont dans un même plan (**25**).

Ce plan peut être engendré par la ligne EF glissant sur les deux droites AC‴, BC″, qui alors seraient *les directrices du plan.*

72. Il résulte de là que *deux parallèles déterminent la position d'un plan.*

73. Si, après le moment où la droite mobile AC est parvenue dans la position AC‴, on continue à la faire tourner dans le même sens, le point d'intersection se reporte sur le prolongement de BC\ⁱᵛ.

74. En général, lorsque deux droites, situées dans un même plan, *ne sont pas parallèles, on peut toujours admettre qu'elles se rencontrent.*

75. La combinaison de deux lignes parallèles coupées par une sécante, établit entre ces trois lignes des relations importantes qu'il faut étudier avec beaucoup d'attention.

Nous remarquerons d'abord que parmi les *huit angles* formés autour des deux points A et B, *fig.* **11**, il y a *quatre angles aigus* et *quatre obtus*.

On est convenu, pour abréger le discours, de donner à ces angles des noms qui rappellent leur *position relative*. Ainsi :

76. Les angles CAB, DBF, se nomment angles *correspondants* ou *internes-externes*, ils doivent être situés :

1° D'un même côté de la sécante ;

2° L'un entre les parallèles, et l'autre en dehors ;

3° Ils ne doivent pas être adjacents (52).

Les angles CAE, DBA, sont internes-externes.

Il en est de même des angles BAG, FBH,
          et des angles EAG, ABH.

77. Deux angles, tels que CAB, ABH, se nomment *alternes-internes ;* il faut :

1° Qu'ils soient situés de différents côtés de la sécante ;

2° Qu'ils aient tous deux leurs ouvertures dirigées entre les parallèles ;

3° Qu'ils ne soient pas adjacents.

Les angles GAB, ABD sont alternes-internes.

78. Deux angles tels que EAC, FBH, se nomment *alternes-externes ;* ils doivent être situés :

1° De différents côtés de la sécante ;

2° Tous deux en dehors des parallèles ;

3° Ils ne doivent pas être adjacents.

Les angles DBF, EAG, sont alternes-externes.

------

79. Théorème. *Si l'on compare, deux à deux, les huit angles formés autour des points A et B, fig.* **11**, *on reconnaîtra :*

1° *Que les quatre angles aigus sont égaux entre eux ;*

2° *Que les quatre angles obtus sont égaux entre eux.*

Démonstration. On a :

CAB = DBF, par la définition des parallèles (69),

DBF = ABH, comme opposés par le sommet (65),

ABH = EAG, par la définition des parallèles.

On démontrerait de même l'égalité des angles obtus.

80. Corollaire. On conclura de ce qui précède :

1° *Que deux angles internes-externes sont égaux ;*

2° *Que deux angles alternes-internes sont égaux ;*

3° *Que deux angles alternes-externes sont égaux.*

---

81. Théorème. *Fig.* **11.** *Lorsque deux lignes sont parallèles, la somme des angles intérieurs d'un même côté de la sécante vaut deux angles droits.*

Démonstration. On a, par la définition des parallèles :
$$CAB = DBF ;$$
mais on sait (60) que
$$ABD + DBF = 2 \ angles \ droits.$$
Ajoutant ces équations et réduisant on aura :
$$CAB + ABD = 2 \ angles \ droits.$$

82. Corollaire. On démontrerait de même que *les angles* EAC + DBF, *valent ensemble deux angles droits.*

---

83. Théorème. *Fig.* **12.** *Si deux droites* AC, BD, *sont perpendiculaires à une troisième droite* EF, *elles seront parallèles.*

Démonstration. Les angles CAB, DBF, sont égaux comme angles droits (59), par conséquent les droites CA, BD, sont parallèles puisqu'elles font des angles égaux avec la sécante EF (69).

84. Corollaire. *Fig.* **13.** *Une perpendiculaire* AB *et une oblique* CD, *n'étant pas également inclinées sur la sécante, ne sont pas parallèles, et doivent par conséquent* se rencontrer.

---

85. Théorème. *Fig.* **12.** *Si deux droites* AC, BD, *sont pa-*

rallèles, *toute ligne* EF *perpendiculaire sur l'une d'elles, doit aussi être perpendiculaire sur l'autre.*

Démonstration. Les angles CAB, DBF, étant égaux, par la définition des parallèles, si l'un de ces angles est droit, il faut que le second le soit aussi.

---

86. Théorème. *Fig.* **14.** *Deux droites* AB, CD, *parallèles à une troisième droite* EF, *sont parallèles entre elles.*

Démonstration. Concevons la sécante GU, les deux droites AB, EF étant parallèles, on a :

l'angle GHB = KLF ;

les droites AB, CD, étant parallèles, on a :

l'angle HKD = GHB.

Ajoutant ces équations et réduisant, on obtient :

HKD = KLF,

donc les droites CD, EF, sont parallèles, puisqu'elles font des angles égaux avec GU.

---

87. Théorème. *Fig.* **15.** *Deux angles* ABO, OEF, *qui ont les côtés parallèles sont égaux.*

Démonstration. On a :

ABO = DOC, comme internes-externes.
DOC = OEF, par la même raison.

Ajoutant et réduisant, on aura : ABO = OEF.

Pour démontrer l'égalité des angles ABO, FEO, *fig.* **16,** on dira :

ABO = BOD, comme alternes-internes,
BOD = FEO, comme internes-externes.

Ajoutant on aura : ABO = FEO.

88. Remarque. Le théorème qui vient d'être démontré n'est vrai que si les deux angles comparés sont aigus tous les deux, ou tous les deux obtus ; mais, *s'il y avait un angle aigu et un angle obtus, leur somme vaudrait deux angles droits.*

Démonstration. *Fig.* **17.** On a :

ABC = EOB, comme internes-externes,

EOB = FEO, comme alternes-internes,

FEO + DEF = 2 *angles droits.*

Ajoutant les trois équations et réduisant, on aura :

ABC + DEF = 2 *angles droits.*

---

89. Théorème. *Deux angles* ABC, DEF, *fig.* **18,** *sont égaux lorsqu'ils ont les côtés perpendiculaires chacun à chacun.*

Démonstration. Concevons l'angle GEH, dont les côtés seraient parallèles à ceux de l'angle ABC, et par conséquent perpendiculaires aux côtés correspondants de l'angle DEF, on aura, par le théorème précédent :

ABC = GEH ;

Mais   GEH + HEF = 1 *angle droit.*

De plus   1 *angle droit* = HEF + DEF.

Ajoutant et réduisant, on aura :

ABC = DEF.

90. Remarque. Si l'un des angles donnés était aigu, et que l'autre fût obtus, leur somme vaudrait *deux angles droits.*

CHAPITRE II.

Polygones.

---

91. Définitions. Le plan est infini (29), mais, souvent, on n'en considère qu'une partie limitée par des lignes.

92. Si la partie de *surface plane* dont il s'agit est entièrement entourée par des lignes droites, on lui donne le nom de *polygone*, *fig.* **1**, *pl.* **2**.

93. Les polygones se distinguent par le nombre de leurs côtés. Le plus simple de tous n'a que trois côtés, et se nomme *triangle*, *fig.* **2**.

94. Le polygone de quatre côtés est un *quadrilatère*, *fig.* **3**.

95. Celui de cinq côtés est un *pentagone*, *fig.* **4**.

96. Celui de six un *hexagone*, *fig.* **1**, etc.

97. Lorsqu'un triangle a ses trois côtés inégaux, on le nomme *triangle scalène* ou simplement *triangle*, *fig.* **2**.

98. Le triangle *isocèle*, *fig.* **5**, est celui qui a deux côtés égaux. Le troisième côté se nomme la *base* du triangle, et le point de rencontre des deux côtés égaux est le *sommet* du triangle.

99. On nomme triangle *équilatéral*, *fig.* **6**, celui qui a ses trois côtés égaux.

100. Le triangle *rectangle*, *fig.* **7**, est celui qui a un angle droit A. Le côté BC, opposé à l'angle droit, se nomme *hypoténuse*.

101. Un quadrilatère prend le nom de *trapèze*, *fig.* **8**, lorsqu'il a deux de ses côtés parallèles. Ces deux côtés se nomment les *bases* du trapèze.

102. Le *parallélogramme*, *fig.* **9**, est un quadrilatère dont les côtés opposés sont parallèles.

103. Le *rectangle*, *fig.* **10**, est un quadrilatère dont les angles sont égaux.

104. Le *losange*, *fig.* **11**, est celui dont tous les côtés sont égaux.

105. Le *quarré*, *fig.* **12**, est un quadrilatère qui a les angles égaux et les côtés égaux.

106. On nomme *polygone régulier*, *fig.* **13**, celui qui a ses angles égaux et ses côtés égaux.

Le triangle équilatéral, *fig.* **6**, et le quarré, *fig.* **12**, sont des polygones réguliers.

107. Dans un polygone il y a toujours autant d'*angles* que de *côtés*.

Le nombre des sommets est le même que celui des angles, et par conséquent il y a autant de *sommets* que de *côtés*.

108. La somme des côtés d'un polygone se nomme le *péri-mètre* ou *contour* de ce polygone.

109. Toute droite telle que AB, AC, etc., *fig.* **1,** qui joint deux sommets en traversant le polygone se nomme *diagonale.*

Angles des polygones.

110. Théorème. *Si l'on prolonge le côté* AC, *d'un triangle* ABC, *fig.* **14,** *l'angle* BCE, *que l'on aura formé à l'extérieur, sera égal à la somme des deux angles intérieurs* ABC, BAC.

Démonstration. Concevons la droite CD parallèle au côté AB, on aura :

l'angle BCD = ABC, comme alternes-internes,

l'angle DCE = BAC, comme internes-externes.

Faisant la somme de ces deux équations il viendra :

$$BCD + DCE = ABC + BAC,$$

ou $$BCE = ABC + BAC.$$

---

111. Théorème. *La somme des trois angles d'un triangle est toujours égale à deux angles droits.*

Démonstration. *Fig.* **14,** nous avons trouvé, par le théorème précédent :

$$BAC + ABC = BCE,$$

si l'on ajoute de part et d'autre l'angle ACB, il est évident que l'on aura :

$$BAC + ABC + ACB = ACB + BCE = 2 \text{ angles droits (62).}$$

112. Corollaire I. Si l'on connaît deux angles d'un triangle, ou seulement leur somme, il suffira de retrancher cette somme de deux angles droits pour avoir le troisième angle.

113. Cor. II. Si deux angles d'un triangle sont égaux à deux angles d'un autre triangle, le troisième angle du premier triangle sera égal au troisième angle du second.

114. Cor. III. Il ne peut y avoir *qu'un seul angle droit* dans un triangle, car s'il y en avait deux, il ne resterait plus rien pour le troisième; à plus forte raison, dans un triangle, il ne peut y avoir qu'un seul angle obtus.

115. Cor. IV. *Dans un triangle rectangle, la somme des deux angles aigus vaut un angle droit;* d'où il résulte que chacun d'eux est le complément de l'autre (57).

---

116. Théorème. *Dans un triangle isocèle, les angles opposés aux côtés égaux sont égaux.*

Démonstration. *Fig.* 5. Soit AB = AC; concevons la droite AD, qui partage l'angle BAC en deux parties égales, on aura l'angle BAD = DAC; par conséquent si l'on plie la figure suivant AD, le côté AB prendra la direction AC; mais puisque AB = AC, le point B tombera en C, et le point D n'ayant pas changé de place, les côtés de l'angle B coïncideront avec ceux de l'angle C. D'où l'on pourra conclure que ces deux angles sont égaux.

117. Corollaire I. Les deux angles ADB, ADC, sont aussi égaux, puisqu'en pliant la figure, ils coïncident; de plus, BD est égal à DC, par la même raison, donc : *la droite qui partage en deux parties égales l'angle au sommet d'un triangle isocèle, est perpendiculaire sur la base* (54) *et passe par le milieu de cette base.*

118. Cor. II. Si l'on connaît l'angle au sommet d'un triangle isocèle, on pourra le retrancher de deux angles droits, et, prenant la moitié du reste, on aura chacun des angles à la base.

119. Cor. III. Si l'on connaît l'un des angles à la base, on le doublera, et, retranchant le résultat de deux angles droits, on aura l'angle du sommet.

120. Cor. IV. *Les angles d'un triangle équilatéral sont égaux, fig.* 6, comme étant opposés à des côtés égaux (116).

121. cor. V. Les angles d'un triangle équilatéral, *fig.* 6, étant égaux, chacun d'eux vaut *le tiers de deux angles droits, ou les deux tiers d'un angle droit.*

---

122. Théorème. *La somme de tous les angles intérieurs d'un* *polygone est égale à autant de fois deux angles droits qu'il y a d'unités dans le nombre des côtés moins deux.*

Démonstration. *Fig.* 4. Si par un point A, pris à volonté dans l'intérieur du polygone, on mène des droites à tous les sommets, le polygone sera partagé en autant de triangles qu'il y a de côtés, et si l'on exprime le nombre des côtés par n, le nombre des triangles sera également exprimé par n.

Or, la somme des angles de chaque triangle étant égale à deux angles droits (111), on aura $2n$ pour la somme des angles de tous les triangles qui composent la figure; mais en retranchant quatre angles droits, qui représentent la somme des angles formés autour du point A (63), il restera $2n-4$ pour la somme des angles du polygone.

Si l'on exprime cette somme par la lettre s, et que l'on mette le facteur 2 en évidence, on aura : $s = 2(n-2)$.

123. Corollaire I. Dans un triangle, le nombre des côtés étant trois, on a $s = 2(3-2) = 2$. Ce qui vérifie la formule.

Dans un quadrilatère, on a $s = 2(4-2) = 2 \times 2 = 4$. Ainsi, la somme des quatre angles d'un quadrilatère vaut toujours *quatre angles droits*.

Dans un pentagone on a $s = 2(5-2) = 2 \times 3 = 6$.

124. Remarque. Pour que le théorème précédent soit applicable au polygone, représenté, *fig.* 15, il faut considérer l'angle du point B comme étant égal à la somme des angles ABC, CBH.

L'angle ABH est un angle *rentrant*.

125. Cor. II. Dans un polygone régulier, *fig.* 13, tous les angles étant égaux entre eux, on obtiendra chacun de ces angles en divisant leur somme par n. Ainsi, dans un polygone régulier de huit côtés, chaque angle sera égal à $\dfrac{2(8-2)}{8} =$

$\dfrac{2 \times 6}{8} = \dfrac{12}{8} = \dfrac{3}{2} = 1$ angle droit plus $\dfrac{1}{2}$.

126. Dans un polygone de neuf côtés chaque angle est égal à $\dfrac{2(9-2)}{9} = \dfrac{14}{9} = 1$ angle droit plus $\dfrac{5}{9}$.

un triangle, car s'il y en avait deux, il ne resterait plus rien
pour le troisième; à plus forte raison, dans un triangle, il ne
peut y avoir qu'un seul angle obtus.

115. Cor. IV. *Dans un triangle rectangle, la somme des
deux angles aigus vaut un angle droit;* d'où il résulte que chacun
d'eux est le complément de l'autre (57).

---

116. **Théorème.** *Dans un triangle isocèle, les angles opposés aux côtés égaux sont égaux.*

Démonstration. *Fig.* 5. Soit AB = AC; concevons la droite
AD, qui partage l'angle BAC en deux parties égales, on aura
l'angle BAD = DAC; par conséquent si l'on plie la figure suivant AD, le côté AB prendra la direction AC; mais puisque
AB = AC, le point B tombera en C, et le point D n'ayant pas
changé de place, les côtés de l'angle B coïncideront avec ceux
de l'angle C. D'où l'on pourra conclure que ces deux angles sont
égaux.

117. **Corollaire** I. Les deux angles ADB, ADC, sont aussi
égaux, puisqu'en pliant la figure, ils coïncident; de plus, BD
est égal à DC, par la même raison, donc : *la droite qui partage
en deux parties égales l'angle au sommet d'un triangle isocèle,
est perpendiculaire sur la base (54) et passe par le milieu de cette
base.*

118. Cor. II. Si l'on connaît l'angle au sommet d'un triangle
isocèle, on pourra le retrancher de deux angles droits, et, prenant la moitié du reste, on aura chacun des angles à la base.

119. Cor. III. Si l'on connaît l'un des angles à la base, on
le doublera, et, retranchant le résultat de deux angles droits, on
aura l'angle du sommet.

120. Cor. IV. *Les angles d'un triangle équilatéral sont égaux,*
fig. 6, comme étant opposés à des côtés égaux (116).

121. Cor. V. Les angles d'un triangle équilatéral, *fig.* 6,
étant égaux, chacun d'eux vaut *le tiers de deux angles droits,*
ou les deux tiers d'un angle droit.

---

122. **Théorème.** *La somme de tous les angles intérieurs d'un* *polygone est égale à autant de fois deux angles droits qu'il y a d'unités dans le nombre des côtés moins deux.*

Démonstration. *Fig. 4.* Si par un point A, pris à volonté dans l'intérieur du polygone, on mène des droites à tous les sommets, le polygone sera partagé en autant de triangles qu'il y a de côtés, et si l'on exprime le nombre des côtés par n, le nombre des triangles sera également exprimé par n.

Or, la somme des angles de chaque triangle étant égale à deux angles droits (111), on aura $2n$ pour la somme des angles de tous les triangles qui composent la figure; mais en retranchant quatre angles droits, qui représentent la somme des angles formés autour du point A (63), il restera $2n - 4$ pour la somme des angles du polygone.

Si l'on exprime cette somme par la lettre s, et que l'on mette le facteur 2 en évidence, on aura : $s = 2 (n - 2)$.

123. Corollaire I. Dans un triangle, le nombre des côtés étant trois, on a $s = 2 (3 - 2) = 2$. Ce qui vérifie la formule.

Dans un quadrilatère, on a $s = 2 (4 - 2) = 2 \times 2 = 4$. Ainsi, la somme des quatre angles d'un quadrilatère vaut toujours *quatre angles droits*.

Dans un pentagone on a $s = 2 (5 - 2) = 2 \times 3 = 6$.

124. Remarque. Pour que le théorème précédent soit applicable au polygone, représenté, *fig. 15*, il faut considérer l'angle du point B comme étant égal à la somme des angles ABC, CBH.

L'angle ABH est un angle *rentrant*.

125. Cor. II. Dans un polygone régulier, *fig. 13*, tous les angles étant égaux entre eux, on obtiendra chacun de ces angles en divisant leur somme par n. Ainsi, dans un polygone régulier de huit côtés, chaque angle sera égal à $\dfrac{2 (8 - 2)}{8} =$

$\dfrac{2 \times 6}{8} = \dfrac{12}{8} = \dfrac{3}{2} = 1$ angle droit plus $\dfrac{1}{2}$.

126. Dans un polygone de neuf côtés chaque angle est égal à $\dfrac{2 (9 - 2)}{9} = \dfrac{14}{9} = 1$ angle droit plus $\dfrac{5}{9}$.

127. Théorème. *Fig.* **16.** *Si l'on prolonge tous les côtés d'un polygone en tournant dans le même sens, la somme des angles extérieurs que l'on aura formés vaudra toujours quatre angles droits, quel que soit le nombre des côtés du polygone.*

Démonstration. Par un point A, pris où l'on voudra, concevons une parallèle à chacun des côtés du polygone. La somme des angles autour du point A vaudra quatre angles droits, mais chacun de ces angles est égal à l'un des angles extérieurs du polygone (87), donc la somme des angles extérieurs du polygone vaut *quatre angles droits.*

128. Corollaire. Si le polygone proposé avait un angle rentrant, *fig.* **17,** il faudrait retrancher le supplément de cet angle au lieu de l'ajouter.

En effet, on a, par le théorème précédent :

$$a + b + c + d + e + h = 4 \text{ } \textit{angles droits.}$$

Mais (111) $\qquad m + n + u = 2$ *angles droits.*

De plus (60) 2 *angles droits* $- k = u.$

Ajoutant les trois équations et réduisant, on aura :

$$a + b + c + d + (m + e) + (n + h) - k = 4 \text{ } \textit{angles droits.}$$

Relations entre les angles et les côtés des polygones.

129. Théorème. *Dans un triangle, si deux angles sont égaux, les côtés opposés seront aussi égaux, et le triangle sera isocèle.*

Démonstration. *Fig.* **5.** Soit l'angle B = l'angle C; concevons la droite AD, perpendiculaire sur BC, on aura l'angle ADB = ADC; mais on a par l'énoncé l'angle B = C, donc le troisième angle BAD du triangle ADB sera égal au troisième angle DAC du second triangle (113). Cela étant admis, plions la figure suivant AD, le côté DB prendra la direction DC, et le point B tombera quelque part sur DC; de plus, l'angle BAD étant égal à l'angle DAC, le côté AB prendra la direction de AC et le point B tombera sur AC. Or, le point B devant tomber en même temps sur les deux côtés DC, AC, ne pourra se trouver qu'au point C, suivant lequel ces deux droites se rencontrent, et l'on aura par conséquent AB = AC.

150. corollaire. Le côté BD étant egal à DC, il s'ensuit que *la perpendiculaire abaissée du sommet d'un triangle isocèle sur la base, doit nécessairement passer par le milieu de cette base.*

***

131. Théorème. *Dans un triangle quelconque, le plus petit côté est toujours opposé au plus petit angle.*

Démonstration. *Fig.* **18.** Soit l'angle ABC < ACB; on pourra toujours concevoir, dans l'intérieur de l'angle ACB, une droite CO, telle que l'angle OCB soit égal à OBC. Le triangle BOC sera isocèle par le théorème précédent, et l'on aura OB = OC.

Mais, la ligne droite étant le plus court chemin pour aller d'un point à un autre, on aura AC < AO + OC.

Remplaçant OC par son égal OB, il viendra AC < AB.

152. Réciproque. *Si AC est plus petit que AB, on aura l'angle B plus petit que l'angle ACB.*

Car, si l'angle B était égal à l'angle ACB, on aurait le côté AC = AB, ce qui n'est pas; donc l'angle B n'est pas égal à l'angle ACB.

Si l'angle B était plus grand que l'angle ACB, on aurait le côté AC plus grand que AB, ce qui n'est pas; donc l'angle B n'est pas plus grand que l'angle C.

Or, l'angle B n'étant pas égal à l'angle C, ni plus grand que lui, il faut nécessairement qu'il soit plus petit.

***

133. Théorème. *Fig.* **19.** *Si l'on diminue l'angle formé par deux côtés AC, AB, d'un triangle CAB, le côté opposé à cet angle diminuera.*

Démonstration. Supposons que le côté AC prenne la position AD, on aura :

$$BD < BI + ID$$
$$AC < AI + IC$$

Mais $\qquad\qquad AI + ID = AD$

De plus $\qquad\qquad AD = AC.$

Ajoutant les inégalités avec les équations, et supprimant les termes qui se détruisent de part et d'autre, il restera :

$$BD < BI + IC;$$

d'où $\qquad\qquad BD < BC.$

Si le point D tombait dans l'intérieur du triangle, *fig.* **20.**

On aurait : $\qquad\qquad BD < BI + DI$

Mais $\qquad\qquad AD + DI < AC + CI;$

De plus $\qquad\qquad AC = AD.$

Ajoutant et réduisant, il resterait :

$$BD < BI + CI;$$

d'où $\qquad\qquad BD < BC.$

Enfin, si le point D tombait sur BC, *fig.* **21**, on aurait évidemment $\qquad\qquad BD < BC.$

134. Corollaire. *Fig.* **20**, **21** et **22.** Si deux côtés AB, AD, d'un triangle, sont égaux à deux côtés AB, AC, d'un autre triangle, et si l'angle DAB est plus petit que l'angle CAB, le troisième côté BD du premier triangle sera plus petit que le troisième côté BC du second.

La relation qui vient d'être énoncée est indépendante de la position relative des deux triangles auxquels on n'a supposé un côté commun que pour faciliter la démonstration.

———————

135. Théorème. *Par un point on ne peut mener qu'une seule perpendiculaire sur une droite.*

Démonstration. Lorsque le point dont il s'agit appartient à la droite, la proposition est évidente, car si les deux droites AB, AC, *fig.* **1**, *pl.* **3**, étaient toutes les deux perpendiculaires sur DE, on aurait l'*angle droit* DAC plus grand que l'*angle droit* DAB, ce qui ne se peut pas (59).

Si le point A est en dehors de la droite, *fig.* **2**, il est également impossible de concevoir *deux perpendiculaires* AB, AC, car dans le triangle ABC on aurait la somme des trois angles plus grande que deux angles droits (114).

Si AB est perpendiculaire sur HD, la droite AC sera nécessairement *oblique*.

156. corollaire I. Si ABC est un angle droit, l'angle ACB sera nécessairement aigu, et la *perpendiculaire* AB opposée à l'angle aigu ACB, sera plus courte que l'*oblique* AC opposée à l'angle droit ABC (131). Par conséquent, *le côté de l'angle droit d'un triangle rectangle est toujours plus court que l'hypoténuse.*

La perpendiculaire AB étant plus courte que l'oblique, elle représentera le plus court chemin ou la *distance* du point A à la droite HD.

157. cor. II. L'angle ACB étant aigu, son supplément ACD sera obtus.

L'angle ACD étant obtus, l'angle ADC est nécessairement aigu (114). Il résulte de là que l'oblique AC, opposée à l'angle aigu ADC, est plus courte que l'oblique AD, opposée à l'angle obtus ACD. Par conséquent,

L'oblique qui s'écarte le plus de la perpendiculaire est la plus longue.

158. cor. III. Les deux obliques AH, AC, qui s'écartent également de la perpendiculaire AB, sont égales, car si l'on plie la figure suivant AB, il est évident qu'elles se confondront.

159. cor. IV. Si les deux obliques AH, AC, sont *égales*, elles s'écartent *également* du pied de la perpendiculaire, car (137) si elles s'en écartaient inégalement, l'une d'elles serait plus longue que l'autre.

---

140. Théorème. *Fig.* 3. *Si la droite* CD *est perpendiculaire au milieu de* AB, *chaque point de* CD *est égale distance des deux points* A *et* B.

Démonstration. Les obliques AH, HB, sont égales, puisqu'elles s'écartent également de la perpendiculaire HO.

On a de même AS = SB, AI = IB

141. Corollaire I. Tout point tel que U, pris en dehors de la perpendiculaire CD, est inégalement éloigné des deux points

A et B, car si l'on conçoit les droites AU, UB, DB, on aura
(138) :   DB = AD;
Mais   UB < DU + DB.

 Ajoutant et réduisant, il restera :
        UB < AD + DU;
d'où   UB < AU.

 142. cor. II. Toutes les fois que deux points D, H, seront
à égale distance de deux autres A, B, la droite qui joindra les
premiers points sera perpendiculaire au milieu de celle qui joint
les deux derniers.

———

 143. Théorème. *Fig. 4. Deux triangles sont égaux lorsqu'ils ont un angle égal compris entre deux côtés égaux chacun à
chacun.*

 Démonstration. Soit AB = DE, AC = DF, et l'angle A = D.
Transportons le côté AB sur son égal DE, l'angle A étant égal
à l'angle D, le côté AC prendra la direction DF, et ces deux
côtés étant égaux, le point C tombera sur le point F. De plus,
BC coïncidera exactement avec EF, puisque d'un point à un
autre on ne peut mener qu'une seule ligne droite. Ainsi, l'angle
B = E, l'angle C = F, et le côté BC = EF.

 144. Remarque. En général, lorsqu'on a démontré l'égalité de deux figures on peut en conclure l'égalité de toutes les
parties correspondantes ou *homologues*.

 On nomme angles ou côtés **homologues,** les angles ou les
côtés placés de la même manière dans les deux figures; ainsi,
par exemple, les côtés opposés ou adjacents aux angles égaux,
les angles opposés ou adjacents aux côtés égaux.

———

 145. Théorème. *Fig. 4. Deux triangles sont égaux lorsqu'ils ont un côté égal adjacent à deux angles égaux chacun à
chacun.*

 Démonstration. Soit le côté AB = DE, l'angle A = D, et
l'angle B = E. Transportons le côté AB sur son égal DE; l'angle
A étant égal à l'angle D, le côté AC prendra la direction DF,
et le point C tombera quelque part sur DF; mais, l'angle B

étant égal à l'angle E, le côté BC prendra la direction EF, et le point C tombera sur EF. Or, le point C devant se trouver en même temps sur les deux droites EF et DF, ne pourra tomber qu'au point F suivant lequel ces deux lignes se coupent. Les deux triangles seront donc égaux, par conséquent BC = EF, AC = DF, et l'angle C = F.

146. Théorème. *Fig. 4. Deux triangles sont égaux lorsqu'ils ont les trois côtés égaux chacun à chacun.*

Démonstration. Soit les côtés AB, AC, BC, égaux aux côtés ED, DF, EF; si l'angle A était plus petit que D, on aurait (133) BC < EF; ce qui n'est pas, donc l'angle A *n'est pas plus petit que* D. Si l'angle A était plus grand que D, on aurait BC > EF; ce qui n'est pas, donc l'angle A *n'est pas plus grand que* D. Or, l'angle A n'étant pas plus petit ni plus grand que D, il lui est égal, et les deux triangles sont égaux (143); d'où l'on pourra conclure que l'angle B = E, et que l'angle C = F.

147. Théorème. *Fig. 5. Les côtés opposés d'un parallélogramme sont égaux, ainsi que les angles opposés.*

Démonstration. Si l'on conçoit la diagonale AC, les deux triangles ABC, ACD, seront égaux (145), car ils auront le côté commun AC, l'angle BAC = ACD comme *alternes-internes* (102), et l'angle ACB = CAD par la même raison; donc le côté AD = BC, le côté AB = CD, l'angle ADC = CBA, et l'angle BAD, composé des deux angles BAC + CAD, est égal à l'angle BCD, composé des deux angles BCA + ACD.

Il est d'ailleurs facile de voir que les angles opposés du parallélogramme sont égaux comme ayant les côtés parallèles (87).

148. Corollaire I. *Fig. 5.* Deux parallèles AB, CD, comprises entre deux autres parallèles sont égales.

149. Cor. II. *Fig. 6.* Toutes les perpendiculaires AB, CD, EF, tracées où l'on voudra entre deux parallèles, sont égales. Par conséquent, deux parallèles sont partout à égale *distance* l'une de l'autre; et lorsqu'on dit que deux parallèles *se rencontrent à l'infini*, cela signifie que leur distance devient infiniment petite, *relativement* à leur immense longueur.

---

150. **Théorème.** *Fig. 5. Lorsque les côtés opposés d'un quadrilatère sont égaux, ils sont parallèles, et la figure est un parallélogramme.*

Démonstration. Si l'on conçoit la diagonale AC, les deux triangles ABC, CDA, seront égaux comme ayant les trois côtés égaux chacun à chacun, donc l'angle

$$DAC = ACB = PCM;$$

d'où l'on peut conclure que les deux droites AD, BP, sont parallèles, puisqu'elles font des angles égaux avec la sécante AM.

On reconnaîtra de même que le côté AB est parallèle à CD.

---

151. **Théorème.** *Fig. 5. Si deux droites* AD, CD, *sont égales et parallèles, le quadrilatère, que l'on formera en traçant les droites* BA, CD, *sera un parallélogramme.*

Démonstration. Si l'on conçoit la diagonale AC, les deux triangles ABC, CAD, seront égaux comme ayant un angle égal CAD=ACB, compris entre deux côtés égaux chacun à chacun, savoir AD = BC, puis AC commun; donc l'angle ABC = ADC, mais les droites AD, BC, étant parallèles, on a ADC = DCP, comme *alternes-internes*.

Ajoutant les deux équations et réduisant, il restera ABC=DCP, par conséquent les droites AB, DC, sont parallèles puisqu'elles font des angles égaux avec la sécante BP.

---

152. **Théorème.** *Les deux diagonales d'un parallélogramme se coupent en parties égales.*

Démonstration. *Fig.* 7. On a AB = CD, comme côtés opposés d'un parallélogramme. De plus, l'angle BAO = OCD comme alternes-internes, et l'angle ABO = ODC par la même raison; donc les deux triangles ABO, COD, sont égaux (145). Par conséquent on aura BO = OD et AO = OC.

155. Corollaire. *Fig.* 8. Si le quadrilatère est un losange, c'est-à-dire si les quatre côtés sont égaux, *les diagonales se coupent à angles droits* (142).

———

154. Théorème. *Fig.* 9. *Dans tout polygone régulier il existe un point situé à égale distance de tous les sommets : ce point se nomme le* **centre** *du polygone.*

Démonstration. Les deux droites BO, CO, n'étant pas parallèles, se rencontrent au point O, et le triangle OBC est isocèle puisque l'angle OBC, moitié de ABC, est égal à l'angle BCO, moitié de BCD.

Si actuellement on conçoit la droite OD, le triangle OCD sera égal au triangle OBC, car ils ont le côté OC commun, le côté BC = CD, comme côtés d'un polygone régulier, et, de plus, l'angle BCO = OCD; donc OD sera égal à OB.

On démontrerait de la même manière que les droites OH, OK, OS, sont égales à OB, d'où il résulte que le point O est à *égale distance* de tous les sommets du polygone.

155. Corollaire. Tous les angles BOC, COD, DOH, sont égaux entre eux, par conséquent *chacun d'eux est égal à quatre angles droits, divisés par le nombre des côtés du polygone.* Ainsi, par exemple, dans un polygone régulier de 14 côtés, l'angle au centre vaudrait $\frac{4}{14} = \frac{2}{7}$.

———

156. Théorème. *Si le nombre des côtés d'un polygone régulier est pair, les côtés opposés seront parallèles.*

Démonstration. *Fig.* 9. La somme des angles formés au point O, et d'un même côté de la ligne KOB, vaut évidemment la moitié de quatre angles droits, par conséquent les trois points K, O, B, sont en ligne droite, mais les angles ABO, OKH, sont égaux, comme appartenant à des triangles égaux; donc les droites AB, KH, sont parallèles.

CHAPITRE III.

Circonférence.

———

157. Définitions. *La circonférence du cercle*, fig. **10**, est une courbe dont tous les points sont à égale distance d'un point intérieur que l'on appelle *centre*.

158. Le *cercle* est l'espace contenu dans la circonférence.

159. Les droites OA, OB, OC, menées du centre à la circonférence, se nomment *rayons*.

Tous les rayons sont égaux, puisque chacun d'eux mesure la distance du centre à un point de la circonférence.

160. Une droite telle que KH, qui, en passant par le centre, se termine de part et d'autre à la circonférence, se nomme un *diamètre*.

Tous les diamètres sont égaux, puisque chacun d'eux est composé de deux rayons.

161. Un *arc* est une partie de la circonférence.

162. La partie de la surface de cercle, comprise entre un arc et les deux rayons qui aboutissent à ses extrémités, se nomme un *secteur*. BOCI est un *secteur de cercle*.

163. Toute droite telle que VU, qui joint les deux extrémité d'un arc, se nomme la *corde* ou *sous-tendante* de cet arc.

164. La partie de surface de cercle comprise entre l'arc et la corde se nomme *segment*. VZUM est un segment.

165. Une droite telle que MN, *fig.* **11**, qui coupe la circonférence en deux points A et B, est une *sécante*.

166. Si l'on fait tourner la sécante MN autour du point A, et qu'on lui fasse prendre les positions M'N', M"N", le point B devient successivement B', B", etc., et lorsque les deux points de section sont réunis en un seul, la droite mobile arrive dans la position M‴N‴. On dit alors qu'elle est *tangente* au cercle.

167. Lorsque les deux points de section sont réunis, ils n'occupent pas plus d'espace qu'un seul ; c'est pourquoi l'on dit souvent que *la tangente est une droite qui n'a qu'un point de commun avec la circonférence.*

168. Le point A se nomme alors *point de contact.*

169. On peut encore supposer que la tangente provient d'une sécante VU, que l'on aurait fait mouvoir parallèlement à elle-même jusqu'à ce que les deux points de section C, C′, soient réunis en C″.

On dit qu'une droite se meut *parallèlement à elle-même*, lorsque toutes ses positions sont parallèles entre elles, ainsi par exemple, si la droite VU devient successivement V′U′, V″U″, elle se meut parallèlement à elle-même.

170. Un *angle inscrit* ABC, *fig.* **12**, est celui qui a son sommet sur la circonférence.

171. Un *polygone* ABCD *est inscrit*, lorsque tous ses sommets sont situés sur la circonférence.

172. Un polygone PQMNS, *fig.* **13**, est *circonscrit*, lorsque tous ses côtés sont tangents à la circonférence.

173. Lorsque deux cercles ont le même centre, *fig.* **13**, leurs circonférences sont partout à égale distance, et l'on dit alors qu'ils sont *concentriques.*

---

174. Théorème. *Tout diamètre partage le cercle et la circonférence en deux parties égales.*

Démonstration. *Fig.* **10.** Si l'on conçoit la figure pliée suivant le diamètre HK, il est évident que les deux parties coïncideront, car, sans cela, il y aurait des points de la circonférence qui seraient inégalement éloignés du centre.

---

175. Théorème. *Si deux arcs AB, CD, fig.* **14**, *sont égaux, leurs cordes sont égales.*

Démonstration. Concevons la figure pliée suivant le diamètre VU, qui aboutit au milieu de AC; il est évident que l'arc AB doit coïncider avec son égal CD, et les deux cordes coïncideront également, puisque d'un point à un autre on ne peut mener qu'une ligne droite (23).

176. Réciproque. Si les cordes AB, CD, sont égales, on pourra plier la figure de manière à faire coïncider le triangle ABO avec son égal COD (146); par conséquent, les deux arcs coïncideront, puisque tous leurs points sont à égale distance du centre.

177. Corollaire. Les deux cordes égales AB, CD, coïncidant, lorsqu'on plie la figure suivant le diamètre VU, il s'ensuit que la perpendiculaire OI, abaissée du centre sur AB, doit coïncider avec la perpendiculaire OS, abaissée du centre sur CD; par conséquent, *deux cordes égales sont également éloignés du centre.*

---

178. Théorème. *Fig. 15. Si l'arc AB est plus petit que l'arc AC, la corde AB sera plus petite que AC.*

Démonstration. Concevons les rayons OA, OB, OC, et la droite OS qui partage l'angle COB en deux parties égales; on aura le triangle COS égal au triangle OSB, puisqu'ils ont le côté OS commun, le rayon OC = OB et l'angle COS = SOB, par conséquent,

$$SB = SC;$$

mais on a $$AB < AS + SB.$$

Ajoutant et réduisant, on aura :

$$AB < AS + SC;$$

d'où $$AB < AC.$$

Si les deux arcs dont il s'agit n'avaient pas d'extrémité commune, on transporterait le plus petit sur le plus grand, et la démonstration serait la même.

179. Remarque. Si chacun des arcs comparés était plus grand qu'une demi-circonférence, ce serait au contraire le plus grand arc qui aurait la plus petite corde.

180. Corollaire I. *Le diamètre est la plus grande corde que l'on puisse tracer dans un cercle.*

181. Cor. II. Si l'on fait tourner une corde AB, *fig.* **11**, autour de l'une de ses extrémités A, elle diminuera d'autant plus qu'elle s'éloignera davantage du centre, parce que l'arc sous-tendu deviendra plus petit.

182. Cor. III. La corde AB, *fig.* **11**, n'étant autre chose que la partie de la sécante comprise dans le cercle, il en résulte qu'au moment où les deux points de section se réunissent, la corde se réduit à zéro et devient un *point de contact*. Ainsi le point de contact peut être considéré comme la plus petite corde que l'on peut tracer dans le cercle.

––––––––

183. Théorème. *Fig.* **16**. *La droite* OC, *perpendiculaire au milieu d'une corde* AB, *doit passer par le centre du cercle et par le milieu de l'arc* ACB.

Démonstration. On a OA = OB, comme rayons d'un même cercle, par conséquent le centre O appartient à la perpendiculaire au milieu de AB (140); de plus, le point C appartenant à la perpendiculaire élevé par le milieu AB, on a la corde AC = CB; donc les arcs sous-tendus sont égaux et le point C est le milieu de l'arc ACB.

184. Corollaire I. Les rayons OA, OB, étant égaux, le triangle AOB est isocèle, et la perpendiculaire, abaissée du centre O, doit passer par le point H, milieu de la corde (130).

185. Cor. II. *Fig.* **11**. Si l'on fait mouvoir la droite VU *parallèlement à elle-même*, en l'éloignant du centre O, les deux points C, C', se rapprocheront, et la corde CC' diminuera de longueur sans cesser d'être perpendiculaire à la droite OC″. Lorsque les deux points de section seront réunis, la droite V″U″ sera une *tangente* (169) et la perpendiculaire OC″ sera un *rayon;* d'où l'on peut conclure que la *tangente est toujours perpendiculaire à l'extrémité du rayon.*

186. Cor. III. Toute droite, telle que V″U″, perpendiculaire à l'extrémité du rayon, est une tangente à la circonférence; car toute oblique telle que OH, sera plus longue que la perpendiculaire OC″. Par conséquent, à l'exception de C″, tous les points de la droite V″U″ seront en dehors du cercle.

---

187. Théorème. *Fig. 17. Lorsque deux droites parallèles* AB, CD, *rencontrent une circonférence, les arcs interceptés* AC, BD *sont égaux.*

Démonstration. Concevons le rayon OH perpendiculaire sur AB, et par conséquent sur CD, on aura (183, 184) l'arc
$$AH = BH;$$
mais on a également $CH = DH.$

Retranchant la seconde équation de la première, on obtient
$$AH - CH = BH - DH;$$
d'où $AC = BD.$

Si le centre est situé entre les deux parallèles AB, EF, on pourra concevoir un diamètre KS, parallèle aux deux lignes données; alors on aura EK = FS,
$$KA = SB.$$

Ajoutant les deux équations, on obtient :
$$EK + KA = FS + SB;$$
d'où $EA = FB.$

Si l'une des droites est tangente au cercle, on concevra le rayon OH, qui aboutit au point de contact, et qui, étant perpendiculaire sur la tangente (185), sera également perpendiculaire sur sa parallèle CD ; alors on en pourra conclure que le point H est le milieu de l'arc CHD.

---

188. Théorème. *Fig. 14. Si deux angles* AOB, COD, *ont leur sommet au centre d'un cercle, et qu'ils comprennent entre leurs côtés deux arcs égaux* AB, CD, *ils sont égaux.*

Démonstration. Les triangles AOB, COD, sont égaux, comme ayant un angle égal compris entre deux côtés égaux chacun à chacun; donc les cordes AB, CD, sont égales et les arcs sous-tendus sont par conséquent égaux.

189. Réciproque. Si les arcs AB, CD, sont égaux, les

cordes seront égales et les deux triangles AOB, COD, seront égaux, comme ayant les trois côtés égaux, par conséquent les angles AOB, COD, seront égaux.

---

190. Théorème. *Tout angle qui a son sommet sur la circonférence, vaut la moitié de l'angle au centre qui comprendrait le même arc entre ses côtés.*

Démonstration. Soit d'abord, *fig.* **18**, l'angle BAC, formé par une corde AB et par le diamètre AC. Si l'on trace le rayon BO, le triangle AOB sera isocèle, et l'on aura l'angle

$$BAO = ABO;$$

mais on a (110) $ABO + BAO = BOC.$

Ajoutant et réduisant il restera :

$$2BAO = BOC;$$

d'où
$$BAO = \frac{BOC}{2}.$$

191. Corollaire I. Si l'angle BAC, *fig.* **19**, est formé par les deux cordes BA, AC, on aura, par ce qui précède :

$$BAO = \frac{BOD}{2},$$

$$OAC = \frac{DOC}{2}.$$

Ajoutant les deux équations, on obtient :

$$BAO + OAC = \frac{BOD + DOC}{2} :$$

d'où
$$BAC = \frac{BOC}{2}.$$

192. cor. II. Si le centre du cercle n'est pas situé entre les côtés de l'angle, *fig.* **20**, on aura (190) :

$$BAO = \frac{BOD}{2},$$

$$CAO = \frac{COD}{2}.$$

Retranchant la seconde équation de la première, on obtient

$$BAO - CAO = \frac{BOD - COD}{2},$$

d'où

$$BAC = \frac{BOC}{2}.$$

193. cor. III. Si l'arc BDC, *fig.* **21**, est une demi-circonférence, les rayons BO, CO, seront en ligne droite et formeront un diamètre, alors on aura

$$BAO = \frac{BOD}{2},$$

$$OAC = \frac{DOC}{2}.$$

Ajoutant et réduisant, on obtient :

$$BAO + OAC = \frac{BOD + DOC}{2};$$

d'où $\quad BAC = \frac{BOD + DOC}{2} = 1$ *angle droit.*

Ce qui est conforme à l'énoncé du théorème, puisque l'on peut considérer l'angle formé par les rayons BO, OC, comme étant égal à deux angles droits (49).

194. cor. IV. Si l'arc BDC, *fig.* **22**, est plus grand qu'une demi-circonférence, on aura encore :

l'angle $\qquad BAO = \frac{BOD}{2};$

mais $\qquad OAC = \frac{DOC}{2}.$

Ajoutant et réduisant : $BAC = \frac{BOD + DOC}{2}.$

195. cor. V. Si l'angle BAC, *fig.* **23**, est formé par la corde AC et par la tangente AB, on mènera la droite OI, qui partage l'angle AOC en deux parties égales, et qui par conséquent est perpendiculaire sur AC (117), on aura l'angle

$$AOI = IOC;$$

donc $\qquad IOC = \frac{AOC}{2},$

mais on a $\qquad BAC = AOI,$

parce qu'ils ont les côtés perpendiculaires chacun à chacun (89).

Ajoutant les trois équations, et réduisant, on obtient :

$$BAC = \frac{AOC}{2}.$$

196. cor. VI. *Fig*. **1**, *pl*. **4**. Tous les angles ACB, ADB, AHB, etc., inscrits dans le segment ACDHB, sont égaux entre eux, puisque chacun d'eux vaut la moitié de l'angle AOB.

Tous les angles inscrits dans le segment ASB, seraient aussi égaux entre eux.

197. cor. VII. *Fig*. **2**. Tous les angles inscrits dans le demi-cercle ABCDH sont *droits*, puisque chacun d'eux vaut la moitié de la somme des deux angles AOK + KOH.

198. cor. VIII. *Fig*. **1**. Tout angle inscrit dans le segment ACDHB, plus grand que la moitié du cercle, est un angle aigu, puisqu'il est égal à la moitié de l'angle AOB, qui est plus petit que deux angles droits.

199. cor. IX. *Fig*. **2**. Tout angle inscrit dans le segment ASB, est le supplément de l'un des angles inscrits dans le segment ACDHB, car on a :

$$ADB = \frac{AOB}{2},$$

$$ASB = \frac{AOK + KOB}{2}.$$

Ajoutant et réduisant on obtient :

$$ADB + ASB = \frac{AOB + AOK + KOB}{2} = \frac{4 \; angles \; droits}{2} =$$
$$= 2 \; angles \; droits.$$

200. cor. X. *Fig*. **1**. Dans un quadrilatère inscrit, la somme des angles opposés vaut toujours deux angles droits, car on aura, par le théorème précédent :

$$ADB + ASB = 2.$$

En traçant la diagonale DS on aurait de même :

$$DAS + DBS = 2.$$

201. Théorème. *Fig. 3. L'angle* BAC, *formé par les deux tangentes* AB, AC, *est le supplément de l'angle* BOC, *formé par les rayons qui aboutissent aux points de tangence.*

Démonstration. La somme des angles du quadrilatère ABOC vaut quatre angles droits; mais on a (185) :

$$ABO + OCA = 2 \text{ droits},$$

par conséquent on aura :

$$BAC + BOC = 2 \text{ droits}.$$

202. Corollaire. Le triangle BOC étant isocèle, les angles OBC, OCB, sont égaux, donc leurs compléments ABC, ACB, sont égaux, et le triangle ABC est isocèle. Ainsi les deux tangentes AB, AC, sont égales.

---

203. Théorème. *Fig. 4. Si les points* A, B, C, D, *partagent la circonférence en parties égales, le polygone inscrit* ABCDH, *etc., sera régulier.*

Démonstration. Les cordes AB, BC, CD, sont égales, puisqu'elles sous-tendent des arcs égaux (175). Les droites AO, BO, CO, sont égales comme rayons d'un même cercle; donc les triangles isocèles AOB, BOC, COD, etc., sont égaux entre eux. Par conséquent, les angles ABC, BCD, CDH, sont égaux, et le polygone, ayant ses angles et ses côtés égaux, on peut en conclure qu'il est régulier.

204. Corollaire. La différence entre le polygone et le cercle se compose de tous les segments compris entre les cordes et les arcs sous-tendus; cette différence sera d'autant plus petite que le nombre des côtés sera plus grand, et deviendrait nulle si le nombre de ces côtés était infini, c'est pourquoi *on peut considérer le cercle, comme un polygone régulier qui aurait un nombre infini de côtés.*

---

205. Théorème. *Fig. 4. Si par chacun des points* A, B, C, *etc., placés à égale distance sur la circonférence d'un cercle, on construit une tangente, le polygone formé par toutes ces droites sera régulier.*

Démonstration. Les triangles ABK, BCH, sont isocèles (202); de plus, ils sont égaux, puisque leurs bases AB, BC, sous-tendent des arcs égaux; donc les angles aux points K, H, V, seront égaux. On aura donc :

$$KB + BH = HC + CV,$$

ou ce qui est la même chose,

$$KH = HV.$$

Par conséquent le polygone KHVM, ayant ses angles et ses côtés égaux, sera régulier.

206. Corollaire I. *Fig. 5.* Si les côtés du polygone extérieur touchent le cercle au milieu des arcs sous-tendus par les côtés du polygone intérieur, les côtés de ces polygones seront parallèles, car la tangente KH et la corde AB seront toutes deux perpendiculaires sur le rayon qui aboutit au point de tangence P.

207. Cor. II. Les sommets du polygone extérieur sont situés sur les prolongements des rayons qui aboutissent aux sommets du polygone intérieur. En effet, les arcs AB, BC, étant égaux, on aura PB, moitié du premier arc, égal à BQ, moitié du second. Le rayon OB sera donc perpendiculaire sur la corde PQ, et passera, par conséquent par le point H, puisque le triangle PQH est isocèle (202).

---

208. Théorème. *Fig. 6. Étant donné un polygone régulier, il est toujours possible de tracer deux circonférences ayant le même centre que le polygone, et dont l'une passerait par tous les sommets, tandis que la seconde serait tangente à tous les côtés.*

Démonstration. On a vu (154) que tous les sommets d'un polygone régulier sont à égale distance d'un point intérieur O, il est donc évident que ce point sera le centre d'un cercle dont la circonférence passerait par tous les sommets du polygone donné; mais tous les côtés de ce polygone étant égaux, ils seront à égale distance du point O (177), par conséquent la circonférence du cercle, qui aura pour rayon OI, devra passer par les pieds de toutes les perpendiculaires abaissées du point

O sur les côtés, qui seront alors tangents au deuxième cercle, puisque chacun d'eux sera perpendiculaire à l'extrémité d'un rayon.

On dit alors que le premier cercle est *circonscrit* au polygone, et le second cercle est *inscrit*.

------

209. Théorème. *Fig.* **7.** *Lorsque deux cercles se coupent, la droite* CO, *qui passe par les centres, est perpendiculaire sur la corde* AA', *qui joint les deux points d'intersection.*

Démonstration. Le point C, comme centre du premier cercle, est à égale distance des points A et A'. Le point O, centre du second cercle, est aussi à égale distance des mêmes points, par conséquent, la droite qui joint les deux points C et O, est perpendiculaire au milieu de la corde AA' (142).

210. Corollaire. Si l'on joint les centres des deux cercles avec l'un des points de section, on aura un triangle ACO; mais on sait que dans un triangle un côté est toujours plus petit que la somme des deux autres, par conséquent on aura CO < CA + AO, c'est-à-dire que la distance des centres est plus petite que la somme des rayons; mais on a de plus AC < AO + CO; d'où l'on tire, en retranchant AO de chaque côté, AC — AO < CO, ou, en renversant l'inégalité, CO > AC — AO; donc la distance des centres doit être plus grande que la différence des rayons.

Ainsi, en général, *pour que deux cercles se coupent, il faut que la distance des centres soit plus petite que la somme, et plus grande que la différence des rayons.*

------

211. Théorème. *Fig.* **8.** *Deux cercles sont tangents l'un à l'autre lorsqu'ils ont une tangente commune.*

Le point de tangence et les centres sont toujours situés sur une même ligne droite perpendiculaire à la tangente.

Démonstration. La droite MN, est une sécante commune aux deux cercles qui ont leurs centres en C et en O. Si l'on suppose que ce dernier centre prenne successivement les posi-

tions O', O'', les points A et A' se rapprocheront, la secante MN
deviendra successivement M'N', M''N'' sans cesser d'être perpendiculaire sur la droite CO, et lorsque les deux points de section seront réunis en A'', la droite M''N'' sera une tangente
commune aux deux cercles, et les deux cercles eux-mêmes se
toucheront.

On arriverait au même résultat en supposant, par exemple,
que le cercle qui a son centre au point U, tourne autour du
point B. Dans ce mouvement, le centre U, du cercle mobile,
devient successivement U', U'', le second point de section B' se
rapproche du premier, la sécante VU tourne autour du point B
sans cesser d'être perpendiculaire sur la ligne des centres, et
lorsque les deux points de section sont réunis, la droite V'U'
est une tangente commune.

212. Corollaire I. Lorsque deux cercles se touchent, *fig. 8*,
la distance des centres CO'' *est égale à la somme des rayons*
CA'' + A''O''.

213. Cor. II. Si l'un des cercles touchait l'autre intérieurement, *fig. 9*, on aurait CO = AC — AO, c'est-à-dire qu'alors
la distance des centres serait égale à la différence des rayons.

---

214. Théorème. *L'angle formé par deux arcs de cercle est
le même que l'angle formé au point d'intersection par les tangentes
à ces deux arcs.*

Démonstration. La tangente à un arc de cercle pouvant
être considérée comme le prolongement de la corde infiniment
petite qui se confond avec cet arc, il s'ensuit que l'angle formé
au point S, *fig. 7*, par les deux tangentes SB', SD', exprime
l'inclinaison suivant laquelle les deux arcs SB, SD, se rencontrent.

215. Corollaire. Si la tangente CK à l'un des deux arcs de
cercle contient le centre de l'autre, on en pourra conclure que
les deux tangentes, et, par conséquent, les deux arcs correspondants se rencontrent à angles droits (185).

CHAPITRE IV.

Problèmes.

—

216. Instruments. Les problèmes de géométrie peuvent être résolus de deux manières principales, savoir : par le *dessin* ou par le *calcul*.

Les instruments nécessaires pour décrire les figures de géométrie sont si généralement connus, qu'il semblera peut-être inutile d'en donner ici les définitions. Cependant, le but de cet ouvrage étant surtout de préparer à la pratique, il n'est pas indifférent de faire connaître par quel enchaînement d'idées on a pu obtenir le degré de précision auquel on est parvenu dans certaines parties des applications mathématiques.

La surface sur laquelle on dessine les figures de géométrie doit être *plane;* or, nous avons vu (28) qu'un plan est une surface sur laquelle une ligne droite peut être appliquée dans tous les sens; la ligne droite est donc nécessaire à la construction du plan.

L'instrument à l'aide duquel on trace une ligne droite se nomme une *règle*.

Une règle peut servir à construire un plan; un plan peut servir à vérifier une règle; mais comment a-t-on pu obtenir la première règle? comment est-on parvenu à dresser le premier plan?

En général, dans les arts industriels, on n'arrive pas tout d'un coup à des résultats parfaits. On commence par une première ébauche dont les défauts sont corrigés successivement, à mesure que des instruments plus exacts permettent de les découvrir.

Ainsi, par exemple, un homme avec un couteau pourra couper une branche d'arbre à peu près droite. En plaçant une extrémité de cette branche contre son œil, et regardant l'autre extrémité, il reconnaîtra quelles sont les parties saillantes ou rentrantes, et quand il aura fait disparaître, à la vue, les principales inégalités, il aura une première règle grossière.

Supposons actuellement qu'il prenne un bloc de pierre ou un tronc d'arbre, et qu'il abatte toutes les parties saillantes de la surface jusqu'à ce qu'il puisse y appliquer sa règle dans tous les sens; il aura une surface plane.

En posant sa règle sur la surface plane qu'il vient d'obtenir, il tracera, *fig. 11*, une ligne CD qui serait parfaitement droite si la règle et le plan étaient bien dressés. Pour vérifier la règle, et pour en reconnaître les défauts, il pourra la retourner de manière que l'angle M soit en M' et l'angle N en N'. Lorsque la règle sera dans cette nouvelle position, il tracera la ligne C'D'. Si la ligne CD, tracée par la première opération, coïncide avec la ligne C'D', on pourra conclure que la règle est suffisamment droite; mais si les deux lignes CD, C'D', ne coïncident pas, il sera facile de reconnaître les parties qui auront besoin d'être retouchées. Ainsi, par exemple, là où les deux lignes CD, C',D', s'écarteront l'une de l'autre, il y aura évidemment un creux dans la direction de la règle, et lorsqu'au contraire les deux lignes se croiseront, cela indiquera une partie saillante.

La règle corrigée étant appliquée de nouveau sur le plan, indiquera les inégalités de cette surface, qui à son tour pourra faire reconnaître sur la règle des défauts échappés à la première vérification, et ainsi de suite.

Dans l'application, la face inférieure d'un *rabot* est le plan qui sert à dresser la *règle*.

Ce que je viens de dire suffit pour faire comprendre comment, par des comparaisons réciproques, les instruments peuvent être employés pour se vérifier mutuellement, et arriver après une suite de corrections successives, à une perfection presque absolue.

217. La **règle** doit être mince et un peu large, afin qu'elle puisse mieux s'appliquer sur le papier.

218. planche à dessin. Lorsque la question que l'on veut résoudre est très-composée, lorsqu'elle exige la construction d'un grand nombre de lignes tracées avec précision, il faut se procurer une planche bien dressée, sur laquelle on collera, par les bords *seulement*, une feuille de papier légèrement humectée avec une éponge. Lorsque cette opération est faite avec soin, et qu'il n'y a aucun pli autour de la feuille, elle se resserre en séchant; tous les gonflements produits par l'humidité disparaissent, et l'on obtient une surface aussi unie que la peau d'un tambour.

219. Le **tire-ligne**, destiné à tracer à l'encre les figures de géométrie, est une espèce de plume d'acier, composée de deux lames parallèles, minces et allongées en forme de lances, entre lesquelles l'encre se trouve suspendue, et dont une vis peut régler l'écartement suivant l'épaisseur du trait que l'on veut obtenir.

220. Le **compas** sert à décrire la circonférence du cercle.

Il est probable que, dans l'origine, on a tracé les premières circonférences en attachant au centre l'extrémité d'une corde ou d'une règle égale à la longueur du rayon; un crayon, une plume fixé à l'autre extrémité, ont pu servir à décrire la courbe; mais le peu d'exactitude des résultats obtenus, a dû faire renoncer promptement à des procédés aussi imparfaits; et l'on conçoit comment, après une série de perfectionnements successifs, on a pu arriver à la forme actuelle du compas.

Lorsqu'il s'agit de prendre la distance de deux points, on place sur chacun d'eux l'une des pointes du compas.

Mais si l'on veut décrire une circonférence on ajuste à l'une des branches un *porte-crayon* ou un *tire-ligne*.

221. Ainsi, en résumant, les trois instruments les plus essentiels pour tracer les figures de géométrie, sont le plan, la règle et le compas.

Le *plan* est la surface sur laquelle on dessine.

La *règle* est l'instrument avec lequel on trace les lignes droites.

Le *compas* est l'instrument avec lequel on décrit les circonférences de cercles.

Je n'ai pas cru devoir dessiner les différentes pièces du compas, parce que des figures, presque toujours insuffisantes lorsqu'on n'a pas l'instrument sous les yeux, sont d'ailleurs inutiles pour celui qui le possède. Ainsi, je ne donnerai les dessins des instruments qu'autant que cela sera nécessaire pour en expliquer l'usage.

————

222. Problème. *Construire une droite égale à la somme ou à la différence de deux autres droites données* AB, CD, *fig.* **12.**

solution. On tracera une droite A'N, sur laquelle on marquera un point A'; puis, avec le compas à pointes, on prendra la longueur de la droite AB, que l'on portera de A' en B'. On prendra ensuite la longueur CD, que l'on portera de B' en D'. Il est évident que A'D' sera la somme des deux droites données.

Pour obtenir leur différence, on portera CD de B' en D" et l'on aura

$$A'D'' = AB - CD.$$

223. Corollaire. S'il fallait ajouter ou retrancher un grand nombre de lignes droites, on ferait la somme de toutes celles qui doivent être ajoutées; on ferait également la somme de toutes celles qui doivent être retranchées; puis, on prendrait la différence des deux sommes.

————

224. Problème. *Multiplier une ligne droite par un nombre donné*.

solution. Supposons, par exemple, *fig.* **13,** qu'il s'agisse de multiplier la droite AB par 5; on prolongera sa direction de A en M, par exemple, et l'on portera la distance AB successivement de B en C, de C en D, de D en E; enfin de E en F. La droite AF vaudra évidemment cinq fois AB.

————

225. Problème. *Fig.* **14.** *Diviser une droite* AB *en deux parties égales*.

solution. On prendra un compas muni de son porte-crayon; puis, après avoir ouvert les deux branches d'une quantité plus grande que la moitié de AB, on placera la pointe d'acier sur le point A, et l'on décrira les deux arcs *mn*, *m'n'*. Du point B comme centre, avec la même ouverture de compas, on décrira les arcs *vu*, *v'u'*. Les intersections de ces arcs deux à deux, détermineront deux points que l'on joindra par la droite CD. En effet, si l'on traçait les quatre droites AC, BC, AD, BD, il est évident que le quadrilatère ACBD serait un losange (104), et par conséquent un parallélogramme. Or, nous savons (152) que les deux diagonales d'un parallélogramme se coupent mutuellement en deux parties égales; donc AO = OB.

226. Remarque. Lorsqu'on emploie ainsi deux arcs de cercle, ou deux lignes quelconques, pour déterminer la position d'un point, il faut tâcher que ces arcs se coupent suivant une direction qui approche le plus possible de l'angle droit (215), parce que les lignes tracées ainsi au crayon, ne sont pas réellement des lignes mathématiques, et, lorsque l'intersection est trop aiguë, comme on le voit aux points Z, Z', *fig.* **10**, la largeur du trait peut laisser de l'incertitude sur la position du point de rencontre.

227. Corollaire I. L'opération que nous venons d'indiquer, peut évidemment servir pour élever une perpendiculaire par le milieu d'une droite donnée AB.

228. Cor. II. Si l'on voulait partager la droite donnée en *quatre* parties égales, il est évident qu'il suffirait, en opérant comme ci-dessus, de partager en deux chacune des deux moitiés AO et BO.

En prenant ensuite la moitié de chaque quart on aurait le *huitième*, etc.

Nous verrons plus tard comment il faudrait opérer pour diviser une ligne droite en tout autre nombre de parties égales.

---

229. Problème. *Fig.* **15**. *Par un point* A *donné sur une droite* BC, *élever une perpendiculaire à cette ligne.*

solution. On placera la pointe d'acier du compas sur le point donné, puis avec un rayon quelconque on décrira deux arcs de cercle qui couperont la droite donnée aux points B et C à égale distance du point A.

Cela étant fait, on ouvrira le compas d'une quantité plus grande que BA; puis des points B et C, comme centres, on décrira des arcs qui se couperont au point D. La droite AD sera la perpendiculaire demandée : car les deux rayons BD, DC étant égaux, le triangle BDC est isocèle, et la droite DA, qui joint le sommet avec le milieu de la base BC, est nécessairement perpendiculaire sur cette base (142).

---

230. Problème. *Fig. 16. Par un point A donné hors d'une droite* BC, *on veut abaisser une perpendiculaire sur cette droite.*

solution. On placera la pointe d'acier du compas sur le point A; puis, avec une ouverture plus grande que la distance à la ligne donnée, on décrira deux arcs qui couperont cette droite aux points B et C. On prendra ensuite ces points pour centres de deux nouveaux arcs qui se couperont au point D.

La droite AD sera la perpendiculaire demandée (142).

---

231. Problème. *Fig. 17. Au point A de la droite AB, faire un angle égal à l'angle donné M.*

solution. Du point M, comme centre, et d'un rayon quelconque, on décrira l'arc de cercle PQ. Du point A, comme centre, avec le même rayon, on décrira l'arc BX, on ouvrira ensuite le compas d'une quantité égale à la corde PQ; et du point B comme centre, on décrira un arc de cercle dont l'intersection avec BX déterminera le point C. On tracera la droite AC, et l'angle CAB sera égal à l'angle QMP.

En effet les arcs BC, PQ sont égaux, puisqu'ils appartiennent à des cercles égaux; et qu'ils sont sous-entendus par des cordes égales : donc, les angles au centre CAB, QMP, sont égaux (189).

232. Corollaire. *Pour ajouter deux angles*, il suffira d'ajouter les arcs compris entre leurs côtés, et décrits de leurs sommets comme centres; pourvu que ces arcs soient tracés avec des rayons égaux.

Pour avoir la *différence de deux angles* on prendra la différence des arcs interceptés.

Pour *multiplier un angle par un nombre*, on multipliera l'arc intercepté, c'est-à-dire que l'on portera cet arc à la suite de lui-même, autant de fois qu'il y a d'unités dans le nombre par lequel on veut le multiplier.

Pour *diviser un angle*, on divisera l'arc compris entre ses côtés (*voir le problème suivant*).

---

253. **Problème**. *Fig. 18. Partager l'angle* BAC *en deux parties égales*.

solution. 1° Du point A, comme centre, avec un rayon quelconque, on décrira un arc de cercle qui déterminera les deux points B et C; 2° des points B et C, comme centres, on décrira deux arcs de cercle qui se couperont au point D. La droite AD partagera l'angle BAC en deux parties égales.

En effet, la ligne AD sera perpendiculaire sur le milieu de la corde BC (142); donc, elle passera par le milieu de l'arc (183), et les deux arcs BO, CO étant égaux, les angles BAO, CAO le seront aussi.

254. **corollaire**. En opérant de la même manière, on pourra diviser BO en deux parties égales, et chacune d'elles sera par conséquent le *quart* de l'arc BC.

La moitié du quart sera le *huitième*, la moitié du huitième donnera le *seizième*, et ainsi de suite.

---

255. **Problème**. Par un point A, *fig.* 19, construire une parallèle à une droite donnée HP.

solution. 1re *Méthode*. On tracera la sécante MN; puis, en opérant comme nous l'avons dit au n° 231, on fera l'angle DAH égal à l'angle PHN. Les deux droites AD, HP, seront parallèles, puisqu'elles feront des angles égaux avec la sécante MN.

256. 2e *Méthode*. *Fig.* 20. 1° Du point A, comme centre, avec un rayon quelconque, on décrira les deux arcs *mn, vu*. Le second de ces deux arcs déterminera le point H.

2° Du point H, comme centre, avec la même ouverture de compas, on décrira l'arc zx, qui déterminera le point P.

3° Du point P, comme centre, avec le même rayon, on décrira l'arc cs, dont l'intersection avec mn déterminera le point D.

4° On tracera la droite AD, qui sera parallèle à HP.

En effet, les arcs mn, vu, zx et cs, ayant été décrits avec la même ouverture de compas, il s'ensuit que le quadrilatère ADPH est un losange, et par conséquent un parallélogramme; donc ses côtés opposés AD, HP, sont parallèles.

237. Instruments. La nécessité où l'on se trouve souvent de tracer un grand nombre de lignes parallèles ou perpendiculaires, a fait imaginer des moyens plus expéditifs que ceux qui sont indiqués dans les articles précédents. Ainsi :

238. Une **équerre** est un triangle rectangle, ayant à peu près la même épaisseur que la règle. Quelquefois, *fig. 1, pl. 5*, les deux côtés de l'angle droit sont égaux entre eux; mais, le plus ordinairement, ils sont inégaux, *fig. 2.*

239. Pour tracer des parallèles à une droite donnée V.U, *fig. 3*, on fera coïncider avec cette ligne, l'hypoténuse BC, de l'équerre, et l'on placera la règle contre le côté BA; on appuiera ensuite la main gauche sur la règle, afin qu'elle ne puisse pas se déranger, et l'on fera glisser l'équerre avec la main droite, jusqu'à ce que l'hypoténuse soit arrivée dans la position de la ligne que l'on veut tracer. Ainsi, par exemple, si la figure 3 représente trois positions successives de l'équerre, il est évident que les droites BC, B'C', B"C", seront parallèles entre elles; puisqu'elles feront des angles égaux avec la règle, qui remplace ici la sécante dont nous avons parlé dans la définition des parallèles.

On pourra, par le moyen qui vient d'être indiqué, construire en très-peu de temps un grand nombre de parallèles, aussi rapprochées que l'on voudra les unes des autres.

240. Si l'on désire que l'une de ces droites passe par un point donné S, il suffira d'arrêter l'équerre au moment où l'hypoténuse B'C' contiendra ce point.

241. Pour construire, *fig.* 5, une perpendiculaire à la droite donnée CB, on placera l'équerre dans la position CAB; puis, après avoir posé la règle MN, comme on le voit sur la figure, on retournera l'équerre dans la position B'A'C', et la droite C'B', sera perpendiculaire sur CB.

En effet, on a l'angle

$$C + CBA = 1 \text{ angle droit};$$

mais
$$CB'S = CBA.$$

Ajoutant ces deux équations et réduisant, on aura

$$C + CB'S = 1 \text{ angle droit};$$

donc le triangle CSB' est rectangle en S.

Si l'on fait glisser l'équerre sur la règle, on aura autant de lignes que l'on voudra perpendiculaire sur CB.

242. Le **té**, *fig.* 6, est une espèce d'équerre destinée à tracer des parallèles ou des perpendiculaires aux côtés de la planche à dessin, *fig.* 4.

Le té se compose de deux branches MN, TD, assemblées entre elles, de manière que l'angle TMN soit parfaitement droit.

La branche TD, formant la tête du té, doit être plus épaisse que MN, de manière qu'en plaçant MN sur le dessin, *fig.* 4, l'excédant d'épaisseur de TD soit arrêtée contre le bord de la planche.

243. Si l'on amène le té dans la position T'M'N', il est évident que les droites M'N', MN, seront parallèles entre elles, puisqu'elles seront toutes les deux perpendiculaires sur le côté PQ.

244. Pour construire une perpendiculaire à la ligne MN, il suffira de placer le té dans la position D"M"N"; mais pour que la droite M"N" soit parfaitement perpendiculaire sur MN, il faut :

1° Que les bords PQ, QS, de la planche soient bien exactement perpendiculaires entre eux ;

2° Que l'angle formé par les deux branches du té soit rigoureusement droit.

Or, ces deux conditions n'existant presque jamais ensemble, on préfère souvent placer l'équerre CAB, comme on le voit sur la figure, ce qui permet de tracer la droite CA perpendiculaire sur MN.

Il est évident qu'en faisant glisser alternativement le té ou l'équerre, on aura très-promptement un grand nombre de lignes perpendiculaires ou parallèles au côté PQ de la planche.

245. Pour tracer des droites telles que $M'''N'''$, parallèles à une direction donnée $M^{iv}N^{iv}$, on peut employer un té dont la branche mobile $M'''N'''$, *fig.* **7**, serait fixée à l'aide d'une vis placée en O, suivant l'angle exigé par la question ; mais ce moyen, peu exact et embarrassant, n'est presque jamais employé par les dessinateurs ; ils préfèrent opérer comme nous l'avons dit au numéro précédent.

———————

Construction des figures.

246. Notation. Le triangle étant la figure la plus importante de toute la géométrie, celle qui entre en quelque sorte, comme *élément*, dans la composition de toutes les autres, il est souvent utile d'énoncer les relations qui existent entre les trois angles et les trois côtés qui le composent.

Pour faciliter le langage, lorsque l'on exprime ces relations par des formules algébriques, on est convenu de désigner les angles par les trois lettres A, B, C, et les côtés par les petites lettres *a*, *b*, *c*, de manière que le côté *a* soit opposé à l'angle A, le côté *b* à l'angle B, et le côté *c* à l'angle C.

Lorsque le triangle est rectangle l'angle droit est toujours désigné par la lettre A, et, par conséquent, l'hypoténuse par *a*.

Lorsqu'il y a un angle obtus on le désigne par la lettre A, et le côté opposé par *a*.

Lorsque le triangle est isocèle, la lettre A est placée au sommet et le côté *a* représente la base.

247. Remarque. Les conventions précédentes ne sont pas applicables aux triangles qui seraient adjacents à d'autres figures ;

dans ce cas, il faudra *trois lettres* pour désigner chaque angle, et *deux* pour chacun des côtés.

---

248. Problème. *Fig.* **8.** *Étant donnés deux angles* A *et* B *d'un triangle, on demande le troisième angle* C.

solution. 1° On tracera une droite quelconque MN; 2° on fera l'angle MOP égal à l'angle donné A; 3° on fera ensuite l'angle POS égal à l'angle B, ce qui fera connaître l'angle C égal à SON.

249. Remarque. Les trois angles d'un triangle ne suffisent pas pour déterminer les côtés. En effet, si l'on construit la droite NS parallèle à OP, il est évident que le triangle NOS aura ses angles SNO, OSN et SON, égaux, chacun à chacun, aux angles A, B, C; mais si l'on fait mouvoir la droite NS parallèlement à elle-même, et qu'on lui fasse prendre successivement les positions N'S', N"S", etc., il est évident que les angles ne changeront pas; on peut donc construire une infinité de triangles ayant les angles égaux chacun à chacun à trois angles donnés, pourvu que la somme de ces trois angles soit égale à deux angles droits. Lorsqu'une question admet ainsi une infinité de solutions, on dit qu'elle est *indéterminée*.

250. En général, *pour construire un triangle, il faut connaître trois de ses parties, au nombre desquelles il doit y avoir au moins un côté.*

---

251. Problème. *Fig.* **9.** *Étant donnés le côté* a, *l'angle* B *et l'angle* C, *construire le triangle.*

solution. 1° On fera le côté BC égal à *a;* 2° on construira aux extrémités de BC des angles égaux aux angles donnés B et C, le reste sera déterminé. On connaîtra, par conséquent, l'angle A, le côté *b* = AC, le côté *c* = AB.

252. Il est évident que le problème ne serait pas possible si la somme des deux angles donnés B et C était égale ou plus grande que deux angles droits.

---

253. Problème. *Fig.* **10.** *Étant donnés le côté* a, *l'angle* B *et l'angle* A, *construire le triangle.*

solution. 1° Sur l'un des côtés de l'angle B, on portera BC égal à *a;* 2° on construira où l'on voudra l'angle BA'C' égal à l'angle donné A; 3° on tracera la droite CA parallèle à C'A'.

254. On peut encore opérer de la manière suivante :

1° On cherchera le troisième angle C en opérant comme au numéro 248, alors, connaissant l'angle B, l'angle C et le côté adjacent *a*, il ne restera plus qu'à opérer comme au numéro 252.

---

255. Problème. *Fig.* **11.** *Étant donnés les côtés* a, b *et l'angle* C, *construire le triangle.*

solution. 1° On fera CB égal à *a;* 2° à l'extrémité C de la droite CB, on fera un angle égal à l'angle donné C; 3° on fera CA égal à *b;* 4° l'on tracera le troisième côté AB.

Cette construction fera connaître l'angle A, l'angle B et le côté $c = $ AB.

---

256. Problème. *Fig.* **12.** *Étant donnés les côtés* a, b *et l'angle* A, *opposé au côté* a, *construire le triangle.*

solution. 1° On fera le côté AC égal à *b;* 2° on construira l'angle A à l'une des extrémités du côté AC; 3° du point C, comme centre, avec un rayon égal à *a*, on décrira l'arc de cercle BB'.

Les deux triangles ABC, AB'C, satisferont tous deux aux conditions du problème, puisque dans chacun d'eux on aura le côté $AC = b$, l'angle A adjacent au côté *b*, et le côté CB ou CB' égal au côté donné *a*, sera opposé à l'angle A.

Dans le triangle ABC, le côté *c* est égal à AB, tandis que dans le triangle AB'C, il est égal à AB'.

257. Si le côté donné *a* était égal ou plus grand que AC, il n'y aurait qu'une seule manière de résoudre la question.

258. Il en serait de même si le côté donné *a* était précisément égal à la perpendiculaire abaissée du point C sur AB', et le triangle ACB'', que l'on obtiendrait dans ce cas, serait rectangle au point B''.

259. Enfin, le triangle demandé serait évidemment impossible si le côté donné *a* était plus petit que la perpendiculaire CB″.

------

260. Problème. *Fig.* **13.** *Étant donnés les trois côtés* a, b, c, *construire le triangle.*

solution. 1° On fera le côté BC égal à *a*; 2° du point B, comme centre, avec un rayon BA égal à *c*, on décrira un arc *mn*; 3° du point C, comme centre, avec un rayon CA égal à *b*, on décrira un arc *m′n′*. L'intersection des deux arcs *mn*, *m′n′*, déterminera le point A, que l'on joindra avec les points B et C.

On connaîtra donc les trois angles A, B, C.

261. Le triangle serait impossible si l'une des trois droites données *a, b, c*, était égale ou plus grande que la somme des deux autres.

------

262. Problème. *Construction du triangle rectangle.*

solution. Premier cas. *Si l'on donne un angle aigu et un côté*, on pourra toujours connaître le second angle aigu en prenant la différence du premier avec un angle droit, et la question reviendra au numéro 251.

263. Dans le cas où l'on donnerait *un angle aigu et le côté opposé*, on pourra encore opérer de la manière suivante, *fig.* **14** :

1° On fera l'angle aigu donné B; 2° par un point quelconque pris à volonté sur l'un des côtés de l'angle B, on élèvera la perpendiculaire A′C′ égale au côté donné *b*; 3° on tracera la droite C′C parallèle au côté A′B; 4° on abaissera CA perpendiculaire sur AB, ce qui déterminera le triangle.

264. Deuxième cas. Si l'on donne *les deux côtés de l'angle droit*, cela revient au numéro 255.

265. Troisième cas. Si l'on donne *l'un des côtés de l'angle droit et l'hypoténuse*, on fera comme au numéro 256.

------

266. Problème. *Construction du triangle isocèle.*

solution. Premier cas. Si l'on donnait *un côté quelconque et* *l'un des angles*, on pourrait toujours connaître les autres angles, et la question reviendrait au numéro 251.

267. Dans le cas où l'on connaîtrait la base et l'angle du sommet, on pourrait opérer de la manière suivante, *fig.* **15** :

1° On construirait l'angle donné A ; 2° on le partagerait en deux parties égales par la droite AO ; 3° on construirait AC′ égale à la base donnée *a*, et perpendiculaire sur AO ; 4° on tracerait C′C parallèle à AB ; 5° la droite CB, perpendiculaire sur AO, serait la base du triangle demandé.

268. Deuxième cas. Si l'on donnait *la base et l'un des côtés obliques*, il est évident que l'on connaîtrait les trois côtés, et l'on pourrait opérer comme au numéro 260.

269. Dans un triangle isocèle, on donne le nom de *sommet* au point de rencontre des deux côtés égaux. La *base* est le côté opposé au sommet, et la perpendiculaire abaissée du sommet sur la base, se nomme l'*apothème*.

On donne également le nom d'*apothème* à la perpendiculaire abaissée du centre d'un polygone régulier sur le côté.

Ainsi, l'*apothème d'un polygone régulier* n'est autre chose que le rayon du cercle inscrit (208).

---

270. **problème**. *Construction du triangle équilatéral.*

solution. Il suffit pour cela de connaître un seul côté, avec lequel on opère comme au numéro 260.

---

271. **Problème**. *Fig.* **16**. *Construire un parallélogramme lorsque l'on connaît deux de ses côtés et l'angle qu'ils comprennent.*

solution. L'angle A étant donné, on fera AB, AC, égaux aux deux côtés donnés ; puis on construira, par le point B, la droite BD′ parallèle au côté AC, et, par le point C, la droite CD parallèle au côté AB.

272. Si l'on donnait les deux côtés AB, AC et la diagonale CB, on construirait successivement les deux triangles ABC, CBD, en opérant comme au numéro 260.

---

273. Problème. *Construire un quarré dont on connaît le côté.*

solution. Il suffit de faire un parallélogramme dont les angles soient droits et les côtés égaux, ce qui ne peut offrir aucune difficulté ; je me bornerai donc à indiquer, *fig. 3, pl.* **6,** une construction que l'on peut exécuter sans le secours du compas :

1° Après avoir fait coïncider l'hypoténuse de l'équerre isocèle CAB, avec le côté donné 1 — 2, on posera la règle contre le côté AB ;

2° On tournera l'équerre dans la position B'A'C', et l'on tracera la diagonale 2 — 3 ;

3° On fera glisser l'équerre sur la règle jusqu'à ce qu'elle soit arrivée en B"A"C", et l'on tracera le côté 1 — 3, ce qui déterminera le point 3 ;

4° On amènera l'équerre jusqu'en B"'A"'C", et l'on tracera le côté 2 — 4 ;

5° Enfin, on tournera l'équerre parallèlement à sa position primitive, et, lorsqu'elle sera parvenue dans la position C^{iv}A^{iv}B^{iv}, on tracera le dernier côté 3 — 4.

Cette construction provient de ce que, dans l'équerre isocèle, l'hypoténuse fait deux angles égaux avec les côtés de l'angle droit, par conséquent l'angle 2 — 3 — 1 égal à A"B"C", vaut un *demi angle droit ;* donc le triangle 1 — 2 — 3 est isocèle, et le quadrilatère 1 — 2 — 3 — 4 est évidemment un quarré.

---

274. Problème. *Construire un polygone égal à un autre polygone donné.*

solution. 1re *Méthode.* On pourra décomposer le polygone donné en triangles et construire ensuite, *fig.* **1,** un même nombre de triangles égaux aux premiers, et placés de la même manière.

275. 2e *Méthode.* Au lieu de décomposer les polygones en triangles, il vaut mieux opérer de la manière suivante : soit, *fig.* **2,** le polygone donné BCDAK, 1° on tracera deux droites quelconques AX, A'X', dans le plan de la figure donnée ;

2º De chacun des sommets de cette figure on abaissera une perpendiculaire sur la droite AX;

3º On prendra toutes les parties Ap, Aq, As, Av, Am, que l'on portera en A'p', A'q', A's', A'v', A'm', sur la droite A'X';

4º Par les points p', q', s', etc., on élèvera une perpendiculaire à la droite A'X', et l'on fera chacune de ces perpendiculaires égale en longueur à celle qui lui correspond sur la figure donnée.

Les sommets du nouveau polygone seront déterminés, et l'on n'aura plus qu'à tracer les côtés.

Il est facile de voir qu'en transportant la droite AX sur A'X', les deux figures coïncideraient dans toutes leurs parties, ce qui prouverait l'égalité des deux polygones.

276. 3e *Méthode. Fig. 4.* 1º Par tous les sommets du polygone donné BCDHK, on tracera (239) des parallèles dans une direction quelconque; 2º on fera toutes ces lignes égales entre elles, et le polygone B'C'D'H'K', que l'on obtiendra en joignant les extrémités, sera évidemment égal au polygone donné.

277. 4e *Méthode. Fig. 5.* 1º On tracera une droite quelconque AY, sur laquelle on abaissera des perpendiculaires, de tous les sommets du polygone donné; 2º on prolongera chacune de ces perpendiculaires d'une quantité égale à elle-même.

Les deux polygones BCDHK, B'C'D'H'K', seront égaux, car il est évident que l'on pourra les faire coïncider en pliant la figure suivant la droite AY.

278. Lorsque deux figures ont ainsi tous leurs points situés deux à deux sur des perpendiculaires à une même droite, et à égale distance de cette ligne, on dit qu'elles sont *symétriquement* placées.

La droite AY est ce que l'on appelle *un axe de symétrie.*

279. On dit souvent aussi qu'une figure est symétrique, lorsqu'elle se compose de deux parties égales placées symétriquement. Ainsi, le triangle isocèle est une figure symétrique, qui a pour axe de symétrie la perpendiculaire abaissée du sommet sur la base (269).

Il y a des figures qui n'ont qu'un axe de symétrie, mais il y en a d'autres qui en ont plusieurs. Ainsi, dans un rectangle, il y a deux axes de symétrie qui passent par les milieux des côtés et par le point de rencontre des diagonales.

Dans un losange, les deux diagonales sont des axes de symétrie.

Un triangle équilatéral a trois axes de symétrie, qui sont les trois perpendiculaires abaissées des sommets sur les côtés.

Dans un polygone régulier, toute ligne droite qui passe par le centre et un sommet, ou par le centre et le milieu d'un côté, est un axe de symétrie.

Dans un cercle, chaque diamètre est un axe de symétrie.

---

280. Problème. *Fig.* **6.** *Construire une tangente par un point* A *donné sur la circonférence d'un cercle.*

solution. On joindra le point donné avec le centre par un rayon AO; puis l'on construira la droite CD perpendiculaire sur AO.

281. Si l'on ne peut pas prolonger le rayon OA, on placera la pointe d'acier en A; puis, avec un rayon égal à celui du cercle, on décrira l'arc *mn*, ce qui déterminera le point B sur la circonférence. De ce point, comme centre, avec le même rayon, on décrira l'arc *vu:* on tracera ensuite la droite OB, que l'on prolongera jusqu'à son intersection avec l'arc *vu*. Le point C, que l'on obtiendra par cette construction, fera partie de la tangente cherchée.

En effet, les trois distances BO, BA, BC, étant égales, il s'ensuit que si du point B, comme centre, on décrivait un cercle avec le rayon BO, la circonférence passerait par les points A et C; mais alors OC serait un diamètre, et l'angle OAC étant inscrit dans une demi-circonférence serait droit; donc la ligne CA serait une tangente (186).

---

282. Problème. *Construire une tangente à une circonférence, par un point situé en dehors du cercle.*

solution. 1re *Méthode. Fig.* **6.** 1° On joindra le point donné T avec le centre O; 2° on décrira un cercle en prenant la droite

TO comme diamètre. Les points H et K, suivant lesquels ce second cercle rencontrera le premier seront deux *points de contact*.

En effet, si l'on trace les droites TH, TK, OH, OK, il est évident que les angles THO, TKO, seront droits, puisque chacun d'eux sera inscrit dans une demi-circonférence; donc les droites TH, TK, seront tangentes au cercle.

283. 2ᵉ *Méthode. Fig.* **6.** 1° Du point O, comme centre, avec un rayon égal au diamètre du cercle donné, on décrira les deux arcs *mn*, *m'n'*; 2° du point donné, comme centre, avec le rayon TO, on décrira les arcs *vu*, *v'u'*, ce qui déterminera les points S et I. On joindra ces points avec le point O par les droites OS, OI, ce qui déterminera les points de tangence H et K.

En effet, le triangle STO est isocèle, puisque TO = TS; de plus, la droite OS étant égale au diamètre du cercle donné, le point H est le milieu de SO; donc la droite TH est perpendiculaire sur OH, puisqu'elle passe par le sommet et par le milieu de la base du triangle STO (142).

---

284. Problème. *Construire deux tangentes parallèles à une droite donnée.*

solution. *Fig.* **7.** On tracera le diamètre CD perpendiculaire sur la droite donnée AB, les extrémités de ce diamètre seront évidemment les points de tangence demandés.

Si l'on voulait construire des tangentes perpendiculaires à la droite AB, on tracerait le diamètre HK parallèle à AB, ce qui déterminerait les points de tangence H et K.

---

285. Problème. *Construire un polygone régulier lorsque l'on connaît le rayon du cercle circonscrit.*

solution. On commencera par décrire la circonférence que l'on partagera ensuite en autant de parties égales qu'il doit y avoir de côtés dans le polygone demandé. Or, il y a des subdivisions que l'on peut faire à l'aide des principes précédemment démontrés, mais il y en a d'autres dont nous ne pourrons parler que plus tard.

---

286. Problème. *Construire le quarré inscrit dans un cercle donné.*

solution. *Fig.* 8. On construira deux diamètres AB, CD, perpendiculaires l'un à l'autre, et l'on joindra les extrémités de ces diamètres par des cordes, ce qui donnera le quarré ADBC; car, les angles au centre étant égaux, comme *droits*, les arcs interceptés entre les côtés seront égaux (188), et la circonférence sera partagée en quatre parties égales.

287. corollaire. En opérant comme nous l'avons dit au numéro 233, on déterminera le rayon OH qui partage l'angle AOD, et, par conséquent, l'arc AD en deux parties égales, de sorte que la corde AH sera le côté de *l'octogone régulier inscrit.*

Si l'on partage l'arc AH en deux parties égales, on aura la *seizième* partie de la circonférence.

En continuant de la même manière, on pourra inscrire dans le cercle tous les polygones de 4, 8, 16, 32, 64, *côtés*, et ainsi de suite, en doublant toujours.

---

288. problème. *Construire l'hexagone régulier inscrit dans un cercle donné.*

solution. *Fig.* 9. Si du point A, comme centre, on décrit l'arc OB, on déterminera le point B, et l'arc AB sera la *sixième partie* de la circonférence.

En effet, si l'on trace les droites OB, AB, le triangle AOB sera équilatéral, par conséquent, l'angle AOB vaudra *le tiers de deux angles droits* ou le *sixième de quatre;* d'où il s'ensuit que l'arc intercepté AB sera la sixième partie de la circonférence entière. Ainsi, *le côté de l'hexagone régulier est égal au rayon du cercle circonscrit.*

289. corollaire I. Si, après avoir déterminé les sommets de l'hexagone régulier, on joint les trois points A, C, E, par des cordes, on aura, inscrit dans le cercle, un *triangle équilatéral,* car les arcs AC, CE, EA, sont égaux, puisque chacun d'eux vaut *deux sixièmes* ou *un tiers* de la circonférence.

290. cor. II. En partageant en deux parties égales chacun des arcs sous-tendus par les côtés de l'hexagone régulier, on aura les sommets du *dodécagone régulier inscrit* ou *polygone régulier de 12 côtés*; puis, en continuant de la même manière, on pourra inscrire les polygones de 24, 48, 96, côtés, etc.

291. cor. III. L'angle AOI, moitié de AOB vaut $\frac{1}{3}$ d'angle droit.

En déterminant le milieu de l'arc AI, on aurait la *sixième* partie de l'angle droit, et l'on pourrait ainsi, en continuant, le partager en 12, 48 parties, etc.

---

292. Problème. *Construire un polygone régulier dont on connaît le côté.*

solution. Supposons, par exemple, qu'il s'agisse de construire un octogone régulier dont le côté serait égal à AB, *fig.* **10**, 1° on décrira un cercle quelconque, et l'on partagera la circonférence en huit parties égales (287); 2° on tracera la corde AC, sur laquelle on portera A'B' égal au côté donné AB; 3° on construira B'B parallèle au rayon AO, ce qui déterminera le point B sur le rayon AC; 4° on décrira la circonférence du cercle qui a pour rayon OB, et les points où cette circonférence rencontrera les rayons qui passent par les points de division du premier cercle, seront évidemment les sommets du polygone demandé.

---

293. Problème. *Fig.* **11**. *Construire un cercle, ou un arc de cercle, passant par deux points donnés A, B.*

Solution. On tracera la droite AB, par le milieu de laquelle on construira la perpendiculaire CD. Chaque point de cette perpendiculaire pourra être pris pour le centre d'un cercle dont la circonférence contiendra les points donnés.

Le plus petit de tous ces cercles aura son centre au point O, et son rayon sera OB, moitié de la droite AB.

Si, au contraire, on éloigne le centre, le rayon augmentera, la courbure diminuera et l'arc AB se rapprochera de sa corde; enfin, si l'on supposait que le centre fût infiniment loin, il faudrait admettre que le rayon serait infiniment grand, alors la courbure serait nulle et l'arc se confondrait avec la corde. C'est pourquoi on dit quelquefois qu'*une ligne droite est un arc de cercle dont le rayon est infini.*

---

294. Problème. *Construire un cercle ou un arc de cercle par trois points donnés* A, B, C, *fig.* **12.**

solution. On tracera les deux droites AB, BC, et, par le milieu de chacune d'elles, on construira une perpendiculaire. Le point O, suivant lequel se rencontreront ces deux perpendiculaires, sera le centre du cercle demandé.

En effet, les droites OA, OB, sont égales entre elles, puisqu'elles s'écartent également de la perpendiculaire OM (138). Les droites OB, OC, sont aussi égales entre elles, parce qu'elles s'écartent également de la perpendiculaire ON; donc le point O, étant à égale distance des trois points donnés, sera le centre du cercle qui passerait par ces points.

295. corollaire I. Si les points donnés étaient en ligne droite, les deux perpendiculaires OM, ON, seraient parallèles, et le centre étant infiniment loin, la courbure du cercle serait nulle (293).

296. cor. II. La construction précédente peut évidemment servir pour retrouver le centre d'un cercle ou d'un arc de cercle. Dans ce cas, on choisira les trois points à volonté sur l'arc ou sur la circonférence donnés.

297. cor. III. Pour que l'on puisse faire passer une circonférence par les sommets d'un quadrilatère, il faut que la somme des angles opposés soit égale à deux angles droits.

En effet, admettons que dans le quadrilatère ABCI, *fig.* **12**, on ait l'angle   ABC + AIC = 2 angles droits,

si l'on prolonge CI jusqu'à la circonférence, et que l'on trace

AK, on aura (200) l'angle

$$ABC + AKI = 2 \text{ angles droits.}$$

Retranchant cette équation de celle qui précède, on obtient

$$AIC - AKI = 0;$$

mais on a (110)

$$AKI + KAI = AIC.$$

Ajoutant et réduisant, il vient

$$KAI = 0.$$

Donc la droite AI ne peut pas différer de AK, et le point I doit appartenir à la circonférence qui passe par les trois points A, B, C.

----

298. problème. *Construire un cercle passant par tous les sommets d'un polygone régulier.*

solution. Il suffira de chercher le centre du cercle qui passe par trois quelconques des sommets (154).

On pourra obtenir ce centre en opérant comme au numéro 294; mais on pourra aussi le déterminer par l'intersection de deux diamètres, que l'on construira en joignant deux sommets opposés lorsque le nombre des côtés du polygone sera pair, *fig.* **15**, ou bien en joignant un sommet avec le milieu du côté opposé, si le nombre des côtés est impair, *fig.* **14.**

----

299. problème. *Fig.* **1**, *pl.* **7.** *Sur une droite donnée* AB, *construire un segment capable d'un angle donné* PMQ.

On dit qu'un segment est capable d'un angle donné, lorsque tous les angles inscrits dans ce segment sont égaux à l'angle dont il s'agit.

solution. 1° On tracera la droite MH, ce qui déterminera l'angle PMH, complément de PMQ; 2° on fera au point A un angle OAK égal à PMH; 3° on construira la droite VS perpendiculaire au milieu de AB; l'intersection de VS avec AO sera le centre du cercle auquel appartient le segment demandé.

En effet, les deux angles OAK, HMP, étant égaux par con-

struction, leurs compléments seront aussi égaux; ce qui donnera

$$AOK = PMQ;$$

mais

$$\frac{AOB}{2} = AOK,$$

de plus (190),

$$AXB = \frac{AOB}{2}.$$

Ajoutant et réduisant, on aura

$$AXB = PMQ.$$

Ainsi, tout angle inscrit dans le segment AXB, est égal à
l'angle donné PMQ.

300. L'angle BAI, formé par la tangente AI, est aussi égal à
l'angle donné, puisque l'on a (195)

$$BAI = \frac{AOB}{2} = AOK = PMQ.$$

301. Si l'on demandait le segment capable de l'angle obtus
PMQ', la construction serait la même, mais alors, c'est le segment ASB, qui satisferait aux conditions du problème.

En effet, puisque les angles AXB, PMQ, sont égaux, leurs
supppléments (199) AYB, PMQ', doivent aussi être égaux; par
conséquent, tous les angles inscrits dans le segment ASB, sont
égaux à l'angle obtus PMQ'.

302. Si la surface sur laquelle on dessine ne contenait pas
le centre du cercle, *fig.* **2**, on construirait sur AB, une suite de
triangles ACB, AC'B, etc., dans chacun desquels la somme des
angles à la base serait égale au supplément de l'angle donné.

La construction de tous ces triangles pourra se faire très-
rapidement, en opérant de la manière suivante :

1ʳᵉ *Méthode.* 1° On tracera les deux droites HA, KB, de
manière que chacun des deux angles HAB, KBA, soit égal au
supplément de l'angle donné DAH; 2° on partagera les angles
HAB, KBA, en 4, 8, ou 16 parties égales, suivant le nombre
de points que l'on voudrait obtenir, et si l'on suppose, par
exemple, que chacun de ces angles soit partagé en 4 parties
égales, par les droites 1, 2, 3, et 1', 2', 3', les points de l'arc
de cercle demandé seront déterminés par les intersections de
la droite 1 avec 3', de 2 avec 2', de 3 avec 1'.

En effet, si nous exprimons par m le quart de l'un quelconque des deux angles HAB, KBA, il est évident que dans les triangles ACB, AC′B, AC″B, la somme des angles à la base sera

$$3m + m = 2m + 2m = m + 3m = 4m = \text{HAB},$$

supplément de l'angle donné.

Donc la somme des angles, à la base de chaque triangle, étant égale à l'angle HAB, tous les angles, aux sommets de ces triangles, seront égaux à l'angle donné DAH. Ils seront inscrits dans même segment, et les points C, C′, C″, seront situés sur un arc de cercle.

305. La somme des angles, à la base des triangles inscrits étant une quantité constante, il s'ensuit que si l'on faisait tourner le côté CA, l'angle, au point A, augmenterait à mesure que celui du point B diminuerait, et lorsque ce dernier angle serait réduit à zéro, l'angle du point A vaudrait $4m$; alors, le point C étant infiniment rapproché du point A, la sécante A —3 serait remplacée par AH, qui alors serait une tangente à l'arc AC′B. Il en sera de même de la droite KB.

Lorsque l'on construit ainsi, à la main, une courbe passant par des points déterminés, il est fort utile de connaître d'avance un certain nombre de tangentes, parce que cela facilite le tracé de la courbe, en indiquant sa direction dans le voisinage des points de tangence. Or, si l'on voulait construire la tangente au point C, il suffirait de faire l'angle SCA = CBA, ou VCB = CAB; car si l'on conçoit les deux rayons AO, CO, et la droite OI, perpendiculaire sur AC, on aura (190)

l'angle $$\text{CBA} = \frac{\text{COA}}{2},$$

mais nous avons par construction

$$\text{SCA} = \text{CBA}.$$

Ajoutant et réduisant, il vient

$$\text{SCA} = \frac{\text{COA}}{2}.$$

Or, $$\frac{\text{COA}}{2} = \text{COI};$$

de plus, $$\text{COI} + \text{ICO} = 1 \text{ angle droit.}$$

Ajoutant et réduisant, il vient

$$SCA + ICO = 1 \text{ angle droit};$$

d'où $$SCO = 1 \text{ angle droit}.$$

Par conséquent la droite CS est une tangente, puisqu'elle est perpendiculaire à l'extrémité du rayon OC.

On pourra donc construire d'avance autant de tangentes que l'on voudra.

La tangente au point C' serait parallèle à la corde AB.

504. 2ᵉ *Méthode.* On peut fixer solidement deux règles AM, BM, *fig.* 4, de sorte que l'angle AMB, soit égal à l'angle donné. Si ensuite on fait glisser cet angle sur le papier, de manière que ses côtés passent toujours par les extrémités de la ligne donnée AB, le point M décrira évidemment l'arc demandé.

Au lieu d'employer deux règles, on peut découper l'angle A″M″B″, *fig.* 3, dans une planche mince ou dans une feuille de carton.

505. corollaire. L'une quelconque des constructions précédentes, peut servir à tracer un arc de cercle par trois points donnés, lorsque le centre du cercle n'est pas situé sur la planche à dessin.

———

306. problème. *Fig.* 5. *Construire un cercle tangent en un point A d'une droite donnée* BC.

solution. On construira, par le point A, la droite DE, perpendiculaire sur BC. Chaque point de DE sera le centre d'un cercle tangent à la droite BC (186).

Si l'on éloigne le centre, la courbure diminue et la circonférence se rapproche de la tangente, avec laquelle elle se confond lorsque le rayon est infiniment grand.

———

307. problème. *Fig.* 6. *Construire un cercle tangent à deux droites données* AB, AC.

solution. On construira la droite HD, qui partage l'angle BAC en deux parties égales; cette droite se nomme une *bissectrice;* chaque point de HD sera le centre d'un cercle tangent aux deux droites données. Les perpendiculaires abaissées du centre sur les deux droites AB, AC, détermineront les points de tangence.

En effet, si l'on choisit le point O pour centre du cercle que l'on veut construire, et que l'on abaisse les deux perpendiculaires OB, OC, on aura l'angle CAO = OAB par construction, l'angle ACO = ABO comme droits; par conséquent le troisième angle AOB = AOC; de plus, les deux triangles AOB, AOC, ont un côté commun; donc ils sont égaux (145); d'où l'on peut conclure que les deux perpendiculaires OB, OC, sont égales. Ainsi, le cercle qui aura le point O pour centre, et la droite OB pour rayon, passera par le point C, et les droites AB, AC, seront tangentes, puisque chacune d'elles sera perpendiculaire à l'extrémité d'un rayon.

308. La droite MN, qui partage l'angle CAK en deux parties égales, contient les centres d'une seconde série de cercles qui toucheraient encore les deux droites données.

Les deux *bissectrices* HD, MN, sont perpendiculaires l'une à l'autre, car on a l'angle

$$\text{MAC} + \text{CAO} = \frac{\text{KAC}}{2} + \frac{\text{CAB}}{2} = \frac{\text{KAC} + \text{CAB}}{2} =$$

$$= \frac{2 \text{ angles droits}}{2} = 1 \text{ angle droit.}$$

309. Corollaire I. *Fig.* 8. Si les droites données BA', CA″, ne se rencontrent pas sur la planche à dessin, on pourra opérer de la manière suivante :

1° Par un point B, pris à volonté, on construira BS perpendiculaire sur BA', et BK perpendiculaire sur CA″; 2° on tracera la droite BC, qui partage l'angle KBS en deux parties égales; 3° on construira la droite HD perpendiculaire au milieu de BC.

En effet, le triangle CKB étant rectangle, on a l'angle

$$\text{A″CO} + \text{OBK} = 1 \text{ } angle \text{ } droit;$$

mais la droite BS étant perpendiculaire sur BA', on a

$$1 \text{ } angle \text{ } droit = \text{OBA'} + \text{OBS};$$

de plus, $$\text{OBS} = \text{OBK} \text{ par construction.}$$

Ajoutant les trois équations et réduisant, on obtient l'angle

$$\text{A″CO} = \text{OBA'}.$$

Par conséquent, le triangle formé par les trois droites CA″, BA′ et BC, est isocèle. Le sommet de ce triangle, étant à égale distance des points B et C, doit donc nécessairement appartenir à la perpendiculaire HD, élevée par le milieu de la base BC.

Enfin, les deux angles A″CO, OBA′, étant égaux, leurs compléments le sont aussi ; d'où l'on peut conclure que la droite HD partage en deux parties égales l'angle que les droites BA′, CA″, formeraient à leur point de rencontre.

510. Cor. II. *Fig.* **7.** Si le centre du cercle que l'on veut tracer n'est pas sur le dessin, on commencera par choisir à volonté les points de tangence B et C, qui doivent être à égale distance du point A (202), et par conséquent sur une droite BC, perpendiculaire à la ligne AD, qui partage en deux parties égales l'angle BAC.

On partagera l'angle SBC, en deux parties égales, par une droite BU, dont l'intersection avec AD déterminera le point U appartenant à l'arc demandé.

En effet, on a, par construction,

l'angle $\qquad$ SBU = UBD ;

mais $\qquad$ UBD = SUB, comme alternes-internes.

Ajoutant les deux équations et réduisant, on obtient

$$SBU = SUB ;$$

donc le triangle SUB est isocèle, et l'arc de cercle tangent au point B, sera également tangent en U (202).

En continuant de la même manière, on aura autant de points que l'on voudra. Ainsi, en partageant chacun des angles SBU, USB, en deux parties égales, on obtiendra le point I.

La droite KH, perpendiculaire sur SI, sera tangente au cercle demandé, car la ligne SI doit passer par le centre, puisqu'elle partage l'angle USB en deux parties égales.

———

511. Problème. *Fig.* **9.** *Construire un cercle tangent à trois droites données* AB, AC, BC.

Solution. On partagera chacun des angles ABC, BAC, en deux parties égales, et le point O, suivant lequel se rencontreront les deux bissectrices, sera le centre du cercle demandé. Les points de tangence seront déterminés en abaissant les trois perpendiculaires OK, OS, OI. En effet, les deux triangles AOK, AOS, étant égaux (307), on a OK = OS; mais l'égalité des triangles BOS, BOI, donnera pareillement OS = OI; donc les trois perpendiculaires OK, OS, OI, étant égales, le cercle qui serait décrit du point O comme centre, avec l'une d'elles pour rayon, passera nécessairement par les pieds des deux autres, et sera tangent aux trois côtés du triangle, dans lequel, par conséquent, il sera inscrit.

512. Corollaire I. Si l'on trace la droite OC, les deux triangles OCK, OCI, seront égaux, car ils auront les trois côtés égaux chacun à chacun; savoir, OC commun, OK = OI, comme rayon d'un même cercle, et les deux tangentes CK = CI (202); donc l'angle OCK = OCI; d'où il faut conclure que la troisième bissectrice passe également par l'intersection des deux autres.

513. Cor. II. Indépendamment du cercle inscrit dans le triangle ABC, il y a encore trois autres cercles qui satisfont à la question. Si l'on partage en parties égales les angles que chacun des côtés du triangle fait avec le prolongement du côté adjacent, les intersections des trois bissectrices HV, VU, UH', donneront trois points qui seront les centres de ces trois cercles. On pourra s'assurer, comme vérification, que le point V, suivant lequel se rencontrent les deux droites UV, HV, est dans le prolongement de la bissectrice BO. Pareillement le point U est dans le prolongement de AO, et si l'on prolongeait la bissectrice CO, elle passerait par le point de rencontre des deux lignes VH, UH'. Cette remarque est la conséquence du corollaire précédent.

514. Cor. III. *Fig.* **10.** On peut facilement obtenir les points de tangence sur les droites données VB, BD, DU, sans employer le centre du cercle. En effet, concevons BC perpendiculaire sur la droite qui partagerait l'angle BAC en deux parties égales, le triangle BAC sera isocèle et l'on aura

$$AC = AB.$$

Or, si nous exprimons les points de tangence par V, I, U,

nous aurons (202)

$$AB + BV = AC + CD + DU,$$
$$BI = BV,$$
$$DU = DI.$$

Ajoutant ces trois équations avec celle qui précède, il viendra

$$BI = DI + CD;$$

mais $BI + DI = BD.$

Ajoutant et réduisant, on aura

$$2BI = BD + CD;$$

d'où $BI = \dfrac{BD + CD}{2}.$

Ainsi, en décrivant l'arc CC′ du point D, comme centre, on aura BC′ = BD + DC′ = BD + DC, et le point I, milieu de BC′, sera l'un des points de tangence demandés.

Les deux autres points de tangence seront déterminés par les arcs IV, IU, décrits des points B et D comme centres.

515. cor. IV. Les deux termes AB, AC, ayant disparu par les réductions, il est évident qu'ils ne sont pas nécessaires pour la construction de la figure; et si le point A n'était pas sur la planche à dessin, on construirait la droite BC en opérant comme nous l'avons dit au numéro 309. Ainsi, *fig.* **11**, après avoir construit BS perpendiculaire sur VB, et BK perpendiculaire sur UD, on partagera l'angle SBK en deux parties égales, ce qui donnera la droite BC, on décrira l'arc CC′ et l'on prendra le milieu de BC′, ce qui déterminera le point I.

516. cor. V. Lorsqu'on a obtenu les trois points de tangence, on peut construire le cercle par l'un des moyens indiqués aux numéros 302 et 310.

Toutes ces constructions d'arcs de cercle dont on n'a pas le centre, et qui doivent être tangents à des lignes données, ou passer par des points donnés, sont souvent utiles pour les raccordements d'alignements dans le tracé des routes et des chemins de fer, c'est pourquoi j'ai cru devoir traiter la question avec quelques développements.

317. Problème. *Inscrire un cercle dans un quadrilatère.*

solution. Pour que la question soit possible, il faut que les côtés opposés, ajoutés deux à deux, forment des sommes égales.

En effet, dans le quadrilatère circonscrit BMND, *fig.* **12**, on a (202)

$$BV = BI,$$
$$VM = MP,$$
$$DU = DI,$$
$$UN = PN.$$

Ajoutant ces équations, on a

$$(BV + VM) + (DU + UN) = (BI + DI) + (MP + PN);$$

d'où

$$BM + DN = BD + MN.$$

318. Réciproquement, *si dans un quadrilatère, les côtés opposés, ajoutés deux à deux, forment des sommes égales, on pourra inscrire un cercle dans le quadrilatère.* En effet, admettons que l'on ait

$$BD + MZ = BM + DZ,$$

et supposons que le cercle tangent aux trois droites MB, BD et DZ, coupe le quatrième côté MZ, on pourrait construire la tangente MN, et l'on aurait alors (317)

$$BM + DZ + ZN = BD + MN.$$

Ajoutant les deux équations et réduisant, il viendrait

$$MZ + ZN = MN,$$

ce qui ne peut avoir lieu que si NZ est nul, et dans ce cas le quatrième côté du quadrilatère se confondrait avec MN, et serait par conséquent tangent au cercle qui touche les trois côtés MB, BD et DN.

Si les conditions énoncées (318) ont lieu, il ne reste plus qu'à construire le cercle tangent à trois côtés quelconques du quadrilatère donné (314).

———

319. Problème. *Construire une droite tangente à deux cercles donnés.*

solution. Nous remarquerons d'abord, *fig.* **1**, *pl.* **8**, que 'on peut en général construire quatre droites qui satisfont à la question proposée. Ces droites se rencontrent deux à deux sur la ligne des centres.

Nous nommerons *tangentes externes* celles qui touchent les cercles donnés en deux points situés du même côté par rapport à la ligne des centres, et *tangentes internes*, lorsque les deux points de tangence sont de côtés différents.

320. *Construction des tangentes externes*, *fig.* **2.** 1° Du point O comme centre, avec un rayon OM égal à la *différence* des deux cercles donnés, on décrira la circonférence MCN; 2° on construira (282) les deux droites AM, AN, tangentes à cette circonférence; 3° on tracera les deux rayons OH, AK, perpendiculaires à la tangente AM, et les deux rayons OV, AU, perpendiculaires sur AN. Les points K et H détermineront la tangente HK, et les points U et V détermineront la tangente VU. En effet, OM étant la différence des rayons des deux cercles donnés, il s'ensuit que HM == AK. De plus, ces deux lignes, perpendiculaires sur AM, sont parallèles, et le quadrilatère AKHM est un parallélogramme (151); donc les rayons AK, OH, perpendiculaires sur AM, sont également perpendiculaires sur la droite KH, qui par conséquent est une tangente commune aux deux circonférences données. Il en sera de même de la droite UV.

321. *Construction des tangentes internes*, *fig.* **3.** 1° On décrira du point O la circonférence MCN avec un rayon OM égal à la *somme* des rayons des deux cercles donnés; 2° on construira les deux droites AM, AN, tangentes à la circonférence MCN; 3° on tracera les deux rayons OM, AK, perpendiculaires sur AM, et les rayons ON, AU, perpendiculaires sur VU, les droites KH, UV, seront les tangentes demandées.

On le prouverait en raisonnant comme ci-dessus.

322. Si les deux cercles étaient égaux, il est évident que les tangentes externes seraient parallèles.

323. On pourrait encore considérer les tangentes externes comme parallèles, si les deux cercles étaient infiniment éloignés, parce qu'alors le point de rencontre de ces deux tangentes serait lui-même reculé jusqu'à l'infini (70).

324. Si au contraire les deux cercles se rapprochaient, *fig.* 4, l'angle formé par les deux tangentes, augmenterait, et lorsque les deux cercles se toucheraient les deux tangentes internes seraient réduites à une seule PQ, les quatre points de tangence U, K, H, V, seraient réunis au point C, qui serait alors le point de tangence des deux cercles. Dans ce cas il n'y aurait plus que trois tangentes.

325. Lorsque les deux cercles se coupent, *fig.* 5, les tangentes internes ne sont plus possibles, et les tangentes externes existent seules.

326. Enfin, si l'on rapproche encore les centres jusqu'à ce que les deux cercles se touchent intérieurement, il ne peut plus y avoir qu'une seule tangente, qui elle-même cesse d'exister au moment où le petit cercle est entièrement compris dans le grand sans le toucher.

---

527. Problème. *Construire deux arcs de cercles qui se raccordent en un point donné B*, *fig.* **6.**

solution. On dit que deux arcs de cercle se raccordent, lorsqu'ils paraissent appartenir à une même courbe et qu'ils ne font entre eux aucun angle (214), aucune brisure, à l'endroit où ils se réunissent. Ainsi, les deux arcs AB et BC se raccordent et forment entre eux la courbe à *deux centres* ABC.

Les deux arcs DB et BH se raccordent également au point B, et forment ensemble la courbe à deux centres DBH.

Toutes les questions dans lesquelles on se propose de raccorder ainsi deux ou un plus grand nombre d'arcs de cercles, dépendent de ce principe démontré au numéro 211, que *deux cercles sont tangents l'un à l'autre lorsqu'ils ont une tangente commune, et dans ce cas la ligne des centres doit contenir le point de tangence.* Ainsi, les arcs AB et BC, BD et BH, se raccordent au point B, parce qu'ils appartiennent à des cercles dont les centres sont situés sur la droite KO, perpendiculaire à la tangente commune MN.

528. Les raccordements d'arcs de cercles sont fréquemment employés dans l'architecture pour le tracé des profils de mouurcs, pour la construction des cintres de voûtes ; ils servent encore pour décrire un grand nombre de courbes en usage dans les machines.

Nous terminerons cette première série de problèmes par la solution de deux questions principales sur les courbes à plusieurs centres.

---

529. Problème. *Construire une courbe à plusieurs centres passant par des points donnés.*

solution. Soient trois points A, B, C, *fig.* **7.** On tracera les cordes AB, BC et les droites DM, HN, perpendiculaires sur les milieux de ces cordes ; puis, du point M, pris où l'on voudra sur DM, on décrira un premier arc AB. Quant au second arc BC, il doit avoir son centre sur la ligne HN, perpendiculaire au milieu de BC ; mais, pour qu'il se raccorde au point B avec le premier arc, il faut qu'ils aient en ce point, une tangente commune. Il faut donc que le centre du second arc soit situé sur le rayon BM (211). Or, le centre du second arc devant appartenir en même temps aux deux droites HN et BM, il sera situé au point N, suivant lequel ces deux lignes se rencontrent.

550. La question est évidemment indéterminée, et l'arc que l'on obtient dépend du point que l'on choisit pour centre du premier arc.

551. Si l'on plaçait le premier centre au point O, suivant lequel se rencontrent les droites DM et HN, les deux arcs n'en feraient qu'un seul.

552. Si l'on prenait pour centre du premier arc le point I, suivant lequel la droite DM est rencontrée par BI, perpendiculaire à BC, le second centre serait situé à l'infini, et l'arc correspondant serait alors remplacé par la droite BC, tangente au premier arc.

553. Corollaire. On peut appliquer ces principes à la construction d'une courbe passant par autant de points que l'on voudra, et l'on reconnaîtra encore que la forme de la courbe dépend du point que l'on choisit pour centre du premier arc. Ainsi, *fig.* **8,** en prenant le premier centre au point **1,** on obtient la courbe AVMUD, tandis que si l'on prend le premier centre au point 1', on obtiendra la courbe ASKHD.

334. Pour éviter l'inconvénient qui résulte de cette indétermination, on commence, *fig.* **9,** par esquisser au crayon la courbe que l'on veut construire, après quoi on choisit les points de raccordement assez rapprochés pour que les parties de courbe comprises entre ces points, soient sensiblement circulaires, et l'on détermine ensuite les centres comme ci-dessus.

335. Le nombre des centres est toujours inférieur d'une unité à celui des points par lesquels on veut faire passer la courbe.

———

336. Problème. *Construire une courbe à plusieurs centres et tangente à deux droites données.*

solution. Soient les deux droites AB, AC, *fig.* **10.** On veut construire une courbe à deux centres, qui touche la première droite au point B et la seconde au point C. On tracera d'abord les deux droites BO, CI, perpendiculaires aux deux tangentes données, puis on décrira un premier arc BD, en prenant pour centre un point O, situé où l'on voudra sur la droite BO. On portera le rayon BO de C en H sur la droite CI, puis on joindra le point O avec le point H par la droite OH, sur le milieu de laquelle on élèvera la perpendiculaire SI. L'intersection de la droite SI avec CI déterminera le point I, qui sera le centre du second arc de cercle. Le point de raccordement sera déterminé en prolongeant IO jusqu'en D.

En effet, on a (140) IH = IO, et par conséquent
$$IH + HC = IO + OD.$$
puisque OD = OB = HC : donc, le second arc tangent au point C passera par le point D. De plus, les deux arcs se raccorderont au point D, puisque si l'on menait en ce point une perpendiculaire sur OD, rayon de BD, elle serait aussi perpendiculaire sur DI, rayon de CD; d'où il suit, que les deux arcs auraient au point D une tangente commune, et que par conséquent ils se toucheraient en ce point.

337. On aurait pu commencer par décrire l'arc CD, mais

alors, il aurait fallu porter le rayon CI de B en H′, après quoi on aurait tracé la droite IH′, sur le milieu de laquelle on aurait élevé la perpendiculaire S′O, dont la rencontre avec BH′ aurait donné le point O pour centre de l'arc BD.

558. La question précédente est encore indéterminée, et la forme de la courbe dépend du premier centre. Si l'on prenait ce point sur la droite qui partage l'angle BAC en deux parties égales, le premier arc toucherait la droite BC en un point M, éloigné du point A d'une quantité AM = AB, et la partie droite MC remplacerait le second arc, dont le rayon serait alors infini.

Si au lieu de porter le premier rayon de C en H, on l'eût porté de C en H″, *fig.* **11**, on aurait obtenu la courbe BD′NC. Le second centre aurait été en I′, et le point de raccordement en D′.

On peut varier ainsi à l'infini la forme de la courbe, en changeant la place des centres et la direction des rayons.

559. Si les deux tangentes BA, CA′, *fig.* **12**, étaient parallèles, cela ne changerait rien à la manière d'opérer.

540. Corollaire. On pourrait se proposer d'inscrire une courbe à plusieurs centres dans un polygone donné ABCD, *fig.* **13**.

Supposons que l'on ait choisi les points de tangence A, M, D, on pourra joindre le point A avec M par une première courbe à deux centres AM, et les points M et D par une deuxième courbe MD, ce qui ferait quatre centres.

541. On peut n'employer que trois arcs de cercle ayant pour centres les points 1, 2 et 3, et se raccordant aux points Z et K; enfin, on peut commencer par l'arc que l on voudra, et même par celui du milieu si on le trouve plus commode : c'est ce que l'on a fait sur la figure **13**.

LIVRE DEUXIÈME.

LIGNES PROPORTIONNELLES ET FIGURES SEMBLABLES.

CHAPITRE PREMIER.

Rapports et Proportion des Lignes.

---

342. Rapport numérique. Le *rapport* de deux quantités est le nombre de fois que l'une d'elles contient l'autre.

Il résulte de là, qu'un rapport est toujours un *nombre*. Cependant il arrive souvent, dans l'énoncé d'un principe ou dans le cours d'une démonstration, que l'on exprime un rapport par des lettres ; c'est pourquoi on donne plus particulièrement le nom de *rapport numérique* à celui qui est exprimé en chiffres.

343. Le plus simple de tous les rapports est celui que l'on peut exprimer avec un seul nombre entier. Ainsi, par exemple, si la droite AB, *fig.* **1**, *pl.* **9**, contient exactement *trois fois* la ligne CD, on dira que le rapport de AB à CD est égal à 3, et l'on écrira $\dfrac{AB}{CD} = 3.$

En plaçant le diviseur 1 au-dessous du second membre de cette équation, on aura $\dfrac{AB}{CD} = \dfrac{3}{1}.$

Ce qui donne la proportion

$$AB : CD = 3 : 1.$$

544. Si l'on met les extrêmes à la place des moyens, on aura $\qquad$ $CD : AB = 1 : 3,$

ou, ce qui est la même chose,

$$\frac{CD}{AB} = \frac{1}{3}.$$

Ainsi le rapport de CD à AB est égal à $\frac{1}{3}$.

545. En multipliant l'une des deux quantités proposées par le rapport qui existe entre elles, on a *l'expression de la deuxième en fonction de la première.*

Ainsi, lorsqu'on dit que $AB = 3CD$, on exprime la valeur de AB en *fonction* de CD; tandis que si l'on disait $CD = \frac{1}{3} AB$, on aurait exprimé la valeur de CD en *fonction* de AB.

546. Lorsque l'une des deux quantités que l'on compare n'est pas contenue dans l'autre un nombre exact de fois, on ne peut plus exprimer leur rapport par un seul nombre entier; mais s'il existe une troisième ligne dont la longueur soit exactement contenue dans chacune des deux lignes données, le rapport numérique de ces deux dernières quantités peut encore être exprimé d'une manière très-simple. Ainsi, par exemple, supposons que la petite quantité m, *fig.* **2**, soit contenue exactement 7 fois dans la ligne AB et 5 fois dans la ligne CD, on aura

$$AB = 7m,$$
$$CD = 5m.$$

Si l'on divise la première équation par la seconde, on obtient

$$\frac{AB}{CD} = \frac{7m}{5m}.$$

Mais on doit se rappeler qu'un rapport ne change pas lorsque l'on multiplie ou que l'on divise ses deux termes par un même facteur. Ainsi, on pourra supprimer le facteur m, ce qui donnera $\qquad$ $\frac{AB}{CD} = \frac{7}{5},$

que l'on peut écrire si l'on veut de la manière suivante :

$$AB : CD = 7 : 5.$$

Ainsi, la fraction $\dfrac{7}{5}$, ou, ce qui est la même chose, $7 : 5$, est

le rapport numérique des deux lignes données AB, CD. Cela veut dire que la première de ces lignes contient *sept fois la cinquième partie de la seconde*, ou que celle-ci contient *cinq fois la septième partie de la première*.

La ligne m, contenue exactement sept fois dans AB et cinq fois dans CD, est ce que l'on appelle leur *commune mesure*.

547. Pour obtenir cette commune mesure, on pourrait opérer de la manière suivante : Soient, *fig.* 5, les deux lignes AB, CD, dont il faut trouver le rapport numérique, on portera la plus petite CD de A en B autant de fois qu'elle pourra y être contenue ; supposons, par exemple, 3 fois depuis A jusqu'à E ; on aura donc

$$AB = AE + EB = 3CD + EB.$$

On portera ensuite EB sur CD de C en D, et si elle est contenue par exemple 5 fois de C en F, on aura

$$CD = CF + FD = 5EB + FD.$$

Enfin, si nous supposons que la ligne FD soit contenue exactement 2 fois dans EB, nou aurons

$$EB = 2FD.$$

Alors FD sera la commune mesure demandée, et si nous exprimons sa longueur par m, nous aurons

$$EB = 2m,$$

par conséquent

$$CD = 5EB + FD = 5 \times 2m + m = 11m,$$
$$AB = 3CD + EB = 3 \times 11m + 2m = 35m.$$

Ainsi,
$$AB = 35m,$$
$$CD = 11m.$$

Divisant AB par CD, on obtient

$$\frac{AB}{CD} = \frac{35m}{11m} = \frac{35}{11},$$

que l'on peut écrire sous la forme d'une proportion

$$AB : CD = 35 : 11;$$

par conséquent $\dfrac{35}{11}$ ou $35 : 11$, est le rapport numérique des deux droites AB, CD.

548. On aura sans doute reconnu l'analogie qui existe entre l'opération que nous venons d'indiquer et celle que l'on emploie dans l'arithmétique pour trouver le plus grand commun diviseur entre deux nombres.

En général, pour trouver le rapport numérique entre deux quantités, il faut :

1° *Chercher leur commune mesure;*

2° *Exprimer les valeurs de ces quantités en fonction de leur commune mesure* (345)*;*

3° *Diviser l'une de ces valeurs par l'autre, et supprimer le facteur qui représente la mesure commune.*

Il ne reste plus alors que les deux nombres abstraits qui forment les termes du rapport numérique demandé.

549. La suppression du facteur commun m met en évidence un fait important : c'est que *le rapport qui existe entre deux quantités ne dépend pas de la grandeur de la quantité auxiliaire employée comme mesure commune.*

En effet, si au lieu de prendre FD pour terme de comparaison on eût pris la moitié de FD, on aurait eu, en représentant cette moitié par m',

$$AB = 35m = 70m',$$
$$CD = 11m = 22m';$$

d'où $\qquad \dfrac{AB}{CD} = \dfrac{70m'}{22m'} = \dfrac{70}{22} = \dfrac{35}{11}.$

Si l'on eût pris pour commune mesure une quantité m'', contenue 1000 fois dans FD, on aurait eu

$$\dfrac{AB}{CD} = \dfrac{35 \times 1000\,m''}{11 \times 1000\,m''} = \dfrac{35000}{11000} = \dfrac{35}{11}.$$

550. Si l'on voulait obtenir le rapport numérique qui existe entre deux arcs d'un même cercle ou de cercles égaux, on pourrait opérer comme pour deux lignes droites. Ainsi, par exemple, étant donnés, *fig.* **7**, les deux arcs AB, CD, décrits avec des rayons égaux, on ouvrira le compas d'une quantité égale à CD, et du point A, comme centre, on tracera l'arc VU, ce qui déterminera un arc ΛE égal à CD, puisqu'ils auront des cordes égales ; de sorte que l'on aura

$$AB = AE + EB = CD + EB.$$

On portera ensuite l'arc EB de C en D, et s'il est contenu, par exemple, 2 fois de C en F, on aura

$$CD = CF + FD = 2EB + FD.$$

Enfin, si nous supposons que l'arc FD soit contenu exactement 3 fois dans EB, nous aurons

$$EB = 3FD.$$

Alors FD sera la commune mesure, et, si nous exprimons sa longueur par m, nous aurons

$$EB = 3m,$$
$$CD = 2EB + FD = 2 \times 3m + m = 7m,$$
$$AB = CE + EB = 7m + 3m = 10m.$$

Ainsi,
$$AB = 10m,$$
$$CD = 7m.$$

Divisant AB par CD, on obtient

$$\frac{AB}{CD} = \frac{10m}{7m} = \frac{10}{7} ;$$

d'où l'on conclut $\quad$ AB : CD $= 10 : 7.$

Par conséquent $\dfrac{10}{7}$ ou $10 : 7$, est le rapport numérique des deux arcs AB, CD.

351. Rapport incommensurable. Nous avons supposé, dans l'article 347, que la quantité FD, *fig.* **3**, était contenue un nombre exact de fois dans chacune des deux droites AB, ou CD ; mais cela n'aura pas toujours lieu, parce que les deux quantités que l'on compare n'ont pas nécessairement entre elles une commune mesure.

pourrait arriver, par exemple, que la ligne FD étant portée sur EB, elle y fût contenue deux fois, plus un reste ; que ce reste, porté sur FD, y fût lui-même contenu un certain nombre de fois plus un reste, et ainsi de suite. Enfin, il serait possible qu'en continuant toujours à opérer de la même manière, on ne parvînt *jamais* à un reste exactement contenu dans le reste précédent.

On conclurait de là qu'il n'existe pas de commune mesure entre les deux quantités que l'on compare, c'est-à-dire qu'aucune partie exacte de l'une de ces quantités ne peut être exactement contenue dans l'autre, et réciproquement. Dans ce cas, le rapport demandé ne peut pas être exprimé exactement en nombre, et l'on dit alors qu'il est *incommensurable*.

552. On pourrait dire que, *dans le rapport incommensurable, la commune mesure est infiniment petite.*

553. Il ne faut pas confondre un rapport incommensurable avec celui dont les termes seraient deux fractions. Ainsi, par exemple, si l'on avait la proportion

$$A : B = \frac{5}{7} : \frac{11}{23},$$

il est évident que cela reviendrait à dire

$$A : B = \frac{5}{7} : \frac{11}{23} = \frac{5 \times 23}{7 \times 11} = \frac{115}{77} = 115 : 77;$$

d'où l'on doit conclure que le rapport des quantités A et B est commensurable, puisqu'il existe entre elles une *commune mesure* qui est contenue 115 fois dans la première et 77 fois dans la seconde.

554. L'opération indiquée aux numéros 347 et 350, peut bien faire comprendre ce que l'on entend par la commune mesure de deux droites ou de deux arcs de cercles ; mais elle n'est pas de nature à mettre en évidence l'existence de cette quantité, et par conséquent elle ne peut pas servir pour en déterminer exactement la valeur. En effet, on conçoit qu'en opérant comme nous l'avons dit, on finira toujours par arriver à un reste si petit, qu'il sera impossible de reconnaître par la superposition, si ce reste est, ou n'est pas exactement contenu dans le reste précédent.

Ainsi, ce n'est pas par des opérations de compas, que l'on pourra reconnaître dans quel cas un rapport est commensurable. La décision de cette question, dans chaque cas particulier, dépendra de principes qui seront établis plus tard, et nous ne devons considérer ce qui précède que comme une définition de ce que l'on entend par rapport incommensurable, et comme un avertissement nécessaire pour l'intelligence des théorèmes suivants.

355. Il est d'ailleurs à peu près indifférent, pour les applications, que les rapports soient commensurables ou qu'ils ne le soient pas; il suffit que l'on puisse obtenir ces nombres avec l'exactitude qui est nécessaire pour la question dont on s'occupe, et quand même on aurait obtenu les deux termes qui expriment exactement la valeur d'un rapport commensurable, on préférerait presque toujours remplacer l'expression exacte de ce rapport par un nombre décimal qui ne serait qu'approché; mais dont la forme se prêterait mieux aux exigences du calcul.

Ainsi, par exemple, si nous reprenons la proportion obtenue au numéro 347 $AB : CD = 35 : 11$,

on pourra diviser les deux derniers termes par 11, et l'on aura

$$AB : CD = \frac{35}{11} : 1 ;$$

d'où $AB : CD = 3{,}181818$, etc. : 1.

Le rapport exact $\dfrac{35}{11}$ est donc remplacé par $\dfrac{3{,}1818\ldots}{1}$ Ce rapport n'est qu'approché, mais l'inconvénient qui en résulte est bien compensé par l'avantage de n'avoir pas d'autre diviseur que l'unité.

Le rapport précédent peut encore être écrit de la manière suivante : $\dfrac{3}{1}$, $\dfrac{32}{10}$, $\dfrac{318}{100}$, $\dfrac{3182}{1000}$, etc.

Ces diverses valeurs sont d'autant plus approchées que le nombre des chiffres est plus grand et, dans la pratique, chacun pourra limiter cette exactitude, suivant la nature de la question proposée.

Lignes proportionnelles.

356. Définitions. Quatre lignes droites sont en proportion lorsque le rapport des deux premières est égal au rapport des deux dernières. Dans ce cas, on dit qu'elles sont *proportionnelles*.

Si par exemple on avait, *fig.* **2** et **4**,
$$AB : CD = 7 : 5,$$
$$A'B' : C'D' = 7 : 5,$$
on pourrait en conclure
$$AB : CD = A'B' : C'D'.$$

357. Ce que nous venons de dire est également vrai lorsque le rapport est incommensurable, et pour démontrer dans ce cas l'existence de la proportion, il suffit de prouver que les deux rapports sont égaux sans qu'il soit nécessaire de calculer leur valeur.

358. Théorème. *Lorsqu'une droite est parallèle à l'un des côtés d'un triangle, elle coupe les deux autres côtés en parties proportionnelles.*

Démonstration. *Fig.* **5.** Admettons que l'on ait la proportion $\qquad AD : DB = 4 : 3,$
ce qui revient à supposer qu'il existe une commune mesure Av qui serait contenue *quatre fois* dans AD et *trois fois* dans DB. Partageons AD en quatre parties égales; il est évident que DB en contiendra trois. Concevons ensuite les droites vu, is, kz, parallèles à BC, et les droites up, sq, zx, parallèles à AB, on aura $\qquad up = vi,$ comme parallèles entre parallèles; mais $\qquad vi = Av,$ par construction.

Ajoutant et réduisant, on aura
$$up = Av.$$
De plus, l'angle $\qquad A = pus,$ comme internes-externes, et l'angle $\qquad Avu = ups,$ comme ayant leurs côtés parallèles. Ainsi les deux triangles Avu, ups, sont égaux (**145**) et l'on a $\qquad Au = us.$

On démontrerait de la même manière que toutes les parties

sz, zH, Ho, etc., sont égales à Au, et par conséquent égales entre elles.

Or, si nous prenons l'une de ces parties égales pour terme de comparaison, et que nous exprimions sa valeur par m, nous aurons

$$AH = 4m,$$
$$HC = 3m.$$

Divisant la première équation par la deuxième, on obtient

$$\frac{AH}{HC} = \frac{4m}{3m};$$

d'où, en supprimant le facteur m,

$$\frac{AH}{HC} = \frac{4}{3},$$

et par conséquent   AH : HC = 4 : 3;

mais on avait admis dans l'énoncé

$$AD : DB = 4 : 3;$$

on aura donc, par suite du rapport commun,

$$AD : DB = AH : HC.$$

559. Corollaire I. Le facteur m ayant complétement disparu, on doit en conclure que le principe qui vient d'être démontré est indépendant de la grandeur de la commune mesure dont l'existence n'a été supposée que pour faciliter la démonstration, et l'on conçoit que l'égalité des deux rapports ne serait pas changé si l'on eût pris un terme de comparaison beaucoup plus petit et même infiniment petit (349); ce qui nous conduit à conclure qu'il serait encore vrai dans le cas où le rapport des parties comparées serait incommensurable.

En général, le rapport qui existe entre deux côtés d'un triangle, dépend uniquement de la direction du troisième, et, si l'on fait mouvoir ce côté parallèlement à lui-même, le rapport des deux premiers ne change pas.

Supposons, par exemple, *fig.* **6,** que l'on ait

$$\frac{AB}{AC} = \frac{2}{3}$$

si l'on trace B′C′ parallèle à BC, on aura encore

$$\frac{AB'}{AC'} = \frac{2}{3},$$

quelle que soit la distance du point B′ au point A, et, par conséquent, quel que soit le rapport entre AB′ et B′B.

Il y a plus, c'est que le rapport ne serait pas changé dans le cas où la droite mobile passerait par le sommet, pourvu qu'on lui ait conservé sa direction. Dans ce cas, les trois points A, B″, C″, seraient réunis en un seul, la commune mesure étant infiniment petite serait réduite à zéro, le côté AB″ vaudrait 2×0, le côté AC″ vaudrait 3×0, et le rapport serait

$$\frac{AB''}{AC''} = \frac{2 \times 0}{3 \times 0} = \frac{2}{3}.$$

Si la parallèle mobile passait au delà du sommet, les distances du point A aux deux points de section B‴ et C‴ deviendraient négatives, et le rapport serait alors

$$\frac{-\,AB'''}{-\,AC'''} = \frac{AB'''}{AC'''} = \frac{2}{3}.$$

360. cor. II. *Fig.* **9.** Nous avons, par le principe démontré au numéro 358,

(1)   AD : DB = AH : HC.

On en conclut, en combinant les termes,

(AD + DB) : AD = (AH + HC) : AH,
(AD + DB) : DB = (AH + HC) : HC;

d'où

(2)   AB : AD = AC : AH,
(3)   AB : DB = AC : HC.

Enfin, si l'on change les moyens de place dans les proportions (1), (2) et (3), on aura

AD : AH = DB : HC,
AB : AC = AD : AH,
AB : AC = DB : HC.

361. cor. III. *Fig.* **8.** Lorsque plusieurs droites parallèles BC, DE, FH, etc., rencontrent les côtés d'un angle A, elles déterminent sur ces côtés des parties proportionnelles.

En effet, on aura, par le théorème précédent,

$$AB : AC = BD : CE = AD : AE;$$

mais $$AD : AE = DF : EH.$$

Or, par suite du rapport commun, il viendra

$$AB : AC = BD : CE = DF : EH, \text{ etc.}$$

En combinant ensuite les antécédents et les conséquents de la même manière, on en conclut que *tel nombre de parties que l'on voudra prises sur le côté* AX, *est à la somme des parties correspondantes sur* AY, *comme tout autre nombre de parties du premier côté, est à la somme des parties correspondantes du second côté.*

---

562. Théorème. *Fig.* **9.** *Lorsqu'une droite* DH *est parallèle au côté* BC *d'un triangle,* on a la proportion

$$BC : DH = AB : AD = AC : AH.$$

Démonstration. Concevons la droite DI parallèle au côté AC, on aura $$BC : IC = AB : AD.$$

Remplaçant IC par DH, qui lui est égal comme parallèles entre parallèles, on aura

$$BC : DH = AB : AD,$$

et, par conséquent, comme AC : AH.

563. Corollaire. *Fig.* **8.** Les parallèles BC, DE, FH, etc., sont entre elles comme les distances AB, AD, AF, ou comme les distances AC, AE, AH, etc.

En effet, on a, par le théorème précédent,

$$BC : DE = AB : AD.$$

On a par la même raison

$$DE : FH = AD : AF.$$

Changeant les moyens de place dans ces deux proportions, on obtient

$$BC : AB = DE : AD,$$
$$DE : AD = FH : AF.$$

Puis, à cause du rapport commun, on aura

$$BC : AB = DE : AD = FH : AF;$$

et continuant $=$ KI : AK, etc., on trouverait de même

$$BC : AC = DE : AE = FH : AH = KI : AI.$$

---

564. Théorème. *Fig.* **10.** *La droite* AD, *menée comme l'on voudra par le sommet d'un triangle* ABC, *divise le côté opposé, ainsi que la parallèle* KH, *en parties proportionnelles.*

Démonstration. On a par le théorème précédent

$$BD : KO = AD : AO,$$
$$DC : OH = AD : AO.$$

Par suite du rapport commun il viendra

$$BD : KO = DC : OH.$$

565. Corollaire. *Fig.* **11.** Les droites AB, AC, AD, AE, etc., menées comme l'on voudra par un point quelconque A, divisent les parallèles BX, KY, en parties proportionnelles, car le théorème qui précède donne évidemment

$$BC : KH = CD : HI = DE : IO, \text{ etc.}$$

En combinant les antécédents comme les conséquents, on aura

$$(BC + CD + DE, \text{ etc.}) \quad (KH + HI + IO, \text{ etc.}) = BC : KH.$$

Enfin, *tel nombre de parties que l'on voudra prises sur* BX, *est à la somme d'un pareil nombre de parties correspondantes prises sur* KY, *comme tout autre nombre de parties de* BX *est à la somme des parties correspondantes de* KY.

Tout ce qui précède s'applique également aux parties de la parallèle K'Y'.

---

566. Théorème. *Fig.* **12.** *La droite qui divise en deux parties égales l'angle d'un triangle, divise le côté opposé en deux parties proportionnelles aux côtés correspondants de l'angle partagé, de sorte que l'on doit avoir la proportion*

$$DB : DC = AB : AC.$$

Démonstration. Par le point B, concevons la droite BM parallèle à la bissectrice AD, et supposons le côté AC prolongé jusqu'au point M, on aura l'angle   MBA = BAD, comme alternes-internes,

l'angle   DAC = BMA, comme internes-externes.

De plus, on a

l'angle   BAD = DAC, par construction.

Ajoutant ces trois équations et réduisant, il viendra

l'angle   MBA = BMA.

Par conséquent le triangle MAB est isocèle; d'où il résulte
que   AM = AB.

Mais le parallélisme des droites AD, MB, donnera la proportion   DB : DC = AM : AC.

Remplaçant AM par son égal AB, on obtiendra

(1)   DB : DC = AB : AC.

567. Corollaire. Si, au lieu de partager en deux parties
égales l'angle intérieur BAC, on divisait, *fig.* **14**, l'angle extérieur BAH, formé par le côté AB et par le prolongement de AC,
on aurait encore la proportion

DB : DC = AB : AC.

En effet, dans ce cas, la droite BM, menée par le point B
parallèlement à la bissectrice DA, serait dirigée dans l'intérieur
du triangle, et l'on aurait alors

l'angle   MBA = BAD, comme alternes-internes,

l'angle   DAH = BMA, comme internes-externes,

l'angle   BAD = DAH, par construction.

Ajoutant et réduisant, on obtient

l'angle   MBA = BMA;

donc le triangle ABM est isocèle, et l'on a

AB = AM.

Mais le parallélisme des lignes DA et BM donne la proportion   DB : DC = AM : AC.

Remplaçant AM par son égal AB, il vient

(2)   DB : DC = AB : AC.

368. Remarque. L'identité qui existe entre les proportions
(1) et (2), permet de les considérer comme les conséquences

d'un même principe, que nous énoncerons de la manière suivante :

La droite qui partage en deux parties égales l'angle formé par les deux côtés d'un triangle, détermine, sur le troisième côté, deux segments, qui sont entre eux comme les côtés correspondants de l'angle partagé.

569. Par le mot *segments*, il ne faut pas entendre deux parties d'une droite donnée, mais *les distances du point de section aux extrémités de la droite coupée*. Ainsi, *fig.* 15, lorsque la droite BC est rencontrée par une sécante AS, les deux segments sont DB et DC, tandis que si la sécante A'S' ne coupait la droite BC que dans son prolongement, les segments seraient D'B et D'C.

CHAPITRE II.

Figures semblables.

570. Définitions. Nous avons, au commencement du premier livre, comparé les figures quant à leur égalité; nous allons actuellement rechercher les rapports qui existent entre elles.

Deux figures peuvent avoir la même forme quoiqu'elles soient de grandeurs différentes, *fig.* 5, *pl.* 10, on dit alors qu'elles sont *semblables*, et que toutes leurs parties sont en proportion.

La similitude ne résulte pas seulement de l'égalité de rapport entre les parties correspondantes des deux figures que l'on compare, il faut encore que ces parties soient placées dans le même ordre et inclinées entre elles de la même manière; c'est pourquoi nous adopterons la définition suivante :

371. *Deux polygones sont semblables lorsqu'ils ont les angles égaux et les côtés homologues proportionnels.*

372. *Les côtés, les lignes, les angles homologues,* sont les parties correspondantes des deux figures.

373. Il résulte de la définition précédente, que deux conditions sont essentielles pour qu'il y ait similitude entre deux figures. Ainsi, lorsque deux polygones ont les angles égaux et que les côtés ne sont pas proportionnels, ils ne sont pas semblables; pareillement, la proportion des côtés ne suffirait pas pour établir la similitude si l'égalité des angles n'existait pas. Mais, dans les triangles, l'une des deux conditions de la similitude ne peut jamais avoir lieu toute seule, et lorsque l'on a reconnu l'existence de l'une d'elles on peut en conclure celle de l'autre. C'est ce qui va être développé dans les articles suivants.

Triangles semblables.

374. Théorème. *Deux triangles sont semblables lorsqu'ils ont leurs angles égaux chacun à chacun.*

Démonstration. *Fig.* **1.** Soient les deux triangles ABC, DOH, tels que l'on ait l'angle A = D, l'angle B = O et l'angle C = H. Portons le côté DO de A en K, et le côté DH de A en S, le triangle AKS sera égal à DOH, comme ayant un angle égal compris entre deux côtés égaux chacun à chacun; on aura donc

l'angle $\qquad$ AKS = DOH;

mais on a $\qquad$ DOH = ABC.

Ajoutant et réduisant, on obtient

l'angle $\qquad$ AKS = ABC;

donc la ligne KS est parallèle à BC; d'où il résulte que

$$AB : AK = AC : AS;$$

mais on a (362) $\qquad$ AC : AS = BC : KS;

on aura donc, à cause du rapport commun,

$$AB : AK = AC : AS = BC : KS.$$

Si l'on remplace actuellement les trois lignes AK, AS et KS, par leurs égales DO, DH et OH, on aura

$$AB : DO = AC : DH = BC : OH.$$

Ainsi, les deux triangles ABC, DOH, ont leurs côtés proportionnels chacun à chacun, et puisqu'en outre ils avaient les angles égaux. Il s'ensuit qu'ils satisfont aux deux conditions exigées par la définition du numéro 374, et que par conséquent ils sont semblables.

575. Corollaire I. Deux triangles sont semblables lorsqu'ils ont *deux angles égaux chacun à chacun*, puisque l'on sait, dans ce cas, que les troisièmes angles sont pareillement égaux (113).

576. Cor. II. Deux triangles sont semblables lorsqu'ils ont les côtés *parallèles chacun à chacun;* puisque l'on a démontré (87) que les angles qui ont les côtés parallèles sont égaux.

577. Cor. III. Deux triangles sont semblables lorsqu'ils ont les côtés *perpendiculaires chacun à chacun;* cela est une conséquence du théorème démontré au numéro 89; mais on pourrait encore parvenir au même résultat en raisonnant de la manière suivante :

Soient, *fig. 2*, les deux triangles ABC, DOH, tels que l'on ait AB perpendiculaire sur DO; AC perpendiculaire sur DH, et BC perpendiculaire sur OH. Prolongeons les côtés de ces triangles jusqu'à ce que chacun d'eux rencontre celui auquel il est perpendiculaire, nous aurons, dans le quadrilatère KBSO, la somme des quatre angles

$$KBS + BSO + SOK + OKB = 4 \text{ angles droits } (123);$$

mais, par l'énoncé du théorème, on a

$$1 \text{ angle droit} = OKB,$$
$$1 \text{ angle droit} = BSO;$$

de plus, $2 \text{ angles droits} = SOK + KOH.$ (60)

Ajoutant et réduisant, il restera

l'angle $KBS = KOH,$

ou, ce qui est la même chose,

l'angle $ABC = DOH.$

Si l'on considère ensuite le quadrilatère UCSH, on a

4 angles droits = UCS + CSH + SHU + HUC ;

mais, par l'énoncé du théorème, on a

$$CSH = 1 \text{ angle droit},$$
$$HUC = 1 \text{ angle droit};$$

de plus, BCU + UCS = 2 angles droits.

Ajoutant et réduisant, il restera

l'angle BCU = SHU,

ou, ce qui revient au même,

l'angle BCA = OHD.

Ainsi, les deux angles ABC, BCA, étant égaux chacun à chacun aux deux angles DOH et OHD, il s'ensuit que les deux triangles ABC, DOH, sont semblables (375).

Si l'on voulait démontrer l'égalité des deux angles BAC, HDO, on dirait

$$VAK + AVK = 1 \text{ angle droit}, \qquad (115)$$
$$DVU = AVK, \qquad (65)$$
$$1 \text{ angle droit} = DVU + UDV, \qquad (115)$$
$$UDV = HDO, \qquad (65)$$

Ajoutant et réduisant, il resterait

$$VAK = HDO,$$

et, par conséquent, BAC = DHO.

Lorsque l'on a reconnu la similitude de deux triangles, on doit se rappeler que les côtés homologues sont toujours opposés aux angles égaux. Ainsi, dans l'exemple qui précède, le côté AC, opposé à l'angle B du triangle ABC, sera l'homologue du côté DH, opposé à l'angle O dans le triangle DOH. Par la même raison le côté AB sera l'homologue de DO et le côté BC sera l'homologue de OH, ce qui donnera par conséquent

$$AC : DH = AB : DO = BC : OH.$$

Il faut s'exercer à retrouver ainsi les côtés homologues, quelles que soient les positions relatives des triangles que l'on compare.

On peut faciliter cette recherche en désignant les angles égaux entre eux, par des accents, comme cela est indiqué sur la figure.

378. Théorème. *Deux triangles sont semblables lorsqu'ils ont un angle égal compris entre côtés proportionnels chacun à chacun.*

Démonstration. *Fig. 1.* Soient les deux triangles ABC, DOH, tels que l'angle A soit égal à D et que l'on ait la proportion   AB : DO = AC : DH,

portons DO de A en K et DH de A en S, on aura le triangle AKS égal au triangle DOH, comme ayant un angle égal compris entre deux côtés égaux chacun à chacun ; mais si dans la proportion admise par l'énoncé, on remplace DO par son égal AK et DH par AS, on a

$$AB : AK = AC : AS;$$

par conséquent la droite KS est parallèle à BC, puisqu'elle partage les côtés de l'angle A en parties proportionnelles ; donc l'angle   AKS = ABC ;

mais les deux triangles AKS, DOH, étant égaux par construction, on a l'angle   DOH = AKS.

Ajoutant ces deux équations et réduisant, on obtient l'angle   DOH = ABC.

Or, on avait l'angle   D = A ;

donc les deux triangles ABC, DOH, sont semblables, puisqu'ils ont deux angles égaux chacun à chacun (375).

---

379. Théorème. *Deux triangles rectangles sont semblables lorsqu'ils ont l'hypoténuse et un côté proportionnels chacun à chacun.*

Démonstration. *Fig. 5.* Soient les deux triangles rectangles BAC, ODH, tels que l'on ait

$$BA : OD = BC : OH,$$

faisons l'angle DOK égal à ABC, et prolongeons le côté HD, les deux triangles DOK, BAC, seront semblables, puisqu'ils seront

rectangles et qu'ils auront l'angle DOK égal à l'angle ABC (375),
on aura donc $\qquad$ BA : OD $=$ BC : OK ;

mais les trois premiers termes de cette proportion étant les
mêmes que dans la proportion admise par l'énoncé, les quatrièmes termes doivent être égaux, par conséquent

$$OH = OK,$$

et le triangle OHK étant isocèle, la perpendiculaire OD passe au
milieu de la base, ce qui donne

$$DK = DH.$$

Ainsi les deux triangles DOH, DOK, sont égaux comme
ayant les trois côtés chacun à chacun, et puisque le second de
ces triangles est semblable, par construction, au triangle BAC,
il s'ensuit que les triangles BAC, DOH, sont semblables.

---

380. Théorème. *Deux triangles sont semblables lorsqu'ils
ont les trois côtés proportionnels chacun à chacun.*

Démonstration. *Fig. 4.* Soient les deux triangles ABC,
DOH, tels que l'on ait

$$AB : DO = AC : DH = BC : OH.$$

Faisons l'angle ODK $=$ CAB et l'angle DOK $=$ CBA, le triangle
DOK sera semblable au triangle ABC (375), et l'on aura

$$AB : DO = AC : DK = BC : OK ;$$

mais si l'on compare cette suite de rapports avec celle qui précède, on reconnaît que les antécédents sont égaux; d'où il
résulte que les conséquents sont en proportion; ce qui donne

$$DO : DO = DH : DK = OH : OK.$$

Or, les deux termes du premier rapport étant égaux, il doit en
être de même pour les autres rapports; ce qui donne

$$DH = DK,$$
$$OH = KO.$$

Donc les deux triangles DOH, DOK, sont égaux, comme
ayant les trois côtés égaux chacun à chacun, et puisque le

triangle DOK est semblable par construction, au triangle ABC, il s'ensuit que les deux triangles ABC, DOH, sont semblables.

***

Polygones semblables.

581. Théorème. *Fig. 5. Deux polygones semblables peuvent toujours être décomposés en un même nombre de triangles semblables chacun à chacun et semblablement placés.*

Démonstration. Si les deux polygones ABCDEH, *abcdeh*, sont semblables (371), on a la proportion

$$AB : ab = BC : bc.$$

De plus, l'angle $\qquad$ $ABC = abc.$

Par conséquent, si l'on trace les diagonales AC et *ac*, on aura deux triangles ABC, *abc*, qui seront semblables, comme ayant un angle égal compris entre les côtés proportionnels, ce qui donnera

$$BC : bc = AC : ac;$$

mais, par suite de la similitude des deux polygones, on a

$$BC : bc = CD : cd.$$

On aura donc, à cause du rapport commun,

$$AC : ac = CD : cd.$$

De plus, si des deux angles égaux BCD, *bcd*, qui appartiennent aux deux polygones donnés, on retranche les angles BCA, *bca*, qui sont égaux, comme appartenant aux deux triangles semblables ABC, *abc*, il restera

l'angle $\qquad$ $ACD = acd.$

Par conséquent, si l'on trace les diagonales AD, *ad*, on formera deux nouveaux triangles ACD, *acd*, qui seront encore semblables, comme ayant un angle égal compris entre côtés proportionnels.

En continuant à raisonner de la même manière, on démontrera que les triangles ADE, AEH, sont semblables chacun à chacun aux triangles *ade*, *aeh*.

382. Théorème. *Si deux polygones sont composés d'un même nombre de triangles semblables chacun à chacun et semblablement placés, ils seront semblables.*

Démonstration. *Fig. 5.* Supposons que les triangles ABC, ACD, ADE, etc., soient semblables aux triangles *abc*, *acd*, *ade*, etc., ils auront leurs angles égaux chacun à chacun; ce qui donnera l'angle   ABC = *abc*.

De plus, l'angle BCD, qui est la somme des deux angles BCA + ACD, sera égal à l'angle *bcd*, qui est la somme des deux angles *bca* + *acd*.

On démontrerait de même que les angles CDE, DEH, sont égaux aux angles *cde*, *deh*.

Enfin, le dernier angle BAH, étant la somme des angles BAC, CAD, DAE, etc., sera égal à *bah*, qui est la somme des angles *bac*, *cad*, *dae*, etc.

Il résulte, par conséquent, de ce que nous venons de dire, que les deux polygones ABCDEH, *abcdeh*, ont les angles égaux.

Mais la similitude des triangles ABC, *abc*, donne
$$AB : ab = BC : bc = AC : ac;$$
la similitude des triangles ACD, *acd*, donnera
$$AC : ac = CD : cd;$$
on aura donc, à cause du rapport commun,
$$AB : ab = BC : bc = CD : cd;$$
et, continuant de la même manière,
$$= DE : de = EH : eh, \text{ etc.}$$

Ainsi, les deux polygones seront semblables, puisqu'ils auront les angles égaux et les côtés homologues proportionnels.

---

383. Théorème. *Deux polygones réguliers, d'un même nombre de côtés, sont deux figures semblables.*

Démonstration. *Fig. 6.* La somme des angles étant la même dans les deux polygones (122), il s'ensuit que chacun des angles du premier est égal à l'un des angles du second ; de plus, les côtés étant égaux de part et d'autre, on aura évidemment   AB : ab = BC : bc = CD : cd, etc.

Ainsi, les deux polygones seront semblables, puisqu'ils auront les angles égaux et les côtés proportionnels.

---

584. Théorème. *Les cercles sont des figures semblables.*

Démonstration. Si, dans deux circonférences quelconques, on inscrit deux polygones réguliers d'un même nombre de côtés, ces deux polygones *seront semblables* (383).

Si l'on partage, de part et d'autre, les arcs sous-tendus en 2, 4, 8, 16, etc., parties égales, et si l'on suppose que les subdivisions soient continuées jusqu'à l'infini, on aura deux polygones réguliers, d'un nombre infini de côtés, qui se confondront avec les deux circonférences données. Or, il est évident que dans les transformations successives par lesquelles on aura fait passer les deux polygones inscrits, *ils n'auront pas cessé un seul instant d'être semblables*, et que, par conséquent, ils conserveront jusqu'à l'infini toutes les propriétés qui dépendent de la similitude ; c'est pourquoi il doit être permis de considérer les cercles comme des figures semblables.

CHAPITRE III.

Propriétés des figures semblables.

---

585. Définitions. Nous avons donné le nom de *parties homologues*, à celles qui se correspondent dans deux figures semblables ; mais cette définition a besoin de quelques développements. En effet, lorsqu'il s'agit de deux triangles semblables, les angles homologues sont ceux dont on a reconnu l'égalité, les côtés homologues sont ceux qui sont opposés aux angles homologues; mais cette distinction ne suffirait plus pour faire reconnaître les côtés homologues des polygones, parce que dans ces figures un côté n'est pas toujours opposé à un angle, dans le sens que l'on attache ordinairement à cette expression.

586. Nous dirons donc, en général, que *des côtés sont homologues lorsqu'ils sont semblablement placés dans des figures semblables.*

587. D'après cela les **côtés homologues** sont toujours adjacents aux angles homologues, c'est-à-dire qu'en tournant, dans le même sens, autour de deux polygones semblables, et, partant, de deux angles homologues, tous les autres angles et côtés homologues doivent être successivement placés dans le même ordre sur les deux figures.

588. **Lignes homologues.** Indépendamment des côtés homologues des polygones semblables, on a souvent besoin d'exprimer les relations qui existent entre *des points ou des lignes homologues.* Or, *des lignes sont homologues* lorsqu'elles rencontrent les côtés homologues de deux figures semblables, suivant des angles égaux chacun à chacun, et qu'elles coupent ces côtés en parties proportionnelles. Ainsi, les deux droites MN, *mn*, *fig.* 7, seront des lignes homologues, si l'on a l'angle EMN $=$ *emn* et la proportion

$$\text{EM} : em = \text{EH} : eh.$$

589. Des lignes homologues peuvent être situées en dehors des deux figures que l'on compare. Par conséquent, les deux droites AX, *ax*, seront homologues si l'angle BAX est égal à l'angle *bax*, et si l'on a la proportion

$$\text{AB} : ab = \text{BK} : bk.$$

590. Les diagonales qui joignent entre eux les sommets des angles homologues, sont évidemment des lignes homologues.

591. **Points homologues.** On dit que des points sont homologues, lorsqu'ils sont situés sur des lignes homologues, et qu'ils déterminent sur ces lignes des *segments proportionnels* aux

côtés homologues des deux figures auxquelles ils appartiennent. Ainsi, les points O, o, seront homologues si l'on a la proportion

$$MO : mo = EM : em = EH : eh.$$

Les deux points X et x seront homologues si l'on a

$$AX : ax = AB : ab = BC : bc.$$

---

592. Théorème. *Les triangles, et en général toutes les figures formées par la rencontre des lignes homologues, sont semblables.*

Démonstration. *Fig.* **7**. Les lignes homologues, étant également inclinées par rapport aux côtés homologues (388), elles se couperont suivant des angles égaux dans les deux figures, et les triangles formés par leur rencontre seront semblables.

Ainsi, par exemple, si les deux droites MN, mn, sont homologues, on a l'angle EMV = emv; mais l'angle MEV du triangle HEK est égal à l'angle mev du triangle hek; donc les deux triangles EMV, emv, sont semblables, puisqu'ils ont deux angles égaux chacun à chacun.

Les deux triangles EMV, emv, étant semblables on a l'angle

$$EVM = evm,$$

par conséquent, l'angle UVK est égal à l'angle uvk;

mais l'angle $\qquad$ VKU = vku;

donc les deux triangles UVK, uvk, sont semblables.

Si l'on prolonge les côtés HE, CD, jusqu'au point P, et les côtés he, cd, jusqu'au point p, on aura deux triangles PED, ped, qui seront semblables; car l'angle PDE, supplément de EDN, sera égal à l'angle pde, supplément de edn, et l'angle PED, supplément de DEM, sera égal à l'angle ped, supplément de l'angle dem.

Les deux triangles PED, ped, étant semblables, on aura l'angle P égal à l'angle p; mais on avait l'angle EMN égal à emn, par la définition des lignes homologues; donc les deux triangles PMN, pmn, sont semblables, comme ayant deux angles égaux.

Par une suite de raisonnements analogues, on prouverait *la similitude de tous les triangles, et, par conséquent, de tous les polygones formés par la rencontre des lignes homologues* (382).

---

595. Théorème. *Dans deux figures semblables, les lignes homologues sont entre elles comme les côtés.*

Démonstration. *Fig. 7.* Les triangles PED, *ped*, étant semblables, on a $\qquad$ PE : *pe* = ED : *ed ;*

mais les droites MN, *mn*, étant des lignes homologues, elles partagent les deux côtés EH, *eh*, en parties proportionnelles, et l'on a par conséquent

$$Em : em = EH : eh = ED : ed ;$$

donc, à cause du rapport commun, on aura

$$PE : pe = EM : em = ED : ed ;$$

d'où, en composant,

$$(PE + EM) : (pe + em) = ED : ed ,$$

et par conséquent $\quad$ PM : *pm* = ED : *ed ;*

mais, les deux triangles PMN, *pmn*, étant semblables, on a

$$PM : pm = MN : mn ;$$

comparant les deux proportions, on obtient

$$MN : mn = ED : ed .$$

Ainsi, les deux lignes homologues MN, *mn*, sont entre elles comme deux côtés homologues quelconques des polygones dans lesquels elles sont tracées.

394. Corollaire. Par des raisonnements analogues on arriverait facilement à prouver que

$$EH : eh = EV : ev = KV : kv = VU : vu, \text{ etc. ;}$$

d'où il résulte que *les segments formés par les intersections des lignes homologues, sont entre eux comme deux côtés homologues quelconques des figures auxquelles ils appartiennent.*

---

595. Théorème. *Les périmètres ou contours de deux polygones* *semblables, sont entre eux comme deux côtés, et, par conséquent, comme deux lignes homologues quelconques de ces polygones.*

Démonstration. *Fig.* 7. Les deux polygones EHKBCD, *ehkbcd*, étant semblables, on a

$$EH : eh = HK : hk = KB : kb, \text{ etc.};$$

d'où l'on tire, en combinant les antécédents comme les conséquents,

$$(EH + HK + KB + \text{etc.}) : (eh + hk + kb + \text{etc.})$$
$$= EH : eh = EK : ek = MN : mn ;$$

donc *périmètre* EHKBCD : *périmètre ehkbcd*
$$= EH : eh = EK : ek = MN : mn.$$

---

596. Théorème. *Les périmètres des polygones réguliers d'un même nombre de côtés sont entre eux comme les rayons des cercles circonscrits et aussi comme les rayons des cercles inscrits.*

Démonstration. *Fig.* 6. Les deux polygones ABC, *abc*, étant semblables (383), on a, par le théorème précédent,

$$\textit{périmètre } ABCD : \textit{périmètre abcd} = AB : ab ;$$

mais, si l'on trace les rayons OA, OB, OS, *oa*, *ob*, *os*, les deux triangles isocèles AOB, *aob*, seront semblables, puisque les angles aux centres AOB, *aob* sont les mêmes dans les deux polygones (155), on aura donc $AB : ab = OA : oa = OS : os$.

Comparant cette suite de rapports avec la proportion précédente, et supprimant le rapport commun $AB : ab$, on obtient

$$\textit{périmètre } ABCD : \textit{périmètre abcd} = OA : oa = OS : os.$$

597. Corollaire. I. Si l'on multipliait jusqu'à l'infini le nombre des côtés des deux polygones, cela ne changerait rien au principe que nous venons de démontrer, mais alors le cercle inscrit se confondrait avec le cercle circonscrit et leurs rayons seraient égaux. Ainsi, nous pourrons admettre que

Les circonférences des cercles sont entre elles comme leurs rayons.

598. cor. II. Le rapport des diamètres étant évidemment le même que celui des rayons, on en conclut que

Les circonférences sont entre elles comme leurs diamètres.

399. **Cor.** III. *En général les circonférences des cercles sont entre elles comme leurs lignes homologues.*

On appelle *lignes homologues* dans deux cercles, celles qui sont placées *semblablement*. Ainsi, par exemple, si nous supposons, *fig.* **10,** que l'angle VOU soit égal à l'angle *vou,* les cordes VU, *vu,* seront des *cordes homologues :* les perpendiculaires UK, *uk,* seront des *lignes homologues,* parce qu'elles appartiendront à des triangles rectangles OKU, *oku,* qui seront évidemment semblables, puisque l'angle KOU, supplément de VOU, est égal à l'angle *kou,* supplément de *vou.*

Les lignes homologues étant proportionnelles (393) on a

$$\text{VU} : vu = \text{OU} : ou = \text{UK} : uk = \text{OK} : ok$$
$$= \text{KH} : kh = \text{VK} : vk, \text{ etc.}$$

Ainsi, *les lignes homologues partagent les rayons ou les diamètres homologues en parties proportionnelles.*

400. **cor.** IV. On appelle *arcs semblables, secteurs semblables, segments semblables,* ceux qui correspondent à des angles aux centres égaux. Ainsi, les deux arcs VZU, *vzu,* sont semblables, parce qu'ils sont compris entre les côtés des deux angles égaux VOU, *vou.*

Les deux secteurs OHSU, *ohsu,* sont semblables.

Les segments VZU, *vzu,* sont semblables.

401. **cor.** V. Deux segments AMB, *amb, fig.* **8,** sont encore semblables lorsque les angles que l'on peut y inscrire sont égaux.

402. **cor.** VI. *Les arcs semblables, étant des lignes homologues, sont entre eux comme les rayons ou comme les diamètres des cercles auxquels ils appartiennent.*

---

403. **Théorème.** *Fig.* **11.** *La perpendiculaire* AD, *abaissée d'un point de la circonférence sur un diamètre* BC, *est moyenne proportionnelle entre les deux segments de ce diamètre.*

Démonstration. Si l'on trace les deux cordes AB, AC, on formera les deux triangles ADB, ADC, qui seront semblables, puisqu'ils sont tous deux rectangles au pointD, et qu'en outre l'angle BAD du premier est égal à l'angle ACD du second, comme ayant leurs côtés perpendiculaires chacun à chacun (89). Par conséquent, en comparant les côtés homologues, on aura la proportion   BD : AD = AD : DC.

404. Corollaire. *Fig. 9. La perpendiculaire* AD, *abaissée du sommet de l'angle droit sur l'hypoténuse d'un triangle rectangle* BAC, *est moyenne proportionnelle entre les deux parties de cette hypoténuse.*

---

405. Théorème. *Fig. 12. Toute corde telle que* BA, *est moyenne proportionnelle entre le diamètre* BC, *qui aboutit à l'une de ses extrémités, et le segment* BD *déterminé sur ce diamètre par la perpendiculaire* AD, *abaissés de l'autre extrémité de la corde.*

Démonstration. Si l'on trace la corde AC, les deux triangles BDA, BAC, seront semblables, puisqu'ils auront l'angle DBA commun, et qu'en outre ils sont tous deux rectangles : le premier en D, et le second en A. On aura donc, en comparant les côtés homologues   BD : BA = BA : BC.

Si l'on compare les deux triangles BAC et CAD, on reconnaîtra qu'ils sont également semblables, et l'on en conclura la proportion   CD : CA = CA : CB.

406. Corollaire. *Chacun des côtés de l'angle droit, dans un triangle rectangle, est moyen proportionnel entre le segment qui lui est adjacent et l'hypoténuse entière.* Ainsi, l'on aura, *fig. 9,*   BD : BA = BA : BC,
          CD : CA = CA : CB.

---

407. Théorème. *Lorsque deux cordes se coupent dans un cercle, les deux parties de l'une des cordes forment les extrêmes d'une proportion dans laquelle les deux parties de l'autre corde sont les moyens.*

Démonstration. *Fig.* 15. Les deux cordes données étant AD et BC, si l'on joint leurs extrémités par deux autres cordes AB et CD, les triangles AOB, COD, seront semblables, car ils auront l'angle AOB = COD, comme opposé par le sommet; de plus, l'angle BAO = OCD, puisqu'ils ont tous deux leurs sommets sur la circonférence, et qu'ils comprennent le même arc entre leurs côtés. Ainsi, le troisième angle ABO du premier triangle est égal au troisième angle ODC du second, et, si l'on compare les côtés homologues, on aura la proportion

$$AO : CO = OB : OD.$$

408. Remarque. Dans le cas dont il s'agit, on dit encore que les deux cordes sont coupées en parties *réciproquement* proportionnelles.

———————

409. Théorème. *Fig.* 14. *Si par un point O, situé en dehors d'un cercle, on mène deux sécantes OA, OB, on pourra toujours prendre l'une de ces sécantes et sa partie extérieure pour les extrêmes d'une proportion, dans laquelle l'autre sécante et sa partie extérieure formeraient les moyens.*

Démonstration. Si l'on trace les deux cordes BD, AC, les deux triangles AOC, BOD, seront semblables, car ils auront l'angle en O commun; de plus, l'angle OAC sera égal à l'angle OBD, puisque ces deux angles ont leurs sommets sur la circonférence, et qu'ils comprennent le même arc CD entre leurs côtés. Ainsi, le troisième angle ACO, du premier triangle, sera égal au troisième angle BDO du second, et, si l'on compare les côtés homologues, on aura la proportion

$$OA : OB = OC : OD.$$

410. Corollaire. Si l'on faisait tourner la sécante OB autour du point O, cela ne changerait rien aux relations démontrées, et lorsque les deux points de section B et C seraient réunis au point M, la sécante et la partie extérieure seraient remplacées toutes les deux par la tangente OM, ce qui donnerait la proportion $OA : OM = OM : OC.$

On dit alors que

*La tangente est moyenne proportionnelle entre la sécante entière
et sa partie extérieure.*

On arriverait d'ailleurs au même résultat en comparant les
côtés homologues des deux triangles AOM et DOM, qui sont
semblables, car ils ont l'angle AOM commun, et l'angle
OMD égal à l'angle OAM, comme inscrits dans le même segment (195).

CHAPITRE IV.

Problèmes.

411. Problème. *Partager une ligne droite en parties égales.*
Solution. 1ʳᵉ *Méthode. Fig.* **1**, *pl.* **11**. Supposons, par
exemple, que l'on veuille partager la droite AB en sept parties
égales, on tracera la droite AX, suivant une direction quelconque, et, prenant une ouverture de compas *à volonté*, on
portera sept parties égales de A en C; on joindra le point C
avec B, et, par chacun des points de division de AC, on tracera une parallèle à la droite CB.

En effet, il résulte, du théorème démontré au numéro 361,
que les deux droites AB, AC, seront coupées en parties proportionnelles par les parallèles à la ligne CB, et, puisque les segments que l'on a portés sur AC sont égaux entre eux, il s'ensuit que les parties de AB seront égales.

412. 2ᵉ *Méthode. Fig.* **2** et **3**. On tracera une droite quelconque CX, parallèle à la ligne AB, que l'on veut diviser; on
portera sur CX sept parties égales *quelconques*, on tracera les
deux droites AC, DB, qui se couperont en un point S, et l'on
joindra ce point avec chacun de ceux qui divisent CD en sept
parties égales.

La construction précédente est évidemment la conséquence des principes exposés au numéro 365.

---

413. Problème. *Partager une droite en parties qui soient entre elles dans un rapport donné.*

solution. *Fig.* 4. Si l'on voulait, par exemple, que la droite donnée AB fût partagée dans le rapport des deux nombres 7 et 4, on ferait la somme de ces nombres, et l'on obtiendrait 11 ; on porterait sur AX onze parties égales quelconques ; on tracerait la droite CB, et, par le septième point de division, on mènerait la droite DE parallèle à CB.

414. Corollaire I. *Fig.* 5. Si l'on voulait partager la ligne donnée en trois parties qui soient entre elles comme 5 : 2 : 3, on porterait sur AX dix parties égales quelconques, on tracerait CB, et, par les cinquième et septième points de division, on mènerait les deux droites DE, HK, parallèles à CB.

415. Cor. II. *Fig.* 6. Si la droite AB devait être partagée en parties qui soient entre elles dans le rapport de lignes données, par exemple, comme $a : b : c$, on ferait AD $= a$, DH $= b$, HC $= c$, on joindrait ensuite le point C avec B, et l'on tracerait les deux droites DE, HK, parallèles à CB.

---

416. Problème. *Fig 7. Par un point* O, *pris à volonté dans l'intérieur d'un angle donné* A, *construire une droite* CD, *telle que les deux segments* DO, OC, *soient égaux.*

solution. On mènera OB parallèle à l'un des côtés de l'angle donné, on fera BC $=$ AB, et l'on tracera la droite CO, que l'on prolongera jusqu'en D. En effet (358), les deux parallèles BO, AD, partagent les côtés de l'angle C en parties proportionnelles, et puisque l'on a fait BC $=$ AB, il s'ensuit que CO $=$ OD.

---

417. Problème. *Fig.* 8. *Par un point* O, *situé dans l'angle donné* A, *construire une droite* CD, *telle que les deux segments* OD, OC, *soient entre eux comme deux droites données* a, b.

solution. On tracera, par le point A, une droite quelconque AX, sur laquelle on portera AH = a et HS = b.

On tracera ensuite OB parallèle à DA, et l'on joindra le point B avec H; enfin, on mènera SC parallèle à HB, et l'on tracera la droite CO, que l'on prolongera jusqu'à ce qu'elle rencontre le côté AD.

En effet, les deux droites BO, AD, étant parallèles, on a

$$DO : OC = AB : BC;$$

mais le parallélisme des droites BH, CS, donne

$$AB : BC = AH : HS;$$

donc, à cause du rapport commun, on aura

$$DO : OC = AH : HS;$$

et par conséquent $\qquad = a : b.$

---

418. Problème. *Construire une quatrième proportionnelle à trois lignes données.*

solution. 1re *Méthode*. *Fig.* **9**. Soient a, b, c, les trois droites données; on construira d'abord un angle quelconque XAY, on fera ensuite AB = a, BC = b et AD = c; on joindra le point B avec D, et l'on tracera la droite CM parallèle à BD; on aura DM pour la valeur cherchée.

En effet, les deux droites BD, CM, étant parallèles, on a

$$AB : BC = AD : DM,$$

ou, ce qui est la même chose,

$$a : b = c : DM.$$

Ainsi, DM est une quatrième proportionnelle aux trois droites données a, b et c.

419. 2e *Méthode*. *Fig.* **10. On construira, comme précédemment, un angle quelconque XAY, et l'on fera AB = a, AC = b, AD = c; on joindra le point B avec D, et l'on tracera la droite CM parallèle à BD. La droite AM sera la quatrième proportionnelle demandée, car le parallélisme des deux droites BD, CM, donnera AB : AC = AD : AM, ou, ce qui est la même chose,

$$a : b = c : \text{AM}.$$

---

420. Problème. *Construire une moyenne proportionnelle entre deux lignes données.*

solution. 1re *Méthode. Fig.* **11.** Soient a et b les deux droites données, on tracera une droite quelconque AX, et l'on fera AB $= a$, BC $= b$; on décrira ensuite la demi-circonférence ADC, en prenant pour rayon la moitié de AC; la perpendiculaire BD sera la moyenne proportionnelle demandée.

En effet, il résulte du théorème démontré au numéro 403, que l'on a la proportion

$$\text{AB} : \text{BD} = \text{BD} : \text{BC};$$

qui revient à $\qquad a : \text{BD} = \text{BD} : b.$

421. 2e *Méthode. Fig.* **12.** On tracera la droite AX, et l'on fera AB $= a$, AC $= b$; on décrira la demi-circonférence ADB, en prenant pour rayon la moitié de AB; on élèvera la droite CD perpendiculaire sur AB, et l'on tracera la corde AD, qui sera la moyenne proportionnelle demandée.

En effet, par le théorème démontré au numéro 405, on a

$$\text{AB} : \text{AD} = \text{AD} : \text{AC},$$

et par conséquent $\qquad a : \text{AD} = \text{AD} : b.$

422. 3e *Méthode. Fig.* **16.** On fera AB $= a$, AC $= b$. On décrira la demi-circonférence BDC, et la tangente AD sera la moyenne proportionnelle demandée.

En effet, on aura (410)

$$\text{AC} : \text{AD} = \text{AD} : \text{AB},$$

d'où $\qquad b : \text{AD} = \text{AD} : a.$

---

423. Problème. *Partager une droite donnée en moyenne et extrême.* On entend par là que la droite donnée doit être partagée en deux parties telles que l'une d'elles soit moyenne proportionnelle entre l'autre partie et la ligne entière.

solution. *Fig.* **13.** Par l'une des extrémités A, de la ligne donnée BA, on élèvera une perpendiculaire AC, égale à la moitié de BA; on tracera l'hypoténuse BC, et, du point C comme centre, on décrira l'arc AO; enfin, du point B, comme centre, on décrira l'arc OM.

Pour démontrer l'exactitude de cette construction, on prolongera la droite BC et l'arc de cercle OAD jusqu'à leur rencontre au point D. La droite BA, perpendiculaire à l'extrémité du rayon CA, est une tangente, et, par le théorème du numéro 410, on a

$$BO : BA = BA : BD.$$

En combinant les termes de cette proposition, on obtient

$$(BA - BO) : BO = (BD - BA) : BA ;$$

mais, BO étant égal à BM, on a

$$BA - BO = BA - BM = MA.$$

De plus, BA, étant le double du rayon CA, est égale au diamètre OD, de sorte que

$$BD - BA = BD - OD = BO = BM.$$

Ces valeurs étant substituées dans la seconde proportion, on obtient $$MA : BM = BM : BA.$$

---

424. Problème. *Déterminer la dixième partie de la circonférence.*

solution. *Fig. 14.* Si l'on partage le rayon AB en moyenne et extrême (423), et que l'on prenne le plus grand segment AM pour en faire une corde, cette corde BD, sous-tendra la dixième partie de la circonférence.

Pour le prouver, nous tracerons les droites AD, DM, et, puisque le point M partage AB en moyenne et extrême, nous aurons la proportion

$$AB : AM = AM : MB.$$

Si l'on remplace AM par son égal BD, on aura

$$AB : BD = BD : BM ;$$

mais les deux termes du premier rapport sont les côtés qui comprennent l'angle B du triangle ABD, tandis que les deux termes du second rapport sont les côtés qui comprennent le même angle B dans le triangle DBM. Il s'ensuit que ces deux triangles ABD, DBM, sont semblables, puisqu'ils ont un angle égal compris entre deux côtés proportionnels chacun à chacun.

Mais, les deux côtés AB, AD, étant égaux comme rayons d'un même cercle, le triangle ABD est isocèle, et par conséquent le triangle DBM, qui lui est semblable, sera pareillement isocèle, ce qui donnera   BD = MD;
de plus, on avait, par construction,
$$AM = BD.$$
Ajoutant les deux équations et réduisant, on obtient
$$AM = MD;$$
d'où il faut conclure que le triangle AMD est aussi isocèle. Ainsi, les triangles ABD, DBM, AMD, sont tous les trois isocèles.

Or, le triangle AMD étant isocèle, on a
l'angle $DAB = ADM.$

La similitude des deux triangles ADB, DMB, donne
l'angle $DAB = MDB;$
on a de plus la somme des angles
$$ADM + MDB = ADB.$$
Ajoutant les trois équations et réduisant, on obtient
(1) $2DAB = ADB;$
mais le triangle ADB étant isocèle, on a
l'angle $ADB = DBA.$
Ajoutant et réduisant, on a
(2) $2DAB = DBA.$
La somme des équations (1) et (2) donnera donc
$$4DAB = ADB + DBA,$$
et, si l'on ajoute DAB de part et d'autre, on obtient
$$5DAB = DAB + ADB + DBA = 2 \; angles \; droits;   (111)$$
d'où $DAB = \dfrac{2 \; angles \; droits}{5} = \dfrac{4 \; angles \; droits}{10}.$

Or, si l'angle DAB vaut la dixième partie de quatre angles

droits, il est évident que l'arc intercepté BD doit être égal à la dixième partie de la circonférence.

Voici la manière la plus simple de disposer la construction. On tracera, *fig.* 15, la perpendiculaire AC égale à la moitié du rayon AB, on décrira l'arc AO en prenant le point C pour centre, puis du point B comme centre on décrira l'arc OD. *La corde* BD *sera le côté du décagone régulier inscrit;* car il résulte de cette construction (423), que BD sera égal au plus grand segment du rayon AB partagé en moyenne et extrême.

425. Corollaire I. Si l'on décrit l'arc OH, on déterminera le point H, et l'arc DBH sera égal à la cinquième partie de la circonférence, de sorte que la corde DH sera le côté du pentagone régulier inscrit.

426. cor. II. *Fig.* **14.** L'arc BO étant égal à $\frac{2}{5}$ d'angle droit, l'arc BC, moitié de BD, vaudra $\frac{1}{5}$. Ainsi, on sait *partager l'angle droit en cinq parties égales.*

427. cor. III. On peut déterminer immédiatement les dix sommets du décagone régulier inscrit en opérant de la manière suivante.

Soit, *fig.* **1**, *pl.* **12**, le cercle qu'il s'agit de diviser en dix parties égales:

1° On tracera le diamètre 1-6, ce qui donnera deux sommets opposés du décagone;

2° On décrira la circonférence qui a pour rayon CO moitié du rayon O-1 du cercle donné;

3° On tracera les deux sécantes 1-U et 6-V passant par le centre C du petit cercle;

4° Les arcs de cercles décrits du point 1 comme centre avec les rayons 1-K et 1-U, détermineront les sommets 2, 10, 4 et 8.

5° Enfin, les deux arcs décrits du point 6 comme centre avec les rayons 6-V, et 6-H, détermineront les quatre derniers sommets 3, 9, 5 et 7.

En effet, si l'on fait tourner la sécante AV (*fig* 5) jusqu'à ce que le point H soit arrivé en B sur la circonférence, le point V viendra se placer en D, sur le prolongement de la corde AB, on aura DB = VH = OB, et le triangle ODB sera isocèle.

Mais la tangente AO étant moyenne proportionnelle entre la sécante AV et la partie extérieure AH, on a

$$AV : AO = AO : AH .$$

ou, ce qui revient au même,

$$AD : AO = AO : AB;$$

donc le triangle AOD est semblable au triangle ABO et l'angle AOB = ODA.

Or, si nous exprimons ce dernier angle par x, nous aurons :

$$AOB = ODB = DOB = x$$
$$OBA = ODB + DOB = 2x$$
$$BAO = OBA = 2x$$

Ajoutant et réduisant,

$$AOB + OBA + BAO = x + 2x + 2x = 5x = 2 \; droits;$$

d'où l'angle $BOA = x = \dfrac{2 \; droits}{5} = \dfrac{4 \; droits}{10}$

et par conséquent l'arc $AB = \dfrac{1}{10}$ de circonférence.

428. cor. IV. L'angle BOD étant égal à ODB, on a :

$$BOS = ODB = x ,$$

et l'arc $BS = \dfrac{1}{10}$ de circonférence.

De plus, la droite $AE = AD = OD$,

d'où il résulte que les deux triangles AOE et DBO ont les trois côtés égaux chacun à chacun; mais l'angle

$$DBO = 2 \; droits - 2x = 5x - 2x = 3x ,$$

donc l'angle $AOE = DBO = 3x.$

Ainsi la sécante AV est égale à la corde AE qui sous-tend les *trois dixièmes* de la circonférence.

D'où l'on peut conclure, que les six points A, B, S, M, I, E, sont des sommets du décagone régulier inscrit, et qu'il en est de même de tous les autres points déterminés sur la figure 1.

Les angles BOA et OAE de la figure 3 étant égaux, le rayon OB est parallèle à la corde EA, et les trois points DOE sont en ligne droite, puisque la somme des angles

$$SOB + BOA + AOE = x + x + 3x = 5x = 2 \; droits.$$

429. Théorème. Si l'on fait la corde BH, *fig.* **2**, égal au rayon du cercle, on aura (288)

$$l'arc\ BH = \frac{1}{6}\ de\ circonférence.$$

Si l'on fait la corde BD égal au plus grand segment du rayon partagé en moyenne et extrème, on aura (424)

$$l'arc\ BD = \frac{1}{10}\ de\ circonférence.$$

Retranchant la seconde équation de la première, on aura

$$arc\ DH = arc\ BH - arc\ BD = \left(\frac{1}{6} - \frac{1}{10}\right) = \frac{1}{15}\ de\ circonférence.$$

et, par conséquent, la corde DH sera le côté du *pentédécagone régulier* inscrit.

On remarquera en même temps, que l'*arc DH vaut les deux tiers de l'arc BD sous-tendu par le côté du décagone régulier inscrit.*

430. Remarque. Nous avons vu au numéro 286 comment on peut partager la circonférence en 4, 8, 16, 32, 64, etc., parties égales.

Par le numéro 288 on peut la partager en 3, 6, 12, 24, 48, etc.

Par le numéro 424 on peut diviser le cercle en 5, 10, 20, 40, 80, etc.

Enfin, nous venons de voir (429) comment on peut le diviser en 15, 30, 60, 120, 240 parties égales.

Ces subdivisions sont les seules que l'on peut obtenir par des méthodes élémentaires. Pour toute autre subdivision, il faudrait recourir à une théorie plus élevée. Cependant on peut souvent résoudre la question par la méthode des courbes d'essais dont nous parlerons par la suite.

Je me contenterai pour le moment d'en indiquer un seul exemple.

431. Trisection de l'angle. Supposons, *fig.* **4**, que l'on veut déterminer le tiers de l'angle ABC, on tracera :

1° La droite AC dans une direction quelconque ;

2° On fera $CU = CB$;

3° On recommencera l'opération en changeant la direction de AC, ce qui donnera la courbe $BU'AU''B$;

4° L'intersection de cette courbe avec la droite MN perpendiculaire sur le milieu de AB, donnera deux points U' et U'';

5° On tracera les droites BU' et BU'' et le problème sera résolu.

L'angle ABU' sera le tiers de ABC' et l'angle ABU'' sera le tiers de ABC''.

En effet, les triangles $C'BU'$ et ABU' étant tous deux isocèles, on aura : $C'BU' = C'U'B = U'AB + ABU' = 2ABU'$;

donc $$ABU' = \frac{C'BU'}{2} = \frac{ABC'}{3},$$

on aura de même $$ABU'' = \frac{U''BC''}{2} = \frac{ABC''}{3}.$$

Il est évident qu'il ne sera pas nécessaire de construire la courbe tout entière et que deux ou trois points suffiront dans le voisinage des points U' ou U''.

Construction des figures semblables.

432. considérations générales. La construction d'une figure semblable à une autre, est l'un des problèmes les plus importants de l'application des mathématiques.

En effet, nous avons dit que la géométrie avait pour but la recherche des relations qui existent entre les dimensions de l'étendue; mais, pour comparer plus facilement ces dimensions, il faut avoir un moyen de les représenter; on pourrait bien désigner par des nombres les rapports de grandeur qui existent entre les figures que l'on compare; mais lorsque ces figures sont très-nombreuses ou très-composées, il est nécessaire d'employer le dessin pour en exprimer tous les détails. Or, si l'on veut représenter l'ensemble d'un monument, d'une machine, etc., il faut que la grandeur du dessin n'excède pas les limites ordinaires d'une feuille de papier, et que cependant, toutes les parties représentées conservent entre elles les rapports qu'elles doivent avoir après l'exécution.

Ainsi, les nombreux dessins qu'un ingénieur doit tracer pour étudier son projet, ne sont autres choses que des figures semblables aux parties correspondantes de l'objet que l'on veut construire.

Ce qu'on appelle ordinairement les *plans d'un bâtiment*, *d'un jardin, d'un parc*, sont des figures semblables aux divers polygones formés par les murs du bâtiment, par les allées ou par les routes qui traversent le parc ou le jardin dans toutes leurs directions.

Les globes, les cartes de géographie, sont des figures semblables à celles qui, sur la surface de la terre, résultent de la position relative des villes, des montagnes ou des vallées, de la direction des routes, des rivières ou des côtes, etc.

Ce qui précède suffit pour faire comprendre l'importance que doit acquérir par la suite la construction des figures semblables, et pour engager le lecteur à étudier avec soin tout ce qui se rapporte à cette intéressante question.

---

433. Problème. *Construire un triangle semblable à un autre triangle donné.*

Chacun des théorèmes démontrés aux numéros 374, 378 et 379, donne le moyen de résoudre la question proposée. Ainsi,

434. 1re *Méthode.* On pourra faire deux angles du nouveau triangle égaux chacun à chacun à deux angles du triangle donné.

435. 2e *Méthode.* On pourra faire les côtés du nouveau triangle parallèles ou perpendiculaires aux côtés du triangle donné.

436. 3e *Méthode.* On pourra faire un angle égal compris entre deux côtés proportionnels chacun à chacun.

437. 4ᵉ *Méthode*. On pourra faire les trois côtés proportionnels chacun à chacun.

------

458. **Problème**. *Construire un polygone semblable à un autre polygone donné*.

La question revient évidemment

1° A décomposer le polygone donné en triangles ;

2° A construire un triangle semblable à chacun de ceux qui composent le polygone donné, en ayant soin que tous ces nouveaux triangles soient placés de la même manière que ceux qui composent le premier polygone, et que les côtés homologues soient entre eux dans le même rapport.

439. 1ʳᵉ *Méthode*. *Fig*. **1**, *pl*. **13**. Le polygone donné étant ABCDH, on veut construire un polygone semblable, et tel que les côtés soient entre eux comme AB : *ab*.

1° On fera l'angle *cab* = CAB, et l'angle *abc* = ABC, le triangle *abc* sera semblable au triangle ABC (375);

2° On fera l'angle *dac* = DAC, et l'angle *acd* = ACD, le deuxième triangle *acd* sera semblable au triangle ACD;

3° Enfin, on fera le triangle *adh* semblable au triangle ADH, et les deux polygones seront semblables comme étant composés d'un même nombre de triangles semblables chacun à chacun et semblablement placés.

440. 2ᵉ *Méthode*. *Fig*. **3**. Si le polygone demandé *abcdh*, et le polygone donné ABCDH doivent être situés dans le même plan, et que le côté donné *ab* soit parallèle à son homologue AB, on tracera les deux droites A*a*, B*b*, et l'on prolongera ces deux lignes jusqu'à ce qu'elles se rencontrent en S.

On joindra le point S avec tous les autres sommets du polygone donné, et l'on mènera successivement les droites *ab*, *bc*, *cd*, etc., parallèles aux droites AB, BC, CD, etc.

Les deux polygones *abcdh*, ABCDH, seront semblables, car le parallélisme des droites *ab*, AB, donnera la proportion

$$ab : AB = Sb : SB;$$

mais le parallélisme des droites bc, BC, donnera

$$Sb : SB = bc : BC ;$$

on aura donc, à cause du rapport commun,

$$ab : AB = bc : BC ;$$

et, continuant de la même manière,

$$= cd : CD = dh : DH.$$

Ainsi, les deux polygones ABCDH, $abcdh$, ont les côtés proportionnels. De plus, ils ont les angles égaux par suite du parallélisme des côtés, donc il y a similitude.

441. 3e *Méthode. Fig. 1.* Si le côté donné Ab', du polygone demandé devait coïncider avec son homologue AB, et que ces deux côtés eussent en A une extrémité commune, l'opération serait encore plus simple. Ainsi, on tracerait successivement les droites $b'c'$, $c'd'$, $d'h'$, parallèles aux côtés BC, CD, DH, et le polygone A$b'c'd'h'$ serait évidemment semblable au polygone ABCDH.

442. Remarque. Les deux méthodes précédentes sont exactes en théorie ; mais, dans la pratique, elles ne sont pas infaillibles. En effet, si l'on a fait une erreur dans la construction du premier triangle abc, *fig. 1*, cette erreur, quelque petite qu'on la suppose, devra se combiner avec l'erreur provenant de la construction du second triangle, et cette double erreur se combinant avec une troisième, il en résulterait une erreur finale considérable, surtout si l'on doit construire ainsi un grand nombre de triangles consécutifs, et si les erreurs sont toutes dans le même sens, ce qui arrive souvent lorsqu'elles dépendent de l'imperfection des instruments.

Les mêmes reproches peuvent être adressés aux méthodes deuxième et troisième, dans lesquelles la position de chaque côté est déterminé par la position du côté précédent.

En général, on doit chercher autant que possible à rendre les constructions successives indépendantes les unes des autres, et l'on y parviendra en opérant de la manière suivante :

443. 4e *Méthode. Fig. 2.* On choisira, dans le plan du polygone donné, une droite quelconque AB ; puis on tracera la droite ab sur la feuille destinée à la figure que l'on veut construire. Les deux droites AB, *ab*, se nomment *bases homologues*, et leur rapport doit être donné par la question.

On construira successivement les triangles *abc*, *abd*, *abh*, *abm* et *abn*, semblables aux triangles ABC, ABD, ABH, ABM et ABN.

On tracera ensuite les droites *cd*, *dh*, *mn*, et le polygone *acdhbnm* sera semblable au polygone ACDHBNM ; car les sommets et les côtés de ces deux polygones seront évidemment des points et des lignes homologues par rapport aux deux droites AB, *ab* (392).

444. Les triangles qui déterminent les positions des sommets *c*, *d*, *h*, *m*, *n*, étant indépendants les uns des autres, il est évident que les erreurs ne se combineront plus ; malgré cela il pourra rester encore quelque incertitude sur la véritable position des points déterminés par la rencontre de lignes qui se couperaient trop obliquement.

Dans ce cas on peut vérifier ces points en cherchant leurs distances à d'autres points dont la position est bien connue. Ainsi, par exemple, pour obtenir la longueur du côté *ah*, *fig.* **2**, on cherchera le quatrième terme de la proportion

$$AB : ab = AH : ah.$$

Pour obtenir *bh* on fera

$$AB : ab = BH : bh.$$

Pour obtenir AD on fera

$$AB : ab = AD : ad ;$$

et ainsi de suite. On voit que cela revient à construire autant de quatrièmes proportionnelles que l'on veut avoir de côtés, et par conséquent il suffit de répéter autant de fois l'opération que nous avons indiqué au numéro 418.

445. Les deux bases homologues AB et *ab* peuvent être prises où l'on veut, et même en dehors des figures.

On peut employer comme *bases* deux quelconques des côtés homologues, et dans tous les cas il faut les choisir de manière que les triangles nécessaires pour déterminer les points homologues, se rapprochent autant que possible de la forme du triangle équilatéral, afin d'éviter les intersections trop aiguës.

446. Les proportions desquelles dépendent les côtés cher-chés ayant toutes le même rapport, on peut simplifier le travail en opérant de la manière suivante :

On fera un angle quelconque XA*x*, *fig.* 10. Sur les côtés de cet angle, on portera les deux droites données AB, *ab*, de la *fig.* 2, puis on tracera B*b*.

Si actuellement on porte sur AX une ligne quelconque du polygone ACDHBNM, il suffira, pour obtenir son homologue sur A*x*, de tracer une parallèle à la droite B*b*.

Ainsi, les parties AC, AD, AM, de la droite AX, *fig.* 10, étant égales aux côtés AC, AD, AM, du polygone ACDHBNM, *fig.* 2, on obtiendra, *fig.* 10, A*c*, A*d*, A*m*, pour les longueurs des côtés *ac*, *ad*, *am*, du polygone *acdhbnm*, *fig.* 2.

447. 5ᵉ *Méthode. Fig.* 3. On tracera les deux droites AX, *ax;* la première, dans le plan du polygone donné; la seconde, dans le plan du polygone demandé.

On abaissera les perpendiculaires BA, CP, HQ, etc. Chacune de ces lignes se nomme une *ordonnée*. Ainsi, la perpendiculaire BA est l'ordonnée du point B, la perpendiculaire CP est l'or-donnée du point C, et ainsi de suite.

Les distances AP, AQ, AM, sont les *abscisses* des points C, H, D. Ainsi l'abscisse d'un point est la distance du pied de son ordonnée au point A, que l'on nomme l'origine des coor-données.

Ces conventions étant admises, il ne reste plus, pour con-struire le polygone *bcdh* semblable au polygone donné BCDH, qu'à faire les abscisses et les ordonnées du second polygone proportionnelles aux abscisses et ordonnées du premier.

On construira comme précédemment, *fig.* 10, un angle quelconque sur l'un des côtés duquel on portera toutes les abscisses et ordonnées du polygone BCDH, puis on tracera des parallèles suivant la direction déterminée par le rapport qui doit exister entre les côtés homologues des deux figures, et l'on obtiendra, sur le deuxième côté de l'angle auxiliaire, toutes les abscisses et ordonnées du polygone demandé.

448. 6ᵉ *Méthode. Fig.* 4. Si les deux figures doivent être

situées dans le même plan, on pourra opérer de la manière
suivante :

1° On tracera les deux droites AX, AY, perpendiculaires
l'une à l'autre ;

2° On construira la droite ax parallèle à AX, et la droite ay
parallèle à AY ;

3° Par chaque point de la figure donnée, on abaissera deux
perpendiculaires : l'une sur AX, l'autre sur AY. Les perpendiculaires abaissées sur AX seront les ordonnées, et les perpendiculaires sur AY seront les abscisses des différents points de la
figure donnée ;

4° L'abscisse ap étant déterminée par le rapport qui doit
exister entre les parties homologues des deux figures, on tracera les deux droites, Aa, Pp, que l'on prolongera jusqu'à ce
qu'elles se rencontrent au point S ;

5° On joindra le point S avec les pieds des abscisses et des
ordonnées de la première figure par des droites, et les points
où ces droites rencontreront les deux lignes ax, ay, seront les
pieds des abscisses et ordonnées de la figure demandée.

Les points S, *fig. 3* et *4*, et le point A, *fig. 1*, se nomment
centres de similitude.

449. 7° *Méthode.* Le nombre immense des lignes courbes et
contournées dans tous les sens, qui représentent les cours
d'eau, les côtes, les sinuosités du terrain, ne permet pas d'appliquer les méthodes précédentes au dessin des cartes de géographie.

Dans ce cas, on construit, *fig. 8*, un assez grand nombre de
petits quarrés pour couvrir entièrement la figure donnée ; puis
on trace le même nombre de quarrés sur la feuille destinée au
dessin que l'on veut faire. Les côtés de ces quarrés doivent être
entre eux comme les lignes ou côtés homologues des deux
figures.

On construit ensuite, à vue d'œil dans chacun des quarrés de
la deuxième figure, toutes les lignes semblables à celles qui
existent dans le quarré correspondant de la figure donnée.

Il est évident que l'exactitude du résultat dépendra du nombre des quarrés des deux figures.

450. Le moyen que nous venons d'indiquer sert également pour réduire ou agrandir proportionnellement toute espèce de figures, tels que paysage, ornements, tableaux, gravures, etc.

---

451. Instruments. Afin de ne rien omettre de ce qui se rattache à l'importante question qui vient de nous occuper, je vais décrire quelques instruments imaginés pour accélérer le travail ou en augmenter l'exactitude.

452. Compas de proportion. La construction de la figure 10 est une application du principe démontré au numéro 361, tandis que le compas de proportion, *fig. 11*, est la conséquence du théorème 363.

L'instrument dont il s'agit ici se compose de deux règles en métal réunies en un point *o*, autour duquel elles peuvent tourner suivant toutes les inclinaisons.

Deux droites *o-a*, *o-c*, tracées sur les branches du compas, et partant du point *o*, sont partagées en parties égales aussi petites que possible.

Supposons actuellement que l'on veuille construire, *fig. 2*, le polygone *acdhb*, semblables à ACDHB, on portera sur l'une des branches du compas de proportion, à partir du centre, une quantité égale à la droite AB, et si l'extrémité de cette longueur aboutit par exemple au point 7, on ouvrira les branches de l'instrument jusqu'à ce que la distance 7-7 des deux points correspondants soit égale au côté *ab* du polygone demandé.

L'instrument restant ainsi ouvert, il est évident qui si l'on joignait par des droites les points correspondants des deux rayons *o-a*, *o-c*, on aurait une suite de triangles isocèles semblables entre eux, et dans chacun desquels le côté oblique serait à la base comme l'une des lignes ou côté du polygone donné ACDHB, est à la ligne ou côté homologue du polygone *acdhb*.

Ainsi, par exemple, pour obtenir le côté *am*, on prendrait avec le compas ordinaire une ouverture égale au côté AM, et

l'on porterait cette ouverture sur l'une des deux droites o-a,
o-c, *fig.* 11. Si, après avoir placé en o l'une des pointes du
compas ordinaire, la seconde pointe arrive au point 2, la
distance 2-2 donnera la longueur du côté am, *fig.* 2.

453. Compas de réduction. Cet instrument, *fig.* 12, est
un compas à quatre branches, formant deux angles égaux
opposés par le sommet.

Le centre mobile qui occupe ce point peut être fixé où l'on
veut, et si on le fait avancer jusqu'à ce que la longueur des
branches soit partagée suivant le rapport donné par la question, il est évident que lorsqu'on prendra par exemple une
quantité AB égale à l'un des côtés du polygone donné, la
distance ab, sera le côté homologue du polygone demandé.

454. Pantographe. Cet instrument représenté, *fig.* 13, se
compose de quatre règles parallèles deux à deux, et mobiles
autour des points m, A, B, C.

Les trois points S, m, M, sont toujours en ligne droite, et
les côtés MC, mA, sont entre eux comme les côtés homologues
des deux figures VMU, *vmu.* Le rapport de ces côtés peut être
changé suivant chaque question, en déplaçant les centres des
deux points A et C. Les trous percés dans les règles sont destinés à recevoir les deux chevilles servant de charnières. Le
point M contient une pointe que l'on dirige avec la main, en
suivant toutes les sinuosités de la figure donnée ; tandis qu'un
crayon placé au point m reproduit sur le papier une figure
semblable.

La similitude des figures VMU, *vmu,* est une conséquence de
celle des deux triangles MCm, mAS, qui ont constamment un
angle égal compris entre côtés proportionnels.

Le point S est un centre de similitude (448), et le résultat
est une application mécanique des principes démontrés aux
numéros 378, 393.

455. Si la figure *vmu* était donnée, et que l'on voulût construire la figure VMU, il faudrait placer le crayon au point M
et conduire le point m en suivant toutes les sinuosités du dessin
donné *vmu.*

456. Échelle de proportion. Les échelles sont des lignes droites divisées en parties égales. Lorsque deux échelles, divisées dans le même nombre de parties égales, sont entre elles comme les côtés homologues de deux figures semblables, chaque partie de l'une des échelles est l'*unité* ou le *module* de la figure correspondante.

Ainsi, par exemple, supposons que les deux droites EM, *em*, *fig*. 6, sont entre elles comme les bases AB, *ab*, de la figure 2.

Si la droite BC contient 13 parties de l'échelle EM, la droite *bc* devra contenir 13 parties de l'échelle *em*.

457. Échelle de dixièmes. Si l'on voulait obtenir une grande exactitude dans le résultat, les échelles EM et *em* ne suffiraient plus, parce qu'elles ne donnent pas les fractions d'*unités*.

On pourrait, il est vrai, partager l'une des unités en parties plus petites, mais alors les traits de division seraient beaucoup trop rapprochés, surtout sur la plus petite des deux échelles.

Dans ce cas, il faut opérer de la manière suivante :

Supposons que l'on veuille diviser l'unité ZX, *fig*. 7, en dix parties égales, on tracera la droite Z-o, sur laquelle on portera dix parties égales quelconques ; on joindra le point o avec X par la droite o-X, et par chacun des points de division de o-Z on mènera une parallèle à ZX.

Il résulte du principe démontré au numéro 363, que les parallèles comprises entre les côtés de l'angle Z-o-X sont entre elles comme les distances du point o aux points de division correspondants de la droite o-Z.

Ainsi, par exemple, *la parallèle du point 1 est à la partie* ZX comme le segment o-1 est à la droite o-Z. Mais, puisque o-1 est la dixième partie de o-Z, il s'ensuit que la petite parallèle du point 1 est la dixième partie de ZX.

On reconnaîtra de même que la parallèle du point 2 vaut $\frac{2}{10}$ de ZX, celle du point 3 vaut $\frac{3}{10}$, et ainsi de suite.

458. Voici la manière d'appliquer le principe qui vient d'être démontré.

Supposons, *fig.* **9**, que l'on veuille construire une échelle dont chaque unité serait égale à la *centième partie* de EZ.

On élèvera la perpendiculaire Z-100, sur laquelle on portera 10 parties égales quelconques.

On fera passer par chaque point de division une parallèle à la droite donnée EZ.

On élèvera par le point E, une perpendiculaire à la droite EZ, ce qui déterminera le point *o* sur la parallèle la plus élevée.

On divisera l'espace o-100 en dix parties égales, et l'on divisera pareillement en dix parties égales la droite donnée EZ.

Enfin, on tracera, comme on le voit sur la figure, les droites inclinées, de manière à joindre le *premier* point de la ligne o-100 avec le *second* de EZ; le *second* de o-100 avec le *troisième* de EZ, etc.

Si l'on fait ensuite la distance EH, égale à EZ, que l'on élève la perpendiculaire H-100, et que l'on place tous les numéros comme ils le sont sur la figure, on aura une échelle extrêmement commode.

En effet, pour avoir une longueur égale à 23 parties, on placera l'une des pointes du compas ordinaire sur le point 3 de la ligne o-E, et l'autre pointe en *a*. La distance 3-*a* que l'on obtiendra se composera des deux parties représentées 1° par la petite portion de parallèle comprise entre le point 3 et l'oblique du point *o*; 2° de 2×10 ou 20 parties comprises entre les deux obliques qui aboutissent aux points *o* et 20; ce qui fera en tout $20 + 3 = 23$ *parties*. Pour obtenir 165 parties on portera les pointes du compas de *c* en *u*, ce qui donnera

$$cu = 100 + 5 + 60 = 165.$$

En portant vers la gauche, des distances égales à EZ, on pourra augmenter l'étendue de l'échelle autant que l'on voudra.

459. Pour construire une figure semblable à une autre, on fera deux échelles semblables. On peut augmenter la hauteur de la plus petite si l'on n'a pas assez de place pour écrire les chiffres; mais on ne peut pas prendre à volonté les distances EZ, *ez*, qui doivent toujours être entre elles comme la figure donnée est à celle que l'on veut construire.

460. vernier. Il existe encore un autre moyen d'obtenir les *dixièmes* d'unités sur une échelle dont les lignes de division ne pourraient pas être rapprochées sans inconvénient.

Le *vernier* VU, *fig.* 14, est une petite règle ajustée de manière à pouvoir glisser suivant toute la longueur de l'échelle principale EM. On marquera sur le vernier une longueur égale à 9 parties de l'échelle, et l'on divisera cette longueur en 10 parties égales, de manière que chacune des parties du vernier VU soit égale à $\frac{9}{10}$ de l'une quelconque des parties de l'échelle.

La différence entre une des parties de l'échelle et une partie du vernier sera par conséquent égale à

$$\frac{10}{10} - \frac{9}{10} = \frac{1}{10}.$$

La droite dont on veut mesurer la longueur est toujours comprise entre le zéro de l'échelle et le zéro du vernier.

Si par exemple le zéro du vernier coïncidait avec le nombre 25 de l'échelle, on dirait que la longueur mesurée à compter du zéro de l'échelle vaut *vingt-cinq* parties.

Mais si le zéro du vernier V'U' est arrivé, comme on le voit sur la figure, entre les numéros 62 et 63 de l'échelle, il est évident que la longueur cherchée sera égale à 62 parties plus une fraction, qu'il s'agit d'évaluer en *dixièmes*.

Or, cela revient à savoir de combien de dixièmes le zéro s'est avancé depuis le moment où il coïncidait avec le numéro 62. Mais, puisque la différence entre une des parties du vernier et une partie de l'échelle est égale à *un dixième*, il s'ensuit que si l'on partait de la position désignée par VU, il faudrait que le vernier s'avançât de $\frac{1}{10}$ vers la droite, pour que son numéro 1 correspondît au numéro 26 de l'échelle.

Il faudrait que le vernier s'avançât de $\frac{2}{10}$, pour que le numéro 2 pût coïncider; de $\frac{3}{10}$ si l'on voulait faire coïncider le numéro 3, et ainsi de suite. De sorte que le numéro du vernier qui coïnciderait avec l'une des divisions de l'échelle, indique toujours de combien de *dixièmes* le zéro s'est avancé depuis le moment où il correspondait à un nombre exact d'unités.

Donc, lorsque le vernier est parvenu dans la position V'U', on remarquera que le numéro 7 coïncide avec l'une des divisions de l'échelle, et l'on doit en conclure que le zéro s'est avancé de $\frac{7}{10}$ depuis le moment où il coïncidait avec le numéro 62; de sorte que la longueur demandée est égale à 62 parties plus $\frac{7}{10}$.

461. Avec un peu d'habitude on pourra facilement évaluer les longueurs à moins d'un *vingtième*. En effet, si aucun point ne coïncidait, mais que les points 6 et 7 fussent tous les deux situés entre des lignes consécutives de l'échelle, on en conclurait que le point 6 a dépassé le moment de la coïncidence, tandis que le point 7 n'y est pas encore arrivé. La fraction cherchée serait donc plus grande que 6 et plus petite que 7 dixièmes; mais il serait toujours facile de reconnaître lequel des points 6 ou 7 est le plus près de l'une des lignes de division de l'échelle, et, si les points 6 et 7 étaient également éloignés de la coïncidence, on pourrait compter indifféremment 6 ou 7 dixièmes pour la fraction cherchée. Or, dans l'un comme dans l'autre cas, l'incertitude n'excédera pas *un demi-dixième* ou *un vingtième*.

462. Les moyens que nous venons d'indiquer pour déterminer les *dixièmes* de parties, sans les tracer sur une échelle, pourraient également être employés pour toutes autres subdivisions. Ainsi, par exemple, si l'on avait marqué sur le vernier une quantité égale à 11 unités de l'échelle, et que l'on eût partagé cette distance en 12 parties égales, on aurait déterminé par ce moyen des *douzièmes* d'unités.

LIVRE TROISIÈME.

MESURE DE L'ÉTENDUE.

CHAPITRE PREMIER.

Mesure des lignes droites, des aires de cercles et des angles.

463. Définitions. Jusqu'ici nous avons plutôt considéré la *forme* que l'étendue des figures.

Dans le premier livre nous avons comparé les polygones entre eux ; nous avons recherché dans quels cas leurs parties étaient égales ou inégales.

Dans le second livre nous avons étudié les rapports et les proportions provenant des diverses positions relatives des lignes.

Dans le troisième livre nous allons mesurer la *grandeur* et la *quantité d'étendue* que les figures occupent dans l'espace.

464. *Mesurer une quantité c'est la comparer à l'unité, afin de savoir combien de fois elle la contient.*

465. L'*unité* est une quantité dont la grandeur est déterminée, et à laquelle on est convenu de comparer toutes les autres quantités de même nature qu'elle. Il est à regretter que dans l'origine tous les hommes n'aient pas adopté d'un commun accord le même terme de comparaison. Ainsi, nous avons vu dans l'arithmétique, quels étaient les embarras provenant du grand nombre d'unités différentes employées autrefois en

France, et nous avons dit quels motifs ont fait adopter le *mètre* pour unité de longueur.

466. Nous supposerons donc que le lecteur a sous les yeux la longueur du *mètre*, et nous allons voir comment on obtient l'*expression* de la longueur d'une droite donnée.

467. Si l'on connaissait le *rapport numérique* de la quantité à l'unité on aurait l'expression de la grandeur de cette quantité en multipliant l'unité par le rapport. Ainsi, par exemple, exprimons par A la longueur de la droite proposée, par *m* la longueur du mètre, et supposons que l'on ait trouvé (347)

$$A : m = 35 : 11,$$

on aurait, en faisant le produit des extrêmes égal au produit des moyens $\qquad 11A = 35m;$

d'où $\qquad A = \dfrac{35}{11}\, m = 3^m,1818\ldots$

Ainsi, en se contentant des quatre premiers chiffres décimaux, on aurait la droite A égale à 3 *mètres* plus 1818 *dix millièmes de mètres*.

Mais, nous l'avons déjà dit, l'opération exposée au numéro (347) ne doit être considérée que comme une définition, comme un moyen de faire comprendre ce que l'on entend par *rapport numérique* et *commune mesure*, et l'on doit facilement reconnaître que le nombre des transpositions successives de compas, et les chances d'erreur qui peuvent en résulter rendraient cette manière d'opérer entièrement impraticable.

Dans les applications, on procède de la manière suivante :

Mesure des lignes droites.

468. **Mètre**. Soit, *fig.* 5, *pl.* **14**, une règle MV en bois ou en métal, dressé avec le plus grand soin.

Supposons que la longueur de cette règle soit égale à 1 *mètre*, et que cette longueur soit divisée en dix parties égales, chacune de ces parties vaudra un *décimètre ;* chaque décimètre sera lui-même partagé en dix parties égales, que l'on nommera *centimètres ;* chaque centimètre contiendra dix *millimètres,* et ainsi de suite.

Pour mesurer la longueur d'une droite AC, on portera le mètre MV de A en C autant de fois qu'il pourra y être contenu ; supposons 1 fois, par exemple, de sorte que l'on aura

$$AC = 1 \text{ mètre} + BC.$$

Pour évaluer BC on reportera le mètre de B en D, et l'on verra que $BC = 3$ décimètres $+ 6$ centimètres.

Ainsi, la droite

$$AC = 1 \text{ mètre} + 3 \text{ décimètres} + 6 \text{ centimètres.}$$
$$= 1,36.$$

On conçoit que le peu d'étendue de la figure est la seule raison qui nous ait empêché de tracer les lignes de divisions correspondantes aux millimètres.

469. Lorsque la question proposée exige que les quantités soient mesurées avec une grande exactitude, on peut employer un mètre muni d'un *vernier* (460).

Si chacune des parties du vernier était égale à $\dfrac{9}{10}$ de millimètre, les longueurs mesurées seraient exactes à moins de 0,0001, et même à moins de 0,00005 (461).

470. corollaire I. Le moyen que nous venons d'employer pour mesurer la ligne AC, peut également servir pour trouver, avec une approximation suffisante, *le rapport numérique de deux droites.* Ainsi, par exemple, supposons qu'une droite A soit égale à 2 *mètres* 46 *centimètres,* et qu'une autre droite B soit égale à 1 *mètre,* 783 *millimètres,* on aura, en divisant la première par la deuxième,

$$\frac{A}{B} = \frac{2,46 \times 1 \text{ mètre}}{1,783 \times 1 \text{ mètre}} = \frac{2,46}{1,783} = \frac{2,460}{1,783} = \frac{2460}{1783} = 1,37$$

471. cor. II. On peut aussi employer le mètre pour construire une figure semblable à une autre. Dans ce cas, le rapport qui doit exister entre les côtés homologues des deux figures est exprimé en parties décimales du mètre. Ainsi, par exemple, lorsqu'on dit qu'un dessin est exécuté à 3 *milli-mètres* pour *mètre*, cela veut dire que sur ce dessin chaque longueur de 3 millimètres vaut 1 mètre de la figure représentée.

Lorsqu'on dessine une carte ou un plan à l'échelle de *un dix-millième*, cela signifie que chaque dix-millième de mètre pris sur la carte représente une longueur de 1 mètre sur le terrain.

---

472. chaîne. Pour mesurer de grandes distances sur le terrain, on emploie la chaîne représentée par la figure 6. Cet instrument, dont la longueur totale est de *dix mètres* ou un *décamètre*, se compose de 50 petites tringles de fer séparées par des anneaux ; les longueurs des tringles sont calculées de manière que deux anneaux consécutifs soient éloignés de deux décimètres.

Il y a successivement quatre anneaux de fer et un anneau de cuivre, de sorte que ces derniers indiquent la longueur de chaque mètre. La chaîne est terminée par deux anneaux assez allongés pour que l'on puisse y passer la main.

Deux hommes tenant la chaîne par les anneaux A et B, l'appliquent sur la terre, et, avant de la relever pour la porter à la suite, ils marquent les points correspondants aux extrémités ; lorsque la chaîne a été posée 10 fois on a mesuré 100 mètres.

473. cordeau. On emploie souvent aussi comme instrument de mesure, un ruban *inextensible*, ayant un ou plusieurs mètres de longueur.

Mesure des arcs.

474. Définitions. Il y a deux manières d'évaluer la grandeur d'un arc :

La mesure *absolue* est l'expression en mètres et fractions

9

décimales du mètre, de la longueur qu'aurait cet arc si on le tirait par ses extrémités jusqu'à ce qu'on lui eût fait perdre sa courbure, et qu'il fût transformé en ligne droite ; c'est ce que l'on appelle un arc *rectifié*.

La mesure *relative* est le rapport qui existe entre l'arc et la circonférence entière dont il n'est qu'une partie. Nous parlerons plus tard de la mesure absolue, nous allons voir de quelle manière on peut obtenir la mesure relative.

475. Théorème. *Fig. 12. Si plusieurs cercles ont le même centre, tous les arcs interceptés entre deux rayons AB, AC, ont la même valeur relative.*

Démonstration. Les arcs BC, B'C', B"C", sont semblables, puisqu'ils correspondent à un même angle au centre (400). Ils peuvent donc être considérés comme lignes homologues par rapport aux circonférences dont ils font partie, de sorte que l'on aura

l'*arc* BC est à la *circonférence* qui a pour rayon AB, comme l'*arc* B'C' est à la *circonférence* qui a pour rayon AB', etc.

Par conséquent si l'arc BC vaut, par exemple, la *vingtième* partie de la circonférence entière à laquelle il appartient, l'arc B'C' vaudra également la *vingtième* partie de la circonférence entière correspondante.

476. Corollaire. Puisque tous les arcs concentriques compris entre les deux rayons AB, AC, ont la même valeur relative, il s'ensuit que le nombre qui exprimera la mesure de l'un d'eux sera également la mesure de l'autre. Par conséquent, pour avoir la mesure de l'arc BC, il suffira de mesurer l'un quelconque des arcs concentriques B'C', B"C", etc.

477. Rapporteur. Supposons actuellement un demi-cercle en métal, divisé avec beaucoup de soin en parties égales, en 180 par exemple. Si l'on transporte le centre de ce cercle au centre de l'arc BC, dont on veut avoir la mesure relative, et si l'on fait coïncider le rayon de l'instrument avec AB; le rayon AC coupera la circonférence du cercle en un point C', et le nombre de parties de l'arc B'C', fera connaître le rapport qui existe entre cet arc et la circonférence entière.

L'opération qui précède revient à prendre pour *unité d'arc* la 360ᵉ partie de la circonférence ou le *degré*. Ainsi, par exemple, si le rayon AC correspond au 34ᵉ point de division de la circonférence du rapporteur, on en conclura que l'arc B'C' est égal à $\frac{34}{360}$ de circonférence ou 34 degrés, d'où il résulte que l'arc BC vaut pareillement $\frac{34}{360}$ ou 34 degrés de la circonférence à laquelle il appartient.

478. Afin de pouvoir évaluer les arcs qui ne contiennent pas un nombre exact de degrés, on est convenu que chaque degré se composerait de 60 parties égales, que l'on nomme *minutes*; que chaque minute contiendrait 60 *secondes*.

On désigne le degré par le signe　°
la minute par　　　　′
la seconde par　　　　″

Ainsi, un arc de 28 degrés 17 minutes 30 secondes, s'écrirait de la manière suivante :

$$28°\text{-}17'\text{-}30''.$$

479. vernier circulaire. Dans beaucoup d'instruments destinés à la mesure des arcs, on a ajouté un *vernier circulaire*, *fig. 4*. Le principe est le même que pour le vernier rectiligne. Ainsi, par exemple, si la circonférence ou le *limbe* était divisé en degrés, et que l'on eût fait 10 parties du vernier égales à 9 parties du cercle, on obtiendrait les *dixièmes de degrés*, et par conséquent la longueur de l'arc serait évaluée à moins de 6 *minutes*, et même, comme nous l'avons dit au numéro 461, à moins de 3 *minutes*.

Nous verrons plus tard par quels moyens cette exactitude peut être augmentée considérablement.

480. Division de la circonférence. Autrefois tous les géomètres s'accordaient pour diviser, comme nous venons de le faire, la circonférence en 360 parties égales ; mais, à l'époque où le système métrique des poids et mesures fut adopté en France, on voulut partager également le cercle en parties décimales.

Il fut décidé alors, que le quart de la circonférence prendrait le nom de *quadrant;* que chaque quadrant se composerait de 100 parties égales, nommées *grades;* chaque grade de 100 parties nommées *minutes;* chaque minute de 100 *secondes.*

Ainsi, pour énoncer qu'un arc $a = 36^{gr},4852$, on dirait que cet arc vaut 36 *grades*, 48 *minutes*, 52 *secondes.*

Des obstacles matériels puissants se sont opposés jusqu'ici, et s'opposeront sans doute encore longtemps à l'abandon de l'ancienne division du cercle.

En effet, parmi les praticiens qui ont souvent occasion de mesurer des arcs, il faut mettre en première ligne les astronomes, les ingénieurs, les géographes, les marins, etc. Ces classes, composées d'individus doués en général d'une grande intelligence, auraient promptement vaincu les difficultés de calcul provenant du passage de l'ancien système au nouveau, et, par la construction de tables bien disposées, ils auraient rendu facile la comparaison des observations passées aux observations futures ; des cartes de géographie construites d'après la division sexagésimale, avec les cartes dressées suivant la nouvelle division. Mais, quand le lecteur connaîtra dans tous leurs détails, les admirables instruments employés pour la mesure des arcs, quand il pourra se faire une idée du talent, de l'adresse et de la patience des artistes chargés de leur exécution, il ne sera plus étonné de l'élévation du prix de ces instruments, et de la grande dépense à laquelle on serait entraîné s'il fallait d'un seul coup remplacer tous ceux qui existent, par d'autres qui seraient construits suivant la division décimale.

A la nécessité de remplacer tous les instruments de la marine et des observatoires, se joindrait encore, pour le navigateur, l'embarras et la confusion qui pourraient résulter dans son esprit, de l'emploi simultané des cartes françaises, divisées en décimales, et des cartes étrangères, construites d'après l'ancienne division. Au moment du danger, il n'aurait pas le temps de faire les transformations nécessaires pour comparer les positions indiquées par les anciennes cartes, avec le résultat provenant des observations faites avec les nouveaux instruments.

Enfin, à toutes ces causes, il faut ajouter la privation presque absolue de tables de logarithmes s'accordant avec la division décimale du cercle.

Il résulte de ce qui précède que pour remplacer l'ancienne division par la nouvelle il faudrait :

1° Que tous les instruments des astronomes, des marins et des ingénieurs fussent changés ;

2° Que les tables de logarithmes fussent calculées suivant la nouvelle division ;

3° Que les cartes de géographie françaises ou *étrangères*, dont les marins font un usage journalier, fussent remplacées par des cartes décimales.

Jusqu'à ce que ces conditions aient été remplies, nous serons forcés, dans les exemples d'application donnés comme sujet d'exercices, d'adopter la division sexagésimale, à laquelle nous serions d'ailleurs nécessairement ramenés lorsque nous voudrions nous servir des logarithmes.

Enfin, si j'avais eu l'intention d'écrire un ouvrage de pure théorie, j'aurais peut-être préféré la division décimale; mais dans un traité de mathématiques destiné aux praticiens, j'ai cru devoir adopter la seule division qui jusqu'à présent soit en usage dans les applications. Nous verrons d'ailleurs par la suite, que les difficultés qui paraissent devoir en résulter ne sont qu'apparentes, puisque dans la solution des triangles ce ne sont pas les arcs ni les angles qui entrent dans le calcul, mais les logarithmes de lignes droites qui en dépendent, et dont les valeurs sont toujours exprimées par des nombres décimaux.

481. D'ailleurs, si l'on voulait transformer l'expression sexagésimale d'un arc en expression décimale du même arc, il suffirait de se rappeler que

$$360 \text{ degrés} = 400 \text{ grades.}$$
$$\text{D'où } 9° = 10^g$$

$$1^\circ = \frac{10^g}{9} = 1^g,1111$$

$$1' = \frac{1^g,1111}{60} = 0^g,0185$$

$$1'' = \frac{0^g,0185}{60} = 0,0003$$

Avec ces rapports on pourra facilement calculer une table de transformation. (*Arithmétique*, 51 , 52.)

Mesure des angles.

482. Considérations générales. On a dit que la géométrie avait pour but *la mesure de l'étendue.* Cette définition n'est ni complète ni exacte.

Elle n'est pas complète; car lorsque l'on recherche les relations qui résultent du parallélisme ou de la perpendicularité des lignes droites on ne mesure pas l'étendue;

Lorsque l'on construit des figures égales ou semblables entre elles on ne mesure pas l'étendue.

Lorsque l'on dessine un corps, lorsque l'on trace toutes les lignes nécessaires pour l'exécuter, on ne mesure pas l'étendue, etc., etc.

Non-seulement la définition précédente n'est pas complète, mais elle n'est pas exacte. En effet, si l'on considère la géométrie comme ayant pour but de mesurer les quantités d'étendue occupées par les figures ou par les corps, on n'aura aucune idée des moyens employés pour atteindre ce but.

Mesurer, suivant le sens que l'on attache vulgairement à cette expression, c'est comparer la quantité à l'unité pour connaître leur *rapport numérique.*

Mais cette opération n'est pas aussi simple qu'elle le paraît d'abord, ensuite elle est presque toujours impossible, et la plupart des théorèmes de géométrie ont pour but de donner les méthodes les plus simples pour *calculer l'étendue* et non pour la *mesurer*.

Nous venons de voir déjà un exemple à l'appui des réflexions qui précèdent. Ainsi, pour obtenir la mesure relative d'un arc BC, *fig.* 12, nous n'avons pas mesuré cet arc *directement*, ce qui aurait été fort difficile, puisqu'il aurait fallu faire construire exprès un rapporteur de même rayon que l'arc proposé; mais nous sommes parvenus au même but d'une manière indirecte, et, sans mesurer l'arc BC lui-même, nous avons *obtenu sa valeur relative* en mesurant un autre arc B'C', qui avait le même rapport numérique avec la circonférence entière.

Ces considérations sont fort importantes, et, pour mieux faire comprendre la distinction que l'on doit faire entre la mesure directe et la mesure indirecte, je citerai quelques exemples pris en dehors de la géométrie.

Supposons que l'on veut mesurer la chaleur qui est dans un appartement, il est évident qu'on ne pourrait pas la comparer directement à l'unité de chaleur, qui n'est pas une quantité matérielle et sensible comme le mètre que l'on emploie pour la mesure des lignes; il a donc fallu trouver d'autres moyens.

Après un grand nombre d'observations et d'expériences délicates, on est parvenu à s'assurer que la chaleur existant dans un lieu déterminé, augmente ou diminue *proportionnellement* à la hauteur de la colonne de mercure contenu dans un tube de verre. Dès ce moment le moyen de mesurer la chaleur a été trouvé, et lorsque la colonne de mercure a augmenté d'un *dixième* en hauteur, on a pu dire que la chaleur était elle-même augmentée d'un *dixième*.

Il est cependant bien évident que ce n'est pas la chaleur que l'on a mesurée, mais la hauteur du mercure, c'est-à-dire *une ligne droite*. Ainsi, l'une de ces quantités a pu servir de mesure à l'autre, parce qu'il avait été reconnu précédemment qu'elles variaient *dans le même rapport*.

Prenons pour second exemple la mesure du temps, il est certain que l'unité de temps n'est pas une quantité que l'on puisse comparer *directement* avec le temps que l'on veut mesurer; mais lorsqu'on fut parvenu à construire une machine dans laquelle

l'extrémité d'une aiguille parcourt des espaces *proportionnels*
au temps écoulé, la mesure du temps a été trouvée. Or, il est
encore évident que ce n'est pas le temps que l'on mesure, mais
l'arc de cercle parcouru par l'extrémité de l'aiguille, et si l'on
prend cet arc pour la mesure du temps, c'est parce que ces
deux quantités varient *dans le même rapport.*

C'est ainsi, comme nous le verrons par la suite, que l'on remplace presque toujours les quantités que l'on veut mesurer par
d'autres quantités qui leur sont *proportionnelles.*

483. En général, *les lignes droites et les arcs de cercles sont
les seules grandeurs que l'on mesure en les comparant directement
à l'unité.* Quant aux autres quantités *on ne les mesure pas*, on
calcule leur étendue, et pour cela il faut rechercher les rapports qui existent entre elles, et d'autres quantités dont la mesure est plus facile à obtenir.

C'est par l'étude et par la comparaison de tous ces rapports
que nous parviendrons à *obtenir la mesure de toutes les parties
de l'espace.*

---

484. Théorème. *Lorsque deux angles ont leurs sommets au
centre d'un même cercle ou de cercles égaux, ils sont entre eux
comme les arcs compris entre leurs côtés.*

Démonstration. Supposons que les angles *acb*, ACB. *fig.* 8,
soient entre eux comme 3 : 5; ou, ce qui revient au même,
supposons qu'il existe un angle *m* contenu *trois* fois dans le
premier et *cinq* fois dans le second; chacun des trois angles
qui composent *acb* sera égal à l'un quelconque des cinq angles
qui composent ACB, et les arcs interceptés *ao*, AO, seront égaux
de part et d'autre (188). Or, si l'on prend un de ces petits arcs
pour terme de comparaison, et si l'on exprime sa valeur par
m' on aura

$$\text{arc } ab = 3m'$$
$$\text{arc } AB = 5m'.$$

Divisant la première équation par la seconde on obtient

$$\frac{\text{arc } ab}{\text{arc } AB} = \frac{3m'}{5m'} = \frac{3}{5};$$

ce qui donne la proportion

$$arc\ ab : arc\ \text{AB} = 3 : 5.$$

Mais on avait la proportion

$$angle\ acb : angle\ \text{ACB} = 3 : 5.$$

On aura donc, à cause du rapport commun,

$$angle\ acb : angle\ \text{ACB} = arc\ ab : arc\ \text{AB}.$$

485. Remarque. En supposant que les deux angles *acb*, ACB, étaient entre eux comme les nombres 3 et 5, il est évident que nous n'avons pas d'autre but que de fixer les idées par un exemple, et le facteur *m'* ayant disparu par la réduction, nous devons en conclure que l'égalité des deux rapports ne depend pas de la grandeur de l'arc employé comme mesure commune; par conséquent, la proportion existera toujours lors même que cette commune mesure sera infiniment petite, ou, en d'autres termes, lorsque le rapport des deux angles comparés sera incommensurable (352).

---

486. Théorème. *Lorsqu'un angle a son sommet au centre d'un cercle, il a pour mesure l'arc compris entre ces côtés.*

Démonstration. Pour obtenir la mesure d'un angle il faut trouver le *rapport numérique* qui existe entre cet angle et l'unité; mais, puisque les angles au centre sont entre eux comme les arcs compris entre leurs côtés (484), il est évident que l'on pourra *prendre le rapport des arcs pour celui des angles*. Ainsi, par exemple, s'il s'agissait d'exprimer la mesure de l'angle *acb*, *fig.* **8**, et que l'on eût pris l'angle ACB pour unité, on aurait

$$\frac{angle\ acb}{angle\ \text{ACB}} = \frac{arc\ ab}{arc\ \text{AB}} = \frac{3}{5};$$

d'où

$$\frac{angle\ acb}{angle\ \text{ACB}} = \frac{3}{5};$$

et par conséquent

$$angle\ acb = \frac{3}{5}\ angle\ \text{ACB}.$$

487. Corollaire I. Dans les applications on prend ordinairement pour *unité d'angle* la 90ᵉ partie de l'angle droit. Cet angle, que l'on nomme *degré*, est compris 360 fois dans quatre angles droits; d'où il résulte que si le sommet de ce petit angle était placé au centre d'un cercle, il comprendrait exactement l'arc d'un degré entre ses côtés.

488. cor. II. Il résulte évidemment de ce qui précède, que les instruments imaginés pour *mesurer les arcs* serviront également pour *mesurer les angles*, et l'on verra par la suite que c'est précisément là leur véritable destination. Ainsi, par exemple, pour mesurer l'angle BAC, *fig.* 12, on placera au point A le centre du *rapporteur*, et l'on fera coïncider le côté AB avec le rayon qui correspond au point 0 de la circonférence. Le nombre de degrés compris dans l'arc B'C' indiquera combien de fois l'angle BAC contient *l'angle d'un degré* qui représente l'unité.

Le point C' correspondant sur la figure, au 34ᵉ point de division du limbe, on en conclura que l'angle BAC vaut 34 degrés.

489. cor. III. Lorsqu'un angle B'AE est droit, il intercepte entre ses côtés le quart de la circonférence, et par conséquent sa mesure est égale à 90 degrés.

Lorsque deux angles B'AC', C'AE sont *compléments* l'un de l'autre (57), leur somme est égale à 90 degrés.

Lorsque deux angles B'AC', C'AD, sont *suppléments* l'un de l'autre (61), leur somme est égale à 180 degrés.

490. cor. IV. Si le sommet de l'angle donné était placé sur la circonférence du rapporteur, il faudrait prendre pour mesure la moitié de l'arc de cercle compris entre les côtés. Ainsi on aurait (190)

$$l'angle\ \text{B'DC'} = \frac{angle\ \text{B'AC'}}{2} = \frac{arc\ \text{B'C'}}{2} = \frac{34}{2} = 17\ degrés.$$

On aurait également (195)

$$l'angle\ \text{HC'D} = \frac{arc\ \text{C'ED}}{2} = \frac{180 - 34}{2} = \frac{146}{2} = 73\ degrés.$$

Il ne faut pas oublier, lorsqu'on dit qu'un *angle* est égal à un *arc*, qu'il s'agit seulement de l'égalité des deux *nombres* qui expriment leurs mesures relatives.

491. cor. V. On peut facilement, avec un bon rapporteur, diviser la circonférence d'un cercle en parties égales.

Supposons, par exemple, que l'on veuille déterminer la 13ᵉ partie de la circonférence, on divisera 360 par 13, et l'on obtiendra pour quotient

$$27 \ degrés \ plus \ \frac{9}{13} = 27 \ degrés, \ 41 \ minutes, \ 32 \ secondes.$$

Pour inscrire un polygone régulier de 19 côtés, on calcule-rait exactement les nombres de degrés, minutes et secondes des arcs correspondants à $\frac{1}{19}$, $\frac{2}{19}$, $\frac{3}{19}$, etc., de 360 degrés.

———

492. Instruments. Le rapporteur, *fig.* **12**, est employé ordinairement pour mesurer les arcs ou les angles que l'on trace sur le papier, mais lorsqu'il s'agit d'obtenir la mesure des angles formés par des lignes droites dirigées de toutes les manières dans l'espace, il faut ajouter à cet instrument des modifications importantes.

493. Rayon visuel. Les rayons de lumière qui éclairent les corps, sont renvoyés dans toutes les directions par les dif-férents points de leur surface; quelques-uns de ces rayons pénètrent dans notre œil, et y produisent une sensation d'où résulte pour nous le phénomène de la *vision*. Sans entrer ici dans les détails de cette question composée, nous admettrons comme suffisamment exact, *pour le moment*, que le rayon de lumière envoyée dans notre œil, par le point que nous regar-dons, est une ligne droite à laquelle nous donnons le nom de *rayon visuel*.

494. Graphomètre, *fig.* **11**. Cet instrument n'est autre chose qu'un rapporteur monté sur un pied à trois branches, que l'on peut écarter ou rapprocher à volonté, pour donner plus de stabilité à l'instrument, et pour changer sa hauteur. Par le moyen d'une pièce nommée *genou*, on peut incliner le plan du graphomètre dans toutes les directions.

Le diamètre *ac*, est terminé par deux plaques de métal perpendiculaires au plan du cercle; chacune de ces deux plaques, nommées *pinnules*, est percée par une fente et par une petite fenêtre. D'un côté, la fenêtre est au-dessus de la fente, et le contraire a lieu pour la pinnule opposée, de sorte que la fenêtre de l'une des deux pinnules se trouve toujours à la même hauteur que la fente de la pinnule par laquelle on regarde.

Pour viser un objet, on place l'œil auprès de la fente, et l'on dispose l'instrument de manière que l'on puisse voir l'objet à travers la petite fenêtre qui est vis-à-vis.

Cette fenêtre est traversée dans toute sa hauteur par un fil bien tendu, que l'on amène exactement au milieu de l'objet que l'on regarde.

La règle *vu*, mobile autour du centre, se nomme une *alidade*. Les extrémités taillées en biseau forment deux *verniers* au moyen desquels on augmente, comme nous l'avons vu (460), l'exactitude de la division.

Pour mesurer un angle avec le graphomètre, on fait tourner le plan du cercle jusqu'à ce que l'on puisse voir par les pinnules les objets vers lesquels sont dirigés les deux rayons visuels.

495. cercle. *Fig.* 15. Au lieu d'un graphomètre on emploie souvent un cercle entier dans lequel les alidades sont remplacées par des lunettes.

496. Mire. *Fig.* 16. S'il n'existe pas d'objet assez net pour déterminer d'une manière bien précise la direction du rayon visuel, on emploie une planche *mn* divisée en quarrés noirs et blancs. Les deux droites formant les côtés de ces quarrés se coupent en un point vers lequel il est facile de diriger les lunettes ou les alidades.

Quelquefois, lorsque l'on opère la nuit, on emploie des signaux de feu.

497. Planchette. Lorsque l'on veut tracer de suite sur le papier l'angle formé dans l'espace par les rayons visuels, on emploie une planche à dessin, montée sur un pied comme le graphomètre ou le cercle, *fig.* 11 et 13. On place sur la planche une règle ou alidade, terminée par deux pinnules, et lorsqu'en regardant par les pinnules on a fait coïncider la direction de l'alidade avec celle du rayon visuel, on trace immédiatement cette ligne au crayon; la pointe du crayon étant dirigée par l'alidade elle-même.

Le moyen que nous venons d'indiquer est très-commode lorsque l'on veut tracer *rapidement* sur le papier les angles formés par les rayons visuels dirigés vers un grand nombre de points; mais le résultat est loin d'être aussi exact que celui que l'on obtient en mesurant ces angles avec le graphomètre ou le cercle, et les traçant ensuite avec le rapporteur.

Les principes qui seront développés dans la suite, nous permettront de résoudre ces questions avec une exactitude presque absolue.

---

498. Définitions. Les angles ont principalement pour but de déterminer la direction des lignes droites en exprimant leur inclinaison par rapport à d'autres lignes dont la position est connue.

Parmi toutes les directions qu'une droite peut prendre dans l'espace, il y en a quelques-unes qui sont la conséquence de lois naturelles trop intimement liées avec les travaux de l'ingénieur pour qu'il soit permis d'en reculer la définition.

La connaissance de ces lois facilitera l'étude de la théorie, en indiquant au lecteur le but que l'on s'est proposé dans la recherche des principes.

499. Ligne verticale. Si un corps quelconque est abandonné à lui-même, et qu'il ne soit poussé dans aucun sens, il se dirige aussitôt vers la terre en parcourant une ligne droite que l'on nomme une *verticale*.

500. La force évidente qui entraîne ce corps vers la terre se nomme *pesanteur*. Ainsi *la verticale est la direction de la pesanteur*.

501. Fil à plomb. La direction d'une verticale peut être rendue sensible en suspendant un morceau de plomb ou de cuivre à un fil *oc*, *fig*. 1. C'est ce que l'on nomme un *fil à plomb*.

502. En faisant coïncider le fil à plomb avec la droite tracée au milieu de l'une des deux branches de l'équerre, *fig.* 2, on sera certain que cette branche est située dans une position verticale.

503. **Plan vertical.** *Un plan est vertical* toutes les fois qu'il contient une droite verticale.

Ainsi, lorsqu'on aura reconnu qu'une surface est plane (28), il suffira, pour reconnaître si elle est verticale, d'y appliquer le côté vertical de l'équerre, *fig.* 2.

504. On agira de la même manière lorsque l'on voudra placer verticalement le plan du graphomètre ou du cercle, *fig.* 14 et 15, ou bien encore on dirigera l'alidade ou la lunette mobile, vers deux points situés sur une droite dont la position verticale serait connue et vérifiée bien exactement.

505. **Ligne horizontale.** Toute droite perpendiculaire à une verticale est une ligne *horizontale* ou *de niveau*.

On peut reconnaître si une ligne est de niveau en y appliquant le côté *mn* de l'équerre, *fig.* 2 ; il faut en même temps s'assurer que l'autre branche est bien exactement verticale (502).

506. On peut encore vérifier une ligne horizontale au moyen de l'équerre isocèle, *fig.* 5. Si le fil à plomb passe exactement au milieu de la droite *oc*, on pourra en conclure que sa parallèle *mn*, est une ligne de niveau.

507. **Plan horizontal.** Lorsqu'un plan contient deux lignes de niveau, il est *horizontal* ; il sera démontré plus tard que toutes les droites tracées dans ce plan sont de niveau.

508. La détermination des lignes de niveau est tellement importante dans les applications de la géométrie, que l'on a dû chercher à composer des instruments plus parfaits que ceux dont nous venons de donner la description.

509. **Niveau d'eau.** Une des propriétés des liquides, c'est que, lorsqu'ils sont en repos, leur surface supérieure est toujours horizontale. De sorte que si, dans un bassin ou dans un étang, on choisit deux points quelconques situés à la surface de

l'eau, la droite qui joindra ces deux points sera de niveau.

D'après cela, concevons, *fig. 14*, un tuyau en métal, dont les extrémités recourbées sont terminées par deux tubes en verre.

La communication étant libre d'un tube à l'autre, au moyen du conduit *vu*, si l'on verse par l'une des extrémités un liquide quelconque, on le verra paraître de suite dans le tube opposé, et quelle que soit la direction de l'instrument, la droite *ac* sera toujours une ligne de niveau.

Pour rendre plus apparente la ligne supérieure du liquide, on y introduit ordinairement une matière colorante.

510. Niveau à bulle d'air. Le plus parfait de tous les instruments de niveau, est celui que nous allons décrire.

Concevons un tube de verre courbé circulairement comme on le voit sur la *fig. 9*. Si on le remplit *presque* entièrement avec un liquide coloré, il restera une petite goutte ou *bulle* d'air qui viendra toujours se placer dans la partie la plus élevée du tube, quelle que soit, du reste, l'inclinaison de la corde *ac* ; et lorsque cette corde sera horizontale, il est évident que la bulle d'air devra occuper exactement le milieu de l'arc *amc*.

On renferme ordinairement le tube de verre, *fig. 10*, dans une enveloppe de métal qui le garantit contre le choc des objets extérieurs.

Sur la *fig. 9*, on a augmenté la courbure afin de mieux faire comprendre le principe ; mais sur la figure 10, cette courbure est insensible.

Lorsque la plaque à laquelle est attaché le niveau, est placée horizontalement, la bulle d'air doit occuper exactement le milieu de la longueur du tube.

---

511. Usages du niveau. Les instruments de niveau ne servent pas seulement à déterminer les lignes horizontales ; ils sont encore utiles lorsque l'on veut connaître la différence de hauteur de deux points, ou l'inclinaison de la ligne droite qui les joint. Ainsi, par exemple, si l'on place la mire *mn*, *fig.* **16**, dans le prolongement d'une ligne de niveau, on connaîtra par le nombre de divisions de la règle *ac* quelle est la différence de hauteur entre le point que l'on regarde et celui où est situé l'instrument.

512. Pour mesurer l'inclinaison ou la *pente* d'une ligne droite, on amènera le plan du graphomètre ou du cercle dans une position verticale (504), puis avec un niveau portatif, ou faisant partie de l'instrument, on donnera une direction horizontale à la lunette ou alidade fixe, après quoi, il ne restera plus qu'à mesurer l'angle que cette ligne de niveau fait avec la droite dont on veut connaître l'inclinaison.

513. Pour placer le cercle ou le graphomètre dans une position horizontale, on posera le niveau sur le plan de l'instrument dans deux directions différentes (507). Quelques cercles sont munis, à cet effet, de deux niveaux à demeure et perpendiculaires l'un à l'autre.

---

514. **Définitions.** Il est essentiel de remarquer que par un point pris à volonté dans l'espace, on ne peut faire passer *qu'une seule* ligne verticale, tandis que l'on peut mener par ce point une *infinité* d'horizontales différentes.

Toutes ces horizontales seront dans un même plan (507), qui sera le *seul* que l'on puisse concevoir par le point donné, tandis que par la verticale qui contient ce point, on pourra faire passer une *infinité* de plans verticaux.

515. En général, *par un point donné, on ne peut faire passer qu'une seule verticale, par laquelle on peut concevoir une infinité de plans verticaux.*

516. *Par un point donné, on ne peut faire passer qu'un seul plan horizontal, dans lequel on peut tracer une infinité de lignes de niveau.*

Ces remarques seront très-utiles par la suite.

---

517. **Méridienne.** Parmi toutes les lignes horizontales qui passent par un point donné, il y en a *une* qui doit particulière-

ment attirer notre attention : c'est la direction que prend l'ombre d'une droite verticale à *midi*.

Cette ligne se nomme une *méridienne*, elle indique la direction du *nord* au *sud*. Si, à midi, on tournait le dos au soleil, on regarderait le *nord*, et l'extrémité opposée de la méridienne serait le *sud*.

518. Un phénomène naturel permet de retrouver à chaque instant la direction de la méridienne. En effet, concevons une aiguille en métal, ayant la forme d'un losange très-allongé.

Cette aiguille, placée sur un pivot, peut se mouvoir en tous sens, avec la plus grande facilité. Or, si l'on aimante la pointe de l'aiguille, elle se tournera aussitôt vers le nord, et sa direction déterminera celle de la méridienne.

519. Boussole. Supposons, *fig.* **7**, qu'une aiguille aimantée soit placée dans une boîte dont le fond contient un cercle divisé, le zéro étant situé au point A. Si l'on tourne la boîte de manière que le diamètre AB coïncide avec le rayon visuel KH, il est évident que le numéro du cercle, correspondant à l'extrémité N de l'aiguille, indiquera le nombre de degrés de l'angle NOK, compris entre le rayon visuel KH et la méridienne NS.

520. Pour viser les objets, on adapte à la boussole une alidade ou une lunette; mais si l'on faisait coïncider cette pièce avec le diamètre AB, on cacherait les divisions du cercle, surtout lorsque l'angle mesuré est très-petit. Pour éviter cette difficulté, on attache la lunette sur l'un des côtés de la boîte, ce qui est la même chose, puisque les deux angles NOK, NSU sont évidemment égaux, comme internes-externes.

La boussole peut être posée sur une planchette ou montée sur un pied à trois branches, comme le graphomètre ou le cercle, *fig.* **11** et **13**.

521. Pour mesurer avec la boussole l'angle formé par les deux rayons visuels OK, OK', on fera tourner la boîte jusqu'à ce que la lunette occupe les deux positions successives désignées par les lettres VU, V'U'.

Si l'angle NOK provenant de la première position, est égal, par exemple, à 48 *degrés*, et que l'angle NOK' soit de 60 *degrés*, on aura :

l'angle KOK' = NOK' — NOK = 60 — 48 = 12 degrés.

522. Déclinaison de l'aiguille aimantée. Nous avons supposé que la direction de l'aiguille coïncidait exactement avec celle de la méridienne. Cette hypothèse n'est pas rigoureusement exacte, et nous ne l'avons admise d'abord, que pour faciliter la démonstration du principe.

L'aiguille s'écarte un peu de la méridienne à droite ou à gauche, suivant le lieu et suivant l'heure de la journée; mais des observations nombreuses ayant fait connaître, pour chaque lieu, l'angle que ces deux lignes font entre elles, on peut toujours retrouver la direction exacte de l'une d'elles, lorsque l'on connait celle de l'autre.

523. D'ailleurs, il n'est utile d'avoir égard à la déclinaison, que lorsqu'on veut mesurer l'angle qu'une droite fait avec la méridienne, car lorsqu'il s'agit de l'angle formé par deux rayons quelconques OK, OK', il est évident que la direction de la méridienne devient indifférente, et que l'on obtiendrait le même résultat si l'aiguille était tournée vers tout autre point de l'horizon.

524. Inclinaison de l'aiguille. Nous devons ajouter encore que l'aiguille n'est pas rigoureusement horizontale, mais l'inclinaison peut être rendue insensible par un contre-poids.

---

525. Équerre d'arpenteur. Cet instrument, représenté par la figure 15, est monté sur un pied que l'on enfonce verticalement dans la terre. La section par un plan horizontal est un *octogone régulier*. Chacune des faces correspondantes aux côtés de l'octogone est percée par des fentes comme les pinnules du graphomètre. Les rayons visuels, traversant les faces opposées, se croisent au centre où ils forment *huit* angles de 45 degrés chacun.

Il est évident qu'avec cet instrument on pourra déterminer les angles de 45, 90 et 135 degrés.

CHAPITRE II.

Longueur des lignes.

---

526. Droites inaccessibles. Nous avons dit, au numéro 483, que les droites et les arcs de cercle étaient les seules quantités que l'on pût mesurer directement en les comparant aux unités; mais les lignes droites elles-mêmes ne sont pas toutes immédiatement mesurables. En effet, il arrive souvent que l'on veut obtenir la distance de deux points dont on ne peut pas approcher. D'autres fois il est impossible de tracer la droite qui représente cette distance.

Dans ce cas, on *calcule* la longueur de cette ligne en cherchant le rapport numérique qui existe entre elle et quelque autre droite plus facile à mesurer.

Nous allons éclaircir ce qui précède par des exemples.

527. Problème. *Mesurer la hauteur d'une tour au sommet de laquelle on ne peut pas monter.*

solution. 1re *Méthode. Fig. 1, pl.* **15.** On commencera par mesurer la longueur d'une droite MN, horizontale et dirigée vers le pied de la tour. On y ajoutera la demi-largeur NO de la tour, et l'on connaîtra l'horizontale CA.

On placera ensuite le plan d'un graphomètre ou d'un cercle dans une position telle, qu'en faisant mouvoir la lunette ou l'alidade mobile, le rayon visuel ne quitte pas l'axe BA de la tour (504).

On dirigera la lunette ou l'alidade fixe dans la direction horizontale CA, puis on mesurera l'angle vertical BCA.

Quand cela sera fait, on construira, sur une planche à dessin, un triangle rectangle *bca*, tel que l'angle *c* soit égal à l'angle C *mesuré* sur le [terrain, et que la droite *ca*, contienne autant de parties égales, prises sur une échelle quelconque, qu'il y a de mètres dans la longueur de la droite *mesurée* MN, augmentée de la demi-largeur de la tour.

Les deux triangles *bac*, BAC, seront alors semblables, et leurs côtés seront proportionnels.

Par conséquent la droite AB contiendra autant de mètres qu'il y aura de parties dans le côté *ab* du triangle auxiliaire.

Supposons, par exemple, que la droite CA contienne 40 mètres, et que *ca* soit égale à 40 parties d'une échelle quelconque, il est évident que si le côté *ab* contient 52 de ces mêmes parties, le côté AB vaudra 52 mètres.

528. On évitera la construction d'une échelle particulière en prenant l'une des subdivisions du mètre pour unité du triangle auxiliaire *cab*. Ainsi, par exemple, si l'on a fait *ca* égale à 40 *millimètres*, on aura *ab* égale à 52 *millimètres*, et l'on en conclura que AB vaut 52 *mètres*.

Lorsqu'on aura obtenu la valeur de AB, il suffira d'y ajouter la hauteur de l'instrument pour avoir celle de la tour.

529. 2e *Méthode. Fig.* **2.** Si l'on n'avait pas d'instrument pour mesurer l'angle C, on pourrait quelquefois, au moyen de l'ombre, obtenir une mesure *approximative* de la hauteur demandée.

On placerait une règle ou un bâton dans une position *verticale ab* et l'on mesurerait les longueurs des ombres *ac*, AC, du bâton, et de l'objet dont on veut calculer la hauteur. Il ne resterait plus qu'à établir la proportion

$$ac : AC = ab : AB.$$

Les trois premiers termes étant connus, il sera facile de calculer le quatrième.

Cette solution provient de ce que les rayons solaires *bc*, BC, sont parallèles; d'où il résulte que les deux triangles *bac*, BAC, sont semblables; pourvu toutefois que le bâton ait été placé bien verticalement.

530. Quelque imparfaites que soient les solutions de cette espèce, on aurait tort de les rejeter d'une manière absolue. Indépendamment de leur utilité dans des circonstances où l'on est privé de moyens plus exacts, elles contribuent à former le coup d'œil par la comparaison raisonnée des relations qui existent entre les dimensions de l'étendue.

On n'a pas toujours le temps ni la possibilité de faire des opérations rigoureuses, et l'on peut quelquefois tirer un parti fort utile d'une solution approximative, pourvu que l'on n'accorde pas au résultat plus de confiance qu'il n'en mérite.

---

531. Problème. *Fig. 3. Mesurer la hauteur d'un monument dont on ne peut pas approcher.*

Solution. On mesurera le plus exactement possible une droite horizontale BC, dirigée vers l'objet dont on veut connaître la hauteur.

On transportera successivement un cercle ou un graphomètre aux points B et C; puis on prendra la mesure des deux angles ABC, ACP.

On construira ensuite sur le papier un triangle *abc* semblable au triangle ABC, et l'on tracera la droite *ap* perpendiculaire sur le prolongement de *bc*. Il ne restera plus alors qu'à chercher le quatrième terme de la proportion

$$bc : BC = ap : AP. \tag{389}$$

532. Corollaire. La méthode précédente peut évidemment servir à mesurer la hauteur d'une montagne, pourvu que l'on puisse mesurer une ligne de niveau BC, située dans le plan qui contient la verticale abaissée du sommet.

Lorsque cette condition n'aura pas lieu, il faudra employer des moyens qui seront développés plus tard.

---

533. Problème. *Fig. 4. Mesurer la largeur d'une rivière que l'on ne peut pas traverser.*

Solution. On remarquera sur la rive opposée un objet apparent, tel qu'un arbre, une pierre A, etc.

On se placera ensuite au point D, de manière que la droite AD soit, autant que possible, perpendiculaire à la direction de la rivière, et l'on fera placer une mire au point C.

On tracera ensuite la droite DB, que l'on mesurera le plus exactement qu'il sera possible; puis, avec le cercle ou le graphomètre, on prendra la mesure des angles ABD, CBD, ADB.

Enfin, on construira la figure *acdb* semblable à ACDB, et l'on calculera le quatrième terme de la proportion

$$bd : BD = ac : AC.$$

---

554. Problème. *Fig. 5. Mesurer la distance de deux points dont on ne peut pas approcher.*

Solution. On cherchera une place où le terrain soit assez uni pour que l'on puisse y tracer une droite AB, que l'on mesurera très-exactement.

On transportera ensuite le graphomètre ou le cercle aux deux points A et B; puis on mesurera les quatre angles DAB, CAB, CBA, DBA.

Enfin, on tracera sur le papier la figure *abcd* semblable à ABCD, et l'on calculera le quatrième terme de la proportion

$$ab : AB = dc : DC.$$

Il est évident que les montagnes, les arbres, les maisons, qui pourront exister entre les deux points D et C, ne changeront rien à la manière d'opérer, et qu'il suffit que ces deux points puissent être vus de chacune des extrémités de la base AB.

---

555. Remarque. Les solutions précédentes peuvent laisser quelque chose à désirer sous le rapport de l'exactitude, parce que si l'on fait une petite erreur en traçant la figure sur le papier, il en résultera évidemment une erreur proportionnelle lorsque l'on calculera la ligne homologue de la grande figure semblable qui est censée exister sur le terrain.

On pourra diminuer les erreurs en dessinant la figure auxiliaire avec beaucoup de soin ; mais nous verrons par la suite, comment le calcul donne les moyens de résoudre les mêmes questions avec une exactitude beaucoup plus grande.

Ce qui précède a seulement pour but de faire comprendre comment on peut calculer la longueur des lignes inaccessibles lorsque l'on connaît leur rapport à d'autres lignes plus facilement mesurables.

---

536. Lignes courbes. La mesure d'une courbe ABCD, *fig.* **6,** est l'expression en mètres et fractions décimales de mètre, du chemin qu'il faudrait parcourir si l'on suivait cette ligne d'une extrémité à l'autre en contournant toutes ses sinuosités.

La définition précédente suffit pour faire comprendre combien il est difficile d'obtenir directement la mesure des courbes ; car il faudrait pour y parvenir que l'instrument sur lequel on aurait tracé le mètre et ses subdivisions fût assez flexible pour qu'il pût se prêter à toutes les variations de courbure de la ligne qu'il s'agirait de mesurer.

Dans le plus grand nombre de cas on peut se contenter des moyens que nous allons indiquer.

537. Si la courbure est peu sensible, on appliquera l'unité contre la courbe, en négligeant la petite différence qui résulte de ce que l'on remplace à chaque instant un arc par sa corde. Mais, s'il y a beaucoup de sinuosités, il faut partager la ligne donnée ABCD en parties *très-petites*, et reporter toutes ces parties à la suite les unes des autres, sur une droite A'D' dont on mesure ensuite la longueur.

La droite A'D' représente la courbe ARCD *rectifiée*.

538. Pour diminuer autant que possible l'erreur qui provient de ce que l'on considère comme une ligne droite chacun des petits arcs qui composent la courbe donnée, il faut rapprocher les points de divisions dans les parties où la courbure est très-grande.

---

539. Courbes semblables. *Fig.* **7.** Supposons que les

courbes *ab*, AB, soient semblables; si l'on connaît la longueur
de l'une d'elles, et le rapport qui existe entre leurs dimensions,
cela dispense de mesurer la seconde. En effet, les deux courbes
proposées pouvant être considérées comme des polygones semblables, d'un nombre infini de côtés, il s'ensuit que leurs contours ou périmètres sont entre eux comme deux quelconques
de leurs lignes homologues. Or, si les unités des deux échelles
qui ont servi à construire ces courbes sont entre elles comme
3 : 5, il est évident que l'on aura la proportion suivante :

$$courbe\ ab : courbe\ \text{AB} = 3 : 5.$$

D'où l'on déduit :

$$courbe\ \text{AB} = \frac{5 \times courbe\ ab}{3}.$$

Ainsi, par exemple, si l'on savait que la courbe *ab* soit égale
à 34 mètres, on aurait :

$$courbe\ \text{AB} = \frac{5 \times 34}{3} = \frac{170}{3} = 56,67;$$

donc la courbe AB vaudrait 56 *mètres* 67 *centimètres*.

540. — En général, *toutes les fois que l'on connaît le rapport
numérique de deux quantités, et l'une d'elles, cela dispense de
mesurer l'autre,* c'est pourquoi la recherche des rapports numériques est une question très-importante pour les applications.

***

541. circonférence du cercle. Les difficultés que nous
venons de rencontrer dans la mesure des courbes, existent également, lorsqu'il s'agit d'une circonférence de cercle, mais la
nature particulière de cette ligne, et son utilité dans la plus
grande partie des applications mathématiques, ne permettent
plus de se contenter des solutions que nous venons d'indiquer.
Il a donc fallu chercher les moyens de calculer l'étendue de la
circonférence avec une exactitude, déterminée dans chaque cas,
par la nature de la question proposée.

Pour atteindre ce but, on a commencé par démontrer que les
circonférences de cercle sont entre elles comme leurs rayons ou

comme leurs diamètres (397, 398), et l'on a pu conclure de là, que, si l'on connaissait exactement le *rapport numérique* qui existe entre une circonférence et son diamètre, on pourrait se dispenser de mesurer la première de ces deux lignes lorsque l'on connaîtrait la longueur de l'autre.

542. Archimède est le premier qui se soit occupé de calculer ce rapport.

Il a trouvé que si l'on partageait le diamètre d'un cercle en *sept* parties égales, la circonférence centiendrait à peu près *vingt-deux* de ces parties, ce qui donne la proportion

$$\text{Diam.} : \text{circonf.} = 7 : 22.$$

Ce rapport, qui n'est qu'approché, peut suffire dans beaucoup de circonstances ; mais, lorsque les instruments destinés à la mesure des angles eurent atteint une plus grande perfection, on sentit qu'il fallait donner au calcul une exactitude correspondante.

Les géomètres ont donc repris la question résolue par Archimède, et sont arrivés à des résultats plus parfaits. L'un d'eux, Adrien Métius, a reconnu que, si le diamètre était partagé en 113 parties, la circonférence en contiendrait 355. Enfin, plus tard, en prenant le diamètre pour unité, on a trouvé que la circonférence devait être exprimée par 3,1415926..., etc. L'exactitude a été poussée au delà du *cent cinquantième* chiffre décimal, et l'on a démontré que ce rapport était incommensurable ; d'où il faut conclure que lorsque le rayon ou le diamètre sont exprimés par un nombre fini, entier ou fractionnaire, la circonférence ne peut être exprimée qu'approximativement (351).

543. Maintenant que nous connaissons le rapport numérique de la circonférence au diamètre, voyons comment la mesure du diamètre ou du rayon nous dispensera de mesurer la circonférence.

Représentons le rayon du cercle par R, le diamètre sera 2R, et si nous exprimons la circonférence par C, nous aurons, en faisant usage du rapport calculé par Archimède (542) :

$$7 : 22 = 2R : C;$$

d'où l'on tire $C = \dfrac{2R \times 22}{7} = 2R \times \dfrac{22}{7}$.

Si nous employons le rapport de Métius, nous aurons :

$$113 : 355 = 2R : C;$$

d'où $\qquad C = \dfrac{2R \times 355}{113} = 2R \times \dfrac{355}{113}$.

Enfin, si nous prenons le rapport 3,1415926....., etc., nous aurons, en conservant les quatre premiers chiffres décimaux :

$$1 : 3,1416 = 2R : C;$$

d'où $\qquad\qquad C = 2R \times 3,1416.$

Ainsi, l'on voit que dans tous les cas on aura la mesure de la circonférence en multipliant le diamètre par le rapport numérique de ces deux lignes.

544. Le rapport décimal employé en dernier lieu, est beaucoup plus exact que le nombre $\dfrac{22}{7}$ obtenu par Archimède; il est presque aussi exact que le rapport de Métius, et de plus il a l'avantage d'être exprimé en décimales, ce qui évite la division. En prenant un plus grand nombre de chiffres décimaux on aura autant d'exactitude que l'on voudra.

Dans beaucoup d'applications on peut se contenter des deux premiers chiffres décimaux; et, dans ce cas, on obtiendra la circonférence en multipliant 2R par 3,14.

D'autres fois, mais rarement, il sera utile d'employer un plus grand nombre de chiffres. Au surplus, pour ne pas être obligé d'écrire à chaque instant le nombre 3,1415926... *tous les géomètres* sont convenus que, dans le langage mathématique, on exprimerait ce rapport par la lettre π, que l'on a réservée uniquement pour cet usage, et qui, par conséquent, ne sera jamais employée pour représenter une autre valeur.

Ainsi, toutes les fois que dans une formule on verra la lettre π, il faut se rappeler qu'elle exprime *le rapport numérique de la circonférence au diamètre*.

545. Si nous reprenons actuellement la proportion énoncée au numéro 398, nous aurons :

$$1 : \pi = 2R : C;$$

d'où $\qquad\qquad$ C $= 2\pi$R.

Ainsi la formule 2πR ou 2R $\times \pi$ est l'expression de la circonférence du cercle *en fonction du rayon*, elle nous apprend que, pour calculer la longueur d'une circonférence de cercle, il faut *doubler le rayon et multiplier le résultat par π*.

Le nombre de chiffres décimaux qui devront être employés dans ce calcul dépendra, dans chaque cas, de la nature de la question proposée.

Pour calculer la circonférence d'un cercle dont le rayon serait 24 mètres, on fera $\qquad \pi = 3,14$:

d'où $\qquad\qquad$ C $= 2 \times 24 \times 3,14 = 150^\text{m},72$;

tandis que si l'on fait $\pi = 3,1416$, on aura :

$$C = 2 \times 24 \times 3,1416 = 150^\text{m},7968.$$

La deuxième valeur est plus exacte que la première.

546. corollaire I. Maintenant que nous savons obtenir la mesure de la circonférence, il nous sera facile de calculer la *mesure absolue* des arcs de cercle (474). En effet, la valeur relative d'un arc exprimant son rapport avec la circonférence, si l'on exprime par a le nombre de degrés de l'arc BC, *fig.* **9**, on aura :

$$360 : a = 2\pi\text{R} : \text{BC},$$

d'où $\qquad\qquad$ BC $= \dfrac{2\pi\text{R}a}{360} = \dfrac{\pi\text{R}a}{180}$.

En supposant BC $= 48$ *degrés*, R $= 12$ *mètres*, et $\pi = 3,14$, on aurait :

$$arc\ \text{BC} = \frac{\pi \times 12 \times 48}{180} = \frac{16\pi}{5} = 10^\text{m},04.$$

547. Cor. II. Pour obtenir le rapport numérique de deux arcs appartenant à des cercles différents, on calculera les valeurs absolues de chacun d'eux, et l'on divisera l'un des résultats obtenus par l'autre ; ainsi, par exemple, supposons, *fig.* **8**, que BC soit un arc de 100 degrés, dans un cercle dont le rayon $= 12$ *mètres*, et que B'C' soit un arc de 36 degrés dans un cercle dont le rayon $= 28$ *mètres*, on aura, pour les valeurs absolues (546) :

$$arc\ BC = \frac{\pi \times 24 \times 100}{360} = \frac{20\pi}{3}$$

$$arc\ B'C' = \frac{\pi \times 56 \times 36}{360} = \frac{28\pi}{5}.$$

Divisant la première équation par la seconde et réduisant, il reste :

$$\frac{arc\ BC}{arc\ B'C'} = \frac{20\pi}{3} : \frac{28\pi}{5} = \frac{20\pi \times 5}{3 \times 28\pi} = \frac{100}{84} = \frac{25}{21};$$

d'où résulte la proportion

$$arc\ BC : arc\ B'C' = 25 : 21.$$

CHAPITRE III.

Surfaces des figures.

548. Définitions. Deux figures planes peuvent être *égales*, *semblables* ou *équivalentes*.

Nous avons vu dans le premier livre que deux figures sont *égales* lorsqu'en plaçant l'une sur l'autre on peut les faire coïncider dans toutes leurs parties.

Dans le second livre nous avons dit que des figures sont *semblables* lorsqu'elles ont les angles égaux et les côtés homologues proportionnels.

Nous nommerons actuellement figures *équivalentes* celles qui ont même étendue en surface.

549. La *surface* ou l'*aire* d'une figure plane est la portion de plan qu'elle occupe; l'étendue de cette quantité dépend de certaines lignes dont nous allons donner les définitions.

550. La *hauteur* d'un triangle est la perpendiculaire abaissée d'un sommet sur le côté opposé que l'on nomme la *base*.

On peut toujours prendre pour base le côté que l'on veut, quelle que soit la position du triangle dans l'espace.

551. La *hauteur* d'un parallélogramme ou d'un rectangle est la perpendiculaire qui mesure la distance de deux côtés opposés considérés comme *bases*.

552. Dans le trapèze (101), on prend toujours pour *bases* les deux côtés parallèles, et la *hauteur* est la perpendiculaire qui mesure la distance de ces deux côtés.

---

553. Théorème. *Deux rectangles qui ont les bases et les hauteurs égales sont égaux.*

Démonstration. *Fig. 1, pl.* **16.** Supposons que l'on ait transporté le rectangle ABCD sur A'B'C'D' en plaçant la base AB sur son égale A'B'. Les deux côtés AD, BC, perpendiculaires sur AB, coïncideront avec A'D' et B'C', perpendiculaires sur A'B', et l'égalité des deux figures sera évidente.

---

554. Théorème. *Deux rectangles de même hauteur sont entre eux comme leurs bases.*

Démonstration. *Fig.* **2.** Admettons, pour fixer les idées, que l'on ait la proportion

$$AB : ab = 7 : 4.$$

Ce qui revient à supposer qu'il existe une commune mesure AO, *ao*, comprise *sept* fois dans AB, et *quatre* fois dans *ab*. Si l'on conçoit une perpendiculaire par chacun des points de division des droites AB, *ab*, on aura une suite de rectangles *égaux entre eux* (553) puisqu'ils auront même base et même hauteur.

Or, si l'on prend l'un quelconque de ces petits rectangles pour *terme de comparaison*, et que l'on exprime sa surface par la lettre *m*, on aura :

$$rectangle \ ABCD = 7m,$$
$$rectangle \ abcd = 4m.$$

Divisant la première équation par la seconde, on a :

$$\frac{rectangle\ \mathrm{ABCD}}{rectangle\ abcd} = \frac{7m}{4m} = \frac{7}{4}.$$

Et par conséquent

rect. ABCD : rect. abcd = 7 : 4.

Comparant cette proportion avec celle que l'on avait admise dans l'énoncé, on obtient, à cause du rapport commun,

rect. ABCD : rect. abcd = AB : ab.

La lettre m ayant disparu, on doit en conclure que le principe est indépendant de la grandeur de ce facteur, et qu'il serait encore vrai dans le cas où la commune mesure serait infiniment petite (352,485).

555. Corollaire. On peut prendre pour bases d'un rectangle les deux côtés que l'on veut, pourvu qu'ils soient opposés l'un à l'autre ; d'où il résulte que si nous considérons les droites AD, *ad*, comme les bases des deux rectangles proposés, les côtés AB et *ab* seront les hauteurs, et l'on pourra conclure de la démonstration précédente que

556. *Deux rectangles de même base, sont entre eux comme leurs hauteurs.*

---

557. Surface du rectangle. Soit ABCD, *fig.* 5, le rectangle dont on veut calculer la surface, et supposons que le rectangle *abcd* soit l'unité, la mesure directe consisterait à *superposer* l'unité sur la quantité autant de fois qu'elle pourrait y être contenue ; mais si le rectangle ABCD est inaccessible, si l'espace représenté par cette figure contient des arbres, des maisons, etc., il est évident que la mesure par *superposition* ne peut plus avoir lieu ; voyons donc s'il n'y aurait pas quelque autre moyen d'arriver au même but. On doit se rappeler que la question consiste à trouver le **rapport numérique** qui existe entre la quantité ABCD et l'unité *abcd* (464).

Cela étant admis, concevons le rectangle auxiliaire *abC'D'*, ayant la même base *ab* que l'unité, et la même hauteur *bC'* que la figure ABCD dont on veut obtenir la mesure.

Les deux rectangles ABCD, abC'D', ayant même hauteur BC = bC', ils sont entre eux comme leurs bases (554), ce qui donnera la proportion

$$rect. \text{ ABCD} : rect. \; ab\text{C'D'} = \text{AB} : ab.$$

Mais les deux rectangles abC'D', $abcd$, ayant la même base ab, ils sont entre eux comme leurs hauteurs (556), et l'on aura :

$$rect. \; ab\text{C'D'} : rect. \; abcd = \text{BC} : bc.$$

Multipliant ces deux proportions termes par termes, et remarquant que le rectangle auxiliaire disparaît comme facteur commun aux deux termes du premier rapport, on obtient :

$$rect. \text{ ABCD} : rect. \; abcd = \text{AB} \times \text{BC} : ab \times bc,$$

ou, ce qui est la même chose,

$$\frac{rect. \text{ ABCD}}{rect. \; abcd} = \frac{\text{AB} \times \text{BC}}{ab \times bc} = \frac{\text{AB}}{ab} \times \frac{\text{BC}}{bc}.$$

558. Cette proportion nous donne les moyens de calculer la surface demandée; en effet, supposons, pour fixer les idées, que AB contienne ab *cinq* fois, et que BC contienne bc *sept* fois, on aura :

$$\frac{\text{AB}}{ab} = 5; \quad \text{et} \quad \frac{\text{BC}}{bc} = 7;$$

d'où l'on conclura :

$$\frac{rect. \text{ ABCD}}{rect. \; abcd} = \frac{\text{AB}}{ab} \times \frac{\text{BC}}{bc} = 5 \times 7 = 35;$$

par conséquent

$$rect. \text{ ABCD} = 35 \text{ fois le } rect. \; abcd.$$

559. En général, *pour obtenir le* **rapport numérique** *des surfaces de deux rectangles, il faut multiplier le* **rapport numérique** *des bases par le* **rapport numérique** *des hauteurs.*

560. Dans la pratique, on doit toujours employer les moyens les plus simples; c'est pourquoi, au lieu d'un rectangle quelconque, on est convenu de prendre pour unité un quarré dont chaque côté serait égal à l'*unité de longueur*.

Il résulte de cette convention que $ab = 1$; $bc = 1$.

Ce qui donne :

$$\frac{rect. \text{ ABCD}}{rect. \; abcd} = \frac{\text{AB}}{1} \times \frac{\text{BC}}{1}.$$

Et si l'on sous-entend le diviseur 1, on aura :

$$\frac{rect.\ ABCD}{rect.\ abcd} = AB \times BC.$$

Ainsi, le produit $AB \times BC$ indiquera *combien de fois* l'unité quarrée *abcd* est contenue dans le grand rectangle ABCD; c'est pourquoi on dit ordinairement que :

561. *Pour obtenir la surface d'un rectangle*, *il faut* **multiplier sa base par sa hauteur.**

562. Cette locution étant consacrée par l'usage, nous devons nous en servir; mais il faut bien se rappeler qu'il ne s'agit pas ici de multiplier une ligne par une autre, ce qui n'aurait aucun sens. On doit toujours supposer que ces deux lignes, mesurées, directement ou indirectement, sont remplacées par deux *nombres;* et le produit que l'on obtient en multipliant l'un de ces nombres par l'autre, exprime *combien de fois* le rectangle donné contient l'unité de surface.

563. L'unité de longueur employée en France étant le *mètre*, il s'ensuit que l'unité de surface *abcd* sera un quarré d'un mètre de côté : c'est ce que l'on appelle 1 *mètre quarré*, que l'on désigne par *mq*.

Alors, on aura :

$$\frac{AB}{1\ m\grave{e}tre} = 5 ; \quad \frac{BC}{1\ m\grave{e}tre} = 7,$$

et la proportion précédente deviendra :

$$\frac{rect.\ ABCD}{1\ m\grave{e}tre\ quarr\acute{e}} = 5 \times 7 = 35;$$

d'où $rect.\ ABCD = 35\ m\grave{e}tres\ quarr\acute{e}s = 35^{mq}.$

Les lignes de points tracées sur le rectangle ABCD, mettent en évidence l'exactitude du résultat obtenu. Je ferai remarquer cependant, que ces lignes ne sont pas nécessaires à l'opération, et que l'on est parvenu à *calculer l'expression de la surface* du rectangle donné en ne mesurant que la base et la hauteur. C'est précisément là le but que l'on s'était proposé.

564. Corollaire I. Si les droites AB, BC, ne contenaient pas un nombre exact de mètres, cela ne changerait rien à la manière d'opérer. Ainsi, par exemple, supposons $AB = 5^m,34$ et

$BC = 7^m,42$, on multipliera 5,34 par 7,42, ce qui donnera 39,6228 ; et l'on en conclura que le rectangle ABCD vaut $39^{mq},6228 = 39$ *mètres quarrés* 6228 *dix-millièmes* de mètre quarré.

565. cor. II. *Fig. 4. Surface du quarré.* Si la base d'un rectangle est égale à sa hauteur, la figure sera évidemment un quarré ; par conséquent, on obtiendra la surface en multipliant par lui-même le nombre qui exprime la longueur du côté. Dans ce cas on écrirait

$$\text{surface ABCD} = \overline{AB}^2.$$

Si $Ab = 10$ *mètres*, on aura

$$\text{surf. ABC} = 10 \times 10 = 100 \text{ mètres quarrés.}$$

——

566. subdivision du mètre quarré. Remarquons d'abord, *fig. 4*, que si le côté d'un quarré est partagé en dix parties égales, la surface contient 100 fois le quarré qui aurait une de ces parties pour côté. Ainsi, par exemple, si $AB = 1$ mètre, Ao sera un décimètre, et l'on aura

$$1 \text{ mètre quarré} = 100 \text{ décimètres quarrés.}$$

On reconnaîtra pareillement que

$$1 \text{ décimètre quarré} = 100 \text{ centimètres quarrés.}$$

et que

$$1 \text{ centimètre quarré} = 100 \text{ millimètres quarrés.}$$

Donc

$$1 \text{ mètre quarré} = 100 \text{ décimètres quarrés} = 10000 \text{ centimètres quarrés} = 1000000 \text{ millimètres quarrés.}$$

Par conséquent

$$0^{mq},01 = \frac{1}{100} \text{ de mètre quarré} = 1 \text{ décimètre quarré.}$$

$$0^{mq},0001 = \frac{1}{10000} \text{ de mètre quarré} = 1 \text{ centimètre quarré.}$$

$$0^{mq},000001 = \frac{1}{1000000} \text{ de mètre quarré} = 1 \text{ millimètre quarré.}$$

Ainsi le nombre

$$39^{mq},6228 = 39 \text{ mètres quarrés}, \frac{62}{100} \text{ de mètre quarré},$$

$\dfrac{28}{10000}$ de mètre quarré $= 39$ *mètres quarrés*, 62 *décimètres quarrés*, 28 *centimètres quarrés*.

On aurait de même

$7^{mq},438273 = 7$ *mètres quarrés*, 43 *décimètres quarrés*, 82 *centimètres quarrés*, 73 *millimètres quarrés*.

567. Si l'on avait $3^{mq},453$, on placerait un zéro à droite afin d'avoir un nombre pair de chiffres décimaux, et l'on dirait alors

$3^{mq},453 = 3^{mq},4530 = 3$ *mètres quarrés*, 45 *décimètres quarrés*, 30 *centimètres quarrés*.

Si l'on avait $0^{mq},1$ on écrirait

$$0^{mq},1 = 0^{mq},10 = 10 \text{ décimètres quarrés}.$$

568. Le mot *déci* exprimant la dixième partie de l'unité, il semble au premier abord que l'on aurait pu écrire

$$0^{mq},1 = 1 \text{ déci—mètre quarré}.$$
$$0^{mq},01 = 1 \text{ décimètre—quarré}.$$

La première de ces deux quantités est dix fois aussi grande que la seconde ; mais ce rapport, que l'on a rendu sensible en plaçant convenablement le trait d'union, ne pourrait pas être exprimé dans le discours ; c'est pourquoi on est convenu de dire $0^{mq},1 = 0^{mq},10 = 10$ *décimètres quarrés*.

Par les mêmes raisons, on aura

$$0^{mq},001 = 0^{mq},0010 = 10 \text{ centimètres quarrés}.$$

Si l'on ne voulait pas mettre de zéros à droite des nombres $0,1$, $0,001$, on pourrait dire

$$0^{mq},1 = 1 \text{ dixième de mètre quarré}.$$
$$0^{mq},001 = 1 \text{ millième de mètre quarré}.$$

569. Souvent, dans les calculs composés, pour éviter les virgules, on exprime toutes les dimensions en fonction de la plus petite unité décimale, et l'on replace ensuite la virgule quand le calcul est entièrement terminé.

Ainsi, par exemple, si l'on voulait calculer la surface d'un rectangle dont la base serait $3^m,41$ et la hauteur $2^m,732$, on multiplierait 3410 par 2732, et l'on aurait 9316120; d'où l'on conclurait que la surface donnée vaut 9316120 *millimètres quarrés* = 9 *mètres quarrés*, 31 *décimètres quarrés*, 61 *centimètres quarrés*, 20 *millimètres quarrés*.

Le calcul précédent revient à prendre le *millimètre* pour unité de longueur, et par conséquent le *millimètre quarré* pour unité de surface.

---

570. Théorème. *Fig.* 5. Un parallélogramme quelconque ABCD est toujours équivalent à un rectangle ABC'D' qui a la même base et la même hauteur.

En effet, on aura CA = DB, comme côtés opposés d'un parallélogramme; AC' = BD' par la même raison : de plus, les deux angles CAC', DBD', sont égaux, comme ayant leurs côtés parallèles ; par conséquent, le triangle

$$C'AC = D'BD, \tag{143}$$

mais on a évidemment

$$ABC'D' + D'BD = C'AC + ABCD;$$

ajoutant les deux équations et réduisant, il vient

$$ABC'D' = ABCD.$$

---

571. Surface du parallélogramme. *Fig.* 5. On a par le théorème précédent,

$$surf. ABCD = surf. ABC'D',$$

mais on avait, par le théorème du numéro 561,

$$surf. ABC'D' = AB \times AC'.$$

Multipliant et réduisant, on obtient

$$surf. ABCD = AB \times AC' = AB \times DC,$$

d'où l'on doit conclure que *pour obtenir la surface d'un parallélogramme il faut* multiplier sa base par sa hauteur (562).

Supposons, par exemple, que AB = 79 mètres, et que
DO = 56, on aura 79 × 56 = 4424 ; d'où il résulte que la surface du parallélogramme ABCD vaut 4424 *mètres quarrés.*

---

572. Théorème. *Un triangle quelconque vaut toujours la
moitié du rectangle qui aurait même base et même hauteur que
lui.*

Démonstration. *Fig. 7.* Soit le triangle ABC ; concevons
AD parallèle à BC, et CD parallèle à BA ; le quadrilatère ABCD
sera un parallélogramme. De plus, les deux triangles ABC, ACD
seront égaux (147) ; donc, le triangle

$$ABC = \frac{ABCD}{2}.$$

Mais le parallélogramme ABCD est équivalent au rectangle
A'BCD' (570), donc

$$\frac{ABCD}{2} = \frac{A'BCD'}{2} ;$$

ajoutant les deux équations et réduisant, on aura

$$ABC = \frac{A'BCD'}{2}.$$

Par conséquent, *un triangle quelconque vaut toujours la moitié
du rectangle qui a même base et même hauteur que lui.*

573. Corollaire. Toutes les fois que plusieurs triangles
ABC, A''BC, A'''BC, etc., auront une base commune, et que
leurs sommets seront sur une même droite AA''' parallèle à la
base BC, ils seront équivalents, puisque chacun d'eux sera la
moitié du rectangle A'BCD'.

---

574. Surface du triangle. *Fig. 7.* Nous venons de démontrer que

$$triangle\ ABC = \frac{A'BCD'}{2} ;$$

nous savons par le théorème 561 que

$$A'BCD' = BC \times A'B.$$

De plus on a évidemment

$$A'B = AP.$$

Multipliant et réduisant, on aura

$$triangle \; ABC = \frac{BC \times AP}{2}.$$

Donc, *pour obtenir la surface d'un triangle, il faut multiplier sa base par sa hauteur, et diviser le produit par deux.*

Ainsi, par exemple, si l'on avait BC = 24 mètres, AP = 59, on obtiendrait

$$surf. \; ABC = \frac{24 \times 59}{2} = 12 \times 59 = 708 \; mètres \; quarrés.$$

Si la base d'un triangle était égale à 2^m,47, et que la hauteur fût 1^m,213, la surface vaudrait

$$2,47 \times 1,213 = 2,99611 = 2^{mq},996110$$

= 2 *mètres quarrés*, 99 *décimètres quarrés*, 61 *centimètres quarrés*, 10 *millimètres quarrés*.

575. Corollaire. Toutes les fois que le triangle est rectangle, il faut prendre pour sa base l'un des côtés de l'angle droit. Le second côté de l'angle droit est alors la hauteur, et, dans ce cas, *la surface est égale à la moitié du produit des deux côtés de l'angle droit.*

---

576. surface du trapèze. *Fig.* 8. Si nous concevons la diagonale AD, le trapèze sera décomposé en deux triangles ABD, ACD; mais par le théorème (574) on a

$$surf. \; ABD = \frac{AB \times DP}{2}$$

$$surf. \; ACD = \frac{CD \times DP}{2}.$$

Ajoutant, on aura

$$surf. \; (ABD + ACD) = \frac{AB \times DP + CD \times DP}{2};$$

d'où, en écrivant DP comme facteur commun,

$$surf.\ \text{trapèze } ABCD = \frac{DP(AB + CD)}{2}.$$

Ainsi, *pour obtenir la surface du trapèze, il faut multiplier la hauteur par la somme des bases parallèles, et diviser le produit par deux.*

577. Corollaire I. *Fig. 9.* Si par le point K, milieu de la hauteur DP, nous traçons la droite MS, parallèle aux bases du trapèze, les deux côtés de l'angle PDB seront coupés en parties proportionnelles, et puisque l'on a DK = KP, on aura DS = SB.

Concevons actuellement les deux droites CO, MI parallèles au côté DB, nous aurons　　　CO = DS;　　　(147)

mais　　　　　　　　DS = SB

SB = MI　　　　(147)

Ajoutant et réduisant, on aura

CO = MI.

De plus, l'angle MCO = AMI, comme *internes-externes*; l'angle COM = MIA par la même raison; par conséquent les deux triangles CMO, MAI sont égaux (145), et l'on a CM = MA.

Ainsi, *la parallèle à égale distance des deux bases d'un trapèze passe par les milieux des côtés non parallèles.*

578. Cor. II. Les deux triangles CMO, MAI, étant égaux,

on a　　　　　　　　MO = AI;

mais　　　　　　　AI + IB = AB,

de plus　　　　　　MS = IB　　　　(147)

MS = MO + OS;

enfin　　　　　　　OS = CD.　　　(147)

Ajoutant et réduisant, on obtient

2MS = AB + CD,

d'où　　　　　　　　$$MS = \frac{AB + CD}{2};$$

donc, *la parallèle à égale distance des deux bases d'un trapèze vaut la moitié de la somme de ces deux bases.*

579. cor. III. Nous avons trouvé (576) pour la surface du

trapèze, $surf. \; ABCD = \dfrac{DP(AB + CD)}{2}$;

mais le corollaire précédent nous donne

$$\dfrac{AB + CD}{2} = MS.$$

Multipliant cette équation par la précédente, et réduisant, nous aurons

$$surf. \; ABCD = DP \times MS.$$

Ainsi, *on peut obtenir la surface du trapèze en multipliant la hauteur par la parallèle à égale distance des deux bases.*

---

580. **Surface d'un polygone quelconque.** Soit, par exemple, le polygone ABCDEH, *fig.* 6, on le décomposera en triangles, en traçant les diagonales AC, AD, AE.

La diagonale AC sera la base du triangle ABC, qui, par conséquent, aura pour hauteur la perpendiculaire BP.

La diagonale AD pourra servir de base commune aux deux triangles ADC, ADE; la hauteur du premier sera CQ, et la hauteur du second sera EK.

Enfin la diagonale AE sera la base du dernier triangle AEH, qui aura pour hauteur la droite HS.

On déterminera par une mesure directe, ou par le calcul, les longueurs des bases et des hauteurs des quatre triangles qui composent le polygone donné. Supposons que l'on ait trouvé

bases	*hauteurs*
$AC = 700^m$	$BP = 150^m$
$AD = 800$	$CQ = 200$
$AE = 600$	$EK = 260$
	$HS = 120$

On aura pour les surfaces

$$\text{triangle ABC} = \frac{\text{AC} \times \text{BP}}{2} = \frac{700 \times 150}{2} = 52500^{mq}$$

$$\text{triangle ACD} = \frac{\text{AD} \times \text{CQ}}{2} = \frac{800 \times 200}{2} = 80000$$

$$\text{triangle ADE} = \frac{\text{AD} \times \text{EK}}{2} = \frac{800 \times 260}{2} = 104000$$

$$\text{triangle AEH} = \frac{\text{AE} \times \text{HS}}{2} = \frac{600 \times 120}{2} = 36000$$

Ajoutant, on obtiendra 272500

Ainsi *polygone* ABCDEH = 272500 *mètres quarrés*.

581. Si le polygone dont nous venons de calculer la surface était une pièce de terre, un parc, une forêt, etc., il faudrait exprimer sa surface en fonction de l'*are*, qui est l'unité agraire. Or, nous avons vu dans l'arithmétique qu'un *are vaut* 100 *mètres quarrés*. Par conséquent on aurait

272500 *mètres quarrés* = 2725 *ares* = 27 *hectares* 25 *ares*.

582. Corollaire. Souvent, au lieu de décomposer le polygone donné en triangles, on préfère le partager en trapèzes. Ainsi, *fig.* 10, on tracera la droite AB, sur laquelle on abaissera une perpendiculaire par chacun des sommets du polygone. On calculera ensuite les surfaces de tous les trapèzes et triangles résultant de cette construction, et la somme des nombres obtenus, exprimera combien il y a d'unités quarrées dans la surface du polygone.

583. Au lieu de la diagonale AB, on préfère souvent tracer une droite A'D' en dehors de la figure, puis après avoir calculé tous les trapèzes on a

$$\text{surf. ABCDEH} = (\text{ABA'B'} + \text{BCB'C'} + \text{CDC'D'}) -$$
$$(\text{AHA'H'} + \text{HEH'E'} + \text{EDE'D'}).$$

584. On peut encore employer le même moyen pour calculer l'espace terminé par une ligne courbe, *fig.* 12. Dans ce cas on coupera la figure par une suite de parallèles suffisamment rapprochées pour que les parties de courbes comprises entre deux parallèles consécutives puissent être considérées comme droites.

En exprimant par a, b, c, d, etc., les parties de parallèles comprises dans la figure donnée et par m, m', m'', les parties interceptées par ces parallèles sur une droite XY, perpendiculaires à leur direction, on aura

$$\text{triangle} \quad \text{OAA} = \frac{ma}{2}$$

$$\text{trapèze} \quad \text{AABB} = \frac{m'(a+b)}{2}$$

$$\text{trapèze} \quad \text{BBCC} = \frac{m''(b+c)}{2}$$

$$\text{etc.}$$

Puis en ajoutant

$$surf.\ \text{OZ} = \frac{ma + m'(a+b) + m''(b+c) + m'''(c+d) + \ldots \text{etc.}}{2}$$

Or si rien ne s'oppose à ce que les cordes parallèles a, b, c, d, etc., soient également espacées, on aura $m = m' = m'' = m'''$, etc., et la formule précédente deviendra successivement

$$surf.\ \text{OZ} = \frac{ma + m(a+b) + m(b+c) + m(c+d) + \ldots}{2}$$

$$= \frac{m(2a + 2b + 2c + 2d + \text{etc.})}{2}$$

$$= m(a + b + c + d + \text{etc.}\ldots),$$

c'est-à-dire qu'il suffira de multiplier m par la somme des cordes, et si l'on prend pour m une longueur égale à 1 *mètre*, 1 *décimètre*, ou 1 *centimètre*, on aura surf. $\text{OZ} = a + b + c + d + e\ldots + \text{etc.}$, c'est-à-dire que le nombre obtenu pour la somme des cordes exprimera en même temps la surface.

585. Dans les applications lorsqu'on veut calculer un grand nombre de surfaces, on place dessus chaque figure un papier transparent sur lequel sont tracées les cordes parallèles, puis un indicateur parcourant rapidement toutes ces cordes fait mouvoir une roue d'engrenage qui additionne mécaniquement les distances parcourues, de sorte que lorsqu'on arrive à l'extré-

mité de la dernière corde, il suffit de jeter un coup d'œil sur le
compteur pour connaître immédiatement la surface de la figure
donnée.

586. Dans quelques cas particuliers, *fig.* 13, il sera possible
de décomposer le polygone donné en rectangles.

Enfin, il est évident que les différentes méthodes que nous
venons d'indiquer, pourront souvent être employées dans la
même opération.

———————

587. **Surface du polygone régulier.** *Fig.* 14. Si l'on
joint le centre avec tous les sommets, le polygone sera décomposé en triangles isocèles égaux entre eux. Il suffira donc de
calculer la surface d'un de ces triangles, et de multiplier le résultat par le nombre qui exprime combien il y a de côtés dans
le polygone. Ainsi on aura

$$surf. \ AOB = \frac{AB \times OC}{2},$$

et si l'on désigne par la lettre n le nombre des côtés du polygone, on aura

$$surf. \ pol. = \frac{n \times AB \times OC}{2};$$

mais le produit $n \times AB$, représente évidemment le *périmètre*
ou contour du polygone, et la droite OC est l'*apothème*, ou
rayon du cercle inscrit; d'où il résulte que,

*Pour obtenir la surface d'un polygone régulier, il faut mul-
tiplier le périmètre par le rayon du cercle inscrit, et diviser le
résultat par deux.*

588. **Corollaire.** *Fig.* 15. *Secteur de polygone régulier.* Si
plusieurs triangles isocèles, égaux entre eux, sont placés à côté
les uns des autres, on aura un secteur de polygone régulier,
fig. 15. Si nous désignons par r le rayon du cercle inscrit, et
par b la base de l'un des triangles, sa surface sera $\frac{br}{2}$, mais en
exprimant par n le nombre de ces triangles, égaux entre eux,
nous aurons évidemment

$$surf. \ OACB = \frac{nbr}{2} = \frac{r \times nb}{2}.$$

Or *nb* sera la somme des bases des triangles donnés, et l'on conclura de ce qui précède, que

Pour obtenir la surface d'un secteur de polygone régulier, il faut multiplier le rayon du cercle inscrit par la ligne polygonale régulière formée par les bases consécutives des triangles isocèles, et diviser le résultat par deux.

---

589. Surface du cercle. Si l'on augmente le nombre des côtés d'un polygone régulier, le rayon du cercle inscrit *r* devient égal au rayon du cercle circonscrit R, lorsque le nombre des côtés du polygone est *infini*. Dans ce cas, le périmètre du polygone est une circonférence de cercle.

Par conséquent (587)

On obtiendra la surface d'un cercle en multipliant la circonférence par le rayon, et en divisant le produit par deux.

Or, si nous exprimons la surface du cercle par S, et la circonférence par C, nous aurons

$$S = \frac{CR}{2};$$

mais nous avons trouvé au numéro 545

$$C = 2\pi R;$$

multipliant et réduisant, nous aurons

$$S = \pi R^2.$$

Ainsi la formule πR^2 exprime la surface du cercle en *fonction du rayon;* elle nous apprend que pour obtenir la surface d'un cercle, il faut

Calculer le quarré du rayon, et multiplier le résultat par π.

590. Supposons, par exemple, que l'on veuille obtenir la surface d'un cercle dont le rayon serait 12 mètres; on ferait dans la formule précédente R = 12, et l'on aurait alors

$$S = \pi \times 144 = 3.14 \times 144 = 452^{mq},16$$

= *452 mètres quarrés, 16 décimètres quarrés.*

Le nombre 3,14 étant plus petit que le nombre π, le résultat obtenu est un peu trop faible.

591. Si dans le calcul précédent on avait fait $\pi = 3,1416$, on aurait eu

$$S = \pi \times 144 = 144 \times 3,1416 = 452^{mq},3904.$$

Le nombre 3,1416 étant plus grand que le nombre π, le résultat obtenu est un peu trop fort.

On obtiendra autant d'exactitude que l'on voudra en prenant pour π un plus grand nombre de chiffres décimaux.

592. Corollaire I. *Surface du secteur de cercle.* Si le nombre des triangles isocèles qui composent le secteur de polygone régulier OACB, *fig.* 15, était *infini*, la somme des bases de tous ces triangles deviendrait un arc de cercle, et l'apothème serait égal au rayon. Par conséquent

Pour obtenir la surface d'un secteur de cercle OACB, *fig.* **16,** *il faut multiplier le rayon par la valeur absolue de l'arc qui forme la base du secteur, et diviser le résultat par deux.*

Si nous exprimons par a le nombre de degrés, et par b la valeur absolue de l'arc ACB, nous aurons   (546)

$$360 : a = 2\pi R : b.$$

D'où
$$b = \frac{2\pi R a}{360} = \frac{\pi R a}{180}.$$

Mais en appliquant le principe que nous venons d'énoncer,

on obtient
$$secteur\ OACB = \frac{bR}{2};$$

multipliant cette équation par la précédente, et réduisant,

on a
$$secteur\ OACB = \frac{\pi R^2 a}{360};$$

c'est-à-dire que l'on calculera la surface entière du cercle πR^2, on multipliera le résultat par a, qui exprime le nombre de degrés de l'arc, et l'on divisera le tout par 360.

Ainsi, par exemple, si l'on avait $a = 72$ *degrés;* R $= 15$ mètres, on obtiendrait pour la surface du secteur

$$S = \frac{\pi \times 15 \times 15 \times 72}{360} = 45 \times 3.14 = 141^{mq},30.$$

593. cor. II. *Surface du segment de cercle.* Le segment ABCD est évidemment la différence entre le secteur de cercle OACB, et le triangle isocèle OAB.

Par conséquent, *pour obtenir la surface du segment, on calculera le triangle et le secteur, puis on retranchera le premier nombre du second.*

Pour effectuer les calculs indiqués, il faudra connaître : 1° le rayon du cercle; 2° le nombre de degrés de l'arc ACB; 3° la corde AB; 4° la perpendiculaire OD.

Ces quantités pourront être mesurées sur la figure, mais quelquefois cette mesure directe est impossible. Nous verrons plus tard comment, dans un cercle dont le rayon est donné, on peut calculer la corde et la perpendiculaire, lorsque l'on connaît le nombre de degrés de l'arc, et réciproquement comment on pourrait calculer la longueur de l'arc si l'on connaissait la corde ou la perpendiculaire.

Rapport des surfaces.

594. Théorème. *Les surfaces de deux triangles sont entre elles comme les produits des bases de ces triangles par leurs hauteurs.*

Démonstration. Si nous exprimons par B la base, et par H la hauteur d'un triangle T, nous aurons

$$surf.\ T = \frac{BH}{2}.$$

Exprimons actuellement par B' la base et par H' la hauteur d'un second triangle T', nous aurons

$$surf.\ T' = \frac{B'H'}{2}.$$

Divisant la première équation par la seconde et réduisant, on aura

$$\frac{surf.\ T}{surf.\ T'} = \frac{BH}{2} : \frac{B'H'}{2} = \frac{BH}{B'H'}.$$

595. Corollaire. Si les hauteurs sont égales, on aura

$$H' = H,$$

et l'équation précédente deviendra

$$\frac{surf.\ T}{surf.\ T'} = \frac{BH}{B'H} = \frac{B}{B'}.$$

Ainsi, *deux triangles de même hauteur sont entre eux comme leurs bases.*

596. Cor. II. Si, au contraire, les bases sont égales, on aura

$$B' = B,$$

d'où

$$\frac{surf.\ T}{surf.\ T'} = \frac{BH}{BH'} = \frac{H}{H'}.$$

C'est-à-dire que *deux triangles de même base sont entre eux comme leurs hauteurs.*

---

597. Théorème. *Lorsque deux triangles ont un angle égal, leurs surfaces sont entre elles comme les rectangles des côtés qui comprennent cet angle égal.*

Démonstration. *Fig. 17.* Concevons les droites CH, C'H', perpendiculaires sur les bases AB, A'B'. Les deux triangles ABC, A'B'C' sont entre eux comme les produits de leurs bases par leurs hauteurs (594), ce qui donne

$$\frac{triangle\ ABC}{triangle\ A'B'C'} = \frac{AB \times CH}{A'B' \times C'H'}.$$

Les deux triangles rectangles ACH, A'C'H', ayant un angle égal A, sont semblables, et l'on a par conséquent

$$CH : C'H' :: AC : A'C';$$

d'où

$$\frac{CH}{C'H'} = \frac{AC}{A'C'}.$$

Multipliant cette équation par la précédente et réduisant, on aura

$$\frac{triangle\ ABC}{triangle\ A'B'C'} = \frac{AB \times AC}{A'B' \times A'C'}.$$

598. Corollaire. Si les deux produits AB $\times$ AC,

$A'B' \times A'C'$, étaient équivalents, les triangles ABC, A'B'C', le seraient également.

---

599. Théorème. *Les surfaces de deux triangles semblables sont entre elles comme les quarrés de deux côtés ou de deux lignes homologues quelconques.*

Démonstration. *Fig.* 18. Les deux triangles ABC, *abc*, étant semblables, on a

$$AB : ab = AC : ac.$$

Les deux triangles rectangles ACH, *ach*, ayant un angle égal A, sont semblables, ce qui donne

$$CH : ch = AC : ac.$$

Multipliant l'une des proportions par l'autre, on aura

$$AB \times CH : ab \times ch = \overline{AC}^2 : \overline{ac}^2,$$

d'où

$$\frac{AB \times CH}{ab \times ch} = \frac{\overline{AC}^2}{\overline{ac}^2}.$$

Mais on a (594)

$$\frac{triangle\ ABC}{triangle\ A'B'C'} = \frac{AB \times CH}{ab \times ch}.$$

Multipliant et réduisant, on aura

$$\frac{triangle\ ABC}{triangle\ A'B'C'} = \frac{\overline{AC}^2}{\overline{ac}^2}.$$

---

600. Théorème. *Les surfaces des polygones semblables sont entre elles comme les quarrés de deux côtés ou de deux lignes homologues quelconques.*

Démonstration. *Fig.* 7, *Pl.* 10. Les deux polygones EHKBCD, *ehkbcd*, étant semblables, leurs côtés, et en général leurs lignes homologues, sont proportionnels (393). Ainsi on a

$$EH : eh = ED : ed = DC : dc = \ldots = MN : mn.$$

Élevant tout au quarré, on obtient

$$\overline{EH}^2 : \overline{eh}^2 = \overline{ED}^2 : \overline{ed}^2 = \overline{DC}^2 : \overline{dc}^2 = \ldots = \overline{MN}^2 : \overline{mn}^2.$$

Mais si nous exprimons par T, T', T'', etc., les triangles EHK, EKD, DKC, etc., suivant lesquels on a décomposé le polygone EHKBCD, et par t, t', t'', etc., les triangles chk, ekd, dkc, etc., qui composent le polygone $chkbcd$, on aura

$$T : t = \overline{EH}^2 : \overline{ch}^2 = \overline{MN}^2 : \overline{mn}^2.$$

$$T' : t' = \overline{ED}^2 : \overline{ed}^2 = \overline{MN}^2 : \overline{mn}^2.$$

$$T'' : t'' = \overline{DC}^2 : \overline{dc}^2 = \overline{MN}^2 : \overline{mn}^2.$$

D'où, à cause du rapport commun,

$$T : t = T' : t' = T'' : t'' \ldots = \overline{MN}^2 : \overline{mn}^2.$$

Et composant

$$(T + T' + T'' \ldots) : (t + t' + t'' \ldots) = \overline{MN}^2 : \overline{mn}^2,$$

c'est-à-dire

$$pol.\ \text{EHKBCD} : pol.\ chkbcd = \overline{MN}^2 : \overline{mn}^2 = \overline{EH}^2 : \overline{ch}^2.$$

601. Corollaire I. Les polygones réguliers d'un même nombre de côtés, étant des figures semblables, leurs surfaces seront entre elles comme les *quarrés* des rayons des cercles inscrits ou circonscrits.

602. Cor. II. Les cercles étant des figures semblables, leurs surfaces sont comme les quarrés des côtés des polygones semblables inscrits ou circonscrits.

603. Cor. III. Si nous exprimons par S et s les surfaces de deux cercles dont les rayons seraient R et r, nous aurons

$$S = \pi R^2.$$

$$s = \pi r^2.$$

Divisant la première équation par la seconde, on a

$$(1) \qquad \frac{S}{s} = \frac{\pi R^2}{\pi r^2} = \frac{R^2}{r^2}.$$

Ainsi *les surfaces des cercles sont comme les quarrés de leurs rayons.*

604. Cor. IV. Si nous exprimons par D et d les diamètres de ces deux cercles, nous aurons $D = 2R$, $d = 2r$, d'où

$$2R^2 = D^2$$

$$2r^2 = d^2.$$

Divisant et réduisant

(2)
$$\frac{R^2}{r^2} = \frac{D^2}{d^2}.$$

Multipliant l'équation (1) par l'équation (2), on aura

$$\frac{S}{s} = \frac{D^2}{d^2}.$$

Donc *les surfaces des cercles sont comme les quarrés de leurs diamètres.*

605. Remarque. Lorsque l'on connaît le rapport qui existe entre les côtés de deux figures semblables, et que l'on a calculé la surface de l'une de ces deux figures, on peut facilement en déduire la surface de la seconde.

Supposons, par exemple, *fig.* 5, *pl.* **10**, que les côtés AB : *ab*, soient entre eux comme 11 : 6, et que la surface du polygone *abcdeh*, soit égale à 72^{mq},58, on aura la proportion

$$\overline{ab}^2 : \overline{AB}^2 = pol. \ abcdeh : pol. \ ABCDEH,$$

qui devient   36 : 121 = 72^{mq},58 : *pol.* ABCDEH.

D'où   *pol.* ABCDEH = $\dfrac{121 \times 72^{mq},58}{36}$ = 243^{mq},95.

---

606. Théorème. *Fig.* 11, *pl.* **10**. *Le quarré de la perpendiculaire abaissée d'un point de la circonférence sur le diamètre, est égal au rectangle qui aurait pour côtés les deux parties de ce diamètre.*

Démonstration. Nous avons vu au numéro 403 que

$$BD : AD = AD : DC.$$

Mais on sait que dans toute proportion, *le produit des extrêmes est égal au produit des moyens,* par conséquent on aura

$$\overline{AD}^2 = BD \times DC.$$

607. Corollaire. *Fig.* 9. *Le quarré de la perpendiculaire abaissée de l'angle droit d'un triangle rectangle sur l'hypoténuse est égal au rectangle qui aurait pour côtés les deux segments de l'hypoténuse.*

12

608. Théorème. *Le quarré de l'hypoténuse est égal à la somme des quarrés des deux autres côtés.*

Démonstration. *Fig. 9, pl. 10.* On a vu (405 et 406) que

$$BD : AB = AB : BC.$$

$$DC : AC = AC : BC.$$

La première proportion donne

$$(1) \qquad \overline{AB}^2 = BD \times BC.$$

La seconde donne également

$$(2) \qquad \overline{AC}^2 = DC \times BC.$$

Ajoutant et réduisant

$$\overline{AB}^2 + \overline{AC}^2 = (BD + DC) BC = BC \times BC = \overline{BC}^2.$$

Ainsi l'on a $\qquad \overline{BC}^2 = \overline{AB}^2 + \overline{AC}^2.$

Cette proposition et la théorie des figures semblables, sont les plus importantes de la géométrie.

609. Corollaire I. Si l'on retranche l'équation (2) de l'équation (1), on a

$$\overline{AB}^2 - \overline{AC}^2 = (BD - DC) BC =$$

$$= (BD - DC) (BD + DC) = \overline{BD}^2 - \overline{DC}^2.$$

Ainsi, *la différence des quarrés des deux côtés de l'angle droit est égale à la différence des quarrés des deux segments de l'hypoténuse.*

610. Cor. II. Si l'on divise l'équation (1) par (2), on obtient

$$\frac{\overline{AB}^2}{\overline{AC}^2} = \frac{BD \times BC}{DC \times BC} = \frac{BD}{DC}.$$

Par conséquent *les quarrés faits sur les deux côtés de l'angle droit, sont entre eux comme les segments adjacents de l'hypoténuse.*

611. 2° Démonstration. Le théorème qui précède peut être démontré directement et sans le secours des triangles semblables.

En effet, construisons, *fig*. **19**, *pl.* **16**, les quarrés des trois côtés AB, AC, BC, et traçons la perpendiculaire AD, que nous prolongerons jusqu'à sa rencontre avec le côté UK.

Il résulte de cette construction, que le quarré de l'hypoténuse sera décomposé en deux rectangles BDGK et DCGU.

Or, si nous parvenons à démontrer que le rectangle BDGK est égal au quarré ABHM, et que le rectangle DCGU est égal au quarré ACSN, il sera évident que la somme des deux rectangles ou le quarré de BC est égal à la somme des quarrés des deux côtés AB et AC.

Comparons d'abord les triangles HBC, ABK, nous reconnaîtrons que l'angle HBC se compose de l'angle droit HBA, plus l'angle aigu ABC; mais l'angle ABK est composé du même angle aigu ABC, plus l'angle droit CBK; donc, l'angle HBC = ABK. De plus, HB = AB comme côtés d'un même quarré, BC = BK, par la même raison; donc, les deux triangles HBC, ABK, sont égaux, puisqu'ils ont un angle égal compris entre côtés égaux (143).

Mais le triangle ABK vaut la moitié du rectangle BDGK, parce qu'ils ont même base BK, et même hauteur BD.

Les deux angles BAM, BAC, étant droits, les côtés AM, AC, sont en ligne droite, et le triangle HBC vaut la moitié du quarré HBAM, puisqu'ils ont même base HB, et même hauteur AB.

Nous avons démontré que les deux triangles ABK, HBC, étaient égaux; donc le rectangle BDGK, double du triangle ABK, est égal au quarré ABHM, qui vaut le double du triangle HBC.

On démontrera de même que le rectangle DCGU est égal au quarré ACSN; donc, la somme des deux rectangles est égale à celle des deux quarrés.

Mais la somme des deux rectangles BDGK, DCGU, n'est autre chose que le quarré de l'hypoténuse BC. Par conséquent,

on aura
$$\overline{BC}^2 = \overline{AB}^2 + \overline{AC}^2.$$

On peut écrire la démonstration tout entière de la manière

suivante :

$$\overline{BC}^2 = BDGK + DCGU$$

$$BDGK = 2.ABK. \qquad (572)$$

$$2.ABK = 2.HBC. \qquad (143)$$

$$2.HBC = \overline{AB}^2. \qquad (572)$$

$$DCGU = 2.ACU. \qquad (572)$$

$$2.ACU = 2.BCS. \qquad (143)$$

$$2.BCS = \overline{AC}^2. \qquad (572)$$

Ajoutant et réduisant, on aura

$$\overline{BC}^2 = \overline{AB}^2 + \overline{AC}^2.$$

CHAPITRE IV.

Transformation des figures.

612. Problème. *Fig.* **1**, *pl.* **17**. *Transformer un triangle ABC, en un autre triangle de même surface, et qui aurait la même base.*

solution. Il est évident qu'il suffira de transporter le sommet partout où l'on voudra sur la droite CCᵛ, parallèle à AB; tous les triangles ABC, ABC′, ABC″, seront équivalents, puisqu'ils auront même base et même hauteur.

613. Si l'on veut que le nouveau triangle soit isocèle, on prendra pour sommet le point C″, situé sur la perpendiculaire PC″, élevée au milieu de la base AB.

614. Si l'on veut que le nouveau triangle soit rectangle en A, on prendra pour sommet le point C′, situé sur la droite AC′, perpendiculaire au côté AB.

615. Si l'angle du point B était donné, et qu'il dût, par exemple, être égal à ABC′, le sommet Cᵛ serait déterminé par l'intersection du côté BC^v, avec la droite CC^v, parallèle à AB.

616. Si, au contraire, on donnait l'angle opposé au côté AB, si l'on voulait que cet angle fût droit, on prendrait pour sommet l'un des deux points C''', suivant lesquels la droite CC^v rencontre la demi-circonférence qui a pour diamètre AB.

La solution, dans ce dernier cas, ne serait pas possible, si la hauteur du triangle donné était plus grande que AP, moitié de AB.

617. Enfin, si l'on voulait que l'angle opposé au côté AB, fût égal à un angle AHB, on décrirait l'arc AHB, de manière que le segment AHBP soit capable de l'angle donné (299), puis on prendrait pour sommet l'un des deux points, suivant lesquels la droite CC^v rencontre l'arc AHB.

Cette solution ne serait pas possible, si la hauteur du triangle donné était plus grande que la perpendiculaire PH.

618. corollaire. Au lieu de faire mouvoir le sommet, on pourrait déplacer la base; ainsi, par exemple, *fig. 2*, pour remplacer le triangle donné ABC, par un triangle rectangle équivalent, on ferait B'C' = BC : et si l'on portait la moitié de BC à droite et à gauche de B', on aurait le triangle isocèle AB''C'' équivalent au triangle donné ABC.

---

619. problème. *Fig. 2. Transformer le triangle* ABC *en un quarré équivalent.*

En opérant comme nous l'avons dit aux numéros 420, 421 ou 422, on construira une moyenne proportionnelle entre la base BC et la moitié de la hauteur AB', et si l'on exprime cette moyenne proportionnelle par x, on aura

$$BC : x = x : \frac{AB'}{2};$$

d'où
$$x^2 = \frac{BC \times AB'}{2} = \text{surface ABC}.$$

On arriverait au même résultat en construisant la moyenne proportionnelle entre AB' et $\frac{BC}{2}$.

620. Problème. *Fig. 3. Transformer un triangle* ABC*, en un autre triangle qui aurait pour sommet un point donné.*

solution. Soit donné le point D pour sommet du nouveau triangle.

On joindra le point D avec B par la droite BD, que l'on prolongera. On tracera AA′ parallèle à BC, de sorte que l'on pourra remplacer le triangle BCA par BCA′.

On tracera ensuite DC, puis A′A″, parallèle à DC, ce qui déterminera le point A″, et l'on remplacera le triangle DCA′ par son égal DCA″. Ainsi, en résumant, on aura

$$BCA = BCA'.$$
$$BCA' = BCD + DCA'.$$
$$DCA' = DCA''.$$
$$BCD + DCA'' = BDA''.$$

Ajoutant et réduisant, on a

$$BCA = BDA''.$$

--- --- --- ---

621. Problème. *Fig. 4. Transformer un polygone* ABCDH *en un triangle équivalent.*

solution. Si l'on veut que le point A soit le sommet du triangle demandé, on tracera la diagonale AC, et la droite BB′, parallèle à AC; on joindra B′, avec le point A; et l'on pourra remplacer le triangle ACB par son équivalent ACB′.

On tracera ensuite la diagonale AD, et la droite HH′ parallèle à AD, on joindra H′ avec le point A, et l'on remplacera le triangle ADH par son équivalent ADH′.

Alors on aura

$$pol.\ ABCDH = ADH + ADC + ACB.$$
$$ADH = ADH'.$$
$$ACB = ACB'.$$
$$ADH' + ADC + ACB' = triang.\ AH'B'.$$

Ajoutant et réduisant,

pol. ABCDH = *triang.* AH'B'.

622. En opérant comme nous l'avons dit aux numéros 420, 421 ou 422, on obtiendra le côté du quarré équivalent au triangle AI'B' et par conséquent au polygone donné (619).

---

625. problème. *Diviser la surface d'un polygone donné.*

solution. On transformera le polygone donné en un triangle équivalent, dont on divisera la base.

Supposons, par exemple, *fig.* 5, que l'on veut diviser la surface du pentagone ABCDH en quatre parties égales; on remplacera le triangle ACB, par son égal ACB', et le triangle ADH par ADH' et l'on aura le triangle AB'H' équivalent au pentagone ABCDH (624).

On divisera la base B'H', en quatre parties égales, et l'on aura quatre triangles équivalents AKB', ASK, ASV, AVH'.

Chacun de ces triangles vaudra le quart du polygone donné.

Il ne restera plus qu'à transformer ces triangles de manière à les faire rentrer dans la figure donnée. Ainsi, par exemple, si l'on trace KK' parallèle à AC, on pourra remplacer le triangle ACK par ACK', et l'on aura

$$ABK' = ABC - ACK' = AB'C - ACK = AB'K = \frac{AB'H'}{4}.$$

On aura également

$$ASCK' = ASC + ACK' = ASC + ACK = ASK = \frac{AB'H'}{4}.$$

On obtiendra le troisième quart en traçant VV' parallèle à AD, ce qui donnera

$$ASDV' = ASD + ADV' = ASD + ADV = ASV = \frac{AB'H'}{4}.$$

Enfin, le triangle AV'H sera évidemment le dernier quart.

Ainsi, le pentagone ABCDH sera partagé en quatre parties équivalentes par les trois droites AK', AS, AV'.

624. corollaire. *Fig.* **6.** Si l'on voulait que les sécantes aboutissent en un point P, situé sur l'un des côtés du polygone donné, on commencerait par transformer ce polygone en un triangle qui aurait le point P pour sommet; et l'on agirait ensuite comme dans l'exemple précédent.

Les opérations à faire dans ce cas, sont suffisamment indiquées sur la figure, qui représente un pentagone partagé en trois parties équivalentes par deux droites PK', PS.

---

625. Problème. *Fig. 7. Construire un quarré* P *équivalent à la somme de deux quarrés donnés* M, N.

solution. On fera un angle droit XAY, et l'on prendra les distances AB, AC égales aux côtés des deux quarrés donnés M et N.

L'hypoténuse BC sera le côté du quarré cherché. Car le triangle ABC étant rectangle, on aura (608)

$$\overline{BC}^2 = \overline{AB}^2 + \overline{AC}^2$$

ou

$$P = M + N.$$

626. corollaire. *Fig. 8.* Si l'on veut construire un quarré équivalent à la somme de plusieurs quarrés M, N, O, P, on pourra opérer de la manière suivante :

On tracera la droite AB, égale au côté du quarré M.

On élèvera au point B la perpendiculaire BC, égale au côté du quarré N.

On tracera l'hypoténuse AC, sur laquelle on élèvera la perpendiculaire CD, égale au côté du quarré O.

On tracera l'hypoténuse AD, sur laquelle on élèvera la perpendiculaire DE, égale au côté du quarré P. Et ainsi de suite.

La dernière hypoténuse, AE, sera le côté d'un quarré équivalent à la somme des quarrés donnés; en effet, on aura

$$\overline{AC}^2 = \overline{AB}^2 + \overline{BC}^2,$$
$$\overline{AD}^2 = \overline{AC}^2 + \overline{CD}^2,$$
$$\overline{AE}^2 = \overline{AD}^2 + \overline{DE}^2,$$

Ajoutant et réduisant, on a

$$\overline{AE}^2 = \overline{AB}^2 + \overline{BC}^2 + \overline{CD}^2 + \overline{DE}^2,$$

et par conséquent

$$X = M + N + O + P.$$

---

627. Problème. *Fig. 9. Construire un quarré équivalent à la différence de deux quarrés donnés* $\overline{BC}^2$, $\overline{AB}^2$.

solution. 1ʳᵉ *Méthode.* On tracera un angle droit XAY, et l'on portera AB sur l'un des côtés de cet angle ; on ouvrira ensuite le compas d'une quantité égale au côté BC ; et du point B, comme centre, on décrira l'arc *mn*. Cette construction déterminera AC, dont le quarré sera égal à la différence des deux quarrés donnés. En effet, on a (608)

$$\overline{AC}^2 + \overline{AB}^2 = \overline{BC}^2,$$

d'où $\qquad\qquad \overline{AC}^2 = \overline{BC}^2 - \overline{AB}^2.$

628. 2ᵉ *Méthode.* On peut commencer la construction, *fig.* **10**, en traçant d'abord la droite BC, sur laquelle on décrira la demi-circonférence BAC ; ensuite, du point B, comme centre, avec le rayon BA, on décrira l'arc *vu*, qui déterminera le point A, et l'on aura comme précédemment

$$\overline{AC}^2 = \overline{BC}^2 - \overline{AB}^2. \qquad\bullet\qquad (193)$$

---

629. Problème. *Multiplier ou diviser un quarré.*

solution. Supposons que l'on veuille construire un quarré équivalent à 5 fois un autre quarré donné M.

On pourra obtenir le résultat, *fig.* **11**, par une construction semblable à celle du n° 626, *fig.* **8** ; mais il sera plus simple d'opérer de la manière suivante, *fig.* **12**.

Soit BD le côté du quarré donné, on fera

$$BC = 5BD,$$

on décrira la demi-circonférence BAC, on élèvera la perpendiculaire DA, et l'on aura (405)

$$\overline{BA}^2 = BC \times BD = 5BD \times BD = \overline{5BD}^2.$$

630. corollaire. *Fig.* **12.** Si l'on veut obtenir la cinquième partie d'un quarré donné, on divisera le côté BC de ce quarré en cinq parties égales, on décrira la demi-circonférence BAC, on élèvera la perpendiculaire DA par le premier point de division, et la corde BA sera le côté du quarré demandé. En effet, on a

$$\overline{BA}^2 = BC \times DB = BC \times \frac{BC}{5} = \frac{\overline{BC}^2}{5}.$$

651. Problème. *Fig. 13. Construire un quarré qui soit à un autre quarré donné, comme la ligne m est à la ligne n.*

solution. Sur une droite quelconque, on portera BD = m et DC = n, puis l'on décrira la demi-circonférence BAC.

On tracera les deux cordes AB, AC; on fera AH égal au côté du quarré donné; et l'on tracera HK parallèle à CB; on obtiendra AK pour le côté du quarré demandé.

En effet, on a (610)

$$\overline{AK}^2 : \overline{AH}^2 = KS : SH$$

mais $$KS : SH = BD : DC = m : n;$$

donc, par suite du rapport commun,

$$\overline{AK}^2 : \overline{AH}^2 = m : n.$$

652. corollaire. Si le rapport était donné en nombres; si, par exemple, on devait avoir $\overline{AK}^2 : \overline{AH}^2 = 5 : 3$, on ferait BD = 5 parties quelconques, DC = 3, et le reste comme précédemment.

653. Problème. *Construire un polygone qui soit dans un rapport déterminé avec un ou plusieurs polygones donnés.*

On pourra transformer ces polygones en quarrés, et la question ne présentera plus de difficultés (625, 627, 629, 630); mais quand les polygones seront semblables, il ne sera pas nécessaire de les transformer. Ainsi, par exemple :

654. *Étant donnés deux polygones semblables* B, C, *fig. 14, on veut construire un troisième polygone* A, *semblable aux premiers, et qui soit égal à leur somme.*

Solution. Soit b, c, a les côtés homologues des polygones B, C, A, on aura (600)

$$B : b^2 = C : c^2 = A : a^2;$$

d'où, en composant,

$$(B + C) : A = (b^2 + c^2) : a^2,$$

et par conséquent

$$a^2(B + C) = A(b^2 + c^2);$$

mais on doit avoir par l'énoncé

$$A = B + C;$$

multipliant et réduisant, on aura

$$a^2 = b^2 + c^2.$$

Ainsi la question se réduit à trouver une droite a dont le quarré serait égal à la somme des deux quarrés b^2 et c^2 (625).

Quand on aura trouvé a, il ne restera plus qu'à construire sur cette droite, le polygone A, semblable à B ou à C (438).

635. Corollaire I. Si l'on donnait les deux polygones A, C, et qu'il fallût construire un polygone semblable B, égal à leur différence, on déduirait de la première proportion

$$B : (A - C) = b^2 (a^2 - c^2);$$

d'où $\qquad b^2(A - C) = B(a^2 - c^2),$

mais on doit avoir $\qquad B = A - C;$

multipliant et réduisant, on aurait

$$b^2 = a^2 - c^2.$$

Ainsi, on obtiendrait b en construisant le côté d'un quarré équivalent à la différence de deux quarrés donnés a^2 et c^2 (627).

636. cor. II. *Fig.* **14.** Si l'on voulait construire un polygone A semblable à un autre polygone donné B, et qui soit à ce dernier comme $m : n$, on aurait (600)

$$A : B = a^2 : b^2 = m : n,$$

d'où $\qquad a^2 : b^2 = m : n.$

Ainsi la question se réduirait à trouver le côté a d'un quarré a^2 qui soit à un autre quarré b^2, comme $m : n$ (631). Après quoi on construirait sur a un polygone semblable au polygone B (438).

637. Problème. *Fig. 15. Construire un polygone équivalent au polygone A et semblable au polygone B.*

Solution. Exprimons par b l'un des côtés du polygone B, et par x le côté homologue du polygone demandé, que nous désignerons par X, on aura par suite de la similitude qui doit exister entre les polygones X et B

$$B : X = b^2 : x^2 ;$$

mais puisque le polygone X doit être équivalent au polygone A, on pourra remplacer X par A, ce qui donnera

$$B : A = b^2 : x^2.$$

Supposons actuellement que l'on ait transformé les deux polygones A et B en quarrés équivalents, et désignons par m^2 le quarré équivalent à A, et par n^2 le quarré équivalent à B, nous aurons $\qquad B : A = n^2 : m^2 ;$

mais par suite du rapport commun aux deux dernières proportions, on aura $\qquad n^2 : m^2 = b^2 : x^2 ;$

et prenant la racine de chaque terme,

$$n : m = b : x,$$

donc x est une quatrième proportionnelle aux trois droites n, m, b.

Ainsi, en résumant, voici l'ordre des opérations :

1° On transformera le polygone B en un quarré équivalent, dont on désignera le côté par n (622);

2° On transformera le polygone A en un quarré équivalent, dont on désignera le côté par m (622);

3° On construira la quatrième proportionnelle aux trois droites n, m, b, ce qui donnera x (418);

4° On construira sur x une figure semblable au polygone B (438).

638. Corollaire. Si les polygones B et X devaient être réguliers, il vaudrait mieux chercher le rayon du cercle circonscrit au polygone X, et pour cela il suffirait de remplacer dans les formules précédentes, b par r, et x par R.

LIVRE QUATRIÈME.

DE L'USAGE QUE L'ON PEUT FAIRE DE L'ALGÈBRE POUR L'EXPRESSION DES RELATIONS GÉOMÉTRIQUES.

CHAPITRE PREMIER.

Théorèmes.

659. Définitions. Les signes algébriques sont principalement utiles pour exprimer les relations qui existent entre les dimensions de l'étendue.

En effet, si l'on a deux droites AB, CD, on pourra exprimer

Leur somme par AB $+$ CD;

Leur différence par AB $-$ CD;

Leur produit par AB $\times$ CD;

Leur quotient par $\dfrac{AB}{CD}$.

640. La *somme* ou la *différence* des deux droites AB et CD est évidemment une *ligne droite*.

Le *produit* AB $\times$ CD exprime le *rectangle* qui aurait l'une des lignes pour base et l'autre pour hauteur.

Quant au *quotient* $\dfrac{AB}{CD}$, que l'on peut écrire AB : CD, il est évident qu'il représente le *rapport numérique* qui existe entre les deux droites données.

641. Pour indiquer la position des points qui sont liés entre eux par les côtés des figures, on a dû désigner par *deux* lettres, les longueurs de ces droites; mais, toutes les fois qu'il ne s'agit que d'exprimer les rapports de grandeur entre les quantités que l'on compare, et que l'on peut faire abstraction de la position relative de ces quantités, il est plus simple de désigner chacune d'elles par une seule lettre.

Ainsi, par exemple, si nous exprimons deux lignes droites par a et par b, il est évident que

$a + b$ exprimera leur *somme;*

$a - b$ sera leur *différence;*

ab sera un *rectangle* ayant pour base la droite a et pour hauteur la droite b;

a^2 sera le *quarré* construit sur le côté a;

$\dfrac{ab}{2}$ exprimera la moitié du rectangle ab, ou ce qui est la même chose, un *triangle* dont la base serait a et la hauteur b, ou dont la base serait b et la hauteur a.

L'expression $\dfrac{a(b + c)}{2}$ exprimera la surface d'un trapèze dont la hauteur serait a, et qui aurait pour base les droites b et c (576).

Enfin la fraction $\dfrac{a}{c}$ sera le *nombre* qui indique combien de fois la droite a contient la droite b, ou le *rapport numérique* de ces deux lignes (342).

642. Suivant l'usage adopté dans le langage algébrique, nous exprimerons par x, y ou z les quantités inconnues, ce qui empêchera de les confondre avec les quantités connues, que nous désignerons toujours par les premières lettres de l'alphabet.

Le langage algébrique est également utile pour faciliter l'étude des principes, et pour la solution des problèmes. Nous allons commencer par la recherche de quelques principes.

643. **Théorème.** Si nous exprimons deux droites par a et par b, leur somme sera $a + b$.

Multiplions ce binôme par lui-même, nous aurons pour résultat

(1) $$(a + b)^2 = a^2 + 2ab + b^2.$$

Or, le premier membre de cette équation est évidemment un *quarré* qui a pour côté $a + b$, et si l'on traduit la formule dans le langage géométrique, on voit que

Le quarré qui a pour côté la somme a + b *de deux droites, contient le quarré* a² *de la première droite; plus, deux fois le rectangle* ab, *qui aurait pour base l'une des deux droites, et pour hauteur la seconde, enfin le quarré* b² *de la seconde droite.*

La démonstration du théorème que nous venons d'énoncer, est suffisamment complète, et le résultat peut être considéré comme un corollaire évident du principe de la multiplication algébrique; mais, pour lever tous les doutes, et préparer à l'emploi simultané des langages algébrique et géométrique, nous allons, par une construction, mettre en évidence la rigoureuse exactitude de la formule.

Soit, *fig.* **1**, *pl.* **18**,

$$AB = a \,; BC = b, \text{ on aura } AC = a + b \,;$$

de sorte que le grand quarré ACDN représente le premier membre de l'équation (1). Mais il est évident que ce quarré contient les termes qui composent le second membre, et que l'on peut considérer la figure comme la traduction géométrique de la formule.

---

644. Théorème. Si l'on multiplie par lui-même le trinôme $a + b + c$, on obtiendra l'équation

$$(a + b + c)^2 = a^2 + 2ab + 2ac + b^2 + 2bc + c^2.$$

Cette relation est rendue évidente par la construction de la *fig.* **2**, dans laquelle on a supposé que

$$AB = a \,; BC = b \,; CD = c.$$

Le quarré ABOH, qui représente le premier membre de l'équation, contient évidemment tous les termes qui composent le second membre.

---

645. Théorème. Le produit du binôme $a - b$ par lui-même donne l'équation

$$(a - b)^2 = a^2 - 2ab + b^2.$$

Pour mettre en évidence les relations exprimées par cette formule, nous supposerons, *fig. 3.* que $AB = a$, et nous construirons le quarré ABCD, qui, par conséquent, vaudra a^2.

Nous ferons ensuite $BO = b$. et nous construirons le quarré $BOKH = b^2$.

Ainsi la figure totale $AOKHDC = a^2 + b^2$.

Supposons actuellement $AS = b$, le rectangle ASCM vaudra ab, et si l'on prolonge KH jusqu'au point N, le rectangle SOKN sera encore égal à ab, puisqu'il aura pour hauteur $OK = b$, et pour base OS, qui vaut

$$AB + BO - AS = a + b - b = a.$$

Or, si de la figure totale on retranche les deux rectangles ASMC, SOKN, il restera le quarré MDNH, dont le côté $MD = CD - CM = a - b$.

Ainsi, en résumant, on aura

$$MDHN = ABCD + BOKH - ASMC - SOKN;$$

ou, ce qui est la même chose,

$$(a - b)^2 = a^2 + b^2 - 2ab.$$

En général, le quarré qui a pour côté la différence a — b *de deux droites, contient le quarré* a² *de la première droite, plus le quarré* b² *de la seconde droite, moins deux fois le rectangle qui aurait ces droites pour côtés.*

---

646. Théorème. Si l'on multiplie le binôme $(a + b)$ par le binôme $(a - b)$, on aura

$$(a + b)(a - b) = a^2 - b^2.$$

En effet, supposons, *fig. 4*, $AB = a$ et $BC = b$. Il est évident que la figure ACKODH vaudra $a^2 - b^2$. Mais si l'on transporte le rectangle ACKM à la place occupée par le rectangle DOPS, on aura

$$HMPS = HMOD + DOPS,$$
$$DOPS = MACK,$$

$$\text{HMOD} + \text{MACK} = \text{ACKODH},$$
$$\text{ACKODH} = \overline{AB}^2 - \overline{BC}^2,$$

Ajoutant et réduisant, il restera

$$\text{HMPS} = \overline{AB}^2 - \overline{BC}^2,$$

ou
$$\text{HS} \times \text{PS} = \overline{AB}^2 - \overline{BC}^2,$$

et par conséquent

$$(a + b)(a - b) = a^2 - b^2 ;$$

c'est-à-dire que *le rectangle qui a pour base la somme* a + b *de deux droites, et pour hauteur la différence* a — b *de ces mêmes droites, est égal à la différence* a² — b² *des quarrés de ces droites.*

647. Réciproque. Toutes les fois que l'on aura un binôme égal à la différence de deux quarrés, on pourra le décomposer en deux facteurs, représentés par la somme et par la différence des côtés de ces quarrés. Ainsi on aura

$$\overline{AB}^2 - \overline{BC}^2 = (AB + BC)(AB - BC),$$
$$p^2 - q^2 = (p + q)(p - q),$$
$$m^2 - n^2 = (m + n)(m - n),$$
$$(a + b)^2 - (a - b)^2 = [(a + b) + (a - b)][(a + b) - (a - b)] =$$
$$= (a + b + a - b)(a + b - a + b) = 2a \times 2b = 4ab.$$

648. Théorème. Les figures peuvent être considérées comme la traduction géométrique des relations exprimées par les formules correspondantes ; et réciproquement, on peut exprimer par une formule les relations qui existent entre les différentes parties d'une figure.

Ainsi, par exemple, si nous appliquons au triangle rectangle la convention énoncée au numéro 246, nous aurons $BC = a$; $AC = b$; $AB = c$, et par les théorèmes (608, 611), on aura

$$a^2 = b^2 + c^2.$$

Démonstration. On a donné un grand nombre de démonstrations différentes du principe que nous venons d'exprimer en algèbre. Il est évident qu'une seule suffisait, mais pour exercer, et pour faire voir en même temps avec quelle exactitude on est toujours ramené vers les vérités fondamentales, par la combinaison des principes démontrés, nous allons encore donner la démonstration suivante :

Soit, *fig. 5*, le triangle rectangle ABC, dans lequel nous désignons, comme ci-dessus, BC par a; AC par b, et AB par c.

Construisons, sur BC, le quarré BCDH, et menons DO perpendiculaire sur AC; HP perpendiculaire sur DO, et prolongeons BA jusqu'au point Q. Le quarré BCDH sera composé de quatre triangles et d'un quadrilatère.

Les angles des points A, O, P étant droits, l'angle Q du quadrilatère le sera également, et par conséquent, les quatre triangles seront rectangles; de plus, ils sont égaux, puisqu'ils ont les hypoténuses égales, et que les angles aigus sont égaux, comme ayant leurs côtés perpendiculaires chacun à chacun (89). Or, de l'égalité des quatre triangles, on déduira évidemment

$$QB = PH = OD = AC = b,$$
$$QH = PD = OC = AB = c,$$

ce qui donne

$$tri.\ BQH = HPD = DOC = CAB = \frac{bc}{2};\quad (575)$$

de plus on a

$$QA = QB - AB = b - c,$$
$$PQ = PH - QH = b - c,$$
$$OP = OD - PD = b - c,$$
$$AO = AC - OC = b - c;$$

d'où

$$AOPQ = \overline{AO}^2 = (b - c)^2.$$

Par conséquent, si on fait la somme de toutes les parties qui composent la figure totale, on aura

$$\overline{BC}^2 = 4\ tri.\ ABC + \overline{AO}^2,$$

ou

$$a^2 = \frac{4bc}{2} + (b - c)^2;$$

effectuant les calculs et réduisant, on obtient

$$a^2 = 2bc + b^2 + c^2 - 2bc;$$

d'où

$$a^2 = b^2 + c^2.$$

649. Vérification graphique du quarré de l'hypoténuse. En exécutant la construction indiquée sur la figure 14, on aura

$$a = a'$$
$$b = b'$$
$$c = c'$$
$$d = d'$$
$$e = e',$$

d'où, en ajoutant

$$\overline{BC}^2 = \overline{AB}^2 + \overline{AC}^2.$$

---

650. Théorème. *Recherche des relations qui existent entre les côtés d'un triangle quelconque.*

Supposons d'abord, *fig.* **8**, que l'angle A soit *aigu.*

Concevons la perpendiculaire BD, que nous nommerons h, et désignons par x, la distance AD comprise entre cette perpendiculaire et le sommet de l'angle que nous considérerons. On aura

$$CD = b - x. \qquad (246)$$

Les propriétés démontrées du triangle rectangle, nous donnerons les équations

(1) $$\overline{BC}^2 = \overline{BD}^2 + \overline{DC}^2,$$
(2) $$\overline{AB}^2 = \overline{BD}^2 + \overline{AD}^2.$$

Si nous remplaçons chaque terme par la lettre adoptée pour son expression algébrique, nous aurons

$$a^2 = h^2 + (b - x)^2,$$
$$c^2 = h^2 + x^2.$$

Retranchant la seconde équation de la première, et faisant passer b^2 dans le second membre, on aura successivement

$$a^2 - c^2 = (b - x)^2 - x^2,$$
$$a^2 - c^2 = b^2 + x^2 - 2bx - x^2,$$
$$a^2 = b^2 + c^2 - 2bx.$$

651. Si l'angle A était *obtus*, *fig.* **6**, on aurait $CD = b + x$, et les équations (1) et (2), également applicables à la nouvelle figure deviendraient

$$a^2 = h^2 + (b + x)^2,$$
$$c^2 = h^2 + x^2;$$

qui, après toutes réductions, donneraient

$$a^2 = b^2 + c^2 + 2bx.$$

652. Les formules précédentes peuvent être obtenues par la comparaison directe des parties de la figure; en effet, supposons que dans le triangle ABC, *fig.* **7**, l'angle A soit *aigu :* construisons les quarrés des trois côtés; abaissons les perpendiculaires AG, BR, CZ, et traçons les six droites AK, AU; BS, BN; CM, CH. Nous aurons évidemment

$$\overline{BC}^2 = BDGK + DCGU,$$

$$BDGK = 2.ABK, \qquad (572)$$

$$2.ABK = 2.HBC, \qquad (143)$$

$$2.HBC = BOZH, \qquad (572)$$

$$BOZH = \overline{AB}^2 - AOZM,$$

$$DCGU = 2.ACU, \qquad (572)$$

$$2.ACU = 2.BCS. \qquad (143)$$

$$2.BCS = ICSR, \qquad (572)$$

$$ICSR = \overline{AC}^2 - AIRN.$$

Ajoutant et réduisant, on aura

$$(1) \qquad \overline{BC}^2 = \overline{AB}^2 + \overline{AC}^2 - AOZM - AIRN.$$

Ainsi, *le quarré du côté opposé à l'angle aigu* A, *est égal à la somme des quarrés des côtés qui comprennent cet angle, moins la somme des deux rectangles marqués sur la figure par des hachures.*

Il ne reste donc plus qu'à démontrer l'égalité de ces deux rectangles; pour y parvenir, on dira

$$AIRN = 2.BAN. \qquad (572)$$

$$2.BAN = 2.MAC, \qquad (143)$$

$$2.MAC = AOZM. \qquad (572)$$

Ajoutant et réduisant, on a

$$AIRN = AOZM.$$

Ajoutant cette dernière équation avec l'équation (1), on obtient

$$\overline{BC}^2 + AIRN = \overline{AC}^2 + \overline{AB}^2 - AIRN,$$

d'où

$$\overline{BC}^2 = \overline{AC}^2 + \overline{AB}^2 - 2AIRN,$$

et par conséquent

$$a^2 = b^2 + c^2 - 2bx.$$

653. En appliquant un raisonnement analogue à la *fig.* **10**, on obtiendra la formule

$$a^2 = b^2 + c^2 + 2bx.$$

Il suffira de remplacer partout le signe — par le signe +, et de retrancher l'équation (2) de l'équation (1), au lieu de les ajouter.

654. Nous avons exprimé par x la distance comprise entre le pied de la perpendiculaire et le sommet de l'angle que l'on considère, parce que dans les applications cette quantité est presque toujours inconnue.

655. Remarque. *Fig.* **8.** Au lieu d'écrire $2bx$, on peut écrire $2cy$. Dans ce cas, y *serait la distance entre le sommet de l'angle* A *et le pied de la perpendiculaire* CI *abaissée sur le côté* AB = c.

Cela résulte évidemment de la démonstration du numéro 652, mais on peut encore y parvenir de la manière suivante : les deux triangles BDA, CAI, sont semblables, puisqu'ils sont rectangles et qu'ils ont l'angle A commun ; donc, en comparant les côtés homologues, on aura

$$AC : AB = AI : AD,$$

ou

$$b : c = y : x;$$

donc

$$bx = cy,$$

et par conséquent

$$2bx = 2cy.$$

656. Discussion. On peut facilement mettre en évidence toutes les relations qui se rattachent à la question précédente. Il suffit, pour cela, de discuter les formules obtenues, afin de reconnaître les modifications qu'elles éprouvent lorsque l'on fait varier les quantités dont elles dépendent. Pour cela, reprenons la formule $\quad a^2 = b^2 + c^2 - 2bx.$

Supposons, *fig. 9*, que l'on fasse mouvoir le sommet de l'angle B sur la demi-circonférence décrite du point A, comme centre avec un rayon $AB = c$.

Lorsque l'angle A se fermera, la perpendiculaire h deviendra h'; le segment x, et par conséquent le terme $2bx$, augmenteront de valeur; d'où il résulte que la valeur de a^2 diminuera : ce qui est conforme au théorème du numéro 133.

Lorsque l'angle A sera très-petit, la perpendiculaire sera très-courte, et le segment x sera très-près d'être égal au côté $AB = c$.

Enfin, il est évident que si l'angle A se fermait entièrement, la perpendiculaire se réduirait à *zéro*, le segment x deviendrait égal au côté c, et la formule serait

$$a^2 = b^2 + c^2 - 2bc;$$

d'où $a^2 = (b - c)^2;$

ce qui donne $a = (b - c).$

Or, on pourra déduire de là

$$a + c = b.$$

et l'un des côtés étant égal à la somme des deux autres, le triangle aurait cessé d'exister.

Si nous revenons au triangle donné ABC, et que nous augmentions l'ouverture de l'angle A, la perpendiculaire se rapprochera du point A, le segment x, et par conséquent le terme $2bx$ diminueront, et la valeur de a^2 augmentera.

Lorsque l'angle A vaudra 90°, la perpendiculaire h'' viendra se confondre avec le côté AB, et le segment x étant réduit à *zéro*, la formule deviendra

$$a^2 = b^2 + c^2 - 2b \times 0;$$

d'où $a^2 = b^2 + c^2.$ (648)

Si nous continuons à faire tourner le côté AB, l'angle A devient obtus, la perpendiculaire h''' passe à gauche du point A, ce que l'on exprime algébriquement en changeant le signe du segment x, qui devient alors *négatif*.

Dans ce cas, la formule devient

$$a^2 = b^2 + c^2 - 2b \times - x;$$

d'où $a^2 = b^2 + c^2 + 2bx.$

Si l'angle A devenait très-grand, et qu'il fût près de valoir 180°, la perpendiculaire serait très-courte, et le segment x très-près d'être égal au côté AB $= c$.

Enfin, si l'angle A valait 180°, la perpendiculaire serait encore une fois réduite à *zéro*, le segment x serait égal à c, et la formule deviendrait

$$a^2 = b^2 + c^2 + 2bc;$$

d'où $\qquad\qquad a^2 = (b + c)^2;$

ce qui donne $\qquad a = b + c.$

Alors le côté a étant égal à la somme des deux autres, le triangle cesserait d'exister.

657. En résumant, on reconnaît que la formule

$$a^2 = b^2 + c^2 - 2bx$$

exprime toutes les relations qui existent entre les trois côtés d'un triangle ABC, quelles que soient les modifications de forme résultant de l'augmentation ou de la diminution de l'angle A.

658. Pour mieux fixer les idées, on a rassemblé toutes les hypothèses dans le tableau suivant.

HYPOTHÈSES.	FORMULES.	
A $= 0°$	$a^2 = b^2 + c^2 - 2bc$	$a = b - c$
A $< 90°$	$a^2 = b^2 + c^2 - 2bx$	$a^2 < b^2 + c^2$
$a = 90°$	$a^2 = b^2 + c^2 - 2b \times 0$	$a^2 = b^2 + c^2$
$a > 90°$	$a^2 = b^2 + c^2 + 2bx$	$a^2 > b^2 + c^2$
$a = 180°$	$a^2 = b^2 + c^2 + 2bc$	$a = b + c$

659. Les relations que nous venons de mettre en évidence auraient pu également être déduites de la formule

$$a^2 = b^2 + c^2 + 2bx.$$

---

660. Théorème. *Les trois perpendiculaires abaissées des sommets d'un triangle sur les côtés opposés, passent par un même point.*

Démonstration. *Fig. 12.* Construisons les deux perpendiculaire CD, BH, et par le point où elles se rencontrent, traçons la droite OP, perpendiculaire sur BC; il ne reste plus qu'à démontrer que cette troisième perpendiculaire contient le point A.

Supposons que cela n'ait pas lieu, et que la droite PO rencontre le côté CA, en A', et le côté BA prolongé en A''. Joignons A' avec B et A'' avec C; exprimons par b et b', les deux parties BO et OH de la perpendiculaire BH; par c et c' les deux parties CO et OD de la perpendiculaire CD, et par a la perpendiculaire OP.

Les deux triangles BOD, COH sont rectangles en D et en H; de plus ils ont l'angle BOD = COH, comme opposé par le sommet: donc ils sont semblables, et l'on a la proportion

$$b : c = c' : b'.$$

Les deux triangles BOP, OHA' sont rectangles en P et en H; de plus ils ont l'angle BOP = A'OH; donc ils sont semblables, et l'on doit avoir la proportion

$$a : b = b' : OA'$$

Enfin, les deux triangles COP, DOA'', rectangles en P et en D, ont l'angle COP = DOA''; donc ils sont semblables, ce qui donne la proportion $\quad a : c = c' : OA''.$

Or, des trois proportions précédentes, on pourra déduire les équations
$$bb' = cc'$$
$$a \times OA' = bb',$$
$$cc' = a \times OA'';$$

multipliant et réduisant, on aura

$$OA' = OA''.$$

Ce qui ne peut avoir lieu que si les deux points A' et A'' coïncident avec le point A.

— — — —

661. Théorème. *Les trois droites qui joignent les sommets d'un triangle avec les milieux des côtés opposés, passent par un même point.*

Démonstration. *Fig.* **13.** Joignons les sommets B et C avec les milieux des côtés opposés, par les deux droites BH, CD, et traçons OP qui joint le point O avec le milieu du troisième côté BC; il ne restera plus qu'à démontrer que la droite PO contient le point A.

Supposons que cela n'ait pas lieu, et que le prolongement de PO rencontre le côté CA en A′ et le côté BA prolongé en A″.

Traçons les trois droites DH, DP, PH, et désignons par b et b' les deux parties BO, OH de la droite BH; par c et c', les deux parties CO, OD de la droite CD, et par a la distance OP.

La droite DH qui joint les milieux des côtés AB, AC, sera parallèle à BC; par conséquent, les deux triangles DOH, BOC, seront semblables; ce qui donnera la proportion

$$b : b' = c : c'.$$

La droite DP étant parallèle au côté CA′, les deux triangles DOP, COA′ seront semblables, et l'on aura la proportion

$$c : c' = a : OA'.$$

Enfin, la droite PH étant parallèle au côté BA″, les deux triangles POH, BOA″ seront semblables, et l'on aura la proportion

$$b : b' = a : OA''.$$

Les trois proportions précédentes donneront évidemment

$$bc' = b'c,$$
$$c \times OA' = ac',$$
$$ab' = b \times OA'';$$

multipliant et réduisant, on aurait

$$OA' = OA'';$$

ce qui ne peut avoir lieu que si les deux points A′ et A″ coïncident avec le point A.

---

662. Théorème. *Fig.* **11.** Désignons par h la perpendiculaire abaissée du point A, et par h', la perpendiculaire du point B; les deux triangles ACD, BCK seront semblables, et l'on aura la proportion $AD : BK = AC : BC$;

d'où $\qquad h : h' = b : a$

ce qui donne $\qquad ah = bh'$,

et par conséquent $\qquad \dfrac{ah}{2} = \dfrac{bh'}{2}$.

En exprimant par h'' la perpendiculaire abaissée du point C,

on aurait également $\qquad \dfrac{ah}{2} = \dfrac{ch''}{2}$.

D'où il résulte que, *pour calculer la surface d'un triangle, on peut prendre pour base le côté que l'on veut.*

————

663. Théorème. *Fig.* **11.** Désignons par x et par y les deux segments déterminés sur le côté a par la perpendiculaire abaissée du point A ; le triangle rectangle ADB donnera

$$h^2 + x^2 = c^2.$$

Le triangle rectangle ADC donne

$$b^2 = h^2 + y^2 ;$$

ajoutant et réduisant, on a

$$c^2 + b^2 = y^2 + c^2,$$

d'où $\qquad x^2 - y^2 = c^2 - b^2$.

Ainsi, *la différence des quarrés des deux segments déterminés par la perpendiculaire, est égale à la différence des quarrés des côtés adjacents.*

664. Le corollaire du numéro 609 est évidemment un cas particulier du principe qui vient d'être démontré.

665. Si l'on décompose en facteurs le premier membre de l'équation que nous venons d'obtenir, on a (647)

$$(x + y)(x - y) = c^2 - b^2 ;$$

mais $\qquad x + y = a$.

Divisant la première équation par la seconde, on obtient

$$x - y = \frac{c^2 - b^2}{a},$$

ajoutant cette équation avec celle qui précède, on a

$$2x = a + \frac{c^2 - b^2}{a} ;$$

qui devient successivement

$$2ax = a^2 + c^2 - b^2$$
$$b^2 = a^2 + c^2 - 2ax.$$

Ce dernier résultat n'est autre chose que le théorème des numéros 650, 652.

Cette concordance prouve l'exactitude des transformations par lesquelles nous avons passé.

---

666. Théorème. *Fig. 11.* Désignons par h, h', h'' les perpendiculaires abaissées sur les côtés a, b, c d'un triangle ; exprimons ensuite par x et y les deux segments du côté a ; par x' et y' les deux segments du côté b ; enfin, par x'' et y'' les deux segments du côté c, nous aurons (663)

$$x^2 - y^2 = c^2 - b^2,$$
$$x'^2 - y'^2 = a^2 - c^2,$$
$$x''^2 - y''^2 = b^2 - a^2 ;$$

ajoutant et réduisant, on aura

$$x^2 + x'^2 + x''^2 - y^2 - y'^2 - y''^2 = 0.$$

d'où

$$x^2 + x'^2 + x''^2 = y^2 + y'^2 + y''^2.$$

Ainsi, *la somme des quarrés des trois segments à gauche des perpendiculaires, est égale à la somme des quarrés des trois segments à droite.*

---

667. Théorème. *Fig. 11.* La similitude des triangles ADB, BIC donne la proportion

$$x : y'' = c : a.$$

La similitude des triangles ADC, BKC donne

$$x' : y = a : b ;$$

enfin, la similitude des triangles BAK, CAI donne

$$x'' : y' = b : c.$$

Les proportions précédentes conduisent aux trois équations

$$ax = cy'',$$
$$bx' = ay,$$
$$cx'' = by' ;$$

multipliant et réduisant, on obtient

$$xx'x'' = yy'y''.$$

Ainsi, *le produit des trois segments à gauche des perpendiculaires est égal au produit des trois segments à droite.*

———————

668. Théorème. *Fig. 15.* Désignons par d la droite AO qui joint le point A avec le milieu du côté opposé, que nous nommerons $2u$, et par x le segment OH compris entre le point O et le pied de la perpendiculaire AH, nous aurons par le théorème (650)

$$\overline{AC}^2 = \overline{AO}^2 + \overline{CO}^2 - 2CO \times OH ;$$

ou, ce qui est la même chose,

(1) $$b^2 = d^2 + u^2 - 2ux ;$$

mais, dans le triangle AOB, l'angle en O étant obtus, on aura (651) $$\overline{AB}^2 = \overline{AO}^2 + \overline{OB}^2 + 2OB \times OH,$$

qui devient

(2) $$c^2 = d^2 + u^2 + 2ux ;$$

ajoutant l'équation (1) avec (2), et réduisant, on obtient

$$b^2 + c^2 = 2d^2 + 2u^2,$$

c'est-à-dire que *la somme des carrés des côtés adjacents à l'angle du sommet, est égale à deux fois le quarré de la moitié de la base, plus deux fois le quarré de la droite qui joint le sommet avec le milieu de la base.*

———————

669. Théorème. *Fig. 17.* Désignons par d, d', d'' les droites qui joignent les trois sommets d'un triangle avec les milieux des côtés opposés a, b, c; exprimons :

Par u, la moitié du côté a ;

Par n, la moitié du côté b ;

Par v, la moitié du côté c;

Nous aurons (668)

$$b^2 + c^2 = 2d^2 + 2u^2$$
$$a^2 + c^2 = 2d'^2 + 2n^2$$
$$a^2 + b^2 = 2d''^2 + 2v^2 ;$$

ajoutant et réduisant, on aura

$$2a^2 + 2b^2 + 2c^2 = 2d^2 + 2d'^2 + 2d''^2 + 2u^2 + 2n^2 + 2v^2,$$

et par conséquent

$$(1) \qquad a^2 + b^2 + c^2 = d^2 + d'^2 + d''^2 + u^2 + n^2 + v^2 ;$$

mais
$$u = \frac{a}{2} ; n = \frac{b}{2} ; v = \frac{c}{2} ;$$

donc
$$u^2 = \frac{a^2}{4} ; \ n^2 = \frac{b^2}{4} ; v^2 = \frac{c^2}{4} ,$$

et par conséquent

$$(2) \qquad u^2 + n^2 + v^2 = \frac{a^2 + b^2 + c^2}{4} ;$$

ajoutant les équations (1) et (2), on aura

$$a^2 + b^2 + c^2 = d^2 + d'^2 + d''^2 + \frac{a^2 + b^2 + c^2}{4},$$

qui, après toutes réductions, devient

$$3(a^2 + b^2 + c^2) = 4(d^2 + d'^2 + d''^2).$$

Ainsi *trois fois la somme des quarrés des côtés d'un triangle est égal à quatre fois la somme des quarrés des droites qui joignent les sommets avec les milieux des côtés opposés.*

---

670. Théorème. *Fig.* 16. Les côtés opposés d'un parallélogramme étant égaux, on peut employer la même lettre a pour désigner chacun des côtés AD, BC, et la lettre b pour les côtés AB, CD.

De plus, les diagonales se coupant en parties égales, nous exprimerons AC par $2u$, et BD par $2v$.

Ces notations étant admises, le triangle ABC donnera

$$\overline{AB}^2 + \overline{BC}^2 = 2\overline{AO}^2 + 2\overline{BO}^2, \qquad (668)$$

qui devient, en substituant les notations ci-dessus,

$$a^2 + b^2 = 2u^2 + 2v^2 ;$$

multipliant le tout par 2, on aura

$$2a^2 + 2b^2 = 4u^2 + 4v^2,$$

que l'on peut écrire de la manière suivante :

$$a^2 + b^2 + a^2 + b^2 = (2u)^2 + (2v)^2 = \overline{AC}^2 + \overline{BD}^2.$$

Par conséquent, *la somme des quarrés des quatre côtés d'un parallélogramme est égale à la somme des quarrés des deux diagonales.*

CHAPITRE II.

Solution graphique des problèmes.

---

671. Considérations générales. La solution d'un problème de géométrie dépend ordinairement de certaines opérations de calcul ou de compas. Si les opérations à faire sont les conséquences directes des relations qui existent entre les quantités données et celles que l'on cherche, il suffit de découvrir le théorème qui exprime ces relations ; c'est le cas de la plus grande partie des problèmes résolus dans les livres précédents.

Mais, il arrive souvent que le théorème qui contient les relations géométriques énoncées dans la question, n'est pas celui qui donne les moyens d'exécuter les opérations. Ainsi, par exemple, il est possible que les conditions auxquelles l'inconnue doit satisfaire, dépendent d'un théorème du troisième ou du quatrième livre, tandis que les opérations à effectuer seraient la conséquence d'un théorème du second livre ou du premier. C'est alors que l'algèbre sera d'un grand secours.

En effet, si l'on exprime par une formule, les relations géométriques qui doivent exister entre l'inconnue et les quantités données, les transformations algébriques conduiront *toujours* directement, et sans hésitation, au théorème que l'on doit ap-

pliquer pour obtenir l'inconnue ; et cela, quel que soit le mode
de solution que l'on devra employer ; c'est-à-dire, que si l'on
veut résoudre la question par le calcul, l'algèbre dira quelles
sont les opérations d'arithmétique à effectuer ; et si l'on préfère
employer la règle et le compas, l'algèbre dira également, quand
il faudra construire une perpendiculaire, une parallèle, ou décrire une circonférence de cercle.

Nous allons étudier d'abord les constructions graphiques.
et dans le chapitre suivant nous verrons les solutions par le
calcul.

672. **Définitions**. Pour appliquer l'algèbre à la solution
d'un problème de géométrie, il faut

1° *Exprimer par une ou plusieurs équations les conditions
auxquelles l'inconnue doit satisfaire* ;

2° *Résoudre ces équations ;*

3° *Effectuer les opérations de calcul ou de compas indiquées
par les signes.*

La traduction dans le langage algébrique, dépend de la question qu'il s'agit de résoudre, et l'on devra s'exercer à cette
étude par la solution d'un grand nombre de problèmes.

La manière de résoudre les équations est suffisamment déve-
loppée dans les traités d'algèbre.

Nous devons donc, avant d'aller plus loin, nous occuper de
l'interprétation des formules.

673. Dans tout ce qui va suivre, nous supposerons que les
quantités désignées par a, b, c, d, etc., sont des lignes droites.

674. Nous savons déjà (*algèbre*) que toute expression de la
forme a^0 représente l'unité, parce qu'on peut toujours supposer
qu'elle provient de $\dfrac{1 \cdot a^n}{a^n}$.

675. La formule $\dfrac{a}{b}$ représente un *nombre ;* elle exprime le
rapport numérique de a à b, et l'on pourrait obtenir sa
valeur par le moyen indiqué au numéro 347.

Si l'expression $\frac{a}{b}$ représente un *nombre*, il en sera de même de $\frac{a^n}{b^n}$, qui n'est autre chose que $\left(\frac{a}{b}\right)^n$, ou la $n^{\text{ème}}$ puissance du rapport $\frac{a}{b}$.

Construction des formules.

676. Théorème. *Tout monome ou polynome du premier degré peut être considéré comme l'expression d'une ligne droite.*

Les signes expriment quelles sont les opérations qu'il faut effectuer pour obtenir la ligne demandée. La nature de ces opérations dépend de certains caractères algébriques, qu'il est toujours facile de reconnaître, et que nous allons indiquer.

677. En général, toutes les opérations graphiques se réduisent à *cinq*, qui sont exprimées par les formules suivantes :

$$x = a + b - c. \text{ somme et différence de lignes.}$$

$$x = \frac{bc}{a} \ldots\ldots \text{ quatrième proportionnelle.}$$

$$x = \sqrt{ab}\ldots\ldots \text{ moyenne proportionnelle.}$$

$$x = \sqrt{a^2 + b^2}\ldots \text{ hypoténuse.}$$

$$x = \sqrt{a^2 - b^2}\ldots \text{ côté de l'angle droit.}$$

678. Démonstration. *La formule* $x = a + b - c$ *est évidemment une somme et différence de lignes.*

Pour la construire, on fera la somme des lignes a et b, et l'on en retranchera la ligne c, en opérant comme aux numéros 222 et 223.

679. *La formule* $x = \frac{bc}{a}$ *est une quatrième proportionnelle.*

En effet, si nous multiplions les deux membres par a, nous aurons

$$ax = bc.$$

Or (*Arith.-Alg.*), les deux facteurs a et x peuvent être considérés comme les extrêmes d'une proportion dans laquelle b et c seraient les moyens. Ainsi, la relation exprimée par la formule proposée revient à celle-ci

$$a : b = c : x,$$

ou

$$a : c = b : x.$$

Mais, quelle que soit la forme que l'on adoptera, il est évident que x est le *quatrième* terme d'une proportion. Cela explique suffisamment pourquoi nous donnerons toujours par la suite le nom de *quatrième proportionnelle* à toute expression de la forme $\dfrac{bc}{a}$.

680. Avant d'aller plus loin, nous devons remarquer que la forme algébrique d'une quatrième proportionnelle est *une fraction dont le numérateur se compose de deux facteurs, tandis que le dénominateur n'en contient qu'un;* et pour ne pas être obligé d'écrire la proportion, chaque fois que l'on rencontrera une quatrième proportionnelle, il faut se rappeler que

Le dénominateur est à l'un des facteurs du numérateur, comme le second facteur du numérateur est à l'inconnue.

Ainsi les formules

$$y = \frac{pq}{m}, \quad z = \frac{(d+h)(s-u)}{(m-n)}$$

sont des quatrièmes proportionnelles.

La première correspond à la proportion

$$m : p = q : y,$$

et la seconde donne

$$(m-n) : (d+h) = (s-u) : z.$$

681. La formule $u = \dfrac{b^2}{a}$ est le quatrième terme de la proportion

$$a : b = b : u.$$

682. Nous avons vu, aux numéros 418 et 419, comment on peut trouver graphiquement la quatrième proportionnelle

14

aux trois droites a, b, c, et par conséquent aussi, comment on construirait l'expression $\dfrac{b^2}{a}$.

683. *La formule* $x = \sqrt{ab}$ *est une moyenne proportionnelle*, car si l'on élève chacun des deux membres au quarré, on aura

$$x^2 = ab$$

d'où

$$a : x = x : b.$$

Par conséquent, x est une moyenne proportionnelle entre a et b.

684. En général, on remarquera que la forme algébrique d'une *moyenne proportionnelle* consiste en *un radical du second degré, sous lequel il y a un produit de deux facteurs du premier degré, ou linéaires* (675), et l'on devra se rappeler, que ces facteurs sont les extrêmes de la proportion continue, dont le terme moyen est la valeur de l'inconnue. Ainsi les quantités

$$y = \sqrt{pq}, \qquad z = \sqrt{(p+q)(m+n)},$$

sont des moyennes proportionnelles.

La première résulte de la proportion

$$p : y = y : q.$$

La seconde provient de

$$(p+q) : z = z : (m+n).$$

Si l'on avait l'expression $u = \sqrt{a^2 - b^2}$, on remplacerait $a^2 - b^2$ par $(a+b)(a-b)$ (647), et l'on aurait alors

$$u = \sqrt{(a+b)(a-b)},$$

d'où

$$(a+b) : u = u : (a-b).$$

Il est évident, qu'à l'inspection de la formule primitive on peut énoncer la proportion sans qu'il soit nécessaire de l'écrire; il suffit pour cela, de mettre les extrêmes en évidence, en décomposant en deux facteurs le monôme qui est sous le radical.

685. Les opérations que nous avons données aux numéros 420 et 421 sont les deux manières les plus simples de construire une moyenne proportionnelle.

686. *La formule* $x = \sqrt{b^2 + c^2}$ *est une hypoténuse.*

En effet, en élevant chacun des deux membres au quarré, on aura
$$x^2 = b^2 + c^2.$$

Or, si l'on connaissait la valeur de x, et si l'on construisait un triangle avec les trois droites b, c, x, ce triangle serait *rectangle*, puisque le quarré d'un de ses côtés serait égal à la somme des quarrés des deux autres côtés ; et, dans ce triangle, le côté x serait évidemment *l'hypoténuse.*

687. Par conséquent, toutes les fois qu'une ligne sera exprimée par *un radical du second degré, sous lequel il y aura la somme de deux quarrés*, cette ligne sera *l'hypoténuse d'un triangle rectangle.*

Ainsi lorsqu'on aura

$$y = \sqrt{p^2 + q^2}, \quad z = \sqrt{a^2 + \left(\frac{a}{2}\right)^2}.$$
$$u = \sqrt{(p+q)^2 + (d-h)^2}.$$

on pourra dire que y est l'hypoténuse d'un triangle rectangle, dans lequel p et q sont les deux côtés de l'angle droit ; que z est l'hypoténuse d'un second triangle rectangle, dont les côtés de l'angle droit sont a et $\frac{a}{2}$; enfin, que u est l'hypoténuse d'un troisième triangle rectangle, dans lequel un des côtés de l'angle droit serait $(p+q)$, tandis que le second côté de l'angle droit serait $(d-h)$.

688. Pour obtenir une hypoténuse, on fera les opérations indiquées au numéro 625.

689. *La formule* $x = \sqrt{a^2 - b^2}$ *est un côté d'angle droit.*

En effet, si l'on élève chacun des membres au quarré, on obtient
$$x^2 = a^2 - b^2,$$
d'où
$$x^2 + b^2 = a^2.$$

Par conséquent, le triangle qui aurait pour côtés les trois droites a, b, x, serait encore rectangle, puisque le quarré d'une de ces lignes est égal à la somme des quarrés des deux autres. Mais, il est évident, que dans ce triangle, c'est la ligne a qui serait l'hypothénuse, et que par conséquent x serait l'un des côtés de l'angle droit.

690. On devra donc se rappeler que la forme algébrique d'un côté d'angle droit, consiste dans *un radical du second degré, sous lequel il y a la différence de deux quarrés.*

Ainsi, par exemple.

$$y = \sqrt{p^2 - q^2}, \qquad z = \sqrt{a^2 - \left(\frac{a}{2}\right)^2},$$

$$u = \sqrt{(p+q)^2 - (d-h)^2}$$

sont des côtés d'angles droits.

Dans le premier triangle, l'hypoténuse est p, et les côtés de l'angle droit sont q et y.

Dans le second triangle, l'hypoténuse est a, et les côtés de l'angle droit sont $\dfrac{a}{2}$ et z.

Enfin, dans le troisième triangle, $p + q$ sera l'hypoténuse, et les autres côtés seront $(d - h)$ et u.

691. On pourra toujours obtenir un côté d'angle droit en opérant comme nous l'avons dit aux numéros 627 et 628.

---

692. **Formules composées.** Toute expression algébrique du premier degré, qui ne contient pas de radicaux supérieurs au second degré, peut être ramenée à l'une des cinq opérations qui précèdent; et, quelque composée que soit la formule, il est toujours facile de reconnaître par quelles constructions graphiques on peut obtenir l'inconnue.

693. La construction d'une formule se composera souvent de plusieurs opérations diverses; mais, pour fixer les idées, nous donnerons à l'inconnue le nom correspondant à la dernière des constructions que l'on devra faire pour obtenir sa valeur.

---

694. **Sommes ou différences de lignes.** *Toutes les fois que l'expression algébrique de l'inconnue se composera de plu-*

sieurs termes du premier degré, séparés par les signes + ou —, nous lui donnerons le nom de somme ou différence de lignes.

Construction. Nous avons dit au numéro 223, que pour ajouter ou retrancher plusieurs lignes droites, il fallait faire la somme de toutes celles qui ont le signe +, faire ensuite la somme de toutes celles qui ont le signe —, et prendre la différence des deux sommes.

695. Si la somme des lignes que l'on doit retrancher était plus grande que la somme des lignes que l'on doit ajouter, la valeur de l'inconnue aurait le signe —, et l'on sait (*Algèbre*), que dans ce cas, elle doit être portée en sens inverse de celui que l'on avait supposé dans la question.

---

696. Quatrièmes proportionnelles. *Toutes les fois que l'inconnue sera exprimée par une fraction algébrique dont le numérateur sera d'un degré plus élevé que le dénominateur, nous lui donnerons le nom de quatrième proportionnelle.*

Construction. Soit, par exemple, la formule

$$x = \frac{abc}{dh}.$$

On décomposera le second membre en facteurs de la manière suivante

$$x = \frac{ab}{d} \times \frac{c}{h}.$$

Or, il résulte de ce que nous avons dit au numéro 680, que le premier facteur $\dfrac{ab}{d}$ est une quatrième proportionnelle, et que le facteur $\dfrac{c}{h}$ est un *nombre* (675).

On pourrait donc obtenir chacun de ces facteurs par une construction graphique (418, 419, 347), après quoi, multipliant la ligne par le nombre, on aurait la valeur de l'inconnue x. Mais il n'est pas nécessaire de chercher la valeur numérique du facteur $\dfrac{c}{d}$. En effet, supposons qu'après avoir construit la quatrième proportionnelle $\dfrac{ab}{c}$, on exprime cette quantité par y, et qu'on la substitue dans la valeur de x, on aura

$$x = \frac{ab}{c} \times \frac{d}{h} = y \times \frac{d}{h} = \frac{yd}{h}.$$

Ainsi,

1re *Opération*. On construira la quatrième proportionnelle $\dfrac{ab}{c}$, ce qui donnera y.   (680)

2e *Opération*. On construira la quatrième proportionnelle $\dfrac{yd}{h}$, et l'on aura x.   (680)

2e **Exemple.** Soit $x = \dfrac{abcde}{pqrs}$, on écrira

$$x = \frac{ab}{p} \times \frac{c}{q} \times \frac{d}{r} \times \frac{e}{s};$$

donc, x est égal à la quatrième proportionnelle $\dfrac{ab}{p}$ multipliée par le produit des trois nombres $\dfrac{c}{q}$, $\dfrac{d}{r}$, $\dfrac{e}{s}$.

On fera $\dfrac{ab}{p} = y$,   d'où $x = \dfrac{yc}{q} \times \dfrac{d}{r} \times \dfrac{e}{s};$

on fera ensuite $\dfrac{yc}{q} = y'$,   d'où $x = \dfrac{y'd}{r} \times \dfrac{e}{s};$

on fera $\dfrac{y'd}{s} = y''$,   et l'on aura $x = \dfrac{y''e}{q}.$

Ainsi on construira successivement

$$y = \frac{ab}{p}; \quad y' = \frac{yc}{q}; \quad y'' = \frac{y'd}{r}; \quad x = \frac{y''e}{s}. \qquad (680)$$

Si l'on fait le produit de ces quatre équations, on aura, en réduisant, $x = \dfrac{abcde}{pqrs}$, ce qui prouve l'exactitude de la décomposition précédente.

3e Exemple. Pour construire la formule $x = \dfrac{a^2 + b^2}{c}$, on

fera $\qquad a^2 + b^2 = y^2$; d'où $y = \sqrt{a^2 + b^2}$, $\qquad$ (686)

et l'on aura $\qquad x = \dfrac{y^2}{c}$. $\qquad$ (684)

2e Méthode. On fera $b^2 = ay$, d'où $y = \dfrac{b^2}{a}$ $\qquad$ (684)

et l'on aura $\qquad x = \dfrac{a^2 + ay}{c} = \dfrac{a(a + y)}{c}$. $\qquad$ (680)

3e Méthode. On aurait pu considérer la formule proposée comme exprimant une somme de lignes.

Pour cela, il aurait fallu écrire $x = \dfrac{a^2 + b^2}{c} = \dfrac{a^2}{c} + \dfrac{b^2}{c}$, en

faisant alors $\dfrac{a^2}{c} = y$; $\dfrac{b^2}{c} = y'$, on aurait eu $x = y + y'$.

Ainsi on construirait

$$ y' = \frac{a^2}{c}; \quad y = \frac{b^2}{c}; \quad x = y + y'. \qquad (680, 678) $$

4e Exemple. Pour construire la formule $x = \dfrac{a^2 - b^2}{c}$, on remarquera que le numérateur $a^2 - b^2$ est décomposable en deux facteurs du premier degré (647), et l'on aura de suite

$$ x = \frac{(a + b)\,(a - b)}{c}. \qquad (680) $$

5e Exemple. Soit la formule

$$ x = \frac{a^3 + b^2 c + dhm}{p^2 + q^2}. $$

On fera $\quad b^2 c = a^2 y$; $dhm = a^2 y'$; $p^2 = az$; $q^2 = az'$,

d'où $\qquad y = \dfrac{b^2 c}{a^2}; \, y' = \dfrac{dhm}{a^2}; \, z = \dfrac{p^2}{a}; \, z' = \dfrac{q^2}{a}$, $\qquad$ (680

et l'on aura $x = \dfrac{a^3 + a^2 y + a^2 y'}{az + az'} = \dfrac{a(a + y + y')}{z + z'}$; $\qquad$ (680)

on fera $\qquad (a + y + y') = u$; $\quad (z + z') = v$,

et l'on aura
$$x = \frac{uu}{r}.$$
(680

2ᵉ *Méthode.* Si dans la formule proposée, on fait $p^2 + q^2 = y^2$,

on aura
$$x = \frac{a^3 + b^2c + dhm}{r} = \frac{a^3}{r^2} + \frac{b^2c}{y^2} + \frac{dhm}{y^2}.$$
(678

de sorte que x est la somme des trois termes $\frac{a^3}{y^2}$, $\frac{b^2c}{y^2}$, $\frac{dhm}{y^2}$,
que nous désignerons par z, z', z''. Ainsi, on construira successi-
vement les quantités y, z, z', z'', et enfin
$$x = z + z' + z''.$$

697. On voit que la même formule peut être construite de
plusieurs manières.

Ainsi la quantité
$$x = \frac{a^3 + b^2c + dhm}{p^2 + q^2}$$

sera une quatrième *proportionnelle*, si nous employons la première *méthode*, tandis que si nous décomposons le second
membre en trois termes, comme nous venons de le faire, l'inconnue x sera une *somme* de lignes. En général, chaque transformation donne une construction différente, et l'on peut obtenir par conséquent autant de solutions que l'on veut; il ne reste
plus qu'à choisir, dans chaque cas, celle qui donne lieu aux
opérations les plus simples; mais, ce qui est surtout essentiel
à remarquer, c'est que *toutes les opérations graphiques se
réduisent toujours à l'une des cinq formules du numéro 677.*

---

698. Moyennes proportionnelles. *Lorsque l'inconnue
sera égale à la racine quarrée d'un monôme du second degré, nous
la nommerons moyenne proportionnelle.*

Construction. Pour obtenir une moyenne proportionnelle, il
faut décomposer le *monôme* qui est sous le radical en deux
facteurs du *premier degré*, qui sont les extrèmes d'une proportion continue, dans laquelle l'inconnue serait le terme moyen.

Ainsi, par exemple, pour construire la formule $x = \sqrt{3a^2}$, on écrira $x = \sqrt{3a \times a}$. $\hspace{2cm}$ (684)

2ᵉ Exemple. Pour construire $x = \sqrt{\dfrac{2a^2}{5}}$,

on écrira $\hspace{2cm} x = \sqrt{a \times \dfrac{2a}{5}}$. $\hspace{1cm}$ (684)

3ᵉ Exemple. Soit $x = \sqrt{\dfrac{pqm}{s}}$,

on écrira $\hspace{2cm} x = \sqrt{p \times \dfrac{qm}{s}}$; $\hspace{1cm}$ (684)

on fera $\dfrac{qm}{s} = y$, ce qui donnera $x = \sqrt{py}$; ainsi on construira :

1° $\hspace{3cm} y = \dfrac{qm}{s}$ $\hspace{1.5cm}$ (680)

2° $\hspace{3cm} x = \sqrt{py}$. $\hspace{1.5cm}$ (684)

4ᵉ Exemple. Soit $x = \sqrt{63a^2}$,

on écrira $\hspace{2cm} x = \sqrt{9a \times 7a}$. $\hspace{1cm}$ (684)

699. Hypoténuses. *Lorsque sous un radical du second degré on aura la somme d'un nombre quelconque de termes du second degré, l'inconnue sera une hypoténuse.*

Construction. Soit par exemple la formule

$$x = \sqrt{a^2 + \left(\frac{a}{2}\right)^2}.$$

Il suffira de construire un triangle rectangle dans lequel les côtés de l'angle droit seraient a et $\dfrac{a}{2}$. L'hypoténuse sera évidemment la valeur de l'inconnue demandée.

2ᵉ *Méthode.* On pourrait encore écrire.

$$x = \sqrt{a^2 + \left(\frac{a}{2}\right)^2} = \sqrt{a^2 + \frac{a^2}{4}} = \sqrt{\frac{4a^2 + a^2}{4}} =$$

$$= \sqrt{\frac{5a^2}{4}} = \sqrt{a \times \frac{5a}{4}}.$$ $\hspace{1cm}$ (684)

Dans ce cas, l'inconnue serait une moyenne proportionnelle.

2ᵉ Exemple. Construire la formule

$$x = \sqrt{a^2 + b^2 + c^2}.$$

on fera $\qquad a^2 + b^2 = y^2$, d'où $y = \sqrt{a^2 + b^2}$. $\qquad$ (687)

et l'on aura $\qquad\qquad x = \sqrt{y^2 + c^2}$. $\qquad\qquad$ (687)

3ᵉ Exemple. Construire la formule

$$x = \sqrt{a^2 + bc}.$$

On fera $\qquad\qquad bc = y^2$, d'où $y = \sqrt{bc}$ $\qquad$ (684)

et l'on aura $\qquad\qquad x = \sqrt{a^2 + y^2}$. $\qquad\qquad$ (687)

4ᵉ Exemple. Construire la formule

$$x = \sqrt{61a^2}.$$

On pourrait écrire $\qquad x = \sqrt{61a \times a}.$ $\qquad\qquad$ (684)

Dans ce cas, x serait une moyenne proportionnelle, mais, par suite de la grande inégalité des deux facteurs, les constructions des numéros 420, 421, seraient peu exactes. Dans ce cas, il vaudrait mieux écrire

$$x = \sqrt{60a^2 + a^2};$$

on ferait $\qquad 60a^2 = y^2$; d'où $y = \sqrt{12a \times 5a}$ $\qquad$ (684)

et l'on aurait $\qquad\qquad x = \sqrt{y^2 + a^2}.$ $\qquad\qquad$ (687)

2ᵉ Méthode. On pourrait écrire

$$x = \sqrt{61a^2} = \sqrt{45a^2 + 16a^2}.$$

on ferait $\qquad 45a^2 = y^2$, d'où $y = \sqrt{9a \times 5a}$, $\qquad$ (684)

et l'on aurait $\qquad\qquad x = \sqrt{y^2 + (4a)^2}.$ $\qquad\qquad$ (687)

3ᵉ Méthode. En remarquant que $61 = 36 + 25$, on aura une construction encore plus simple, puisque l'on pourra écrire de suite $\quad x = \sqrt{61a^2} = \sqrt{36a^2 + 25a^2} = \sqrt{(6a)^2 + (5a)^2}.$

700. Côtés d'angles droits. *Lorsque, sous un radical du second degré, on aura un nombre quelconque de termes du second degré, si un seul, ou plusieurs de ces termes sont précédés du signe —, la formule exprimera un côté d'angle droit.*

Construction. Soit, par exemple, la formule

$$x = \sqrt{ab - cd};$$

on fera $\qquad ab = y^2; \quad cd = z^2.$

d'où $\qquad y = \sqrt{ab}; \quad z = \sqrt{cd}.$ (684)

et l'on aura $\qquad x = \sqrt{y^2 - z^2}.$ (690)

2ᵉ Exemple. Construire la formule

$$x = \sqrt{a^2 - bc + \frac{pqh}{m}}.$$

On fera $\qquad bc = y^2; \quad \dfrac{pqh}{m} = y'^2.$

d'où $\qquad y = \sqrt{bc}; \quad y' = \sqrt{p \times \dfrac{qh}{m}}.$ (684)

et l'on aura $\quad x = \sqrt{a^2 - y^2 + y'^2} = \sqrt{a^2 + y'^2 - y^2}:$

on fera $\quad a^2 + y'^2 = z^2, \quad$ d'où $\quad z = \sqrt{a^2 + y'^2},$ (687)

et l'on aura $\qquad x = \sqrt{z^2 - y^2}.$ (690)

On peut aussi écrire $\quad x = \sqrt{(z + y)(z - y)}.$ (647)

Dans ce cas. l'inconnue serait une moyenne proportionnelle.

3ᵉ Exemple. Construire la formule

$$x = \sqrt{a^2 - cd - b^2 - ch}.$$

On écrira

$$x = \sqrt{(a^2 - b^2) - c(d + h)} = \sqrt{(a + b)(a - b) - c(d + h)};$$

on fera $\qquad (a + b)(a - b) = y^2; \quad c(d + h) = z^2.$

d'où $\qquad y = \sqrt{(a + b)(a - b)}; \quad z = \sqrt{c(d + h)}$ (684)

et l'on aura $\qquad x = \sqrt{y^2 - z^2}$ (690)

4ᵉ **Exemple.** La formule $x = \sqrt{64a^2}$ que nous avons considérée successivement, comme *moyenne proportionnelle* et comme *hypoténuse*, peut être également construite comme *côté d'angle droit*.

Il suffit pour cela d'écrire $x = \sqrt{64a^2} = \sqrt{64a^2 - 3a^2}$.

Après quoi, on fera

$$3a^2 = y^2, \qquad \text{d'où} \qquad y = \sqrt{3a^2} = \sqrt{3a \times a}, \qquad (684)$$

et l'on aura

$$x = \sqrt{64a^2 - 3a^2} = \sqrt{64a^2 - y^2} = \sqrt{(8a)^2 - y^2} \qquad (690)$$

701. Les exercices précédents doivent être considérés comme une préparation utile à l'emploi du langage algébrique.

Le lecteur fera bien de construire ces formules, afin de vérifier l'exactitude des transformations; ce travail le rendra habile à reconnaître, parmi toutes les formes que l'on peut donner à l'inconnue, celle qui conduit aux opérations les plus simples.

Avant de passer aux applications nous devons indiquer encore quelques formules dont la construction pourrait arrêter un instant.

————————

702. Radicaux. *Construire la formule*

$$x = a\sqrt{3}.$$

Solution. On fera rentrer le facteur a sous le radical, et l'on aura

$$x = \sqrt{3a^2} = \sqrt{3a \times a}. \qquad (684)$$

2ᵉ **Exemple.** Pour construire la formule $x = \dfrac{ab\sqrt{2}}{c}$, on

écrira $\qquad x = \dfrac{a\sqrt{2b^2}}{c}:$ on fera $\qquad \sqrt{2b^2} = y;$

d'où $\qquad y = \sqrt{2b \times b}$ (684), puis on aura $x = \dfrac{ay}{c}.$ (679)

3ᵉ **Exemple.** Pour construire $x = (a+b)\sqrt{5}$, on écrira

$$x = \sqrt{5(a+b)^2}, \qquad \text{on fera} \qquad a+b = y,$$

et l'on aura $\qquad x = \sqrt{5y^2} = \sqrt{5y \times y}.$ (684)

703. En général, *pour construire un radical du second degré, il faut toujours faire en sorte qu'il y ait un terme du second degré sous le radical.*

4ᵉ Exemple. *Construire la formule*

$$x = \sqrt[4]{abcd}.$$

Solution. On fera $ab = y^2$; $cd = z^2$;

d'où $\qquad\qquad y = \sqrt{ab}$; $z = \sqrt{cd}$, $\qquad\qquad$ (684)

et l'on aura $\qquad\qquad x = \sqrt[4]{y^2 z^2} = \sqrt{yz}.$ $\qquad\qquad$ (684)

Problèmes.

704. Problème. *Construire un quarré double d'un autre quarré donné.*

Solution. *Fig. 1, pl. 19.* Si nous exprimons par a le côté AB du quarré donné, et par x le côté AD' du quarré cherché, nous aurons évidemment $x^2 = 2a^2$, d'où

$$x = \sqrt{2a^2} = \sqrt{2a \times a}. \qquad (684)$$

Construction. On fera AC = 2AB ; on décrira la demi-circonférence ADC ; on prolongera le côté KB jusqu'en D, et la corde AD sera le côté du quarré demandé, AD'OH. En effet, on aura

(405) $\qquad\qquad$ AB : AD = AD : AC ;

d'où $\qquad \overline{AD}^2 = AB \times AC = AB \times 2AB = \overline{2AB}^2$

705. Corollaire I. Si l'on voulait construire un quarré égal à *cinq* fois le quarré donné ; on écrirait $x^2 = 5a^2$,

d'où $\qquad\qquad x = \sqrt{5a^2} = \sqrt{5a \times a}. \qquad (684)$

706. Cor. II. Si l'on veut, au contraire, que le quarré demandé soit égal à la cinquième partie du quarré donné, on

écrira $\qquad\qquad x^2 = \dfrac{a^2}{5} ;$

d'où
$$x = \sqrt{\frac{a^2}{5}} = \sqrt{a \times \frac{a}{5}}. \qquad (684)$$

Ces deux derniers problèmes avaient déjà été résolus aux numéros 629 et 630; mais j'ai cru devoir les répéter ici, afin de montrer comment l'algèbre indique les constructions à faire dans chaque cas.

—

707. Problème. *Construire un quarré qui surpasse un autre quarré donné, des trois huitièmes de sa valeur.*

Solution. *Fig.* 2. Désignons encore par a le côté AB du quarré donné, on aura $x^2 = a^2 + \dfrac{3a^2}{8}$.

Et faisant disparaître le dénominateur, on obtiendra
$$8x^2 = 8a^2 + 3a^2 = 11a^2,$$
d'où
$$x^2 = \frac{11a^2}{8},$$
et par conséquent
$$x = \sqrt{\frac{11a^2}{8}} = \sqrt{\frac{11a}{8} \times a}. \qquad (684)$$

Construction. On partagera AB en huit parties égales, et l'on portera trois de ces parties de B en C; on décrira la demi-circonférence ADC: on prolongera KB jusqu'au point D, et la corde AD sera le côté du quarré cherché AD'OH.

—

708. Problème. *Construire un quarré qui soit égal à un autre quarré donné, moins les deux septièmes de sa valeur.*

Solution. *Fig.* 3. Soit AB $= a$ le côté du quarré donné; on écrira
$$x^2 = a^2 - \frac{2a^2}{7},$$
et faisant disparaître le diviseur, on aura successivement
$$7x^2 = 7a^2 - 2a^2$$
$$7x^2 = 5a^2$$
$$x^2 = \frac{5a^2}{7};$$

d'où $\qquad x = \sqrt{\dfrac{5a^2}{7}} = \sqrt{a \times \dfrac{5a}{7}}.$ $\qquad$ (684)

Construction. On décrira la demi-circonférence ADB; on partagera AB en *sept* parties égales, et par le *cinquième* point de division on tracera la droite CD perpendiculaire sur AB. La corde AD sera le côté du quarré cherché AD'OH.

---

709. Problème. *Construire un quarré qui soit à un autre quarré comme* m : n.

solution. *Fig.* 4. Exprimons par a le côté AB du quarré donné, et par x le côté AD' du quarré cherché; on aura

$$x^2 : a^2 = m : n,$$

ce qui donne $\qquad x = \sqrt{\dfrac{a^2 m}{n}} = \sqrt{a \times \dfrac{am}{n}};$

on fera $\qquad \dfrac{am}{n} = y,$ $\qquad$ d'où $\qquad x = \sqrt{ay}.$ $\qquad$ (684)

Construction. On fera AI $= n$, AV $= m$; on joindra le point I avec V, et l'on tracera SU parallèle à IV, ce qui donnera

$$AI : AV = AS : AU,$$

d'où $\qquad n : m = a : AU = \dfrac{am}{n} = y.$ $\qquad$ (684)

On décrira la demi-circonférence ADU, et l'on tracera BD perpendiculaire sur AU.

La corde AD $= \sqrt{AB \times AU} = \sqrt{ay}$ sera le côté du quarré cherché.

710. Corollaire. On opérera de même, fig 5, pour construire un polygone semblable à un autre polygone donné, lorsque l'on connaîtra le rapport $\dfrac{m}{n}$ qui doit exister entre ces deux polygones. Ainsi, par exemple, si nous exprimons le polygone demandé par X, et son côté AD' par x, le polygone donné par A, et son côté AB par a, nous aurons encore

$$X \cdot A = x^2 : a^2;$$

mais on doit avoir $\quad$ X : A = m : n;

on aura donc, à cause du rapport commun,

$$x^2 : a^2 = m : n,$$

d'où $\qquad x = \sqrt{\dfrac{a^2 m}{n}} = \sqrt{a \times \dfrac{am}{n}}.$ $\qquad$ (684)

Construction. On fera AU=n, AV=m, puis AB'=AB; on joindra le point I avec V, et l'on tracera B'U parallèle à IV, ce qui donnera, comme précédemment, AU $= \dfrac{am}{n} = y.$

On construira AD = *moyenne proportionnelle* entre AB et AU, et l'on n'aura plus qu'à construire sur AD' = AD, un polygone semblable au polygone donné ABKHS (438).

---

711. Problème. *Étant donnés un rectangle, fig. 6; un triangle, fig. 7; un trapèze, fig. 8, et un pentagone régulier, fig. 9, on veut construire un quarré équivalent à la somme de ces quatre figures.*

Solution. Exprimons par *a* la base AB, et par *b* la hauteur AD du rectangle donné.

Par *d* la base EF, et par *h* la hauteur GX du triangle.

Par *m* et *n* les deux bases parallèles du trapèze, et par *p* la hauteur HQ.

Enfin par *c* le côté VU du pentagone régulier, et par *r* le rayon CD du cercle inscrit, on aura (641)

Surfaces : Rectangle $= ab;$

$\qquad\qquad$ Triangle $\quad= \dfrac{dh}{2};$

$\qquad\qquad$ Trapèze $\quad= \dfrac{p(m+n)}{2};$

$\qquad\qquad$ Pentagone $= \dfrac{5cr}{2}.$

Et si l'on désigne par x le côté du quarré cherché, on aura

$$x^2 = ab + \frac{dh}{2} + \frac{pm+n}{2} + \frac{5cr}{2},$$

d'où
$$x = \sqrt{ab + \frac{dh}{2} + \frac{p(m+n)}{2} + \frac{5cr}{2}};\quad (699)$$

on fera
$$ab = y^2;\quad \frac{dh}{2} = y'^2;\quad \frac{p(m+n)}{2} = y''^2;\quad \frac{5cr}{2} = y'''^2;$$

d'où
$$y = \sqrt{ab};\quad y' = \sqrt{\frac{dh}{2}};\quad y'' = \sqrt{\frac{p(m+n)}{2}};\quad y''' = \sqrt{\frac{5cr}{2}};$$

et l'on aura
$$x = \sqrt{y^2 + y'^2 + y''^2 + y'''^2}.$$

On fera $\quad y^2 + y'^2 = z^2$, d'où $\quad z = \sqrt{y^2 + y'^2}.\quad$ (686)

$$z^2 + y''^2 = z'^2, \quad \text{d'où} \quad z' = \sqrt{z^2 + y''^2};\quad (686)$$

enfin $\quad z'^2 + y'''^2 = x^2$, d'où $\quad x = \sqrt{z'^2 + y'''^2}.\quad$ (686)

Construction. 1ʳᵉ *Opération. Fig.* **6.** On fera AD' = AD = b;
on décrira la demi-circonférence AKB, et l'on aura

$$AK = \sqrt{ab} = y.\qquad (684)$$

2ᵉ *Opération. Fig.* **7.** On fera EM' = $\frac{GN}{2} = \frac{h}{2}$; on décrira
la demi-circonférence ELF, et l'on aura

$$EL = \sqrt{\frac{dh}{2}} = y'.\qquad (684)$$

3ᵉ *Opération. Fig.* **8.** On fera QL = $\frac{m+n}{2}$; QH' = QH = p;
on décrira la demi-circonférence QSL, et l'on aura

$$QS = \sqrt{\frac{p(m+n)}{2}} = y''.\qquad (684)$$

4ᵉ *Opération. Fig.* **9.** On fera

$$PX = \frac{5VU}{2} = \frac{5c}{2};\quad PO' = PO = CD = r;$$

on décrira la demi-circonférence PZX; et l'on aura

$$PZ = \sqrt{\frac{5cr}{2}} = y'''.\qquad (684)$$

15

5ᵉ *Opération. Fig.* 10. On fera A'K' = AK, on tracera KL' =
= EL, et perpendiculaire sur A'K'; ce qui donnera

$$A'L' = \sqrt{y^2 + y'^2} = z. \qquad (686)$$

6ᵉ *Opération.* On fera L'S' = QS et perpendiculaire sur A'L';
ce qui donnera $\qquad A'S' = \sqrt{z^2 + y''^2} = z'.$

7ᵉ *Opération.* On fera S'Z' = PZ, et perpendiculaire sur
A'S'; ce qui donnera

$$A'Z' = \sqrt{z'^2 + y'''^2} = x.$$

---

712. Problème. *Construire un quarré moyen proportionnel
entre deux rectangles donnés.*

Solution. *Fig.* 11. Soit ABDH et ACOK les deux rectangles
donnés; désignons AB par a, AH par b; nous aurons ab pour
la surface du premier rectangle.

Si nous exprimons ensuite AC par c et AK par d, nous aurons cd pour la surface du second rectangle.

Enfin si nous nommons x le côté du quarré cherché, nous
aurons la proportion $\quad ab : x^2 = x^2 : cd,$

d'où $\qquad\qquad\qquad x^4 = abcd,$

ce qui donne $\qquad x = \sqrt[4]{abcd} = \sqrt{ab \times cd}.$

On fera $\qquad\qquad ab = y^2; \qquad cd = z^2,$

d'où $\qquad\qquad y = \sqrt{ab}; \qquad z = \sqrt{cd}, \qquad (684)$

et l'on aura $\qquad x = \sqrt[4]{abcd} = \sqrt[4]{y^2 z^2} = \sqrt{yz}. \qquad (684)$

Construction. 1ʳᵉ *Opération.* On décrira la demi-circonférence
ASB, on rabattra AH en AH', et l'on tracera H'S perpendiculaire sur AB; ce qui donnera

$$AS = \sqrt{AB \times AH'} = \sqrt{ab} = y.$$

2ᵉ *Opération.* On rabattra AK en AK'; on décrira la demi-
circonférence AUK', et l'on tracera CU perpendiculaire sur AK';
ce qui donnera $AU = \sqrt{AC \times AK'} = \sqrt{cd} = z.$

3e *Opération*. On rabattra la corde AS en AS′ et la corde AU en AU′; on décrira la demi-circonférence S′MU′, et la perpendiculaire AM sera le côté du quarré demandé, car on aura évidemment

$$\overline{AM}^2 = AS' \times AU' = AS \times AU = \sqrt{ab} \times \sqrt{cd} = \sqrt{abcd},$$

d'où
$$\overline{AM}^4 = abcd = x^4,$$

et par conséquent $ab : x^2 = x^2 : cd$.

715. corollaire. S'il s'agissait de construire un quarré moyen proportionnel entre deux autres quarrés, la solution serait encore plus simple; car, en exprimant par a et par b les côtés des deux quarrés donnés on aurait la proportion

$$a^2 : x^2 = x^2 : b^2,$$

d'où
$$x^4 = a^2 b^2,$$

et par conséquent $x = \sqrt[4]{a^2 b^2} = \sqrt{ab}.$ (684)

---

714. Problème. *Transformer un triangle donné* ABC, *fig. 15, en un triangle isocèle équivalent.*

Exprimons le côté AB par a, le côté AC par b et le côté AB′ du triangle demandé par x. Les deux triangles AB′B′ et ABC ayant un angle égal A, on doit avoir par le numéro (598)

$$AB' \times AB' = AB \times AC$$

ou
$$x^2 = ab$$

d'où
$$x = \sqrt{ab}.$$

Par conséquent, le côté cherché AB′ devra être une moyenne proportionnelle entre les deux côtés AB et AC. De là résulte la construction suivante (421) :

1° On décrira la demi-circonférence ADB; 2° on rabattra AC en AC′, et l'on tracera la perpendiculaire C′D; 3° on décrira l'arc de cercle DB′B′, et le triangle isocèle AB′B′ sera équivalent au triangle ABC.

---

715. Problème. *Fig. 14. Transformer un triangle quelconque* ACB, *en un triangle équilatéral de même surface.*

1re *Méthode.* On fera l'angle XAB égal à $\frac{2}{3}$ d'angle droit (288);
on tracera la droite CC′ parallèle à BA, puis on joindra le point
C′ avec B; on transformera le triangle ACB en un triangle isocèle AB′B′ (714); alors on aura

$$ABC = ABC'. \qquad (573)$$
$$ABC' = AB'B'. \qquad (714)$$

Ajoutant et réduisant, on a

$$ABC = AB'B'.$$

Mais l'angle B′AB′ valant $\frac{2}{3}$ d'angle droit, et les deux angles
B′, B, étant égaux, il s'ensuit que le triangle AB′B′ est équi-
angle, et par conséquent équilatéral.

716. 2e *Méthode. Fig. 12.* Soit ABC le triangle donné, on
exprimera la base BC par b, la hauteur AO par h, et l'on aura
$\frac{bh}{2}$ pour l'expression de la surface.

Si actuellement nous représentons par x le côté U′C du triangle équilatéral demandé, et par y la hauteur SP de ce triangle, nous aurons $\frac{xy}{2}$ pour l'expression de la surface.

Or, les deux triangles ABC, SU′C devant être équivalents, on
aura l'équation $\qquad \frac{xy}{2} = \frac{bh}{2}$,

d'où $\qquad xy = bh.$

Le triangle SCP étant rectangle en P, on aura

$$\overline{SP}^2 = \overline{SC}^2 - \overline{CP}^2.$$

ou $\qquad y^2 = x^2 - \frac{x^2}{4},$

et par conséquent la question sera complètement exprimée en
algèbre par l'ensemble des deux équations

$$xy = bh,$$

$$y^2 = x^2 - \frac{x^2}{4}.$$

La seconde équation donne $y = \dfrac{x\sqrt{3}}{2}$; cette valeur étant substituée dans l'équation précédente, on obtient

$$x \times \frac{x\sqrt{3}}{2} = bh,$$

qui, étant résolue, donne

$$x = \sqrt{\frac{2bh}{\sqrt{3}}} = \sqrt{b \times \frac{2h}{\sqrt{3}}}$$

On fera

$$\frac{2h}{\sqrt{3}} = y,$$

d'où

$$y = \sqrt{\frac{4h^2}{3}} = \sqrt{h \times \frac{4h}{3}}. \tag{684}$$

et l'on aura

$$x = \sqrt{by}. \tag{684}$$

Construction. **1ʳᵉ** *Opération.* On tracera CD égale et parallèle à AO et l'on fera DK $= \dfrac{\text{CD}}{3}$, de sorte que CK sera égal à $\dfrac{4h}{3}$.

2ᵉ *Opération.* On décrira la demi-circonférence CHK, et prolongeant la droite AD jusqu'au point H, on aura

$$CH = \sqrt{CD \times CK} = \sqrt{h \times \frac{4h}{3}} = \sqrt{\frac{4h^2}{2}} = \frac{2h}{\sqrt{3}} = y.$$

3ᵉ *Opération.* On ramènera CH en CH' sur BC ; on décrira la demi-circonférence CUB, et l'on tracera la perpendiculaire HʹU. ce qui donnera

$$CU = \sqrt{CB \times CH'} = \sqrt{by} = \sqrt{b \times \frac{2h}{\sqrt{3}}} = \sqrt{\frac{2bh}{\sqrt{3}}} = x.$$

---

717. Problème. *Par un point donné sur le côté d'un triangle, construire une droite qui partage la surface en deux parties équivalentes.*

solution. *Fig.* 1, pl. 20. Soit D le point donné, il est évident que la question serait résolue, si nous connaissions un second point de la droite demandée. Cherchons, par exemple, le point H, et nommons x la distance de ce point au sommet A, du triangle donné.

Les deux triangles ADH, ABC, ayant un angle égal en A, leurs surfaces sont entre elles comme les rectangles des côtés qui comprennent cet angle (597), ce qui donne la proportion

$$ABC : ADH = AB \times AC : AD \times AH.$$

Si nous exprimons AB par a, AC par b, AD par c, nous aurons
$$ABC : ADH = ab : cx;$$

mais, pour satisfaire à la question proposée, il faut que le triangle ADH soit la moitié du triangle total, ce qui donne

$$ABC : ADH = ADH = 2 : 1.$$

Donc, par suite du rapport commun, on aura

$$2 : 1 = ab : cx,$$

d'où $\qquad 2cx = ab$, et par conséquent $x = \dfrac{ab}{2c}$.   (679)

Si l'on ne veut pas sortir du triangle donné, on divisera par 2, chacun des termes de la fraction précédente, et l'on aura
$$x = \frac{a \times \dfrac{b}{2}}{c}.$$ (679)

Construction. On fera $AO = \dfrac{AC}{2} = \dfrac{b}{2}$, on joindra le point O avec D, puis on tracera la droite BH parallèle à DO; on aura BH pour la droite demandée; car le parallélisme des droites DO, BH donne évidemment

$$AD : AB = AO : AH,$$

d'où $\qquad c : a = \dfrac{b}{2} : AH,$

et par conséquent $\quad AH = \dfrac{a \times \dfrac{b}{2}}{c} = \dfrac{ab}{2c} = x.$

718. Corollaire I. *Fig.* **2.** Si l'on voulait que le triangle donné fût partagé en trois parties équivalentes par deux droites DH, DH', aboutissant à un même point D, pris sur l'un des côtés, on exprimerait AH par x, et l'on aurait

alors $\qquad$ ABC : ADH $= 3 : 1$;

mais $\qquad$ ABC : ADH $= ab : cx$,

donc $\qquad$ $3 : 1 = ab : cx$,

puis $\qquad$ $3cx = ab$; d'où $x = \dfrac{ab}{3c} = \dfrac{a \times \dfrac{b}{3}}{c}$. $\qquad$ (679

Pour déterminer le point H', on exprimerait AH' par x', et l'on aurait $\qquad$ ABC : ADH' $= 3 : 2$;

mais $\qquad$ ABC : ADH' $= ab : cx'$,

donc $\qquad$ $3 : 2 = ab : cx'$,

d'où $\qquad$ $3cx' = 2ab$,

et par conséquent $\quad x' = \dfrac{2ab}{3c} = \dfrac{a \times \dfrac{2b}{3}}{c}$. $\qquad$ (679)

719. Cor. II. Si la forme du triangle donné était telle que la droite DH' dût couper le côté BC, on chercherait la distance du point d'intersection au point B.

---

720. Problème. *Partager un triangle en deux parties équivalentes par une droite parallèle à la base.*

solution. Soit donné le triangle ABC, *fig.* **3.** On connaît la direction de la droite demandée, il suffira par conséquent de trouver un seul point de cette ligne. Cherchons, par exemple, le point D, et pour déterminer sa position, nous exprimerons par x la distance AD, et par a le côté AB, qui est connu.

Pour que le triangle total soit partagé en deux parties équivalentes, il faut que l'on ait la proportion

$$\text{ABC : ADH} = 2 : 1.$$

Mais, par le parallélisme des droites BC, DH, les deux triangles ABC, ADH seront semblables, et l'on aura (599)

$$ABC : ADH = a^2 : x^2,$$

donc, à cause du rapport commun, on doit avoir

$$2 : 1 = a^2 : x^2,$$

d'où

$$2x^2 = a^2,$$

$$x^2 = \frac{a^2}{2},$$

et par conséquent

$$x = \sqrt{\frac{a^2}{2}} = \sqrt{a \times \frac{a}{2}}. \qquad (684)$$

Construction. On décrira la demi-circonférence AEB, et par le point O, milieu de AB, on tracera la droite OE perpendiculaire sur AB. La corde AE, rabattue en AD, déterminera le point D par lequel on tracera DH parallèle à BC.

721. Corollaire I. *Fig. 4.* Si l'on voulait partager le triangle en cinq parties égales, par des droites parallèles au côté BC, on opérerait de la manière suivante.

Soit DH la première parallèle à partir du sommet, on aura

$$ABC : ADH = 5 : 1,$$

mais, si nous exprimons la distance AD par x nous aurons

$$ABC : ADH = a^2 : x^2.$$

Par suite du rapport commun, il viendra

$$5 : 1 = a^2 : x^2,$$

d'où

$$x^2 = \frac{a^2}{5},$$

et par conséquent $x = \sqrt{\dfrac{a^2}{5}} = \sqrt{a \times \dfrac{a}{5}}. \qquad (684)$

Si D'H' est la seconde parallèle, on aura, en exprimant AD'

par x' $\qquad ABC : AD'H' = 5 : 2,$

$$ABC : AD'H' = a^2 : x'^2;$$

ce qui donnera $\qquad 5 : 2 = a^2 : x'^2,$

d'où

$$x'^2 = \frac{2a^2}{5}.$$

et par conséquent $\quad x' = \sqrt{\dfrac{2a^2}{5}} = \sqrt{a \times \dfrac{2a}{5}}.$ $\quad$ (684)

En exprimant les distances AD″, AD‴ par x'' et x''', on aura, en raisonnant de même,

$$x'' = \sqrt{\dfrac{3a^2}{5}} = \sqrt{a \times \dfrac{3a}{5}},$$

et

$$x''' = \sqrt{\dfrac{4a^2}{5}} = \sqrt{a \times \dfrac{4a}{5}}.$$

Construction. On décrira la demi-circonférence AE′B, on partagera le côté AB en cinq parties égales, et par chacun des quatre points de division on tracera une perpendiculaire sur AB. Les cordes AE, AE′, AE″, AE‴ seront les valeurs des quantités cherchées x, x', x'', x'''. On rabattra ces lignes sur AB, ce qui déterminera les points D, D′, D″, D‴ par chacun desquels on tracera une parallèle au côté BC.

722. cor. II. *Fig.* 5. Si l'on voulait que le triangle fût partagé dans le rapport de m à n, on écrirait la proportion

$$\text{triangle ADH} : \text{trapèze DHBC} = m : n,$$

d'où, en composant,

$$(\text{ADH} + \text{DHBC}) : \text{ADH} = (m + n) : m,$$

et par conséquent $\quad \text{ABC} : \text{ADH} = (m + n) : m;$

mais en exprimant la distance AD par x, on aura (599)

$$\text{ABC} : \text{ADH} = a^2 : x^2,$$

et, par suite du rapport commun,

$$(m + n) : m = a^2 : x^2,$$

d'où $\qquad (m + n)x^2 = ma^2,$

$$x^2 = \frac{ma^2}{m + n},$$

enfin $\qquad x = \sqrt{\dfrac{ma^2}{m + n}} = \sqrt{a \times \dfrac{ma}{m + n}}.$

On fera $\qquad \dfrac{ma}{m + n} = y,$ $\qquad\qquad$ (579)

et l'on aura $\qquad x = \sqrt{my}.$ $\qquad\qquad$ (684)

Construction. On fera $AK = m$, $KS = n$, et l'on aura

$$AS = m + n.$$

On joindra le point B avec S, et l'on tracera la droite KO, parallèle à SB, ce qui donnera la proportion

$$AS : AK = AB : AO,$$

ou

$$m + n : m = n : AO;$$

donc

$$AO = \frac{mn}{m + n} = y.$$

On décrira la demi-circonférence AEB, on tracera la perpendiculaire OE, et la corde AE, rabattue en AD, déterminera la parallèle DH.

723. cor. III. Tout ce que nous venons de dire pour le triangle est applicable aux polygones et aux cercles. Ainsi, par exemple, *fig.* **6**, si l'on partage AB en trois parties égales, par les points D et D', et si l'on trace les droites DE, DE' perpendiculaires sur AB; les cordes AE, AE' rabattues sur AB seront les côtés homologues de deux polygones semblables, dont les contours partageront la surface du polygone total en trois parties équivalentes.

724. cor. IV. La même construction, *fig.* **7**, servira pour diviser le cercle en parties égales par des cercles concentriques. Ainsi, le rayon AB étant partagé en trois parties égales, les deux cercles qui auront pour rayons AE, AE' partageront la surface totale en trois parties équivalentes.

725. cor. V. Les opérations seront les mêmes pour partager le cercle dans tout autre rapport. Ainsi, par exemple, étant donné, *fig.* **9**, le cercle qui a pour rayon AB, on veut décrire un cercle concentrique, et tel que l'espace compris entre les deux circonférences soit égal aux *trois cinquièmes* de la surface du petit cercle.

On exprimera le rayon AB du cercle donné par R, le rayon AE du petit cercle par r, et l'on aura (589).

$$\text{Surf. cercle } AB = \pi R^2.$$
$$\text{Surf. cercle } AE = \pi r^2.$$
$$\text{Surf. couronne} = \pi R^2 - \pi r^2.$$

et par conséquent $\quad \pi R^2 - \pi r^2 = \dfrac{3}{5}\,\pi r^2.$

Cette équation étant résolue, donne

$$r = \sqrt{\frac{5R^2}{8}} = \sqrt{R \times \frac{5R}{8}}. \qquad (684)$$

Construction. On partagera le rayon AB en huit parties égales, et par le cinquième point de division, à partir du centre, on tracera la perpendiculaire DE.

La corde AE sera le rayon du cercle demandé, puisque l'on aura évidemment

$$\overline{AE}^2 = AB \times AD = R \times \frac{5R}{8} = \frac{5R^2}{8}, \qquad \text{d'où}$$

$$(1) \qquad\qquad \pi\overline{AE}^2 = \frac{5\pi R^2}{8};$$

mais $\qquad\qquad \pi\overline{AB}^2 = \pi R^2,\qquad\qquad$ donc

$$(2) \qquad \pi\overline{AB}^2 - \pi\overline{AE}^2 = \pi R^2 - \frac{5\pi R^2}{8} = \frac{3\pi R^2}{8}.$$

Divisant l'équation (2) par (1), et réduisant on aura

$$\frac{\pi\overline{AB}^2 - \pi\overline{AE}^2}{\pi\overline{AE}^2} = \frac{3\pi R^2}{8} : \frac{5\pi R^2}{8} = \frac{3}{5};$$

donc $\qquad\qquad \pi\overline{AB}^2 - \pi\overline{AE}^2 = \frac{3}{5}\,\pi\overline{AE}^2.$

---

726. Problème. *Partager la surface d'un trapèze en deux parties équivalentes, par une droite parallèle aux bases.*

solution. *Fig.* **10.** Exprimons la base AB par a, la base CD par b, et la hauteur DS par h; nommons x la droite cherchée H″K, et désignons par y la distance DI de cette droite au point D, nous aurons (576)

$$\textit{Surf. trapèze } CDH''K = \frac{DI\,(H''K + CD)}{2} = \frac{y(x + b)}{2}.$$

$$\textit{Surf. trapèze } CDAB = \frac{DS\,(AB + CD)}{2} = \frac{h(a + b)}{2}.$$

Mais le premier trapèze doit être égal à la moitié du second ; par conséquent on aura

$$\frac{y(x+b)}{2} = \frac{h(a+b)}{4},$$ d'où

(1) $2y(x+b) = h(a+b).$

Les triangles DD'B, DEK étant semblables, on doit avoir la proportion   CK : D'B = DI : DS,

et par conséquent $(x-b) : (a-b) = y : h,$ d'où

(2) $h(x-b) = y(a-b).$

Si l'on multiplie l'équation (1) par l'équation (2) on obtient

$$2(x+b)(x-b) = (a+b)(a-b),$$

qui, après toutes réductions, donne

$$x = \sqrt{\frac{a^2+b^2}{2}}.$$

On fera $a^2+b^2 = z^2,$ d'où $z = \sqrt{a^2+b^2}.$ (686)

et l'on aura $x = \sqrt{\frac{z^2}{2}} = \sqrt{z \times \frac{z}{2}}.$ (684)

Construction. On tracera DD' parallèle à CA, ce qui donnera AD' = CD. On ramènera AD' en AD'' perpendiculairement sur AB, puis on tracera l'hypoténuse D''B. Par cette première opération on aura

$$\overline{D''B}^2 = \overline{AD}^2 + \overline{AD''}^2 = a^2 + b^2 = z^2,$$

d'où   D''B = z.

On décrira la demi-circonférence BHD''. et par le centre on tracera la droite OH perpendiculaire sur BD'', ce qui donnera

$$BH = \sqrt{BD'' \times BO} = \sqrt{z \times \frac{z}{2}} = \sqrt{\frac{z^2}{2}} = \sqrt{\frac{a^2+b^2}{2}} = x.$$

On ramènera BH en BH', et l'on tracera H'H'' parallèle à BD ; cette dernière opération déterminera le point H'', par lequel on tracera la parallèle   H''K = H'B = HB = x.

727. Corollaire. Si la droite H'H'' rencontrait CA trop obliquement, on résoudrait l'équation (2) par rapport à y, ce qui donnerait $$y = \frac{h(x-b)}{a-b},$$ 4ᵉ proportionnelle

que l'on pourrait facilement construire, puisque l'on connaît x par la formule précédente.

---

728. problème. *Construire un parallélogramme, connaissant les côtés adjacents et la différence des deux diagonales.*

solution. *Fig. 11.* Exprimons par a et par b les deux côtés donnés, par $2x$ la plus grande des deux diagonales; la plus petite par $2y$, et nommons $2d$ la différence de ces lignes. Nous aurons par le théorème du numéro 670

$$4x^2 + 4y^2 = 2a^2 + 2b^2, \qquad \text{d'où}$$

(1) $$2x^2 + 2y^2 = a^2 + b^2;$$

mais on a par la question, $2x - 2y = 2d$, qui devient

(2) $$x - y = d.$$

Élevant au quarré, on obtient

(3) $$x^2 + y^2 - 2xy = d^2.$$

Retranchant cette équation de l'équation (1), on a

$$x^2 + y^2 + 2xy = a^2 + b^2 - d^2.$$

Prenant la racine quarrée

(5) $$x + y = \sqrt{a^2 + b^2 - d^2};$$

ajoutant avec l'équation (2), on a

$$2x = d + \sqrt{a^2 + b^2 - d^2},$$

qui exprime la plus grande des deux diagonales.

Retranchant l'équation (2) de (5), on obtient pour la plus petite diagonale $2y = -d + \sqrt{a^2 + b^2 - d^2}$;

on fera $$a^2 + b^2 = z^2,$$

et l'on aura $$2x = d + \sqrt{z^2 - d^2},$$
$$2y = -d + \sqrt{z^2 - d^2}.$$

Construction. Sur les côtés d'un angle droit ABC, on portera $AB = a$, $BC = b$, on tracera l'hypoténuse AC; ce qui donnera

$$\overline{AC}^2 = \overline{AB}^2 + \overline{BC}^2 = a^2 + b^2 = z^2.$$

On décrira la demi-circonférence ABC, et, faisant la corde CU = d, on aura (628)

$$\overline{AU}^2 = \overline{AC}^2 - \overline{CU}^2 = z^2 - d^2 = a^2 + b^2 - d^2 :$$

d'où
$$AU = \sqrt{a^2 + b^2 - d^2}.$$

On décrira la demi-circonférence ICS; et l'on aura

$$AS = US + AU = d + \sqrt{a^2 + b^2 - d^2} = 2x,$$

$$AI = -IU + AU = -d + \sqrt{a^2 + b^2 - d^2} = 2y.$$

Ainsi, les deux diagonales seront

$$AS = 2x; \qquad AI = 2y.$$

Une seule de ces lignes suffit, avec les côtés donnés, pour construire le parallélogramme demandé.

On construira d'abord le triangle ABC', dans lequel un côté AB = a, le second côté BC'=BC = b, et le troisième côté AC'= AI = $2y$.

On terminera ensuite le parallélogramme, et les constructions seront exactes, si l'on a BD = AS = $2x$.

—————

729. Problème. *Construire un triangle rectangle, connaissant l'hypoténuse et le rayon du cercle inscrit.*

Solution. *Fig. 15.* Soit BC = a l'hypoténuse donnée; la demi-circonférence BAC devra contenir le sommet de l'angle droit A, de sorte que si l'on connaissait la hauteur SD, le problème serait résolu.

Pour déterminer SD, nous exprimerons cette ligne par h, et la surface du triangle sera par conséquent $\dfrac{ah}{2}$.

Joignons les trois sommets du triangle ABC avec le centre du cercle inscrit, et nommons r le rayon de ce cercle, nous

aurons   *Triangle* BOC = $\dfrac{ar}{2}$;

on a de plus   *tri.* BOI = *tri.* BOH,

          tri. COK = *tri.* COH.

Par conséquent

$$BOI + COK = BOH + COH = BOC = \frac{ar}{2};$$

Enfin le quarré $AKOI = r^2$; donc, en réunissant toutes les parties, on aura

$$Surf. \; BAC = BOC + (BOI + COK) + AKOI,$$

ou

$$\frac{ah}{2} = \frac{ar}{2} + \frac{ar}{2} + r^2,$$

d'où, après toutes les réductions,

$$(1) \qquad\qquad h = \frac{2r(a + r)}{a}. \qquad\qquad (679)$$

Construction. On décrira la demi-circonférence BAC, et l'on tracera la perpendiculaire $CU = 2r$; on prolongera le diamètre BC d'une quantité $CD = r$, et l'on tracera DS perpendiculaire sur CD; on joindra le point B avec le point U par la droite BU, que l'on prolongera jusqu'en S, et l'on aura SD pour la hauteur du triangle demandé.

En effet, le parallélisme des deux droites CU et DS donne la proportion $\qquad\qquad BC : CU = BD : DS,$

ou $\qquad\qquad\qquad a : 2r = (a + r) : DS;$

donc $\qquad\qquad\qquad DS = \frac{2r(a + r)}{a} = h.$

La droite SA parallèle à BC, déterminera le point A ou A′ pour sommet du triangle.

730. Corollaire I. Si le triangle rectangle était en même temps isocèle, *fig.* **12**, on aurait $h = AH = \frac{BC}{2} = \frac{a}{2}.$

731. Cor. II. La question serait impossible, si l'hypoténuse donnée était trop petite, ou que le rayon donné pour le cercle inscrit fût trop grand, et cette impossibilité serait mise en évidence par la construction elle-même, qui donnerait DS plus grand que $\frac{BC}{2}$ ou, ce qui est la même chose, $h > \frac{a}{2}.$

752. Problème. *Fig. 14. Par deux points donnés* A *et* B, *faire passer une circonférence de cercle qui soit tangente à une droite donnée* MM'.

Solution. Le centre du cercle demandé sera évidemment sur la perpendiculaire OO', menée par le milieu de la corde AB; par conséquent si l'on connaissait le point de tangence M, on pourrait tracer le rayon OM et le point O serait déterminé.

D'après cela, prolongeons la corde AB jusqu'à sa rencontre avec la droite donnée MM'; désignons la sécante CA par a, la partie extérieure CB par b, et la tangente CM par x. Le corollaire du numéro 410 donnera

$$CA : CM = CM : CB,$$

ou $$a : x = x : b.$$

On aura donc $$x^2 = ab,$$

et par conséquent $$x = \sqrt{ab}. \qquad\qquad 684$$

Construction. On décrira la demi-circonférence ADC, on tracera BD perpendiculaire sur AC. La corde CD sera la valeur de

x, car on aura $$\overline{CD}^2 = CA \times CB = ab,$$

d'où $$CD = \sqrt{ab} = x.$$

La demi-circonférence MDM' déterminera deux points de tangence.

Le premier M appartient au cercle qui a son centre en O; le second point de tangence M' appartient à un second cercle qui a pour centre le point O', et qui satisfait également aux conditions du problème.

———

755. Problème. *Construire une droite tangente à deux cercles donnés.*

Solution. La question dont il s'agit a déjà été résolue aux numéros 320 et 321. Nous avons dit alors comment il fallait opérer; après quoi nous avons démontré l'exactitude des constructions.

Cette manière de résoudre les problèmes laisse quelque chose à désirer, parce qu'elle ne conserve aucune trace des raisonnements à l'aide desquels on a trouvé la solution.

Voyons si l'algèbre nous sera utile pour atteindre ce but.

Nous admettrons d'abord que l'on sait mener une tangente à un cercle par un point extérieur (282). D'après cela, *fig.* **8**, si nous connaissions le point S, suivant lequel la tangente prolongée rencontre la ligne des centres, il est évident que la question serait résolue.

Nous prendrons donc pour *inconnue* la distance AS, que nous désignerons par x, et nous remarquerons que, dans ce cas, la tangente SH doit être perpendiculaire sur les deux rayons OH, AK, qui, par conséquent, seront parallèles.

Il s'ensuit que les deux triangles SOH, SAK seront semblables, ce qui donnera la proportion

$$SO : SA = OH : AK.$$

Or, si nous exprimons les rayons OH, AK par R et r, et la distance AO par d, la proportion précédente deviendra

$$(d + x) : x = R : r,$$

d'où
$$Rx = r(d + x),$$

qui, étant résolue, donne

$$x = \frac{dr}{R - r}.$$

Cette formule exprime une quatrième proportionnelle que l'on peut obtenir de plusieurs manières, et la construction que nous avons donnée au numéro 320 peut être considérée comme l'une des plus simples; en effet, on a évidemment, *fig.* **2**, *pl.* **8**.

$$OM = R - r; \quad AK = r; \quad OA = d,$$

et la similitude des deux triangles MOA, KAS donne la proportion
$$OM : AK = OA : AS,$$

d'où
$$(R - r) : r = d : x,$$

et par conséquent
$$x = \frac{dr}{R - r}.$$

Pour construire les tangentes internes, on déterminera le point S', *fig.* **3**, *pl.* **20**.

Pour cela, désignons par y la distance AS'; la similitude des triangles ONS', AUS' donnera

$$OS' : AS' = ON : AU,$$

d'où $\qquad (d - y) : y = R : r.$

et par conséquent $\qquad Ry = r(d - y),$

qui, étant résolue, donne

$$y = \frac{dr}{R + r}.$$

Cette formule conduit à la construction du numéro 321, *fig.* 3, *pl.* 9, car la similitude des triangles MOA, KAS donne la proportion $\qquad$ OM : AK $=$ AO : AS,

d'où $\qquad$ R $+$ r : r $= d : y,$

et par conséquent $\qquad y = \dfrac{dr}{R + r}.$

---

754. Problème. *Construire un quarré, connaissant l'excès de la diagonale sur le côté.*

Solution. *Fig.* 1, *pl.* 21. Exprimons par x le côté AB du quarré demandé, et par a la différence du côté à la diagonale; cette dernière ligne AC sera $x + a$.

Le triangle ABC étant rectangle, on aura

$$\overline{AC}^2 = \overline{AB}^2 + \overline{BC}^2,$$

qui devient $\qquad (x + a)^2 = x^2 + x^2.$

Cette équation résolue donnera

$$x = a \pm \sqrt{2a^2}.$$

Négligeons pour un moment la valeur négative, et nommons x' celle que l'on obtient en prenant le radical avec le signe $+$, nous aurons $\qquad x' = a + \sqrt{2a^2}.$

Construction. On fera KH $= 2a$; on décrira la demi-circonférence KSH, et l'on tracera le rayon AS perpendiculaire sur KH. Cette première opération donnera

$$HS = \sqrt{KH \times AH} = \sqrt{2a \times a} = \sqrt{2a^2}.$$

Du point H comme centre, on décrira l'arc SB, ce qui donnera $\qquad$ AB $=$ AH $+$ HB $=$ AH $+$ HS $= a + \sqrt{2a^2} = x'.$

Ainsi le quarré ABCD devra satisfaire aux conditions du problème. L'exactitude des opérations sera vérifiée si l'arc BI, décrit du point C comme centre, est tangent à l'arc IH, car il est évident que $AI = AH = a$, sera la différence entre la diagonale AC et le côté CB ou AB.

755. On peut désirer savoir ce que l'on obtiendrait si l'on prenait le radical avec le signe —; pour le découvrir, exprimons par x'' la seconde valeur de l'inconnue; nous aurons

$$x'' = a - \sqrt{2a^2} = -(-a + \sqrt{2a^2}).$$

La grandeur absolue de cette quantité sera évidemment

$$AB' = B'H - AH = -AH + HS = -a + \sqrt{2a^2},$$

et le quarré AB'C'D' satisfera encore à la question; mais d'une manière indirecte. En effet, la valeur absolue de x'' étant précédée du signe —, il s'ensuit que l'on a

$$x'' = -AB',$$

et par conséquent $-x'' = AB'$.

Or, si l'on ajoute AC' de chaque côté, on aura

$$AC' - x'' = AC' + AB' = AC' + C'D' = AC' + C'D'' = AD'' =$$
$$= AK = a.$$

De sorte que, pour le quarré AB'C'D', la quantité donnée a serait la *somme* du côté et de la diagonale, ce qui est conforme au principe de la soustraction algébrique, puisque la valeur *négative* du côté AB' doit prendre le signe $+$ lorsqu'on la retranche de la diagonale AC'.

---

756. Problème. *Construire un rectangle, connaissant sa surface et son périmètre.*

Solution. *Fig. 2.* Exprimons par a le côté PN du quarré équivalent à la surface du rectangle demandé, par b la droite HK égale au périmètre ou contour, par x la base et par y la hauteur de ce rectangle. La surface sera xy, et le contour $2x + 2y$; ce qui donnera les équations :

$$xy = a^2,$$
$$(1) \qquad 2x + 2y = b.$$

La première équation donne

$$y = \frac{a^2}{x},$$

Cette valeur, étant substituée dans la deuxième équation, donne après toutes réductions

$$x = \frac{b}{4} \pm \sqrt{\frac{b^2}{16} - a^2},$$

d'où

$$\begin{cases} x' = \frac{b}{4} + \sqrt{\frac{b^2}{16} - a^2}, \\[2mm] x'' = \frac{b}{4} - \sqrt{\frac{b^2}{16} - a^2}. \end{cases}$$

Construction. Sur la droite $CB = \dfrac{b}{2}$, on décrira la demi-circonférence CM'B, on tracera la droite MM' parallèle à CB, et telle que l'on ait AM' = PM = a. On aura

$$\overline{AO}^2 = \overline{OM'}^2 - \overline{AM'}^2 = \frac{b^2}{16} - a^2,$$

d'où

$$AO = \sqrt{\frac{b^2}{16} - a^2},$$

et par conséquent

$$AB = BO + AO = \frac{b}{4} + \sqrt{\frac{b^2}{16} - a^2} = x'.$$

On aura de plus

$$AC = CO - AO = \frac{b}{4} - \sqrt{\frac{b^2}{16} - a^2} = x''.$$

Ainsi, les deux segments déterminés sur le diamètre par la perpendiculaire AM' = a, sont précisément les deux valeurs de l'inconnue x.

Ces deux quantités, positives toutes les deux, satisfont également aux conditions du problème, et nous devons conclure de là que l'on peut prendre celle que l'on veut pour base du rectangle demandé.

Cela provient de ce que dans un rectangle on peut prendre indifféremment la base pour la hauteur, et réciproquement; ce que l'algèbre nous apprend en nous donnant pour la base deux valeurs différentes; et, quelle que soit celle des deux valeurs de x que l'on adoptera pour la base du rectangle demandé, la seconde valeur de x représentera la hauteur.

Cette dernière relation peut être facilement mise en évidence en substituant les valeurs précédentes dans l'une des deux équations (1), ce qui donnera

$$y = \frac{b}{4} - \sqrt{\frac{b^2}{16} - a^2},$$

lorsque l'on fera $x = \frac{b}{4} + \sqrt{\frac{b^2}{16} - a^2}$,

et qui, au contraire, donnera

$$y = \frac{b}{4} + \sqrt{\frac{b^2}{16} - a^2},$$

lorsque l'on fera $x = \frac{b}{4} - \sqrt{\frac{b^2}{16} - a^2}$.

On peut vérifier l'exactitude du résultat que nous venons d'obtenir eu multipliant l'une des deux valeurs de x par l'autre, ce qui donnera

$$x'x'' = \left(\frac{b}{4} + \sqrt{\frac{b^2}{16} - a^2} \right) \left(\frac{b}{4} - \sqrt{\frac{b^2}{16} - a^2} \right) = a^2,$$

et si l'on fait la somme de x' et de x'', il viendra

$$x' + x'' = \frac{b}{4} + \sqrt{\frac{b^2}{16} - a^2} + \frac{b}{4} - \sqrt{\frac{b^2}{16} - a^2} = \frac{b}{2}.$$

par conséquent $2x' + 2x'' = b$.

Ainsi la surface du rectangle $x'x'' = a^2$, et le périmètre $= b$, comme cela était exigé par la question.

D'ailleurs, il résulte évidemment de la figure, que

$$x'x'' = AB \times AC = \overline{AM'}^2 = \overline{PM}^2 = a^2,$$

et puisque le diamètre $CB = \frac{b}{2}$, on a

$$2x' + 2x'' = 2.AB + 2.AC = 2(AB + AC) = 2CB = 2 \times \frac{b}{2} = b.$$

757. La question serait impossible, si l'on avait $\dfrac{b^2}{16} < a^2$;
ou, ce qui est la même chose. $\dfrac{b}{4} < a$, parce que alors le radical deviendrait imaginaire. Ainsi, la plus grande valeur que puisse prendre la surface a^2 du rectangle cherché est celle qui réduirait à *zéro* la quantité qui est sous le radical, et, dans ce cas, les valeurs de x et de y se réduisant à $\dfrac{b}{4}$, on en conclut que *le quarré est la plus grande surface rectangulaire que l'on puisse renfermer dans un contour donné.*

---

758. Problème. *Construire un rectangle, connaissant sa surface et la différence des côtés adjacents.*

Solution. *Fig. 5.* Exprimons encore par a le côté du quarré PNMS équivalent à la surface du rectangle demandé, par d la différence des côtés adjacents, par x la base, et par y la hauteur, nous aurons
$$xy = a^2,$$
$$x - y = d.$$

Ces deux équations étant résolues, donneront
$$x = \frac{d}{2} \pm \sqrt{a^2 + \frac{d^2}{4}},$$

d'où
$$\begin{cases} x' = \dfrac{d}{2} + \sqrt{a^2 + \dfrac{d^2}{4}}, \\[2mm] x'' = \dfrac{d}{2} - \sqrt{a^2 + \dfrac{d^2}{4}}. \end{cases}$$

Le radical étant évidemment plus grand que $\dfrac{d}{2}$, la seconde valeur de x est négative, et la première seule répond directement à la question.

Si on la substitue dans l'une des deux équations primitives, on aura
$$y = -\frac{d}{2} + \sqrt{a^2 + \frac{d^2}{4}},$$

La seconde valeur donnerait

$$y'' = -\frac{d}{2} - \sqrt{a^2 + \frac{d^2}{4}}.$$

On aura donc pour les dimensions du rectangle demandé

$$base \qquad x' = \frac{d}{2} + \sqrt{a^2 + \frac{d^2}{4}},$$

$$hauteur \qquad y' = -\frac{d}{2} + \sqrt{a^2 + \frac{d^2}{4}}.$$

Si l'on multiplie l'une de ces équations par l'autre, on aura

$$x'y' = a^2,$$

et si l'on retranche la seconde de la première, il viendra

$$x' - y' = d,$$

ce qui vérifie tous les calculs.

Construction. On décrira une circonférence avec le rayon OA égal à $\frac{d}{2}$; on tracera la tangente $AB = PM = a$; on fera passer par le centre, la sécante BD, ce qui donnera

$$\overline{OB}^2 = \overline{BA}^2 + \overline{AO}^2 = a^2 + \left(\frac{d}{2}\right)^2 = a^2 + \frac{d^2}{4}.$$

d'où

$$OB = \sqrt{a^2 + \frac{d^2}{4}},$$

par cons équen

$$BD = DO + OB = \frac{d}{2} + \sqrt{a^2 + \frac{d^2}{4}} = x',$$

$$BC = -OC + OB = -\frac{d}{2} + \sqrt{a^2 + \frac{d^2}{4}} = y'.$$

Ainsi, le rectangle demandé sera BC'HD.

Le résultat est encore vérifié par la construction, puisque l'on a (410) $\quad x'y' = BD \times BC = \overline{AB}^2 = a^2,$

et le diamètre du cercle étant égal à d, il s'ensuit que

$$x' - y' = BD - BC = CD = d.$$

La quantité x'' serait la hauteur, et y'' serait la base d'un

second rectangle Z égal au premier, mais dont les côtés coïncideraient avec les prolongements de x' et de y', de manière que
x'' seraient le prolongement de y', et que y'' serait le prolongement de x'.

- - - - - - -

759. Problème. *Par un point donné, construire une sécante
telle que la partie de cette ligne, comprise dans le cercle, soit
égale à une droite donnée.*

Solution. *Fig. 4.* Soit M le point donné, nous tracerons la
tangente MS, et si nous supposons que MD''' soit la sécante
demandée, nous devrons avoir la proportion (410)

$$MD''' : MS = MS : MC'''.$$

Exprimons actuellement par a la droite donnée, $CD = C'''D''$,
par b la tangente MS, et par x la quantité inconnue MC'''. La
proportion ci-dessus deviendra

$$(x + a) : b = b : x.$$

ou $$x(x + a) = b^2.$$

équation qui, étant résolue, donne

$$x = -\frac{a}{2} \pm \sqrt{b^2 + \frac{a^2}{4}},$$

d'où
$$\begin{cases} x' = -\frac{a}{2} + \sqrt{b^2 + \frac{a^2}{4}}, \\[2mm] x'' = -\frac{a}{2} - \sqrt{b^2 + \frac{a^2}{4}}. \end{cases}$$

Construction. On prolongera le rayon OS d'une quantité SH
égale à $\frac{CD}{2} = \frac{a}{2}$, on tracera la droite MH, et le triangle MSH
étant rectangle en S, on aura

$$\overline{MH}^2 = \overline{MS}^2 + \overline{SH}^2 = b^2 + \frac{a^2}{4},$$

d'où $$MH = \sqrt{b^2 + \frac{a^2}{4}}.$$

On décrira la demi-circonférence C′SD′, et l'on aura

$$MC'' = MH - C'H = -\frac{a}{2} + \sqrt{b^2 + \frac{a^2}{4}} = x'.$$

Enfin on décrira l'arc de cercle C′C″C‴, et les deux sécantes MD″, MD‴ satisferont aux conditions du problème.

Si l'on a bien opéré, les trois points D′, D″, D‴ doivent être situés sur un même arc de cercle décrit du point M comme centre avec le rayon MD′.

Cela provient de ce que cette dernière quantité est égale à la seconde valeur de x; en effet, on a

$$x'' = -\frac{a}{2} - \sqrt{b^2 + \frac{a^2}{4}} = -\left(\frac{a}{2} + \sqrt{b^2 + \frac{a^2}{4}}\right),$$
$$= -(HD' + MH) = -MD',$$

et si l'on voulait avoir égard au signe — qui précède cette dernière quantité, il faudrait ne passer par les points D‴ et D″ qu'après avoir tourné autour du point M, en décrivant l'arc D‴D″D′, en sens contraire de l'arc C′C″C‴.

---

740. Problème. *Partager une droite en deux parties, telles que la plus grande soit moyenne proportionnelle, entre la ligne entière et la plus petite partie.*

solution. *Fig.* 5. Soit AB la droite donnée, que nous supposerons partagée au point M, suivant les conditions du problème. Si nous exprimons cette droite AB par a, la plus grande partie AM par x, la plus petite partie BM sera $a - x$, et nous devrons avoir la proportion

$$a : x = x : (a - x),$$

ou

$$x^2 = a(a - x).$$

Cette équation résolue donnera

$$x = -\frac{a}{2} \pm \sqrt{a^2 + \frac{a^2}{4}},$$

d'où
$$\begin{cases} x' = -\dfrac{a}{2} + \sqrt{a^2 + \dfrac{a^2}{4}}\,; \\[2mm] x'' = -\dfrac{a}{2} - \sqrt{a^2 + \dfrac{a^2}{4}}\,. \end{cases}$$

Construction. On élèvera sur AB la perpendiculaire BC $=$ $\dfrac{AB}{2} = \dfrac{a}{2}$, on joindra le point C avec le point A, et l'on aura

$$\overline{AC}^2 = \overline{AB}^2 + \overline{BC}^2 = a^2 + \dfrac{a^2}{4}\,;$$

d'où
$$AC = \sqrt{a^2 + \dfrac{a^2}{4}}\,.$$

On décrira la demi-circonférence OBO', ce qui donnera

$$AO = -CO + AC = -\dfrac{a}{2} + \sqrt{a^2 + \dfrac{a^2}{4}} = x',$$

$$AO' = CO' + AC = \dfrac{a}{2} + \sqrt{a^2 + \dfrac{a^2}{4}},$$

et par conséquent

$$-AO' = -\left(\dfrac{a}{2} + \sqrt{a^2 + \dfrac{a^2}{4}}\right) = -\dfrac{a}{2} - \sqrt{a^2 + \dfrac{a^2}{4}} = x''.$$

La quantité positive AO, rabattue en AM, satisfait seule à la question d'une manière *directe*, et donne la proportion

$$AB : AM = AM : BM.$$

741. Quant à la droite AO', elle représente la valeur absolue de x'', mais le signe — qui précède l'expression de cette quantité, indique qu'elle doit être rabattue en AM', à gauche du point A, ce qui fournit une solution *indirecte* du problème, en conduisant à la proportion

$$AB : AM' = AM' : BM'.$$

742. Remarque. Les doubles solutions obtenues ainsi par l'algèbre proviennent de ce que souvent, l'équation primitive est plus générale que la question proposée ; ainsi, dans l'exemple que nous venons de résoudre, si l'on avait voulu poser la question dans toute sa généralité, il n'aurait pas fallu employer le mot *partager*, qui ne convient qu'à la première solution ; mais il aurait fallu *déterminer sur la droite infinie, qui contient deux points donnés* A *et* B, *un troisième point* M, *tel que sa distance au point* A *soit moyenne proportionnelle entre sa distance au point* B *et la distance* AB.

La question posée de cette manière aurait admis sans aucune modification les deux réponses fournies par l'équation primitive.

743. Corollaire I. Le lecteur aura sans doute reconnu ici, le problème que nous avions déjà résolu au numéro 423, et qui nous a servi plus tard (424) pour déterminer le côté du décagone régulier inscrit dans un cercle. Par conséquent, si nous exprimons par R le rayon d'un cercle donné, le côté du décagone régulier inscrit aura pour expression algébrique

$$x' = -\frac{R}{2} + \sqrt{R^2 + \frac{R^2}{4}}.$$

Il ne faut pas oublier cette formule, que nous retrouverons ailleurs, et qui exprime *le plus grand segment du rayon partagé en moyenne et extrême.*

744. Si dans la formule qui exprime x'', on remplace a par R, on aura

$$x'' = -\frac{R}{2} - \sqrt{R^2 + \frac{R^2}{4}} = -\left(\frac{R}{2} + \sqrt{R^2 + \frac{R^2}{4}}\right),$$

et la valeur absolue de cette quantité sera la corde qui sous-tend les *trois dixièmes* de la circonférence. Ce que nous avons démontré au numéro 428.

---

745. Problème. *Construire un décagone régulier dont on connaît le côté* AB $= d$.

Solution. *Fig.* 6. Si nous exprimons le rayon du cercle circonscrit par R, nous aurons (424)

$$R : d = d : (R - d).$$

d'où
$$R(R - d) = d^2.$$

Cette équation, résolue par rapport à R, nous donnera

$$R = \frac{d}{2} \pm \sqrt{d^2 + \frac{d^2}{4}},$$

d'où
$$R' = \frac{d}{2} + \sqrt{d^2 + \frac{d^2}{4}},$$

$$R'' = \frac{d}{2} - \sqrt{d^2 + \frac{d^2}{4}}.$$

Construction. A l'une des extrémités de AB, on élèvera la perpendiculaire $BO = \dfrac{AB}{2} = \dfrac{d}{2}$, on tracera l'hypoténuse AO, ce qui donnera

$$\overline{AO}^2 = \overline{AB}^2 + \overline{BO}^2 = d^2 + \frac{d^2}{4},$$

d'où
$$AO = \sqrt{d^2 + \frac{d^2}{4}}.$$

Du point O comme centre, avec un rayon $OB = \dfrac{d}{2}$, on décrira l'arc de cercle BC, et l'on aura

$$AC = OC + AO = \frac{d}{2} + \sqrt{d^2 + \frac{d^2}{4}} = R'.$$

L'arc CC', décrit du point A comme centre, déterminera le point C', qui est le centre du cercle circonscrit au décagone régulier, qui a pour côté AB.

Si l'on décrit l'arc BK, on aura

$$AK = -OK + AO = -\frac{d}{2} + \sqrt{d^2 + \frac{d^2}{4}} =$$

$$= -\left(\frac{d}{2} - \sqrt{d^2 + \frac{d^2}{4}} \right) = -R'',$$

d'où
$$R'' = -AK.$$

746. La droite $AK' = AK$ sera le rayon d'un cercle, dans lequel la corde AB sous-tendrait un arc égal aux *trois dixièmes* de la circonférence.

747. Problème. *Fig.* 7. *Étant donné un cercle de rayon* AB, *on veut décrire avec le même centre, un second cercle d'un rayon tel que l'espace compris entre les deux circonférences soit moyen proportionnel entre le premier cercle et le second.*

solution. Exprimons par R le rayon AB du cercle donné, par r le rayon AD du cercle cherché, nous aurons

$$Surface\ cercle\ AB = \pi R^2,$$
$$Surface\ cercle\ AD = \pi r^2,$$
$$Surface\ couronne = \pi R^2 - \pi r^2.$$

Les conditions du problème donneront la proportion

$$\pi R^2 : (\pi R^2 - \pi r^2) = (\pi R^2 - \pi r^2) : \pi r^2,$$

d'où
$$\pi^2 R^2 r^2 = (\pi R^2 - \pi r^2)^2.$$

Extrayant la racine, et divisant par π, on obtient

$$Rr = R^2 - r^2,$$

équation qui, étant résolue, donne

$$r = -\frac{R}{2} \pm \sqrt{R^2 + \frac{R^2}{4}},$$

d'où
$$\begin{cases} r' = -\dfrac{R}{2} + \sqrt{R^2 + \dfrac{R^2}{4}}, \\[2ex] r'' = -\dfrac{R}{2} - \sqrt{R^2 + \dfrac{R^2}{4}}. \end{cases}$$

Ces formules, identiques avec celles du n° 743, nous apprennent que, pour partager la surface d'un cercle en *moyenne et extrême*, il suffit de partager le rayon dans le même rapport.

Construction. On fera la tangente $BC = \dfrac{AB}{2} = \dfrac{R}{2}$; on tracera l'hypoténuse AC, ce qui donnera

$$\overline{AC}^2 = \overline{AB}^2 + \overline{BC}^2 = R^2 + \frac{R^2}{4},$$

d'où
$$AC = \sqrt{R^2 + \frac{R^2}{4}}.$$

On décrira l'arc de cercle BD, et l'on aura

$$AD = -CD + AC = -\frac{R}{2} + \sqrt{R^2 + \frac{R^2}{4}} = r'.$$

Si l'on continue l'arc DB jusqu'en D', on aura

$$AD' = CD' + AC = \frac{R}{2} + \sqrt{R^2 + \frac{R^2}{4}} = r'',$$

et le cercle qui aura pour rayon $r'' = AD'$ satisfera encore à la question, c'est-à-dire que l'on aura

$$\overline{\pi AD'}^2 : \left(\overline{\pi AD'}^2 - \overline{\pi AB}^2 \right) = \left(\overline{\pi AD'}^2 - \overline{\pi AB}^2 \right) : \overline{\pi AB}^2.$$

748. Problème. *Fig. 9. Étant donné un cercle de rayon AB, on veut décrire un second cercle qui ait le même centre et qui soit moyen proportionnel entre le premier cercle et l'espace compris entre les deux circonférences.*

Solution. Exprimons par R le rayon AB du cercle donné, par r le rayon AD du cercle cherché, nous aurons

Surface cercle AB $= \pi R^2$,

Surface cercle AD $= \pi r^2$,

Surface couronne $= \pi R^2 - \pi r^2$.

Les conditions du problème donneront la proportion

$$\pi R^2 : \pi r^2 = \pi r^2 : (\pi R^2 - \pi r^2).$$

Divisant par π, on obtient

$$R^2 : r^2 = r^2 : (R^2 - r^2).$$

d'où $\qquad\qquad R^2 | R^2 - r^2 | = r^4.$

équation qui devient successivement

$$r^4 = R^2 | R^2 - r^2 |,$$
$$r^4 = R^4 - R^2 r^2,$$
$$r^4 + R^2 r^2 = R^4.$$

Si l'on fait $r^2 = r$, on aura $r^4 = x^2$, et l'équation précédente devient $\qquad\qquad x^2 + R^2 x = R^4,$

qui, étant résolue, donne

$$x = -\frac{R^2}{2} \pm \sqrt{R^4 + \frac{R^4}{4}}.$$

Remplaçant x par r^2, on a

$$r^2 = -\frac{R^2}{2} \pm \sqrt{R^4 + \frac{R^4}{4}}.$$

Prenant la racine de chaque côté, on a

$$r = \pm \sqrt{-\frac{R^2}{2} \pm \sqrt{R^4 \pm \frac{R^4}{4}}},$$

$$r' = +\sqrt{-\frac{R^2}{2} + \sqrt{R^4 + \frac{R^4}{4}}},$$

$$+\sqrt{-\frac{R^2}{2} - \sqrt{R^4 + \frac{R^4}{4}}},$$

$$\sqrt{R^2 \mathrel{\llcorner} \sqrt{R^4 + \frac{R^4}{4}}},$$

$$r^{IV} = \sqrt{R^4 - \frac{R^4}{4}}.$$

749. Les deux valeurs r ... *ginaires*, et n'ont par conséquent rien à faire ici; il ne ... reste donc plus qu'à examiner r' et r'''.

750. Parmi toutes les transformations que l'on peut faire, il en est une très-remarquable et qui conduit à une construction extrêmement simple. En effet, on peut évidemment écrire

$$r' = \sqrt{-\frac{R^2}{2} + \sqrt{R^2\left(R^2 + \frac{R^2}{4}\right)}} = \sqrt{-\frac{R^2}{2} + R\sqrt{R^2 + \frac{R^2}{4}}}$$

$$= \sqrt{R\left(-\frac{R}{2} + \sqrt{R^2 + \frac{R^2}{4}}\right)}.$$

La formule que nous venons d'obtenir, nous permet de considérer r' comme une *moyenne proportionnelle*, et si l'on examine le facteur binôme qui est compris entre deux crochets sous le radical, on reconnaîtra l'expression algébrique que nous avions déjà trouvée au n° 743 pour *le grand segment du rayon partagé en moyenne et extrême*, de sorte que si nous exprimons ce facteur par y, nous aurons $r' = \sqrt{\mathrm{R}y}.$ (684)

Construction. On fera la tangente $\mathrm{BC} = \dfrac{\mathrm{AB}}{2} = \dfrac{\mathrm{R}}{2}$, on tracera l'hypoténuse AC, ce qui donnera

$$\overline{\mathrm{AC}}^2 = \overline{\mathrm{AB}}^2 + \overline{\mathrm{BC}}^2 = \mathrm{R}^2 + \frac{\mathrm{R}^2}{4},$$

d'où

$$\mathrm{AC} = \sqrt{\mathrm{R}^2 + \frac{\mathrm{R}^2}{4}}.$$

Du point C comme centre on décrira l'arc de cercle l'on aura

$$\mathrm{AH} = -\mathrm{CH} + \mathrm{AC} = -\frac{\mathrm{R}}{2} + \sqrt{\mathrm{R}^2 \qquad}$$

On rabattera AH en AO, on élève sur AB, et l'on décrira la demi-cir déterminera le point D. Enfin qui donnera

$$\mathrm{AD} = \sqrt{\overline{\mathrm{AB} \times \mathrm{AO}}} = -\frac{\mathrm{A}}{2} + \sqrt{\mathrm{R}^2 + \frac{\mathrm{R}^2}{4}} \Big) = r'.$$

Ainsi le cercle ayon AD satisfera aux conditions du problème.

751. La vale olue de r'' étant égale à celle de r', la construction sera la même et conduira au même résultat; le signe — qui précède cette valeur indiquant seulement un renversement dans la construction, que l'on peut faire à gauche du point A, au lieu de la faire à droite, ce qui donne pour résultat AD' au lieu de AD.

――――― ―

752. Problème. Fig. 8. *Le rectangle ABCD étant donné, on veut déterminer sur les côtés, huit points qui soient les sommets d'un octogone équilatéral.*

solution. Nous exprimerons le côté AB par $2a$, le côté AD par $2b$, et nous nommerons $2x$ le côté MV du polygone demandé. Nous aurons également $\mathrm{MN} = 2x$; $\mathrm{NH} = 2x$, et par conséquent

$$AM = AE - EM = a - x; \quad AN = AF - FN = b - x.$$

Le triangle MAN étant rectangle, on aura

$$\overline{MN}^2 = \overline{AM}^2 + \overline{AN}^2,$$

ou $$(2x)^2 = (a - x)^2 + (b - x)^2,$$

équation qui, étant résolue, donne

$$x = -\frac{a + b}{2} \pm \sqrt{\frac{a^2 + b^2}{2} + \left(\frac{a + b}{2}\right)^2};$$

d'où

$$\begin{cases} x' = -\dfrac{a + b}{2} + \sqrt{\dfrac{a^2 + b^2}{2} + \left(\dfrac{a + b}{2}\right)^2}; \\ x'' = -\dfrac{a + b}{2} - \sqrt{\dfrac{a^2 + b^2}{2} + \left(\dfrac{a + b}{2}\right)^2}; \end{cases}$$

Construction. Les opérations à faire pour obtenir l'inconnue peuvent être disposées d'un grand nombre de manières, mais la précaution que nous avons prise d'exprimer les côtés par des multiples de 2, nous permettra de simplifier le travail, en donnant plus de symétrie aux diverses parties de la figure.

1re *Opération.* Après avoir déterminé le point O, centre du rectangle donné, on tracera la droite OD, que l'on partagera au point I en deux parties égales. On rabattra KI en KI' et l'on aura évidemment

$$OI' = OK + KI' = OK + KI = \frac{a}{2} + \frac{b}{2} = \frac{a + b}{2}.$$

2e *Opération.* On tracera la droite OC, et l'on aura

$$\overline{OC}^2 = \overline{OP}^2 + \overline{PC}^2 = a^2 + b^2.$$

3e *Opération.* On décrira la demi-circonférence OSC, et par le point U, milieu de OC, on élèvera la perpendiculaire US, ce qui donnera

$$\overline{OS}^2 = OC \times OU = OC \times \frac{OC}{2} = \frac{\overline{OC}^2}{2} = \frac{a^2 + b^2}{2}.$$

4e *Opération.* On ramènera OS en OS', perpendiculaire sur OI'; on fera S'I" égale et parallèle à OI', et l'on tracera OI", ce qui

17

donnera

$$\overline{OI''}^2 = \overline{OS'}^2 + \overline{S'I''}^2 = \overline{OS}^2 + \overline{OI}^2 = \frac{a^2 + b^2}{2} + \left(\frac{a + b}{2}\right)^2;$$

d'où

$$OI'' = \sqrt{\frac{a^2 + b^2}{2} + \left(\frac{a + b}{2}\right)^2};$$

5ᵉ *Opération.* On ramènera I''S' en I''S'', et l'on aura

$$OS'' = -S'I'' + OI'' = -\frac{a + b}{2} + \sqrt{\frac{a^2 + b^2}{2} + \left(\frac{a + b}{2}\right)^2} = x'.$$

6ᵉ *Opération.* On décrira la circonférence qui a pour rayon OS'', et l'on tracera quatre tangentes parallèles aux côtés du rectangle donné. Les points de rencontre de ces tangentes avec les côtés du rectangle, seront les sommets de l'octogone demandé.

753. Remarque. Quelque composée que paraisse la construction précédente, il est cependant facile de reconnaître que chaque opération particulière est écrite dans la formule, et qu'il a suffi de faire en quelque sorte une traduction mot à mot, pour arriver au résultat.

Le nombre des opérations contribue même à faire mieux sentir l'utilité du langage algébrique, sans le secours duquel on aurait difficilement reconnu les relations qui existent entre les inconnues et les quantités données.

754. Si l'on continue l'arc de cercle S''S' jusqu'à ce qu'il coupe le prolongement de la droite OI'', on obtiendra OS''', qui sera la valeur *absolue* de l'inconnue x''.

En effet, on aura　　$OS''' = I''S''' + OI'' =$

$$= \frac{a + b}{2} + \sqrt{\frac{a^2 + b^2}{2} + \left(\frac{a + b}{2}\right)^2} = -x'';$$

par conséquent　　　$x'' = -OS'''.$

Si l'on décrit la circonférence qui a pour rayon OS''', et que l'on trace comme précédemment quatre tangentes parallèles aux côtés du rectangle donné, les points où les prolongements de ces côtés rencontreront les tangentes, seront les sommets d'un second octogone *équilatéral*, du genre des polygones que l'on nomme *étoilés*.

En prenant les sommets dans l'ordre indiqué par les chiffres il sera facile de reconnaître l'égalité des côtés.

755. Discussion. Si le rectangle donné était un quarré, on aurait $b = a$, et la formule deviendrait

$$x = -\frac{a+a}{2} \pm \sqrt{\frac{a^2 + a^2}{2} + \left(\frac{a+a}{2}\right)^2},$$

qui, après toutes réductions, donne

$$x = -a \pm \sqrt{2a^2}.$$

La figure **10** contient les opérations qui se rapportent à la première valeur de l'inconnue x.

Un résultat assez curieux est celui que l'on obtiendrait en supposant $a = 3b$.

On aurait alors $\qquad x = -2b \pm 3b$,

et la première valeur de x donnerait pour sommets du polygone demandé les points qui partagent les plus grands côtés en trois parties égales; ce qui permettrait de considérer le rectangle donné, *fig.* **11**, comme un octogone équilatéral, ayant pour sommet les points 1, 2, 3, 4, 5, 6, 7, 8.

Si l'on avait $a > 3b$, le polygone demandé aurait des angles rentrants, *fig.* **12**.

Enfin, si l'on avait $b = 0$, la formule deviendrait

$$x = \frac{-a \pm \sqrt{3a^2}}{2}$$

Dans ce cas, le rectangle donné se réduirait à la droite ac, *fig.* **13**; l'octogone correspondant à la valeur positive de l'inconnue serait composé de deux triangles équilatéraux liés entre eux par la droite 8 — 7 ——— 3 — 4, qui représente deux côtés opposés *réunis* en un seul.

Je laisse au lecteur le soin de construire la seconde valeur de l'inconnue pour chacun des cas particuliers que nous venons d'indiquer.

CHAPITRE III.

Solutions numériques des problèmes.

756. Problème. Fig. 1, pl. 22. *Sur une droite* AB, *de 14 mètres de longueur, on veut déterminer un point* M, *dont les distances aux points* A *et* B *seraient entre elles comme les nombres 3 et 4.*

Solution. Nous exprimerons la distance MA par $3x$; la distance MB par $4x$, et l'équation

$$MA + MB = AB$$

donnera

$$3x + 4x = 14,$$

d'où

$$x = 2.$$

Par conséquent, on aura

$$MA = 3x = 6; \quad MB = 4x = 8.$$

757. Corollaire I. Il existe sur la même droite et à gauche du point A, un second point M', qui satisfait également aux conditions du problème.

Pour l'obtenir, on fera comme précédemment M'A $= 3x$; M'B $= 4x$; mais alors on aura

$$M'B - M'A = AB,$$

ou

$$4x - 3x = 14,$$

ce qui donne

$$x = 14.$$

$$M'A = 3 \times 14 = 42; \quad M'B = 4 \times 14 = 56.$$

758. Cor. II. Les deux solutions précédentes peuvent être considérées comme les réponses à une question plus générale, que l'on aurait pu énoncer de la manière suivante :

Deux points A *et* B *étant éloignés l'un de l'autre de* 14 *mètres, on veut déterminer sur la droite* AB *un point* M, *tels que les quarrés des distances* AM *et* BM *soient entre eux comme* 9 : 16.

solution. Nous représenterons la distance AM par y, et nous aurons par conséquènt

$$BM = 14 - y.$$

De plus, pour satisfaire aux conditions du problème, on doit

avoir $\qquad y^2 : (14 - y)^2 = 9 : 16,$ $\qquad$ d'où

(1) $\qquad\qquad 16y^2 = 9(14 - y)^2.$

Effectuant la multiplication indiquée dans le second membre, et faisant les réductions, on obtient l'équation

(2) $\qquad\qquad y^2 + 36y = 252,$

qui, étant résolue, donne

$$y = 6(-3 \pm 4),$$

d'où $\qquad \begin{cases} y' = 6(-3 + 4) = 6, \\ y'' = 6(-3 - 4) = -42. \end{cases}$

La valeur de y' donne le point M à 6 mètres du point A et à 8 mètres du point B, de sorte que l'on a

$$\overline{MA}^2 : \overline{MB}^2 = (6)^2 : (8)^2 = 9 : 16,$$

d'où $\qquad\qquad$ MA : MB = 3 : 4.

La valeur de y'' donne le second point M', situé à 42 mètres *à gauche* du point A, par conséquent à 56 mètres *à gauche* du point B, et l'on a encore pour ce deuxième point

$$\overline{M'A}^2 : \overline{M'B}^2 = (42)^2 : (56)^2 = 9 : 16,$$

d'où $\qquad\qquad$ M'A : M'B = 3 : 4.

---

759. Problème. *Fig.* 2. *Le point* B *est élevé de* 120 *mètres au-dessus d'une ligne horizontale* PQ; *le point* C *est élevé de* 90 *mètres au-dessus de la même ligne, les deux verticales* BP, CQ *sont éloignées l'une de l'autre de* 60 *mètres; on demande la longueur de la droite* BC.

Solution. Si l'on trace la droite CA parallèle à QP, le triangle BAC sera rectangle en A, ce qui donnera

$$\overline{BC}^2 = \overline{BA}^2 + \overline{AC}^2 ;$$

mais on a $AC = PQ = 60$ *mètres*; $AP = CQ = 90$ *mètres*;

de plus $BA = BP - AP = 120 - 90 = 30$ *mètres*,

et si nous exprimons BC par x, l'équation précédente devient

$$x^2 = (30)^2 + (60)^2 = 900 + 3600 = 4500.$$

d'où $x = \sqrt{4500} = 30\sqrt{5} = 67^m,08.$

Calcul. Il y a trois manières d'obtenir le résultat :

1° On extraira la racine quarrée du nombre 4500.

2° On extraira la racine de 5, puis on multipliera le résultat par 30; mais dans ce cas il faudra continuer l'extraction jusqu'au deuxième chiffre au delà de celui qui exprime la limite d'exactitude exigée par la question (*algèbre*).

3° On pourra faire usage des logarithmes, ce qui donnera

$$\log. x = \frac{\log. 4500}{2}.$$

---

760. Problème. *Fig. 4. Le triangle BAC est rectangle en A, on sait de plus que le côté* AC $= 30$ *mètres, et que l'hypoténuse* BC $= 40$ *mètres. Il s'agit de calculer la surface.*

Solution. Si nous prenons pour base du triangle le côté AC, la hauteur sera AB, que nous désignerons par x, et si nous exprimons la surface demandée par S, nous aurons (574)

$$(1) \qquad S = \frac{AC \times AB}{2} = \frac{30x}{2} = 15x.$$

Mais le triangle donné étant rectangle, on aura

$$\overline{AB}^2 = \overline{BC}^2 - \overline{AC}^2, \qquad\qquad \text{d'où}$$

$$(2) \quad x^2 = (40)^2 - (30)^2 = 1600 - 900 = 700.$$

Prenant la racine quarrée, on obtient

$$x = \sqrt{700} = 10\sqrt{7},$$

qui, étant substituée dans l'équation (1), donne

$$S = 15 \times 10 \sqrt{7} = 150 \sqrt{7} = 396^{mq},86.$$

2ᵉ *Méthode. Fig. 4.* Si quelque motif engageait à prendre l'hypoténuse BC pour la base du triangle, on tracerait la hauteur AD, que l'on exprimerait par h, et l'on aurait alors

(1) $$S = \frac{BC \times AD}{2} = \frac{40h}{2} = 20h.$$

Mais le triangle ADC étant rectangle en D, on aura l'équation

$$\overline{AD}^2 = \overline{AC}^2 - \overline{DC}^2,$$

qui devient, en exprimant par x la distance CD,

(2) $$h^2 = (30)^2 - x^2.$$

Enfin le corollaire du numéro 406 donnera

$$CD : CA = CA : CB.$$

ou $$x : 30 = 30 : 40,$$

et par conséquent $$x = \frac{900}{40} = \frac{45}{2}.$$

Cette valeur étant substituée dans l'équation (2) on obtient

$$h^2 = (30)^2 - \left(\frac{45}{2}\right)^2,$$

d'où $$h = \frac{15\sqrt{7}}{2},$$

qui, reportée dans l'équation (1), donne

$$S = 20 \times \frac{15\sqrt{7}}{2} = 150 \sqrt{7} = 396^{mq},86.$$

Cette seconde solution est évidemment plus longue que la première. Aussi ne l'ai-je donnée que comme exercice, et pour faire voir comment on est toujours ramené au résultat, quelle que soit la route parcourue ; il faut cependant conclure de ce qui précède, que le choix des inconnues n'est pas indifférent, et l'on devra s'exercer à découvrir, parmi les différents moyens de résoudre un problème, celui qui conduit le plus promptement à la solution.

761. Problème. *Fig. 5. La base* BC *d'un triangle isocèle vaut* 15 *mètres, et le côté* AB *en vaut* 24. *On demande la surface.*

Solution. En exprimant comme ci-dessus la surface par S et la hauteur AD par h, on aura

$$(1) \qquad S = \frac{BC \times AD}{2} = \frac{15h}{2};$$

mais le triangle ABD, rectangle en D, donnera

$$\overline{AD}^2 = \overline{AB}^2 - \overline{BD}^2, \qquad \text{d'où}$$

$$(2) \qquad h^2 = (24)^2 - \left(\frac{15}{2}\right)^2.$$

Cette équation résolue, on obtient

$$h = \frac{3\sqrt{231}}{2},$$

qui, substituée dans l'équation (1), donne

$$S = \frac{15 \times 3\sqrt{231}}{2 \times 2} = \frac{45\sqrt{231}}{4} = 170^{mq},98.$$

---

762. Problème. *Fig. 6. La base* BC *d'un triangle isocèle est au côté oblique* AB *comme* 4 *est à* 7. *Le rayon* OD *du cercle inscrit vaut* 3 *mètres. On demande la surface du triangle.*

Solution. Nous désignerons la base BC par $4x$, le côté oblique par $7x$, et nous aurons exprimé que ces deux lignes sont entre elles comme les nombres 4 et 7.

Le côté BD moitié de la base sera $2x$.

Le rayon OD étant égal à 3 mètres, si nous exprimons la hauteur AD par h, nous aurons

$$AO = AD - OD = h - 3.$$

Le théorème du numéro 366 donne la proportion

$$AO : OD = AB : BD,$$

qui devient, en adoptant les notations ci-dessus,

$$(h - 3) : 3 = 7x : 2x = 7 : 2,$$

d'où $$2(h-3) = 21,$$

et par conséquent $$h = \frac{27}{2}.$$

Mais le triangle ABD étant rectangle en D, on a

$$\overline{AB}^2 = \overline{AD}^2 + \overline{BD}^2,$$

ou $$(7x)^2 = h^2 + (2x)^2,$$

qui devient, en remplaçant h par $\frac{27}{2}$,

$$49x^2 = \frac{729}{4} + 4x^2.$$

Cette équation étant résolue, on obtient

$$x = \frac{9\sqrt{5}}{10},$$

donc $$BC = 4x = \frac{4 \times 9\sqrt{5}}{10} = \frac{18\sqrt{5}}{5},$$

ce qui donne pour l'expression de la surface

$$S = \frac{BC \times AD}{2} = \frac{\frac{18\sqrt{5}}{5} \times \frac{27}{2}}{2},$$

d'où, après toutes réductions,

$$S = \frac{243\sqrt{5}}{10} = 54^{mq},33.$$

---

763. Problème. *Fig. 7. Le côté* BC *d'un triangle équilatéral vaut* 14 *mètres. On demande la surface.*

solution. Si nous exprimons la hauteur AD par h et la surface par S, nous aurons

(1) $$S = \frac{14h}{2} = 7h.$$

Le triangle ABD, rectangle en D, donne

$$\overline{AD}^2 = \overline{AB}^2 - \overline{BD}^2;$$

mais le triangle donné étant équilatéral, on a

$$AB = 14 \ mètres, \quad BD = 7 \ mètres,$$

et l'équation précédente devient

$$(2) \qquad\qquad h^2 = (14)^2 - (7)^2,$$

d'où

$$h = 7\sqrt{3},$$

qui, étant substituée dans l'équation (1), donne

$$S = 49\sqrt{3} = 84^{mq},87.$$

---

764. Problème. *Fig. 8. Le côté* AB *d'un hexagone régulier vaut* 9 *centimètres. On demande la surface.*

Solution. On sait que l'hexagone régulier se compose de six triangles équilatéraux. Or, en opérant comme pour le problème qui précède, on trouvera pour la surface du triangle ABO.

$$S = \frac{81\sqrt{3}}{4}.$$

Multipliant cette quantité par 6, on aura pour la surface de l'hexagone exprimée en *centimètres quarrés*,

$$S = 6 \times \frac{81\sqrt{3}}{4} = \frac{243\sqrt{3}}{2} = 210^{cq},44.$$

---

765. Problème. *Fig. 5. Le côté* BC *d'un triangle équilatéral vaut* 12 *mètres; on demande le rayon* OB *du cercle circonscrit.*

solution. 1re *Méthode.* La droite AD, perpendiculaire sur BC, passera par le centre O et par le point S, milieu de l'arc BSC. L'arc BS vaudra par conséquent la sixième partie de la circonférence, et la corde BS sera égale au rayon OB, que nous exprimerons par R (288). Le quadrilatère BOCS sera un losange, et, par le théorème du numéro 670, on aura

$$\overline{BO}^2 + \overline{OC}^2 + \overline{CS}^2 + \overline{BS}^2 = \overline{OS}^2 + \overline{BC}^2,$$

ou, ce qui revient au même,

$$4R^2 = R^2 + (12)^2,$$

qui devient

$$R^2 = \frac{144}{3},$$

d'où

$$R = \frac{12}{\sqrt{3}} = \frac{12\sqrt{3}}{3} = 4\sqrt{3} = 6^m,93.$$

2e *Méthode.* Le quadrilatère BOCS étant un losange, on a

$$OD = \frac{OS}{2} = \frac{R}{2};$$

mais le triangle rectangle BOD donnera

$$\overline{BO}^2 = \overline{OD}^2 + \overline{BD}^2,$$

qui devient

$$R^2 = \left(\frac{R}{2}\right)^2 + (6)^2, \quad \text{d'où} \quad R = 4\sqrt{3} = 6^m,93.$$

3e *Méthode.* OD étant égale à $\frac{R}{2}$, on a

$$AD = AO + OD = R + \frac{R}{2} = \frac{3R}{2}.$$

De plus, on a $\qquad DS = OD = \frac{R}{2};$

mais le théorème du numéro 403 donne

$$AD : BD = BD : DS,$$

qui devient

$$\frac{3R}{2} : 6 = 6 : \frac{R}{2},$$

d'où

$$\frac{3R^2}{4} = 36,$$

ce qui donne $\qquad R = 4\sqrt{3} = 6^m,93.$

4e *Méthode.* On a $\quad AO = OS = 2OD;$

on aura donc $\qquad AO + OD = 3OD = \frac{3R}{2};$

mais le triangle rectangle ABD donne

$$\overline{AD}^2 = \overline{AB}^2 - \overline{BD}^2,$$

qui devient

$$\left(\frac{3R}{2}\right)^2 = (12)^2 - (6)^2 = 144 - 36 = 108.$$

Cette équation étant résolue, on aura

$$R = 4\sqrt{3} = 6^m,93.$$

5e *Méthode.* Exprimons AD par h; nous aurons

$$OD = AD - AO = h - R.$$

Mais la droite BO partage l'angle ABD en deux parties égales, ce qui donne, par le théorème du numéro 366,

$$AB : BD = AO : OD,$$

qui devient $$12 : 6 = R : (h - R).$$

On en conclut $$6R = 12(h - R),$$

d'où $$18R = 12h,$$

et par conséquent $$R = \frac{12h}{18} = \frac{2h}{3};$$

mais le triangle rectangle ABD donne

$$\overline{AD}^2 = \overline{AB}^2 - \overline{BD}^2,$$

qui devient $h^2 = (12)^2 - (6)^2 = 144 - 36 = 108,$

d'où $$h = \sqrt{108} = 6\sqrt{3}.$$

Cette valeur étant substituée dans celle de R, on obtient

$$R = \frac{2 \times 6\sqrt{3}}{3} = 4\sqrt{3} = 6^m,93.$$

766. corollaire I. Le rayon OD du cercle inscrit étant exprimé par r, le triangle rectangle BOD donnera

$$\overline{OD}^2 = \overline{BO}^2 - \overline{BD}^2,$$

qui devient $r^2 = \left(4\sqrt{3}\right)^2 - (6)^2 = 48 - 36 = 12,$

et par conséquent $r = 2\sqrt{3} = 3^m,46,$

ce qui doit être, puisque nous avons reconnu précédemment

que $$OD = \frac{AO}{2} = \frac{AD}{3}.$$

767. Cor. II. Si nous exprimons par s la surface du triangle BOC, nous aurons

$$s = \frac{BC \times OD}{2} = \frac{12 \times 2\sqrt{3}}{2} = 12\sqrt{3} = 20^{mq},78.$$

Exprimant par S la surface du triangle ABC, nous aurons

$$S = 3s = 36\sqrt{3} = 62^{mq},35.$$

On arriverait au même résultat en opérant comme nous l'avons fait au numéro 763.

———

768. Problème. *Fig. 9. Le côté BC d'un dodécagone régulier est égal à 2 mètres; on demande le rayon AB du cercle circonscrit.*

solution. 1ʳᵉ *Méthode*. Si nous traçons la droite BO perpendiculaire sur AC, le triangle rectangle ABO donnera

$$\overline{AB}^2 = \overline{AO}^2 + \overline{BO}^2;$$

mais BO sera la moitié du côté de l'hexagone régulier, et si nous exprimons AB par R, nous aurons $BO = \dfrac{R}{2}$.

Enfin, si nous désignons AO par x, l'équation précédente deviendra

$$(1) \qquad R^2 = x^2 + \left(\frac{R}{2}\right)^2;$$

le triangle rectangle BOC donne

$$\overline{BO}^2 + \overline{OC}^2 = \overline{BC}^2,$$

qui, en exprimant OC par y, devient

$$(2) \qquad \left(\frac{R}{2}\right)^2 + y^2 = (2)^2 = 4.$$

Enfin on a

$$AO + OC = AC, \qquad \text{qui devient}$$
$$(3) \qquad x + y = R;$$

de sorte que toutes les conditions du problème sont exprimées par les trois équations

$$(1) \qquad R^2 = x^2 + \left(\frac{R}{2}\right)^2,$$

(2) $$\left(\frac{R}{2}\right)^2 + y^2 = 4,$$

(3) $$x + y = R.$$

La première équation donne

$$x = \frac{R\sqrt{3}}{2};$$

l'équation (2) donne $\quad y = \sqrt{4 - \frac{R^2}{4}};$

ces valeurs étant substituées dans l'équation (3) on obtient

$$\frac{R\sqrt{3}}{2} + \sqrt{4 - \frac{R^2}{4}} = R,$$

d'où $$\sqrt{4 - \frac{R^2}{4}} = R - \frac{R\sqrt{3}}{2};$$

élevant au quarré, on obtient

$$4 - \frac{R^2}{4} = R^2 + \frac{3R^2}{4} - R^2\sqrt{3},$$

qui devient successivement

$$16 - R^2 = 4R^2 + 3R^2 - 4R^2\sqrt{3},$$

$$16 = 8R^2 - 4R^2\sqrt{3},$$

$$R^2 = \frac{4}{2 - \sqrt{3}} = 4(2 + \sqrt{3}),$$

d'où $\quad R = 2\sqrt{2 + \sqrt{3}} = \sqrt{2} + \sqrt{6} = 3^m,86.$

Cette transformation provient de ce que

$$2 + \sqrt{3} \text{ est le quarré de } \frac{1 + \sqrt{3}}{\sqrt{2}},$$

qui vaut $$\frac{\sqrt{2} + \sqrt{6}}{2}.$$

(*Voir en algèbre la formule* $\sqrt{a + \sqrt{b}}.$)

769. Corollaire I. Le triangle rectangle ABD donnera

$$\overline{AD}^2 = \overline{AB}^2 - \overline{BD}^2,$$

AD étant le rayon du cercle inscrit au dodécagone; si nous exprimons cette quantité par r, nous aurons

$$r^2 = R^2 - (1)^2;$$

remplaçant R par sa valeur obtenue précédemment, il vient

$$r^2 = \left(\sqrt{2} + \sqrt{6}\right)^2 - 1 = 8 + 4\sqrt{3} - 1 = 7 + 4\sqrt{3},$$

d'où $\qquad r = \sqrt{7 + 4\sqrt{3}} = 2 + \sqrt{3} = 3^m,73.$

770. cor. II. Si nous exprimons par s la surface du triangle ABC, nous aurons

$$s = \frac{BC \times AD}{2} = \frac{2 \times r}{2} = r = 2 + \sqrt{3} = 3^{mq},73.$$

2e *Méthode*. On peut arriver au même résultat sans calculer le rayon du cercle inscrit. En effet, on a

$$AC = R, \quad \text{et} \quad BO = \frac{R}{2}.$$

Par conséquent, on aura

$$Surf. \; ABC = \frac{AC \times BO}{2},$$

qui devient $\qquad s = \dfrac{R \times \dfrac{R}{2}}{2} = \dfrac{R^2}{4};$

remplaçant R² par sa valeur trouvée précédemment, on aura

$$s = \frac{4\left(2 + \sqrt{3}\right)}{4} = 3^{mq},73.$$

771. cor. III. En exprimant par S la surface du dodécagone, on aura $\quad S = 12s = 12\left(2 + \sqrt{3}\right) = 44^{mq},78.$

---

772. Problème. *Fig. 10. Le côté BC d'un quarré vaut 30 mètres; on demande le rayon AB du cercle circonscrit.*

solution. Les deux diagonales BH, CK se coupent à angles droits; il s'ensuit que le triangle BAG est rectangle en A, ce qui donne $\qquad \overline{BA}^2 + \overline{AG}^2 = \overline{BC}^2;$

exprimant BA par R, et remarquant que BA = AC, on obtient

$$R^2 + R^2 = (30)^2,$$

d'où $R = \sqrt{450} = \sqrt{225 \times 2} = 15\sqrt{2} = 21^m,21.$

773. Corollaire. La diagonale BH est égale à

$$2 \times AB = 30\sqrt{2} = 42^m,43.$$

—————

774. Problème. *Fig. 11. Le côté BC d'un octogone régulier vaut 12 mètres; on demande le rayon AB du cercle circonscrit.*

Solution. Concevons la droite BO perpendiculaire sur AC; le triangle ABO sera rectangle en O; de sorte que l'on aura

$$\overline{AB}^2 = \overline{AO}^2 + \overline{BO}^2;$$

de plus, l'angle BAO valant un demi-angle droit, il est évident qu'il doit en être de même de l'angle ABO; donc le triangle ABO est isocèle.

Exprimant le rayon AB par R, et faisant AO = BO = x, on obtient

(1) $R^2 = x^2 + x^2 = 2x^2;$

mais le triangle BOC étant rectangle en O, nous aurons

$$\overline{BO}^2 + \overline{OC}^2 = \overline{BC}^2,$$

qui, en exprimant OC par y, devient

(2) $x^2 + y^2 = (12)^2 = 144.$

Enfin on a   AO + OC = AC,   d'où

(3) $x + y = R.$

Ainsi la question est complétement exprimée dans le langage algébrique par l'ensemble des équations

(1) $R^2 = 2x^2,$

(2) $x^2 + y^2 = 144,$

(3) $x + y = R.$

La troisième équation donne

$$y = R - x;$$

élevant au quarré, on obtient

$$y^2 = R^2 + x^2 - 2Rx,$$

qui, étant substituée dans l'équation (2), donne

(4) $$2x^2 - 2Rx + R^2 = 144.$$

Mais l'équation (1) donne

$$2x^2 = R^2, \quad \text{d'où } x = \frac{R}{\sqrt{2}}.$$

Substituant ces valeurs dans l'équation (4), on obtient

$$R^2 - \frac{2R^2}{\sqrt{2}} + R^2 = 144,$$

d'où, après toutes réductions,

$$R = 6\sqrt{2(2 + \sqrt{2})} = 15^m,68.$$

775. corollaire I. Pour obtenir le rayon AD du cercle inscrit, on remarquera que le triangle ABD est rectangle en D, ce qui donne $$\overline{AD}^2 = \overline{AB}^2 - \overline{BD}^2,$$

qui, en exprimant AD par r, devient

$$r^2 = R^2 - (6)^2 = R^2 - 36 ;$$

remplaçant R par sa valeur trouvée précédemment, on obtient

$$r^2 = 36 \times 2(2 + \sqrt{2}) - 36 = 108 + 72\sqrt{2} = 36(3 + 2\sqrt{2}),$$

d'où $$r = 6\sqrt{3 + 2\sqrt{2}} = 6(1 + \sqrt{2}) = 14^m,49.$$

Cette dernière transformation provient de ce que

$$3 + 2\sqrt{2} \text{ est le quarré de } 1 + \sqrt{2} \text{ (Algèbre)}.$$

776. cor. II. Si l'on exprime par s la surface du triangle ABC, on aura

$$s = \frac{BC \times AD}{2} = \frac{12r}{2} = \frac{12 \times 6(1 + \sqrt{2})}{2} =$$
$$= 36(1 + \sqrt{2}) = 86^{mq},91.$$

2e *Méthode.* On peut arriver au même résultat en écrivant

$$s = \frac{AC \times BO}{2} = \frac{Rx}{2} = \frac{R \times R}{2\sqrt{2}} = \frac{R^2}{2\sqrt{2}} ;$$

18

remplaçant R par sa valeur, on a

$$s = \frac{36 \times 2(2 + \sqrt{2})}{2\sqrt{2}} = 36(1 + \sqrt{2}) = 86^{mq},91.$$

777. Problème. *Fig. 12. Le côté BC d'un octogone régulier est égal à 5 mètres ; on demande la surface.*

solution. Le polygone entier se compose de 8 triangles isocèles tels que ABC.

Or, si nous exprimons par *s* la surface d'un de ces triangles, nous aurons en opérant comme ci-dessus :

$$s = \frac{25(1 + \sqrt{2})}{4};$$

multipliant par 8, nous obtiendrons pour la surface de l'octogone, $S = 8s = \dfrac{8 \times 25 \left(1 + \sqrt{2}\right)}{4} = 50(1 + \sqrt{2}) = 120^{mq},71.$

2ᵉ *Méthode. Fig. 13.* Le côté BC de l'octogone donné étant égal à 5 mètres, le périmètre vaudra 8×5 ou 40 *mètres*; et si nous exprimons par *r*, le rayon AD du cercle inscrit, nous aurons

(1) $$S = \frac{40r}{2} = 20r.$$

Traçons les deux droites KI, CH, nous aurons

$$KI = 2AD = 2r.$$

Le quadrilatère KBCU sera un losange, et l'on aura

$$KU = BC = BK = CU = 5 \; mètres.$$

L'angle HCI sera droit, comme étant inscrit dans la demi-circonférence, qui aurait pour diamètre HI, de sorte que le triangle rectangle UCI donnera

$$\overline{UI}^2 = \overline{UC}^2 + \overline{CI}^2,$$

qui devient $\quad \overline{UI}^2 = (5)^2 + (5)^2 = 25 + 25 = 50,$

d'où $\quad\quad UI = \sqrt{50} = 5\sqrt{2};$

alors $\qquad$ KI = KU + UI $\qquad$ devient

(2) $\qquad 2r = 5 + 5\sqrt{2} = 5(1 + \sqrt{2}),$

d'où $\qquad r = \dfrac{5(1 + \sqrt{2})}{2};$

cette valeur étant portée dans l'équation (1) on a

$$S = 20r = \frac{20 \times 5(1 + \sqrt{2})}{2} = 50(1 + \sqrt{2}) = 120^{mq},71.$$

3e *Méthode. Fig.* **14.** Si nous traçons les droites AB, CD, OK, HU, le polygone donné contiendra

1° Un quarré MNPQ;

2° Quatre rectangles OMNH, BDQN, PQUK et AMPC;

3° Quatre triangles isocèles rectangles HNB, DQU, CPK et AMO.

Or, si nous exprimons le côté HN par x, nous aurons

$$\overline{HN}^2 + \overline{NB}^2 = \overline{HB}^2,$$

qui devient $\qquad x^2 + x^2 = 25,$

ce qui donne $\qquad 2x^2 = 25,$

d'où $\qquad x^2 = \dfrac{25}{2}, \quad$ et par conséquent $x = \dfrac{5}{\sqrt{2}}.$

La surface du triangle HNB sera donc

$$\frac{NB \times NH}{2} = \frac{x \times x}{2} = \frac{x^2}{2} = \frac{25}{4}$$

et les quatre triangles étant égaux leur somme vaudra 25.

Le rectangle $OHNM = MN \times NH = 5 \times x = 5 \times \dfrac{5}{\sqrt{2}} = \dfrac{25}{\sqrt{2}}$

et les quatre rectangles vaudront par conséquent $\dfrac{100}{\sqrt{2}}.$

Enfin le quarré MNPQ est évidemment égal à

$$\overline{OH}^2 = 5 \times 5 = 25.$$

Ainsi en nommant S la surface totale on aura

$$S = MNPQ + 4.OHMN + 4.HNB = 25 + \frac{100}{\sqrt{2}} + 25 = 50 + \frac{100}{\sqrt{2}}$$

$$= \frac{50(\sqrt{2} + 2)}{\sqrt{2}} = \frac{50(2 + 2\sqrt{2})}{2} = 50(1 + \sqrt{2}) = 120^{mq},71.$$

4e *Méthode. Fig.* **15.** Si nous prolongeons les côtés OH, BD, KU, AC jusqu'à leur rencontre, nous aurons un quarré EFGI.

Le triangle rectangle HFB étant isocèle, on a

$$\overline{HF}^2 + \overline{FB}^2 = \overline{HB}^2,$$

qui en exprimant HF par x devient $x^2 + x^2 = 25$,

ce qui donne $\qquad 2x^2 = 25,$

et par conséquent $x^2 = \dfrac{25}{2}$, d'où $x = \dfrac{5}{\sqrt{2}}$;

or on a *Surface du triangle* HFB $= \dfrac{HF \times FB}{2} =$

$$= \frac{x \times x}{2} = \frac{x^2}{2} = \frac{25}{4}; \quad \text{d'où } 4HFB = 25;$$

de plus, le côté

$$EF = OH + EO + HF = OH + 2HF =$$

$$= 5 + 2x = 5 + \frac{10}{\sqrt{2}} = \frac{5\sqrt{2} + 10}{\sqrt{2}} = \frac{5(\sqrt{2} + 2)}{\sqrt{2}} =$$

$$= \frac{5(2 + 2\sqrt{2})}{2} = 5(1 + \sqrt{2}).$$

par conséquent

Surface quarré EFGI $= \overline{EF}^2 = 25(1 + \sqrt{2})^2 = 25(3 + 2\sqrt{2}).$

On aura donc, pour l'octogone,

$$S = \overline{EF}^2 - 4.HFB = 25(3 + 2\sqrt{2}) - 25 = 25(3 + 2\sqrt{2} - 1) =$$

$$= 50(1 + \sqrt{2}) = 120^{mq},71.$$

---

778. Problème. *Fig.* **16.** *Le côté* BC *d'un décagone régulier vaut 3 mètres; on demande le rayon* AB *du cercle circonscrit.*

solution. Le problème du numéro 424 donne la proportion

$$AB : BC = BC : (AB - BC).$$

Exprimons le rayon cherché AB par R, nous aurons

$$R : 3 = 3 : (R - 3),$$

d'où résulte l'équation $R(R - 3) = 9$,

qui, étant résolue, donne

$$R = \frac{3(1 \pm \sqrt{5})}{2};$$

négligeant la valeur négative qui ne peut pas convenir ici, nous

aurons $$R = \frac{3(1 + \sqrt{5})}{2} = 4^m,85.$$

779. Corollaire I. Pour obtenir le rayon AD du cercle inscrit, on remarquera que le triangle ABD est rectangle en D, ce qui donne $$\overline{AD}^2 = \overline{AB}^2 - \overline{BD}^2;$$
exprimant AD par r, on obtient

$$r^2 = R^2 - \left(\frac{3}{2}\right)^2 = R^2 - \frac{9}{4}.$$

Remplaçant R par sa valeur trouvée précédemment, on a

$$r^2 = \frac{9(1 + \sqrt{5})^2}{4} - \frac{9}{4} = \frac{9(6 + 2\sqrt{5}) - 9}{4} = \frac{9(5 + 2\sqrt{5})}{4},$$

d'où $$r = \frac{3\sqrt{5 + 2\sqrt{5}}}{2} = 4^m,61.$$

780. Cor. II. Si l'on exprime par s la surface du triangle ABC, on aura

$$s = \frac{BC \times AD}{2} = \frac{3 \times r}{2} = \frac{3 \times 3\sqrt{5 + 2\sqrt{5}}}{2 \times 2} =$$
$$= \frac{9\sqrt{5 + 2\sqrt{5}}}{4} = 6^{mq},92.$$

781. Cor. III. Si nous exprimons par S la surface du décagone nous aurons

$$S = 10s = \frac{10 \times 9\sqrt{5 + 2\sqrt{5}}}{4} = \frac{45\sqrt{5 + 2\sqrt{5}}}{2} = 69^{mq},23.$$

782. Problème. *Fig. 17. Le côté* BC *d'un pentagone régulier vaut 8 mètres; on demande le rayon du cercle circonscrit.*

Solution. Si l'on trace AO perpendiculaire sur BC, le point O sera le milieu de l'arc BOC; la corde BO sera le côté du décagone régulier inscrit, et le problème du numéro 424 donnera la proportion   AB : BO = BO : (AB — BO).

Or si nous exprimons par x le côté BO du décagone, et par R le rayon AB du cercle circonscrit, la proportion précédente deviendra $R : x = x : (R - x)$,   d'où

$$(1) \qquad x^2 = R(R - x).$$

Mais par le théorème (405) on doit avoir

$$OD : BO = BO : diamètre;$$

en exprimant DO par y cette proportion devient

$$y : x = x : 2R, \qquad \text{d'où}$$

$$(2) \qquad 2Ry = x^2.$$

Enfin le triangle rectangle BDO donnera

$$\overline{BO}^2 = \overline{BD}^2 + \overline{DO}^2,$$

ou, ce qui revient au même,

$$(3) \qquad x^2 = (4)^2 + y^2 = 16 + y^2.$$

Ainsi, toutes les conditions du problème seront exprimées par les équations

$$(1) \qquad x^2 = R(R - x),$$
$$(2) \qquad 2Ry = x^2,$$
$$(3) \qquad x^2 = 16 + y^2.$$

La première équation étant résolue, donne

$$x = \frac{R(-1 + \sqrt{5})}{2},$$

d'où $$x^2 = \frac{R^2(3 - \sqrt{5})}{2}.$$

Cette valeur étant substituée dans les équations (2) et (3), on obtient

$$(4) \qquad 2Ry = \frac{R^2(3 - \sqrt{5})}{2},$$

$$(5) \qquad \frac{R^2(3 - \sqrt{5})}{2} = 16 + y^2.$$

L'équation (4) donne $\quad y = \dfrac{R(3 - \sqrt{5})}{4}$,

d'où $\qquad y^2 = \dfrac{R^2(7 - 3\sqrt{5})}{8}.$

Substituant cette quantité dans l'équation (5), on obtient

$$\frac{R^2(3 - \sqrt{5})}{2} = 16 + \frac{R^2(7 - 3\sqrt{5})}{8},$$

qui, étant résolue, donne

$$R = \frac{4\sqrt{10(5 + \sqrt{5})}}{5} = 6^m,8.$$

783. Corollaire I. Pour obtenir le rayon AD du cercle inscrit, on écrira

$$\overline{AD}^2 = \overline{AB}^2 - \overline{BD}^2;$$

exprimant AD par r, on obtient

$$r^2 = R^2 - (4)^2 = \frac{16 \times 10(5 + \sqrt{5})}{25} - 16 =$$

$$= \frac{800 + 160\sqrt{5} - 400}{25} = \frac{400 + 160\sqrt{5}}{25} =$$

$$= \frac{16 \times 5(5 + 2\sqrt{5})}{25},$$

d'où $\qquad r = \dfrac{4\sqrt{5(5 + 2\sqrt{5})}}{5} = 5^m,50.$

784. cor. II. Si l'on exprime par s la surface du triangle

ABC, on aura

$$s = \frac{BC \times AD}{2} = \frac{8 \times 4\sqrt{5\left(5 + 2\sqrt{5}\right)}}{2 \times 5} =$$

$$= \frac{16\sqrt{5\left(5 + 2\sqrt{5}\right)}}{5} = 22^{mq},02.$$

785. cor. III. La surface S du pentagone est égale à cinq fois celle du triangle ABC, ce qui donne

$$S = 16\sqrt{5\left(5 + 2\sqrt{5}\right)} = 110^{mq},11.$$

786. Problème. *Les trois côtés d'un triangle sont* 100 *mètres,* 90 *mètres et* 70 *mètres; on demande la surface.*

solution. *Fig.* 1, *pl.* **25**. Soit BC=100, AB=90, AC=70. Concevons la perpendiculaire AD, que nous exprimerons par h, on aura pour surface

(1) $$S = \frac{BC \times AD}{2} = \frac{100h}{2} = 50h.$$

Le triangle ABD, rectangle en D, nous donnera

$$\overline{AD}^2 = \overline{AB}^2 - \overline{BD}^2,$$

qui, en exprimant BD par x, devient

(2) $$h^2 = (90)^2 - x^2.$$

Mais l'angle B est aigu, car s'il était obtus, il serait opposé au plus grand côté du triangle. Par conséquent, on aura, par le théorème du numéro 650,

$$\overline{AC}^2 = \overline{AB}^2 + \overline{BC}^2 - 2BC \times BD, \qquad \text{ou}$$

(3) $$(70)^2 = (90)^2 + (100)^2 - 2 \times 100x.$$

Ainsi, toutes les conditions du problème seront complétement exprimées par l'ensemble des équations

(1) $$S = 50h,$$
(2) $$h^2 = (90)^2 - x^2,$$
(3) $$(70)^2 = (90)^2 + (100)^2 - 200x.$$

La troisième équation étant résolue, donne

$$x = 66, \quad \text{d'où} \quad x^2 = (66)^2.$$

Cette valeur étant substituée dans l'équation (2), on obtient

$$h^2 = (90)^2 - (66)^2 = 8100 - 4356 = 3744,$$

d'où
$$h = \sqrt{3744} = 12\sqrt{26},$$

et par conséquent

$$S = 50 \times 12\sqrt{26} = 600\sqrt{26} = 3059^{mq},41.$$

787. Corollaire I. Nous avons trouvé précédemment

$$AD = h = 12\sqrt{26} = 61^m,19 ;$$

si l'on veut obtenir les autres perpendiculaires BK, CU, le travail sera beaucoup plus simple. En effet, on a évidemment

$$\frac{AC \times BK}{2} = surf. \; ABC.$$

Or, si l'on exprime BK par h', l'équation précédente deviendra

$$\frac{70h'}{2} = 600\sqrt{26},$$

d'où
$$35h' = 600\sqrt{26},$$

et par conséquent　$h' = \dfrac{600\sqrt{26}}{35} = \dfrac{120\sqrt{26}}{7} = 87^m,41.$

On a ensuite　$\dfrac{AB \times CU}{2} = surf. \; ABC,$

qui, en exprimant CU par h'', devient

$$\frac{90h''}{2} = 600\sqrt{26},$$

d'où
$$45h'' = 600\sqrt{26},$$

et par conséquent　$h'' = \dfrac{600\sqrt{26}}{45} = \dfrac{40\sqrt{26}}{3} = 67^m,99.$

788. Cor. II. *Fig.* **2.** Soit O le centre du cercle circonscrit au triangle donné. Traçons AD perpendiculaire sur BC, le diamètre AE que nous exprimerons par 2R, et la corde BE.

Le triangle ADC est rectangle en D, par construction; l'angle

ABE est droit, puisqu'il est inscrit dans une demi-circonférence. De plus, les angles AEB, ACD sont égaux comme inscrits dans le même segment (196). Donc, les deux triangles ABE, ADC sont semblables, ce qui donne la proportion

$$AC : AE = AD : AB,$$

qui devient $$70 : 2R = h : 90,$$

d'où $$2Rh = 70 \times 90,$$

et par conséquent $$Rh = 35 \times 90 = 3150;$$

mais on a trouvé précédemment

$$h = 12\sqrt{26}.$$

Substituant cette valeur dans l'équation précédente, on a

$$R \times 12\sqrt{26} = 3150,$$

d'où $$R = \frac{3150}{12\sqrt{26}} = \frac{3150\sqrt{26}}{12 \times 26} = \frac{525\sqrt{26}}{52} = 51^m,48.$$

789. Cor. III. *Fig. 5.* Soit U, le centre du cercle inscrit dans le triangle donné. Si l'on exprime le rayon de ce cercle par r, on aura $$UM = UN = UV = r,$$

mais on a évidemment,

$$\frac{BC \times UM}{2} = \frac{100r}{2} = 50r = surf. \text{ BUC},$$

$$\frac{AB \times UN}{2} = \frac{90r}{2} = 45r = surf. \text{ AUB},$$

$$\frac{AC \times UV}{2} = \frac{70r}{2} = 35r = surf. \text{ AUC},$$

ajoutant ces trois équations on aura

$$50r + 45r + 35r = surf. \text{ (BUC + AUB + AUC)} =$$
$$= surf. \text{ ABC} = 600\sqrt{26},$$

d'où $$130r = 600\sqrt{26},$$

et par conséquent

$$r = \frac{600\sqrt{26}}{130} = \frac{60\sqrt{26}}{13} = 23^m,53.$$

790. Problème. *Fig. 4. Par un point* D, *situé sur l'un des côtés du triangle* ABC, *mener la droite* DH, *de manière que les deux parties de la surface soient entre elles comme les nombres 4 et 3.*

solution. Soit AB=12 *mètres,* AC =15 *mètres,* et AD=8 *mètres;* il s'agit de trouver AH que nous exprimerons par x.

On doit avoir la proportion

$$\text{ADH} : \text{DHCB} = 4 : 3,$$

ce qui donne, en composant,

$$(\text{ADH} + \text{DHCB}) : \text{ADH} = (4 + 3) : 4,$$

d'où $\qquad\qquad$ ABC : ADH = $\qquad$ 7 : 4.

Mais les deux triangles ABC, ADH ayant un angle égal on aura par le théorème du numéro 597

$$\text{ABC} : \text{ADH} = 12 \times 15 : 8 \times x.$$

Les deux proportions ayant un rapport commun, on en déduit $\qquad$ $7 : 4 = 12 \times 15 : 8 \times x,$

d'où $\qquad\qquad$ $7 \times 8 \times x = 4 \times 12 \times 15,$

et par conséquent

$$x = \frac{4 \times 12 \times 15}{7 \times 8} = \frac{90}{7} = 12^{m},85.$$

---

791. Problème. *Fig. 5. Partager un triangle* ABC *en deux parties équivalentes, par une droite* DH *parallèle à l'un des côtés.*

solution. Soit AB=12 *mètres.* Si nous exprimons AD par x, les deux triangles semblables ABC, ADH donneront (599) $\qquad$ ABC : ADH = $(12)^2 : x^2.$

mais on doit avoir $\quad$ ABC : ADH = 2 : 1,

donc, à cause du rapport commun, on aura

$$2 : 1 = (12)^2 : x^2, \quad \text{d'où } 2x^2 = 144$$

qui, étant résolue, donne

$$x = \sqrt{72} = 6\sqrt{2} = 8^{m},48.$$

792. Corollaire. Si l'on voulait que le triangle donné fût partagé en trois parties égales, on exprimerait d'abord que le triangle ADH, vaut le *tiers* du triangle ABC; puis on chercherait une seconde parallèle qui déterminerait les *deux tiers* du même triangle.

Enfin on opérerait de la même manière pour partager le triangle donné en quatre ou cinq parties équivalentes (*Voir les numéros* 720 et 721.

---

793. Problème. *Fig.* **6.** *Partager un triangle en trois parties équivalentes, par deux droites perpendiculaires à l'un des côtés.*

Solution. Soit AB = 6 *mètres*, AC = 5 *mètres*, et BC = = 4 *mètres*. En opérant comme au numéro 786 on calculera

d'abord $BP = \dfrac{27}{8}$, puis $AP = \dfrac{15\sqrt{7}}{8}$,

et l'on aura pour la surface du triangle donné,

$$S = \frac{BC \times AP}{2} = \frac{15\sqrt{7}}{4}.$$

Mais le triangle BDO doit être le tiers de la surface totale, ce

qui donnera $\dfrac{BD \times DO}{2} = \dfrac{S}{3} = \dfrac{5\sqrt{7}}{4}$;

exprimant BD par x et DO par y, cette équation devient, après réductions,

(1) $$xy = \frac{5\sqrt{7}}{2},$$

or, les deux triangles BDO, BPA étant semblables, donnent la proportion $\qquad$ BD : OD = BP : AP

qui devient $\qquad x : y = \dfrac{27}{8} : \dfrac{15\sqrt{7}}{8}$,

d'où $\qquad 27y = 15x\sqrt{7}$.

Cette équation étant résolue par rapport à y, on obtient

$$y = \frac{15x\sqrt{7}}{27} = \frac{5x\sqrt{7}}{9},$$

qui, étant reportée dans l'équation (1), donne

$$\frac{5x^2\sqrt{7}}{9} = \frac{5\sqrt{7}}{2}; \quad \text{d'où } x = \frac{3\sqrt{2}}{2} = 2^m,12.$$

Pour obtenir BH, que nous désignerons par x', on remarquera que le triangle BHK doit être égal aux deux tiers du triangle total, et que par conséquent il doit être le double du triangle BDO, nous aurons par conséquent la proportion

$$\text{BDO} : \text{BHK} = 1 : 2.$$

Mais la similitude des deux triangles BDO, BHK donnera (599)

$$\text{BDO} : \text{BHK} = x^2 : x'^2.$$

On aura, par suite du rapport commun,

$$x^2 : x'^2 = 1 : 2,$$

d'où

$$x'^2 = 2x^2,$$

et par conséquent

$$x' = x\sqrt{2};$$

remplaçant x par la valeur trouvée précédemment, on obtient

$$\text{BH} = x' = \frac{3\sqrt{2}\sqrt{2}}{2} = 3.$$

794. corollaire. Si l'on trouvait BH plus grand que BP, cela indiquerait que la seconde perpendiculaire doit être située à droite de AD, et, dans ce cas, il faudrait chercher sa distance au point C en opérant comme nous l'avons fait pour trouver BD.

---

795. problème. *Fig. 7. Les bases* AB, CD *d'un trapèze sont 15 mètres et 6 mètres; les deux côtés obliques se rencontrent en un point* P *qui est à 12 mètres de la plus grande base; on demande la surface du trapèze.*

solution. Soit MN la hauteur que nous exprimerons par h, nous aurons pour la surface du trapèze (576)

$$(1) \quad S = \frac{\text{MN}(\text{AB} + \text{CD})}{2} = \frac{h(15 + 6)}{2} = \frac{21h}{2}.$$

Pour trouver h nous rappellerons que $PN = 12$ et que par conséquent $PM = PN - MN = 12 - h$;

or le corollaire du numéro 363 donne

$$AB : CD = PN : PM$$

qui devient $\qquad 15 : 6 = 12 : (12 - h),$

d'où $\qquad 15(12 - h) = 6 \times 12,$

qui, étant résolue, donne $\quad h = \dfrac{36}{5}$,

et par conséquent $S = \dfrac{21 \times 36}{2 \times 5} = 75^{mq},60.$

---

796. Problème. *Fig.* 8. *Les deux bases AB, CD d'un trapèze isocèle, sont 12 mètres et 8 mètres, la hauteur vaut 6 mètres: on demande par quel point de la grande base il faut élever une perpendiculaire pour que la surface soit partagée dans le rapport des nombres 2 et 3.*

Solution. Le trapèze donné étant isocèle, il s'ensuit que si l'on construit les perpendiculaires CO, DK, les deux triangles ACO, DKB seront égaux;

or on a $\qquad AO + OK + KB = 12,$

retranchant $\qquad OK \qquad = 8,$

il reste $\qquad AO + KB = 4,$

et puisque $AO = KB$, il en résulte que chacune de ces lignes est égale à 2; ainsi on a

$$\text{tri. ACO} = \text{tri. DKB} = \frac{2 \times 6}{2} = 6.$$

Supposons actuellement que la perpendiculaire demandée soit MN, et nommons x la distance ON, on aura

$$NK = OK - ON = 8 - x,$$

d'où l'on conclura

$$Rect. \ CMON = MN \times ON = 6x,$$

$$Rect. \ MDKN = MN \times NK = 6(8 - x).$$

Mais on doit avoir

$$(ACO + CMON) : (DBK + MDKN) = 2 : 3 ;$$

ou $\qquad (6 + 6x) : [6 + 6(8 - x)] = 2 : 3 ;$

on en déduit l'équation

$$3(6 + 6x) = 2[6 + 6(8 - x)],$$

qui, étant résolue, donne

$$ON = x = 3 \text{ mètres};$$

ainsi le point N est situé à 3 *mètres* du point A.

---

797. Problème. *Fig.* 9. *Les bases* AB, CD *d'un trapèze isocèle, sont* 10 *mètres et* 2 *mètres, la hauteur* AE = 8 *mètres; on veut partager la surface en deux parties équivalentes, par une droite* MN *perpendiculaire au côté* AC.

solution. Concevons les droites AE, BH perpendiculaires sur CD. Le trapèze donné étant isocèle, les deux triangles AEC, BDH, seront égaux et nous aurons

$$EC = DH,$$

d'où $\qquad 2EC = EC + DH = EH - CD = 10 - 2 = 8,$

par conséquent $\qquad EC = 4.$

Le triangle AEC étant rectangle en E donne

$$\overline{AC}^2 = \overline{AE}^2 + \overline{EC}^2$$

qui devient

$$\overline{AC}^2 = (8)^2 + (4)^2 = 64 + 16 = 80,$$

d'où $\qquad AC = \sqrt{80} = 4\sqrt{5}.$

Si nous traçons la droite BO, perpendiculaire sur AC, les deux angles EAC, ABO seront égaux, parce qu'ils auront leurs côtés perpendiculaires chacun à chacun, et les angles AEC, AOB étant égaux comme droits, il s'ensuit que les deux triangles AEC, ABO seront semblables; d'où résulte la proportion

$$AC : AB = AE : BO,$$

qui devient $\qquad 4\sqrt{5} : 10 = 8 : BO,$

d'où
$$BO = \frac{10 \times 8}{4\sqrt{5}} = \frac{20}{\sqrt{5}} = 4\sqrt{5}.$$

La comparaison des mêmes triangles donne la proportion
$$AC : AB = EC : AO,$$

qui devient
$$4\sqrt{5} : 10 = 4 : AO,$$

d'où
$$AO = \frac{10 \times 4}{4\sqrt{5}} = \frac{10}{\sqrt{5}} = 2\sqrt{5}.$$

Si nous traçons la droite DU perpendiculaire sur le prolongement de AC, les deux triangles rectangles AEC, DUC seront semblables puisque les angles ACE, DCU seront opposés par le sommet; on aura donc la proportion
$$AC : DC = AE : DU,$$

qui devient
$$4\sqrt{5} : 2 = 8 : DU,$$

d'où
$$DU = \frac{2 \times 8}{4\sqrt{5}} = \frac{4}{\sqrt{5}}.$$

La comparaison des mêmes triangles, donne la proportion
$$AC : CD = EC : CU,$$

qui devient
$$4\sqrt{5} : 2 = 4 : CU,$$

d'où
$$CU = \frac{2 \times 4}{4\sqrt{5}} = \frac{2}{\sqrt{5}}.$$

On conclura de ce qui précède,

$$Triangle\ AOB = \frac{BO \times AO}{2} = \frac{4\sqrt{5} \times 2\sqrt{5}}{2} = 20,$$

$$Triangle\ CUD = \frac{DU \times CU}{2} = \frac{\frac{4}{\sqrt{5}} \times \frac{2}{\sqrt{5}}}{2} = \frac{4}{5}.$$

Exprimons actuellement OM par x, et MN par y; traçons les deux droites DF, NI perpendiculaires sur BO, nous aurons la proportion $FB : IB = DF : NI,$
ou, ce qui est la même chose,
$$(BO - DU) : (BO - MN) = (AC + CU - AO) : OM,$$

qui devient, en remplaçant chaque terme par sa valeur obtenue précédemment

$$\left(4\sqrt{5} - \frac{4}{\sqrt{5}}\right) : \left(4\sqrt{5} - y\right) = \left(4\sqrt{5} + \frac{2}{\sqrt{5}} - 2\sqrt{5}\right) : x.$$

Réduisant, on obtient

$$\frac{16}{\sqrt{5}} : \left(4\sqrt{5} - y\right) = \frac{12}{\sqrt{5}} : x, \quad \text{d'où} \quad x = \frac{3\left(4\sqrt{5} - y\right)}{4}.$$

Mais, pour que le trapèze donné soit partagé en deux parties égales, il faut que l'on ait

$$\text{quadrilatère AMNB} = \frac{\text{trapèze ABCD}}{2},$$

ou ce qui revient au même

$$\text{tri. AOB} + \text{trap. MNOB} = \frac{\text{trap. ABCD}}{2}.$$

Remplaçant ces quantités par leurs valeurs, on obtient

$$20 + \frac{x\left(4\sqrt{5} + y\right)}{2} = \frac{8(10 + 2)}{2 \times 2};$$

remplaçant x par sa valeur trouvée précédemment, on obtient l'équation

$$20 + \frac{3\left(4\sqrt{5} - y\right) \times \left(4\sqrt{5} + y\right)}{4 \times 2} = \frac{8(10 + 2)}{2 \times 2},$$

qui, étant résolue, donne

$$y = \sqrt{\frac{208}{3}} = 8^m,32.$$

on conclura de ce qui précède

$$\text{OM} = x = \frac{3\left(4\sqrt{5} - \sqrt{\dfrac{208}{3}}\right)}{4} = \frac{3(8,94 - 8,32)}{4} =$$

$$= \frac{3 \times 0,62}{4} = 0^m,46,$$

et par conséquent

$$\text{AM} = \text{AO} + \text{OM} = 2\sqrt{5} + 0,46 = 4,47 + 0,46 = 4^m,93.$$

798. Problème. *Fig.* 10. *Partager un quadrilatère* ABCD *en deux parties équivalentes par une droite* MN *perpendiculaire au côté* CD.

Solution. On tracera les deux droites AH, BK perpendiculaires sur CD, puis on mesurera les distances AH, BK, CH, HD et DK.

Supposons que l'on ait trouvé

$$AH = 12 \text{ mètres}; \ BK = 8 \text{ mètres};$$
$$CH = 4 \text{ mètres}; \ HD = 10 \text{ mètres},$$
$$\text{et } DK = 2 \text{ mètres}, \text{ on aura}$$

Triangle $ACH = \dfrac{CH \times AH}{2} = \dfrac{4 \times 12}{2} = 24^{mq}.$

Triangle $BKD = \dfrac{DK \times BK}{2} = \dfrac{2 \times 8}{2} = 8^{mq}.$

Trapèze $ABKH = \dfrac{HK(AH + BK)}{2} = \dfrac{12 \times 20}{2} = 120^{mq}.$

Quadril. $ABCD = ACH + ABKH - BKD =$
$$= 24 + 120 - 8 = 136^{mq}.$$

Quadril. $AMNC = \dfrac{quadril. \ ABCD}{2} = 68^{mq}.$

Trapèze $AMNH = AMNC - ACH = 68 - 24 = 44^{mq}.$

Donc, si nous exprimons HN par x, et MN par y, nous aurons

(1) *Trapèze* $AMNH = \dfrac{x(12 + y)}{2} = 44^{mq}.$

Traçons actuellement les deux droites MO, BI perpendiculaires sur AH, et par conséquent parallèles à CK, nous aurons

$$OM = HN = x.$$
$$IB = HK = HD + DK = 10 + 2 = 12.$$
$$AO = AH - MN = 12 - y.$$
$$AI = AH - BK = 12 - 8 = 4.$$

Mais les triangles semblables AOM, AIB donnent la proportion

$$AO : AI = OM : IB,$$

qui devient $\qquad (12 - y) : 4 = x : 12,$ $\qquad\qquad$ d'où

(2) $\qquad\qquad 12(12 - y) = 4x.$

Multipliant les équations (1) et (2) l'une par l'autre, on obtient, après toutes réductions,

$$y = \sqrt{\frac{344}{3}},$$

qui, étant substituée dans l'équation (2), donne

$$x = \frac{12\left(12 - \sqrt{\frac{344}{3}}\right)}{4} = 36 - \sqrt{1032} = 3^m,88.$$

Ainsi on aura

$$CN = CH + HN = 4 + 3,88 = 7^m,88.$$

799. Corollaire. On agirait de même si l'on voulait partager la surface donnée en plusieurs parties égales, ou qui eussent entre elles des rapports donnés. Ainsi, par exemple, si l'on veut partager en trois parties égales, on exprimera que le premier quadrilatère AMNC doit être le *tiers* de la surface totale, et l'on cherchera ensuite une seconde perpendiculaire qui détermine les *deux tiers*.

———

800. Problème. *La différence entre le rayon d'un cercle et le côté du décagone régulier inscrit est égale à 2 mètres; on demande le rayon.*

solution. Si nous exprimons le rayon demandé par R, le côté du décagone sera (R — 2), et le problème du numéro 424

donnera $\qquad R : (R - 2) = (R - 2) : [R - (R - 2)],$

d'où $\qquad\qquad R[R - (R - 2)] = (R - 2)^2,$

qui, étant résolue, donne

$$R = 3 + \sqrt{5} = 5^m,24.$$

Le côté du décagone sera

$$R - 2 = 1 + \sqrt{5} = 3^m,24.$$

———

801. Problème. Fig. 11. *Le rayon* OB *d'un cercle est égal à 6 mètres; on demande la longueur de la tangente* AD *menée par un point* A *situé à* 10 *mètres du centre.*

Solution. 1re *Méthode.* Le point A étant à 10 mètres du centre, on aura   AC $=$ AO $-$ CO $=$ 10 $-$ 6 $=$ 4.

Mais le corollaire 410 donne la proportion

$$AC : AD = AD : AB.$$

Exprimant AD par x, on aura $4 : x = x : 16$,

d'où $x^2 = 64$,   et par conséquent $x = 8$.

2e *Méthode.* Le triangle ADO rectangle en D donnera

$$\overline{AD}^2 + \overline{DO}^2 = \overline{AO}^2,$$

qui devient $x^2 + 36 = 100$,

d'où $x^2 = 64$,   et par conséquent $x = 8$.

---

802. Problème. Fig. 12. *Dans un cercle dont le rayon* R $=$ 12 *mètres, on conçoit deux cordes parallèles; l'une d'elles* ID, *située à* 3 *mètres du centre, et la seconde* HC *à* 8 *mètres; on demande à quelle distance du centre se rencontreront les droites* IH, DC, *passant par les extrémités des deux cordes.*

Solution. Le diamètre MN étant perpendiculaire sur les deux cordes HC, ID, nous aurons par le théorème 403

$$MA : AC = AC : AN,$$

qui devient $(12 - 8) : AC = AC : (12 + 8)$,

ce qui donne

$$\overline{AC}^2 = (12 - 8)(12 + 8) = 144 - 64 = 80,$$

d'où $AC = \sqrt{80} = 4\sqrt{5}$.

Le même théorème donne la proportion

$$MB : BD = BD : BN,$$

qui devient $(12 - 3) : BD = BD : (12 + 3)$,

ce qui donne

$$\overline{BD}^2 = (12 - 3)(12 + 3) = 144 - 9 = 135,$$

d'où $$BD = \sqrt{135} = 3\sqrt{15}.$$

Les triangles semblables SAC, SBD donnent la proportion

$$SA : SB = AC : BD;$$

exprimant SA par x, et remarquant que

$$AB = AO - BO = 8 - 3 = 5,$$

la proportion précédente devient

$$x : (x + 5) = 4\sqrt{5} : 3\sqrt{15};$$

d'où l'on déduit l'équation

$$x \times 3\sqrt{15} = (x + 5) \times 4\sqrt{5},$$

qui, après toutes réductions, devient

$$x = \frac{20(4 + 3\sqrt{3})}{11} = 16^{\mathrm{m}},72.$$

On aura par conséquent

$$OS = OA + x = 8 + 16,72 = 24^{\mathrm{m}},72.$$

803. Corollaire. On pourra se proposer pour exercice de déterminer le point de rencontre des deux diagonales du trapèze IHCD.

On pourra supposer aussi que les deux cordes sont de différents côtés par rapport au centre.

---

804. Problème. *Fig.* **15.** *La demi-circonférence ABCD est partagée en trois parties égales par les deux points* B *et* C; *le diamètre* AD *est aussi partagé en parties égales par les points* V, U. *Enfin, le rayon du cercle est* 4 *mètres; on demande à quelle distance du centre se rencontreront les deux droites* BV, CU.

solution. Soit S, le point demandé, concevons les droites SA, SD, prolongées jusqu'à ce qu'elles rencontrent BC aux points I et K, la droite IK sera partagée dans le même rapport que AD par les droites SB, SC, de sorte que l'on aura

$$IB = BC = CK;$$

mais on a $$\qquad BC = BA$$

donc $$\qquad IB = BA,$$

et l'angle ABI, extérieur de l'hexagone régulier ABCDMN valant $\frac{2}{3}$ d'un angle droit, il s'ensuit que le triangle ABI est équilatéral.

Le triangle SAD, semblable à AIB, sera donc aussi équilatéral et l'on aura $SA = AD = 8$.

Mais le triangle rectangle SAO donne

$$\overline{SO}^2 = \overline{SA}^2 - \overline{AO}^2$$

qui devient $\overline{SO}^2 = (8)^2 - (4)^2 = 64 - 16 = 48$,

d'où $SO = \sqrt{48} = 4\sqrt{3} = 6^m,93$.

———

805. Problème. *Fig. 14. Le rayon d'un cercle vaut 10 mètres; on demande la surface du segment correspondant à un arc de 72 degrés.*

Solution. Puisque l'arc BOC vaut 72 degrés, ou le cinquième de la circonférence entière, il s'ensuit que le secteur ABOC vaut le cinquième de la surface du cercle, ce qui donne

(1)   *secteur* $ABOC = \dfrac{\pi R^2}{5} = \dfrac{100\pi}{5} = 20\pi$.

Mais le rayon du cercle étant connu, on pourra calculer le côté BC du pentagone, ainsi que l'apothème AD et la surface du triangle ABC (784), ce qui donnera

(2)   *triangle* $ABC = \dfrac{25\sqrt{2(5 + \sqrt{5})}}{2}$.

Retranchant cette équation de l'équation (1), on obtient

$segm.\ BDCO = sect.\ ABOC - tri.\ ABC =$

$$20\pi - \frac{25\sqrt{2(5 + \sqrt{5})}}{2} = 62,83 - 47,55 = 15^{mq},28.$$

———

806. Problème. *Fig. 15. Deux circonférences se coupent aux points B et C; l'arc BOC vaut le sixième de la grande cir-*

conférence, et l'arc BO'C *est égal au* quart *de la petite. On sait de plus que la corde* BC = 3 mètres; *on demande la surface comprise entre les deux arcs* BOC, BO'C.

solution. Il est évident que la surface demandée est la somme des deux segments BOCI, BO'CI; or, puisque l'arc BOC vaut le *sixième* de la grande circonférence, il s'ensuit que la corde BC est égale au rayon AB que nous exprimerons par R; ainsi on aura (288)   R = BC = 3 *mètres;*

la surface du plus grand des deux cercles sera donc

$$\pi R^2 = 9\pi,$$

et le secteur ABOC vaudra

$$\frac{9\pi}{6} = \frac{3\pi}{2}.$$

Mais le triangle ABC étant équilatéral on aura, en opérant comme au numéro 763

$$surf.\ \text{ABC} = \frac{9\sqrt{3}}{4},$$

et par conséquent

(1)   *segm.* BOCI = *sect.* ABOC — *tri.* ABC =

$$= \frac{3\pi}{2} - \frac{9\sqrt{3}}{4} = \frac{6\pi - 9\sqrt{3}}{4}.$$

Puisque l'arc BO'C vaut le *quart* de la petite circonférence, il s'ensuit que l'angle BA'C est droit, et le triangle rectangle BA'C donnera $\overline{BC}^2 = \overline{BA'}^2 + \overline{A'C}^2,$

qui, en exprimant A'B par *r*, devient

$$(3)^2 = r^2 + r^2,$$

d'où $r^2 = \dfrac{(3)^2}{2} = \dfrac{9}{2};$

la surface du petit cercle sera donc

$$\pi r^2 = \frac{9\pi}{2},$$

et par conséquent

$$secteur\ \text{BA'CO'} = \frac{\pi r^2}{4} = \frac{9\pi}{8};$$

mais le triangle rectangle BA'C est égal à

$$\frac{BA' \times A'C}{2} = \frac{r^2}{2} = \frac{9}{4},$$

par conséquent on aura

(2)   *segm.* BO'CI = *sect.* BA'CU' — *tri.* BA'C =

$$= \frac{9\pi}{8} - \frac{9}{4} = \frac{9\pi - 18}{8};$$

ajoutant les équations (1) et (2) on aura

surf. BOCO' = *segm.* BOCI + *segm.* BO'CI =

$$= \frac{6\pi - 9\sqrt{3}}{4} + \frac{9\pi - 18}{8} = \frac{12\pi - 18\sqrt{3} + 9\pi - 18}{8} =$$

$$= \frac{21\pi - 18 - 18\sqrt{3}}{8} = 2^{mq},10.$$

---

807. Problème. *Fig.* 16. *Sur les côtés d'un triangle rectangle* BAC, *on décrit les trois demi-circonférences* BAC, BO'A, AU'C. *On demande la somme des surfaces* AO'BO + AU'CU. *On sait que* AB = 18 *mètres, et que* AC = 15 *mètres.*

Solution. Le triangle BAC étant rectangle, on a

$$\overline{BC}^2 = \overline{BA}^2 + \overline{AC}^2 = (18)^2 + (15)^2 = 549,$$

d'où   BC = $3\sqrt{61}$.

Le demi-cercle AO'B a pour rayon $\frac{AB}{2} = \frac{18}{2} = 9$. La surface entière du cercle sera donc égale à $\pi \times (9)^2 = 81\pi$, et par conséquent le demi-cercle AO'B = $\frac{81\pi}{2}$.

Le demi-cercle AU'C a pour rayon $\frac{AC}{2} = \frac{15}{2}$, la surface entière du cercle vaudra $\pi \times \left(\frac{15}{2}\right)^2 = \frac{225\pi}{4}$, et le demi-cercle AU'C = $\frac{225\pi}{8}$.

Enfin le demi-cercle BOAUC, ayant pour rayon $\dfrac{BC}{2} = \dfrac{3\sqrt{61}}{2}$,
la surface du cercle entier sera

$$\pi \times \left(\frac{3\sqrt{61}}{2}\right)^2 = \frac{9 \times 61\pi}{4} = \frac{549\pi}{4},$$

d'où il résulte que le demi-cercle

$$BOAUC = \frac{549\pi}{8}.$$

De plus le triangle BAC étant rectangle en A, sa surface est
égale à $\dfrac{BA \times AC}{2} = \dfrac{18 \times 15}{2} = 9 \times 15 = 135.$

Or, on a évidemment pour la surface demandée

Surf. (AO'BO + AU'CU) = *demi-cercle* ABO' +
demi-cercle ACU' + *triangle* ABC — *demi-cercle* BOAUC.

Remplaçant toutes ces quantités par leurs valeurs trouvées
précédemment, on obtient

$$\textit{Surf. } (AO'BO + AU'CU) = \frac{81\pi}{2} + \frac{225\pi}{8} + 135 - \frac{549\pi}{8} =$$

$$= \frac{324\pi + 225\pi - 549\pi}{8} + 135 = 135 \ \textit{mètres quarrés.}$$

808. Corollaire. On peut se proposer comme exercice de
prouver que la somme des deux croissants AO'BO + AU'CU est
toujours égale à la surface du triangle rectangle ABC, quelle
que soit la valeur des côtés de ce triangle.

---

809. Problème. *Fig.* **17.** *Sur chacun des côtés d'un hexagone régulier, on décrit une demi-circonférence dont la convexité
est tournée du côté du centre de l'hexagone; on demande de calculer l'étendue de la surface* A *comprise entre toutes ces courbes.
On sait que le côté de l'hexagone vaut 8 mètres.*

solution. L'angle OUB, moitié de OUI, vaut le tiers de
deux angles droits. L'angle OBU = OUB; donc l'angle UOB,

supplément de la somme des deux angles OUB + UBO, vaudra pareillement le tiers de deux angles droits.

Il résulte de là, que les triangles UOB, BOC, COS sont équi-téraux, et l'on a par conséquent BC = OB = OU = 4 *mètres*. Or, les cordes C. CD, DE, etc., forment un hexagone régulier BCDEHK dont le côté BC = OB = 4 *mètres*, ce qui donnera, en opérant comme au numéro 764,

$$Surf. \text{ BCDEHK} = 24\sqrt{3}.$$

Le secteur OBMC vaut le sixième du cercle qui a pour rayon OU = 4, ce qui donne

$$Sect. \text{ OBMC} = \frac{\pi \times 16}{6} = \frac{8\pi}{3};$$

on a de plus (763)

$$Tri. \text{ OBC} = \frac{16\sqrt{3}}{4} = 4\sqrt{3}, \qquad \text{d'où}$$

$$Segm. \text{ BMC} = sect. \text{ OBMC} - tri. \text{ ABC} = \frac{8\pi}{3} - 4\sqrt{3} =$$

$$= \frac{8\pi - 12\sqrt{3}}{3} = \frac{4(2\pi - 3\sqrt{3})}{3}.$$

Multipliant par 6, on aura pour les six segments égaux à BMC

$$\frac{6 \times 4(2\pi - 3\sqrt{3})}{3} = 8(2\pi - 3\sqrt{3}).$$

Mais la surface demandée se compose évidemment de l'hexa-gone BCDEHK moins six segments, tels que BMC; on aura donc

$$Surf. \text{ A} = \text{BCDEHK} - 6.\text{BMC} = 24\sqrt{3} - 8(2\pi - 3\sqrt{3}) =$$

$$= 16(3\sqrt{3} - \pi) = 32^{mq},87.$$

810. Corollaire. *Fig. 18.* Si l'on prenait pour centres les sommets de l'hexagone donné, les arcs de cercle ne se couperaient plus, et la surface demandée serait égale à l'hexagone total, moins six secteurs tels que OBMC. Or, chacun de ces secteurs vaut le tiers d'un cercle qui aurait pour rayon 4 mètres, de sorte que l'on aura $Sect. \text{ OBMC} = \dfrac{16\pi}{3},$

et les six secteurs vaudront ensemble

$$\frac{6 \times 16\pi}{3} = 32\pi.$$

De plus, en opérant comme au numéro 764, on aura

Surf. de l'hexagone $= 96\sqrt{3}.$

Ainsi on trouvera

Surf. A$' =$ *hexagone* — *six secteurs* $= 96\sqrt{3} - 32\pi =$

$$= 32(3\sqrt{3} - \pi) = 63^{mq},74.$$

Il est assez remarquable que la surface A$'$ est exactement le double de la surface A, que nous avons obtenue pour le problème précédent. On pourra s'exercer à chercher une démonstration générale de cette propriété.

811. Problème. *Fig. 19. Le diamètre* AB *d'un cercle vaut* 10 *mètres; on demande quelle doit être la position du point* C, *pour que la surface du cercle soit partagée dans le rapport des nombres 2 et 3 par l'ensemble des deux demi-circonférences* AOC, CUB.

solution. Si nous exprimons la quantité AC par x, nous aurons $\qquad$ CB $= 10 - x$;

AI, moitié de AC, vaudra $\dfrac{x}{2}$, et la surface du demi-cercle

AOC sera $\qquad \dfrac{\pi \overline{\text{AI}}^2}{2} = \dfrac{\pi \times x^2}{2 \times 4} = \dfrac{\pi x^2}{8}.$

BH, moitié de BC, sera égal à $\dfrac{10 - x}{2}$, et la surface du demi-cercle BUC sera

$$\frac{\pi \overline{\text{BH}}^2}{2} = \frac{\pi(10 - x)^2}{2 \times 4} = \frac{\pi(10 - x)^2}{8}.$$

Le diamètre du cercle donné étant égal à 10, son rayon est égal à 5. La surface entière πR^2 est égale à $\pi \times 25$ ou 25π, et chacun des demi-cercles ADB, AEB est égal à $\dfrac{25\pi}{2}.$

On aura donc

$Surf.$ ADBHCO $= demi\text{-}cercle$ ADB $- demi\text{-}cercle$ AOC $=$

$$= \frac{25\pi}{2} - \frac{\pi x^2}{8} = \frac{\pi(100 - x^2)}{8}.$$

On aura également

$Surf.$ AICUBE $= demi\text{-}cercle$ AEB $- demi\text{-}cercle$ BUC $=$

$$= \frac{25\pi}{2} - \frac{\pi(10-x)^2}{8} = \frac{\pi[100 - (10-x)^2]}{8}.$$

Mais, pour satisfaire aux conditions du problème, on doit avoir   (AOC + AICUBE) : (BUC + ADBHCO) $= 2 : 3$, qui devient

$$3(\text{AOC} + \text{AICUBE}) = 2(\text{BUC} + \text{ADBHCO});$$

remplaçant chaque terme par sa valeur trouvée précédemment, on obtient l'équation

$$3\left\{\frac{\pi x^2}{8} + \frac{\pi[100-(10-x)^2]}{8}\right\} = 2\left[\frac{\pi(10-x)^2}{8} + \frac{\pi(100-x^2)}{8}\right],$$

qui, étant résolue, donne

$$x = 4 \text{ mètres.}$$

812. Corollaire. On peut se proposer pour exercices, de prouver que les deux surfaces AEBUCO, ADBUCO seront toujours entre elles comme AC : CB, quelle que soit la position du point C sur le diamètre AC.

Ainsi, par exemple, *fig.* **20**, si AC est le *tiers* du diamètre AB, la surface AEBUCO sera le tiers du cercle entier, et si les trois parties AC, CC′ et C′B sont égales entre elles, la surface du cercle sera partagée en trois parties égales par les courbes à deux centres AOCUB, AO′C′U′B.

CHAPITRE IV.

Formules générales.

813. Définitions. Si la question proposée est de nature à se répéter souvent dans les applications, il ne sera pas nécessaire de recommencer les raisonnements pour chaque exemple particulier. Il suffira de représenter les quantités connues par des lettres; dans ce cas, les équations que l'on obtient sont dites *littérales* et les expressions algébriques des inconnues se nomment des *formules*.

Ainsi, une formule est l'expression des opérations de calcul ou de compas que l'on doit faire pour obtenir la valeur de l'inconnue.

814. Une formule peut être transformée d'une infinité de manières, et l'on doit s'appliquer surtout à choisir, parmi les formes que l'on peut faire subir à la valeur de l'inconnue, celle qui conduit aux opérations les plus simples. En général, on doit tâcher de diminuer le nombre des termes et des facteurs; il faut chercher à éviter les divisions et les extractions de racines, et faire tout ce qui est possible pour décomposer la formule en facteurs du premier degré, afin de pouvoir employer les logarithmes au calcul de l'inconnue; quelques exemples éclairciront ce qui précède.

815. Problème. *Le côté d'un triangle équilatéral étant* a, *on demande l'expression de la surface que nous désignerons par* S.

Solution. *Fig. 1, pl. 24.* Soit ABC le triangle proposé, si l'on conçoit la perpendiculaire AD, on aura

$$S = \frac{BC \times AD}{2},$$

exprimant AD par h, on obtient

(1) $$S = \frac{ah}{2};$$

mais le triangle rectangle ABD donne

$$\overline{AD}^2 = \overline{AB}^2 - \overline{BD}^2, \qquad \text{qui devient}$$

(2) $$h^2 = a^2 - \left(\frac{a}{2}\right)^2;$$

cette dernière équation étant résolue, on obtient

$$h = \frac{a\sqrt{3}}{2},$$

qui, étant portée dans l'équation (1), donne

$$S = \frac{a^2\sqrt{3}}{4}.$$

Applications. Si l'on fait $a = 12$, on aura

$$S = \frac{144\sqrt{3}}{4} = 36\sqrt{3} = 62^{mq},35 ;$$

si l'on fait $a = 14$, on aura

$$S = \frac{(14)^2\sqrt{3}}{4} = \frac{196\sqrt{3}}{4} = 49\sqrt{3} = 84^{mq},87 ;$$

résultat conforme à celui que nous avons obtenu au n° 763.

Corollaire. Si l'on multiplie la formule par 6, on aura

$$6S = \frac{6a^2\sqrt{3}}{4} = \frac{3a^2\sqrt{3}}{2},$$

qui exprime la surface de *l'hexagone régulier* en fonction du côté.

816. Problème. *Soit* b *la base et* a *le côté oblique d'un triangle isocèle; on demande la surface.*

Solution. *Fig.* 5. On aura

(1)
$$S = \frac{BC \times AD}{2} = \frac{bh}{2};$$

mais le triangle rectangle ABD donne la relation

$$\overline{AD}^2 = \overline{AB}^2 - \overline{BD}^2, \qquad \text{qui devient}$$

(2)
$$h^2 = a^2 - \left(\frac{b}{2}\right)^2 = \frac{4a^2 - b^2}{4},$$

d'où
$$h = \frac{\sqrt{4a^2 - b^2}}{2};$$

cette valeur étant substituée dans celle de S, on obtient

$$S = \frac{b\sqrt{4a^2 - b^2}}{4}.$$

Le binôme $4a^2 - b^2$ exprimant la différence de deux quarrés, on peut le décomposer en facteurs du *premier degré* (647), ce qui donne

(3)
$$S = \frac{b\sqrt{(2a + b)(2a - b)}}{4}.$$

Cette dernière transformation permet d'employer les logarithmes : ainsi, on aura

(4) $log.\ S = log.\ b + \dfrac{log.\ (2a + b) + log.\ (2a - b)}{2} - log.\ 4.$

Applications. Soit $\quad a = 24$ et $b = 15,\qquad$ on aura
$$2a + b = 48 + 15 = 63,$$
$$2a - b = 48 - 15 = 33,$$

et la formule (3) donnera

$$S = \frac{15\sqrt{63 \times 33}}{4} = \frac{45\sqrt{231}}{4} = 170^{mq},98;$$

la formule (4) donnera

$$log.\ S = 1,17609 + \frac{1,79934 + 1,51851}{2} - 0,60206 =$$
$$= 2,23295 = log.\ 170,98,$$

donc $S = 170^{mq},98.$

---

817. Problème. *Exprimer la surface d'un triangle rec-tangle, en fonction de ses côtés.*

Solution. *Fig.* 4. Exprimons les côtés de l'angle droit par b et par c, la surface sera évidemment

$$S = \frac{AB \times AC}{2} = \frac{bc}{2}.$$

Applications. Soit $a = 40$ *mètres*, et $b = 30$ *mètres*,

on aura $c = \sqrt{1600 - 900} = \sqrt{700} = 10\sqrt{7},$

d'où $S = \dfrac{bc}{2} = \dfrac{30 \times 10\sqrt{7}}{2} = 150\sqrt{7} = 396^{mq},86.$

Corollaire. Si le triangle était isocèle on aurait

$$c = b, \qquad \text{d'où} \quad S = \frac{b^2}{2}.$$

---

818. Problème. *Les trois côtés d'un triangle quelconque étant exprimés par a, par b, et par c, on demande l'expression de la surface.*

Solution. *Fig.* 2. La droite AD étant perpendiculaire sur BC, on aura

(1) $S = \dfrac{BC \times AD}{2} = \dfrac{ah}{2};$

le triangle rectangle ABD donne

$$\overline{AD}^2 = \overline{AB}^2 - \overline{BD}^2,$$

qui, en exprimant BD par x, devient

(2) $h^2 = c^2 - x^2 = (c + x)(c - x);$

enfin on peut toujours admettre que l'angle B est aigu, et le théorème du numéro 650 donne

$$\overline{AC}^2 = \overline{AB}^2 + \overline{BC}^2 - 2BC \times BD,$$

ou, ce qui est la même chose,

$$(3) \qquad b^2 = c^2 + a^2 - 2ax.$$

Ainsi, les conditions du problème sont complétement exprimées par l'ensemble des trois équations :

$$(1) \qquad S = \frac{ah}{2},$$

$$(2) \qquad h^2 = (c + x)(c - x).$$

$$(3) \qquad b^2 = c^2 + a^2 - 2ax.$$

L'équation (3) étant résolue, donne

$$x = \frac{c^2 + a^2 - b^2}{2a},$$

Cette valeur étant portée dans l'équation (2), on obtient

$$h^2 = \left(c + \frac{c^2 + a^2 - b^2}{2a} \right) \left(c - \frac{c^2 + a^2 - b^2}{2a} \right) =$$

$$= \left(\frac{2ac + c^2 + a^2 - b^2}{2a} \right) \left(\frac{2ac - c^2 - a^2 + b^2}{2a} \right) =$$

$$= \left[\frac{(a + c)^2 - b^2}{2a} \right] \left[\frac{b^2 - (a - c)^2}{2a} \right] =$$

$$= \frac{(a + c + b)(a + c - b)(b + a - c)(b - a + c)}{4a^2},$$

d'où $h = \dfrac{\sqrt{(a + b + c)(b + c - a)(a + c - b)(a + b - c)}}{2a}.$

Substituant dans l'équation (1), on obtient

$$S = \frac{a\sqrt{(a + b + c)(b + c - a)(a + c - b)(a + b - c)}}{2 \times 2a} =$$

$$= \frac{\sqrt{(a + b + c)(b + c - a)(a + c - b)(a + b - c)}}{4} =$$

$$= \sqrt{\left(\frac{a + b + c}{2} \right) \left(\frac{b + c - a}{2} \right) \left(\frac{a + c - b}{2} \right) \left(\frac{a + b - c}{2} \right)}.$$

Pour simplifier l'expression de cette formule, on est convenu d'exprimer le périmètre du triangle par $2p$. Il résulte de cette convention que l'on a

$$\frac{a+b+c}{2} = p,$$

$$\frac{b+c-a}{2} = p-a,$$

$$\frac{a+c-b}{2} = p-b,$$

$$\frac{a+b-c}{2} = p-c.$$

Ces valeurs étant portées dans la formule, on obtient

$$S = \sqrt{p(p-a)(p-b)(p-c)}.$$

Discussion. Si l'on veut exprimer que le triangle est équilatéral on fera $a = b = c$, ce qui donnera

$$2p = a + a + a = 3a. \quad \text{d'où} \quad p = \frac{3a}{2};$$

$$(p-a) = (p-b) = (p-c) = \frac{3a}{2} - a = \frac{a}{2},$$

et la formule devient alors

$$S = \sqrt{\frac{3a}{2} \times \frac{a}{2} \times \frac{a}{2} \times \frac{a}{2}} = \frac{a^2\sqrt{3}}{4}. \tag{815}$$

Si le triangle était rectangle on aurait

$$a^2 = b^2 + c^2.$$

Pour savoir ce que devient la surface, dans cette hypothèse, il faut reprendre la formule

$$S = \frac{\sqrt{(a+b+c)(b+c-a)(a+c-b)(a+b-c)}}{4},$$

multiplier *deux* à *deux* les facteurs sous le radical, ce qui donne $\quad S = \dfrac{\sqrt{(b^2 + 2bc + c^2 - a^2)(a^2 + 2bc - b^2 - c^2)}}{4}$,

et remplacer $b^2 + c^2$ par a^2, ce qui donne

$$S = \frac{\sqrt{(a^2 + 2bc - a^2)(a^2 + 2bc - a^2)}}{4} = \frac{\sqrt{2bc \times 2bc}}{4} = \frac{bc}{2},$$

résultat conforme à celui que nous avons obtenu au numéro 817.

Si l'un des nombres exprimés par a, b, c, était plus grand que la somme des deux autres, l'un des facteurs $(p-a)$, $(p-b)$ ou $(p-c)$, deviendrait négatif et la valeur de S étant imaginaire, le triangle serait évidemment *impossible*.

Enfin, si l'un des trois côtés était égal à zéro, les deux autres côtés seraient nécessairement égaux entre eux, et la surface serait nulle.

Ainsi, par exemple, si l'on avait $c = 0$, il en résulterait évidemment $a = b$ et l'on aurait

$$S = \frac{\sqrt{(a+a+0)(a+0-a)(a+0-a)(a+a-0)}}{4} =$$

$$= \frac{\sqrt{2a \times 0 \times 0 \times 2a}}{4} = 0.$$

819. *Applications.* Soit $a = 100$ *mètres*, $b = 70$ *mètres*, $c = 90$ *mètres*, on aura

$$2p = 100 + 70 + 90 = 260$$

$$p = \frac{260}{2} = 130,$$

$$p - a = 130 - 100 = 30$$

$$p - b = 130 - 70 = 60$$

$$p - c = 130 - 90 = 40,$$

et par conséquent

$$S = \sqrt{130 \times 30 \times 60 \times 40} = 600\sqrt{26} = 3059^{mq},44,$$

résultat conforme à celui que nous avons obtenu au numéro 786.

Si l'on suppose $a = 5^m$, $b = 4^m$, $c = 3^m$, on aura

$$2p = 12, p = 6, p - a = 1, p - b = 2, p - c = 3,$$

et la formule deviendra

$$S = \sqrt{6 \times 1 \times 2 \times 3} = \sqrt{36} = 6 \ mètres \ quarrés.$$

Si l'on veut employer les logarithmes, on aura

$$log. \ S = \frac{log. \ p + log. \ (p-a) + log. \ (p-b) + log. \ (p-c)}{2}.$$

820. Problème. *Trouver la formule qui exprime le rayon* R *du cercle circonscrit à un triangle.*

Solution. *Fig.* 6. Si l'on trace la hauteur AE du triangle ABC et le diamètre AD du cercle circonscrit, les triangles ABE, ACD seront semblables (375), et l'on aura la proposition

$$AE : AB = AC : AD,$$

qui devient
$$h : c = b : 2R,$$

d'où
$$2Rh = bc;$$

mais on a
$$S = \frac{ah}{2};$$

multipliant l'une des équations par l'autre, et réduisant, on obtient
$$2RS = \frac{abc}{2};$$

d'où
$$R = \frac{abc}{4S}.$$

---

821. Problème. *Trouver la formule qui exprime le rayon du cercle inscrit à un triangle.*

Solution. *Fig.* 7. En exprimant le rayon cherché par r, on aura
$$triangle\ BUC = \frac{ar}{2},$$

$$triangle\ ACU = \frac{br}{2},$$

$$triangle\ ABU = \frac{cr}{2},$$

d'où
$$\frac{ar}{2} + \frac{br}{2} + \frac{cr}{2} = BUC + ACU + ABU,$$

mais $BUC + ACU + AUB = S,$

ajoutant et réduisant, on obtient
$$\frac{ar + br + cr}{2} = S,$$

d'où
$$r = \frac{2S}{a + b + c};$$

remplaçant $(a + b + c)$ par $2p$ (818), on a

$$r = \frac{2S}{2p} = \frac{S}{p}.$$

---

822. Cercle tangent à trois droites. Le cercle NVU
étant inscrit dans le triangle ABC, si l'on fait

$$AN = AU = x$$
$$BN = BV = y$$
$$CU = CV = z,$$

on aura

$$AB = AN + BN = x + y = c$$
$$AC = AU + CU = x + z = b$$
$$BC = BV + CV = y + z = a.$$

Ces équations résolues donnent les formules

$$x = p - a; \quad y = p - b; \quad z = p - c,$$

c'est-à-dire que *chaque tangente est égale au demi-périmètre du
triangle, moins le côté opposé à l'angle au sommet duquel aboutit
la tangente.*

823. Concevons actuellement le cercle U'V'N', que nous
nommerons cercle *ex-inscrit*, on aura

$$AU' = AU + CU + CU'$$
$$AN' = AN + BN + BN',$$

d'où, en ajoutant

$$AU' + AN' = (AU + CU) + (AN + BN) + (CV' + BV') = b + c + a = 2p,$$

et par conséquent $AU' + AN' = 2AU' = 2p,$

d'où

$$AU' = p.$$

Il résulte de là que les six tangentes AU', AN', BN'', BV'',
CU''', CV''', sont égales entre elles, et que chacune d'elles est
égale à p.

824. Quant aux tangentes formées par les côtés prolongés
du triangle, chacune d'elles est égale à p *moins le côté dont elle
forme le prolongement.*

825. Ainsi le point A est l'extrémité commune à huit tangentes, dont les valeurs sont renfermées dans le tableau suivant:

$$AU' = AN' = p$$
$$AU = AN = p - a$$
$$AU'' = AN'' = p - c$$
$$AU''' = AN''' = p - b.$$

Les deux tangentes au cercle *ex-inscrit* compris dans l'angle N'AU' sont égales à p, tandis que les deux tangentes au cercle *inscrit* dans l'intérieur du triangle sont égales à $p - a$.

Les deux tangentes formées par le côté b et le prolongement de c sont égales à $p - c$, et les tangentes formées par le côté c et le prolongement de b sont égales à $p - b$. Ainsi, chacune de ces quatre dernières tangentes est égale à p *moins le côté qui est touché dans son prolongement par le cercle que l'on considère.*

826. Ce qui vient d'être dit est applicable aux *huit* tangentes qui ont leurs extrémités en B, ainsi qu'à celles qui aboutissent au point C.

Ces *vingt-quatre tangentes* peuvent encore être groupées de la manière suivante :

$$AU' = AN' = BN'' = BV'' = CU''' = CV''' = p$$
$$AU = AN = BN''' = BV''' = CU'' = CV'' = p - a$$
$$AU'' = AN'' = BN' = BV' = CV = CU = p - c$$
$$AU''' = AN''' = BN = BV = CV' = CU' = p - b.$$

Six de ces tangentes sont égales à p; *six* autres sont égales à $p - a$; *six* sont égales à $p - c$, et les *six dernières* égales à $p - b$.

---

827. surface du triangle. Les valeurs précédentes conduisent très-promptement à la formule que nous avons obtenue au numéro 818; en effet, traçons les droites OU, OC, O'U', O'C, les deux triangles OCU, O'CU' seront semblables, parce qu'ils sont rectangles en U et U', et qu'en outre l'angle OCU est égal à CO'U', puisque les bissectrices CO et CO' sont perpendiculaires l'une à l'autre.

On aura donc la proportion

$$OU : CU' = CU : O'U'.$$

Or, si nous exprimons par r et par r' les deux rayons OU et O'U', la proportion précédente deviendra

$$r : (p - b) = (p - c) : r',$$ d'où

(1) $$rr' = (p - b)(p - c).$$

Les points O et O' étant situés tous les deux sur la bissectrice de l'angle A, les deux triangles AUO, AU'O' sont semblables, et l'on a $$AU : OU = AU' : O'U',$$

d'où $$(p - a) : r = p : r',$$ et par conséquent

(2) $$pr = r'(p - a).$$

On a de plus, évidemment,

$$s = pr,$$ d'où

(3) $$s^2 = p^2 r^2.$$

Rapprochant pour plus de clarté les équations

(1) $$rr' = (p - b)(p - c)$$

(2) $$pr = r'(p - a)$$

(3) $$s^2 = p^2 r^2.$$

Puis multipliant et réduisant, on obtient

(4) $$s^2 = p(p - a)(p - b)(p - c),$$ d'où

(5) $$s = \sqrt{p(p - a)(p - b)(p - c)}.$$

Cette manière d'obtenir la formule précédente paraît beaucoup plus simple que celle qui est donnée au numéro 818; mais on doit remarquer que, dans le cas actuel, il faut commencer par établir les formules du numéro 826, ce qui est, au surplus, un exercice utile.

J'ajouterai, cependant, que la démonstration ordinaire est plus analytique, car elle conduit directement à la formule tandis que, dans le cas actuel, on n'aurait certainement pas l'idée de chercher cette formule si l'on n'en connaissait pas l'existence.

828. Nous avons obtenu précédemment

(2) $$pr = r'(p - a).$$ Mais on a

(6)
$$s = pr,$$

d'où, multipliant et réduisant,

(7)
$$s = r'(p - a).$$

Donc, si nous exprimons par r'' et par r''' les rayons des cercles *ex-inscrits* tangents aux côtés b et c, nous aurons

(8)
$$s = r''(p - b)$$

(9)
$$s = r'''(p - c).$$

De plus, en renversant l'équation (4) on aura

(10)
$$p(p - a)(p - b)(p - c) = s^2.$$

Rapprochant les cinq équations qui précèdent

(6)
$$s = pr$$

(7)
$$s = r'(p - a)$$

(8)
$$s = r''(p - b)$$

(9)
$$s = r'''(p - c)$$

(10)
$$p(p - a)(p - b)(p - c) = s^2.$$

Puis, multipliant et réduisant, on obtient

$$s^2 = r r' r'' r''',$$

d'où
$$s = \sqrt{r r' r'' r'''},$$

c'est-à-dire que *la surface du triangle est égale à la racine quarrée du produit des rayons des quatre cercles tangents.*

Cette formule est plus curieuse qu'utile, car le calcul des quatre rayons serait évidemment plus long que celui des quatre facteurs de la formule (5).

---

829. Problème. *Exprimer, en fonction des côtés, la surface du quadrilatère inscrit dans un cercle.*

Solution. *Fig.* **10.** Soit $AD = a$; $DC = b$; $CB = d$ et $BA = c$; exprimons la diagonale BD par x, abaissons la droite BP perpendiculaire sur AD, et la droite DN, perpendiculaire sur BC.

Enfin, exprimons BP par h, DN par k, AP par z et CN par u, nous aurons évidemment

$$S = ABD + BCD,$$

mais
$$ABD = \frac{ah}{2},$$

$$BCD = \frac{dk}{2},$$

ajoutant ces trois équations, on aura

(1)
$$S = \frac{ah + dk}{2}.$$

Il faut, actuellement, trouver les valeurs des deux perpendiculaires h et k.

Le triangle rectangle BPA donnera

$$\overline{BP}^2 = \overline{BA}^2 - \overline{AP}^2, \qquad \text{qui devient}$$

(2)
$$h^2 = c^2 - z^2 = (c + z)(c - z),$$

et le triangle rectangle DNC donnera

$$\overline{DN}^2 = \overline{CD}^2 - \overline{CN}^2, \qquad \text{qui devient}$$

(3)
$$k^2 = b^2 - u^2 = (b + u)(b - u).$$

Le quadrilatère ABCD étant inscrit dans un cercle, il s'ensuit que la somme des angles opposés BAD, BCD, vaut deux angles droits (200), d'où il résulte que l'angle BAP = DCN, puisqu'ils ont tous deux le même supplément BCD, donc les triangles rectangles BPA, DNC, sont semblables et l'on a la proportion

$$BA : CD = AP : CN,$$

qui devient
$$c : b = z : u, \qquad \text{d'où}$$

(4)
$$cu = bz.$$

Le théorème du numéro (650) étant appliqué au triangle ABD,

donnera
$$\overline{BD}^2 = \overline{AD}^2 + \overline{AB}^2 - 2AD \times AP,$$

qui devient
$$x^2 = a^2 + c^2 - 2az, \qquad \text{d'où}$$

(5)
$$z = \frac{a^2 + c^2 - x^2}{2a}.$$

Le théorème (651) appliqué au triangle BCD, donne

$$\overline{BD}^2 = \overline{DC}^2 + \overline{CB}^2 + 2CB \times CN,$$

qui devient
$$x^2 = b^2 + d^2 + 2du, \qquad \text{d'où}$$

$$(6) \qquad u = \frac{x^2 - b^2 - d^2}{2d}.$$

Les valeurs que nous venons d'obtenir pour z et pour u, étant substituées dans l'équation (4), on obtient

$$\frac{c(x^2 - b^2 - d^2)}{2d} = \frac{b(a^2 + c^2 - x^2)}{2a},$$

d'où

$$x^2 = \frac{bd(a^2 + c^2) + ac(b^2 + d^2)}{ac + bd};$$

cette valeur de x^2 étant portée dans l'équation (5), on obtient

$$z = \frac{a^2 + c^2 - \dfrac{bd(a^2 + c^2) + ac(b^2 + d^2)}{ac + bd}}{2a},$$

qui devient

$$z = \frac{c(a^2 + c^2 - b^2 - d^2)}{2(ac + bd)}.$$

Cette quantité étant portée dans l'équation (2), on a

$$h^2 = \left[c + \frac{c(a^2 + c^2 - b^2 - d^2)}{2(ac + bd)} \right] \left[c - \frac{c(a^2 + c^2 - b^2 - d^2)}{2(ac + bd)} \right].$$

Transformant, on obtient

$$h^2 = \frac{c^2(b+c+d-a)(a+c+d-b)(a+b+d-c)(a+b+c-d)}{4(ac + bd)^2},$$

d'où

$$h = \frac{c\sqrt{(b+c+d-a)(a+c+d-b)(a+b+d-c)(a+b+c-d)}}{2(ac + bd)}.$$

La valeur obtenue précédemment pour x^2, étant portée dans l'équation (6), on obtient

$$u = \frac{\dfrac{bd(a^2 + c^2) + ac(b^2 + d^2)}{ac + bd} - b^2 - d^2}{2d},$$

qui devient

$$u = \frac{b(a^2 + c^2 - b^2 - d^2)}{2(ac + bd)}.$$

Cette quantité étant portée dans l'équation (3), on a

$$k^2 = \left[b + \frac{b(a^2 + c^2 - b^2 - d^2)}{2(ac + bd)} \right] \left[b - \frac{b(a^2 + c^2 - b^2 - d^2)}{2(ac + bd)} \right].$$

Transformant, on obtient

$$k^2 = \frac{b^2(b+c+d-a)(a+c+d-b)(a+b+d-c)(a+b+c-d)}{4(ac+bd)^2},$$

d'où

$$k = \frac{b\sqrt{(b+c+d-a)(a+c+d-b)(a+b+d-c)(a+b+c-d)}}{2(ac+bd)}.$$

Enfin les valeurs de h et de k étant substituées dans l'équation (1), on obtient après toute réduction

$$S = \frac{\sqrt{(b+c+d-a)(a+c+d-b)(a+b+d-c)(a+b+c-d)}}{4} =$$

$$\sqrt{\left(\frac{b+c+d-a}{2}\right)\left(\frac{a+c+d-b}{2}\right)\left(\frac{a+b+d-c}{2}\right)\left(\frac{a+b+c-d}{2}\right)}.$$

Si nous exprimons le périmètre $a + b + c + d$ par $2p$, nous

aurons $S = \sqrt{(p-a)(p-b)(p-c)(p-d)}.$

830. Corollaire. Si les deux sommets C et B se rapprochaient jusqu'à ce qu'ils soient réunis en un seul, on aurait $d = 0$, et la formule précédente deviendrait

$$S = \sqrt{(p-a)(p-b)(p-c)\,p} = \sqrt{p(p-a)(p-b)(p-c)},$$

ce qui doit être parce que le triangle est évidemment un cas particulier parmi les quadrilatères inscrits.

––––––

831. Remarque. La recherche des formules générales offre un sujet inépuisable d'étude aux personnes qui cultivent les sciences. La géographie, l'astronomie, la physique, la mécanique, etc., donnent lieu à un grand nombre de questions qui, résolues une fois pour toutes, concourent elles-mêmes à la solution de questions nouvelles ; c'est pourquoi j'engage le lecteur à continuer lui-même ce genre de travail, qui sera pour lui une préparation utile à l'étude des parties plus élevées des mathématiques. Je me contenterai, pour le moment, d'indiquer encore quelques sujets d'exercices.

---

852. Polygones réguliers. On peut exprimer par des formules les côtés de tous les polygones réguliers que l'on sait inscrire dans le cercle.

Ainsi, par exemple, en désignant le rayon par R, et le côté du polygone régulier inscrit par C, on aura

POLYGONES INSCRITS.	COTÉS EN FONCTION DU RAYON.
Quarré. . . .	$C = R\sqrt{2}.$
Octogone	$C = R\sqrt{2 - \sqrt{2}}.$
Triangle	$C = R\sqrt{3}.$
Hexagone. . . .	$C = R.$
Dodécagone . . .	$C = \dfrac{R(\sqrt{6} - \sqrt{2})}{2}.$
Décagone	$C = \dfrac{R(-1 + \sqrt{5})}{2}.$
Pentagone. . . .	$C = \dfrac{R\sqrt{2(5 - \sqrt{5})}}{2}.$

On pourra s'exercer aussi à chercher le rayon du cercle inscrit et la surface de chacun de ces polygones.

CHAPITRE V.

Rapports numériques.

833. Définition. Une des questions les plus utiles pour les applications mathématiques, c'est la recherche des rapports numériques.

Nous avons déjà dit, au n° 347, comment on peut trouver graphiquement le rapport qui existe entre deux droites données, mais cette manière d'opérer ne peut être admise qu'à défaut de méthodes plus rigoureuses, déduites de la définition géométrique des quantités que l'on compare.

En général, on doit chercher à exprimer les deux quantités proposées, en fonction d'une troisième, qui disparaît lorsque l'on divise l'une des quantités par l'autre pour obtenir leur rapport. Mais lorsqu'il existe entre les deux quantités données une relation géométrique définie, on peut prendre l'une de ces quantités pour terme de comparaison; ce qui dispense d'employer une commune mesure auxiliaire. Nous allons éclaircir ces principes par quelques exemples.

834. Problème. *Trouver le rapport numérique entre la diagonale et le côté du quarré.*

solution. Si nous exprimons la diagonale par D, et le côté par C, nous aurons

$$D^2 = 2C^2, \quad \text{d'où} \quad D = C\sqrt{2}.$$

Divisant les deux membres par C, nous aurons pour le rapport
numérique $\dfrac{Diag.}{C\hat{o}t\acute{e}} = \dfrac{D}{C} = \sqrt{2} = 1,41420.$

On peut donner au résultat la forme d'une proportion ; ainsi
on dira $Diag. : c\hat{o}t\acute{e} = \sqrt{2} : 1,$
ou, *approximativement*

$$D : C = 14 : 10 = 141 : 100 = 1414 : 1000, \text{ etc.}$$

855. Remarque. Les rapports numériques étant destinés
aux applications, doivent être, en général, calculés avec une
grande exactitude. Chacun prend ensuite le nombre de chiffres
décimaux nécessaires, suivant la question particulière dont il
s'occupe.

---

856. Problème. *Un cercle et un quarré ont des contours équivalents; on demande le rapport numérique de leurs surfaces.*

solution. Si nous désignons le côté du quarré par C, l'expression algébrique du rapport demandé sera

$$\frac{Cercle}{Quarr\acute{e}} = \frac{\pi R^2}{C^2}.$$

Mais, puisque la circonférence du cercle est égale au périmètre du quarré, on doit avoir

$$2\pi R = 4C,$$

ce qui donne $\qquad R = \dfrac{2C}{\pi},$

et par conséquent $\qquad R^2 = \dfrac{4C^2}{\pi^2};$

cette valeur de R^2 étant portée dans l'équation (1), on obtient
pour le rapport numérique demandé

$$\frac{cercle}{quarr\acute{e}} = \frac{\pi \times 4C^2}{C^2 \times \pi^2} = \frac{4}{\pi} = 1,27324.$$

Ainsi l'on voit, qu'à égalité de contour, la surface du cercle
est plus grande que celle du quarré.

---

837. Problème. *Un cercle et un quarré ont la même étendue en surface; on demande le rapport numérique de leurs contours.*

solution. L'expression algébrique du rapport demandé sera

$$(1) \qquad \frac{\textit{circonf. cercle}}{\textit{périm. quarré}} = \frac{2\pi R}{4C} = \frac{\pi R}{2C}.$$

Mais puisque les deux surfaces sont équivalentes, on a

$$\pi R^2 = C^2,$$

ce qui donne
$$R = \frac{C}{\sqrt{\pi}} = \frac{C\sqrt{\pi}}{\pi}.$$

Cette valeur étant substituée dans l'équation (1), on obtient

$$\frac{\textit{circonf.}}{\textit{périm.}} = \frac{\pi \times C\sqrt{\pi}}{2C \times \pi} = \frac{\sqrt{\pi}}{2} = 0{,}88622.$$

---

838. Problème. *Trouver le rapport numérique entre la circonférence du cercle et le contour du triangle équilatéral inscrit.*

solution. Le côté du triangle inscrit est égal à $R\sqrt{3}$ (832), par conséquent le contour vaut $3R\sqrt{3}$; mais la circonférence du cercle vaut $2\pi R$, ainsi on aura, pour le rapport numérique

$$\frac{\textit{circonf.}}{\textit{périm.}} = \frac{2\pi R}{3R\sqrt{3}} = \frac{2\pi}{3\sqrt{3}} = \frac{2\pi\sqrt{3}}{9} = 1{,}20920.$$

---

839. Problème. *Trouver le rapport numérique entre la surface du cercle et celle de l'hexagone régulier circonscrit.*

solution. Si nous exprimons par C le côté de l'hexagone, la surface sera

$$\frac{6C \times r}{2} = 3Cr, \qquad\qquad (587)$$

le triangle rectangle AOD, *fig.* **8**, *pl.* **22**, donne

$$\overline{AO}^2 = \overline{OD}^2 + \overline{AD}^2,$$

qui, dans le cas actuel, devient

$$C^2 = r^2 + \left(\frac{C}{2}\right)^2, \quad \text{d'où} \quad C = \frac{2r}{\sqrt{3}};$$

ainsi on a $surf.\ hexagone = \dfrac{3r \times 2r}{\sqrt{3}} = \dfrac{6r^2}{\sqrt{3}}$,

mais la surface du cercle inscrit étant πr^2, on obtient pour le rapport

demandé $\dfrac{cercle}{hexag.} = \pi r^2 : \dfrac{6r^2}{\sqrt{3}} = \dfrac{\pi\sqrt{3}}{6} = 0,90690.$

---

840. Problème. *Trouver le rapport numérique entre les surfaces des cercles inscrits et circonscrits au décagone régulier.*

solution. *Fig.* **16**, *pl.* **22.** Le rayon du cercle circonscrit étant exprimé par R, on a, pour le côté BC du décagone

$$C = \frac{R(-1 + \sqrt{5})}{2}, \qquad (832)$$

mais le triangle ABD, donne la relation

$$\overline{AD}^2 = \overline{AB}^2 - \overline{BD}^2;$$

en exprimant le rayon AD du cercle inscrit par r, et remarquant que $BD = \dfrac{BC}{2} = \dfrac{C}{2},$

on obtient $r^2 = R^2 - \dfrac{R^2(-1 + \sqrt{5})^2}{16},$

d'où $r^2 = \dfrac{R^2(5 + \sqrt{5})}{8},$

on aura donc pour le rapport demandé

$$\frac{cercle\ circons.}{cercle\ inscrit} = \frac{\pi R^2}{\pi r^2} = \frac{R^2 \times 8}{R^2(5 + \sqrt{5})} = \frac{8(5 - \sqrt{5})}{20} =$$

$$= \frac{2(5 - \sqrt{5})}{5} = 1,10558.$$

---

841. Problème. *Trouver le rapport numérique entre le secteur de 48 degrés, dans un cercle dont le rayon vaut 15 mètres, et le secteur de 60 degrés, dans un cercle dont le rayon vaut 8 mètres.*

solution. Si nous exprimons le premier secteur par S, et le second par S', nous aurons (592)

$$360 : 48 :: \pi(15)^2 : sect.\ S,$$
$$360 : 60 :: \pi\ (8)^2 : sect.\ S'.$$

La première proportion donne

(1) $$360S = 48\pi(15)^2;$$

la seconde proportion donne

(2) $$360S' = 60\pi\ (8)^2;$$

divisant l'équation (1) par (2) on obtient

$$\frac{sect.\ S}{sect.\ S'} = \frac{48 \times 225\pi}{60 \times 64\pi} = \frac{45}{16} = 2,81250.$$

842. Polygones réguliers. En divisant par R chacune des équations obtenues au numéro 832, on aura le rapport numérique entre le côté du polygone régulier correspondant et le rayon du cercle circonscrit.

POLYGONES INSCRITS.	RAPPORTS NUMÉRIQUES DES CÔTÉS AU RAYON.	
Quarré.	$\frac{C}{R} = \sqrt{2}$	$= 1,41420$
Octogone	$\frac{C}{R} = \sqrt{2 - \sqrt{2}}$	$= 0,76537$
Triangle	$\frac{C}{R} = \sqrt{3}$	$= 1,73205$
Hexagone. . . .	$\frac{C}{R} = 1$	$= 1,00000$
Dodécagone . . .	$\frac{C}{R} = \frac{\sqrt{6} - \sqrt{2}}{2}$	$= 0,51764$
Décagone	$\frac{C}{R} = \frac{-1 + \sqrt{5}}{2}$	$= 0,61803$
Pentagone. . . .	$\frac{C}{R} = \frac{\sqrt{2(5 - \sqrt{5})}}{2}$	$= 1,17557$

845. Corollaire. En multipliant chacun de ces nombres par R, on aura le côté du polygone régulier correspondant.

Ainsi, pour le côté du pentagone régulier inscrit dans un cercle dont le rayon serait 18 mètres, on aurait

$$C = 18 \times 1,17557 = 21^m,16.$$

---

844. Rapport numérique de la circonférence au diamètre. Dans toutes les questions relatives à la circonférence et à la surface du cercle, nous avons fait usage du facteur π, qui exprime le rapport numérique de la circonférence au diamètre.

Nous avons admis pour ce nombre, la valeur obtenue par les géomètres qui se sont occupés de cette importante question. Mais nous ne pouvions pas exposer les moyens par lesquels on a calculé ce rapport, avant d'avoir établi les relations qui existent entre le cercle et les polygones inscrits ou circonscrits.

On connaît trois méthodes élémentaires pour obtenir le nombre π.

La première consiste à calculer successivement les surfaces des polygones réguliers inscrits et circonscrits de 4, 8, 16, 32, 64 *côtés*, etc.

A mesure que l'on augmente ainsi le nombre des côtés, la différence qui existe entre le polygone inscrit et le polygone semblable circonscrit diminue; et lorsque les nombres qui expriment les surfaces de ces deux polygones ne diffèrent plus entre eux que d'une partie décimale suffisamment petite, on peut prendre l'un ou l'autre de ces deux nombres pour la surface du cercle, et l'erreur que l'on commet est évidemment moindre que la différence des deux nombres obtenus, puisque le cercle est toujours plus grand que l'un des deux polygones et plus petit que l'autre.

En divisant la surface trouvée par la moitié du rayon, on obtiendra la circonférence, et, par suite, le rapport de cette ligne au diamètre.

On simplifie les calculs en prenant pour exemple un cercle dont le rayon est égal à l'*unité*.

Par la seconde méthode, on prend pour point de départ les

nombres qui expriment les périmètres des quarrés inscrit et circonscrit à un cercle dont le rayon est connu, et peut être pris, pour plus de simplicité, égal à l'unité; puis on calcule successivement les périmètres des polygones réguliers inscrits et circonscrits de 8, 16, 32, 64 *côtés*, etc.

Il est évident que la différence de ces périmètres diminue à mesure que le nombre des côtés du polygone augmente, et l'on s'arrête lorsque cette différence est plus petite qu'une fraction décimale qui détermine la limite de l'exactitude obtenue.

Le nombre trouvé exprimant la circonférence d'un cercle dont le rayon est connu, il est facile d'en déduire le rapport de la première de ces deux lignes au diamètre.

Par la troisième méthode, on se donne le contour d'un quarré, et l'on calcule les rayons des cercles inscrits et circonscrits au polygone que l'on obtiendrait si l'on remplaçait ce quarré par des polygones réguliers qui auraient le même contour, mais dont le nombre des côtés serait successivement de 8, 16, 32, 64, 128, etc.

Ainsi, dans le premier cas, on cherche la surface d'un cercle dont le rayon est donné.

Dans le deuxième, on cherche la circonférence d'un cercle dont on connaît le rayon, et dans le troisième on cherche le rayon d'un cercle dont on connaît la circonférence.

Dans la première édition de cet ouvrage, j'avais préféré la première méthode, qui est celle donnée par Legendre, parce qu'à cette époque beaucoup d'examinateurs la demandaient ou du moins l'acceptaient dans les examens.

Mais la troisième méthode, dite des *polygones isopérimètres*, paraît être préférée par les professeurs et les examinateurs, et comme elle est effectivement beaucoup plus simple que la première, je crois devoir la donner ici.

845. Supposons (*fig.* 8) que AB soit le côté d'un polygone régulier qui a pour centre le point O.

La droite AO, que nous nommerons R, sera le rayon du cercle circonscrit, et la droite OI, que nous désignerons par r, sera le rayon du cercle inscrit ou l'*apothème* du polygone donné.

Or il s'agit de déterminer le rayon R' du cercle circonscrit et le rayon r' du cercle inscrit à un polygone régulier de même périmètre que le premier, et qui aurait un nombre double de côtés.

Pour y parvenir, nous décrirons la circonférence ABC du cercle circonscrit et nous prolongerons la droite IO jusqu'au point C. L'angle ACB sera la moitié de AOB.

Nous décrirons du point O, comme centre, la circonférence qui a pour rayon la droite OA', moitié de OA, et nous tracerons le triangle A'B'O'.

L'angle A'O'B' moitié de AOB sera l'angle au centre du polygone cherché, et la corde A'B' moitié de AB sera le côté de ce polygone, puisque le périmètre devant rester le même, il est évident que chaque côté doit être réduit à sa moitié, dès que le nombre des côtés devient double.

Cela étant, la droite A'O' sera le rayon R' du cercle circonscrit, et la droite O'I' sera le rayon r' du cercle inscrit ou l'*apothème* du nouveau polygone.

On aura évidemment :

$$r' = \text{O'I'} = \text{O'O} + \text{OI'} = \frac{\text{OC}}{2} + \frac{\text{OI}}{2} = \frac{R}{2} + \frac{r}{2} = \frac{R+r}{2},$$

et la corde A'O' étant moyenne proportionnelle entre O'I' et O'D, on aura :

$$\text{R'}^2 = \overline{\text{O'A'}}^2 = \text{O'D} \times \text{O'I'} = Rr', \qquad \text{d'où}$$

$$\text{R'} = \sqrt{Rr'}.$$

Ainsi les deux formules

$$\text{(A)} \qquad r' = \frac{R+r}{2} \qquad \text{et} \qquad \text{R'} = \sqrt{Rr'}$$

serviront pour calculer r' et R' lorsqu'on connaîtra r et R.

846. D'après cela, concevons un quarré dont le côté serait égal à l'*unité*, et dont le périmètre serait par conséquent égal à *quatre*, on aura :

$$r = \tfrac{1}{2} = 0,5000000 \quad \text{et} \quad \text{R'} = \sqrt{\tfrac{1}{2}} = 0,7071068$$

pour les rayons des cercles inscrit et circonscrit.

Ces deux nombres étant portés à la place de r et R dans les formules (A), on obtiendra les nombres 0,6035534 et

0,6532815 pour les rayons des cercles *inscrit* et *circonscrit* à l'octogone régulier, dont le périmètre est 4.

Les mêmes formules donneront les nombres 0,6284174 et 0,6407289 pour les rayons des cercles *inscrit* et *circonscrit* au polygone régulier de 16 côtés, dont le périmètre est toujours 4, et ainsi de suite.

Or, lorsqu'on sera parvenu au polygone de 8192 côtés on aura :
$$r = 0,6366196 \text{ et } R = 0,6366196,$$
et la différence de ces deux rayons étant plus petite que 0,0000001.

On peut considérer le nombre obtenu comme exprimant à moins de 0,0000001 le rayon d'un cercle dont la circonférence serait égale à 4.

Or, l'équation $\qquad 2\pi R = 4 \qquad$ donne :
$$\pi = \frac{4}{2R} = \frac{4}{2 \times 0,6366196} = \frac{4,0000000}{1,2732392} = 3,1415926, \text{ etc.}$$

847. On peut représenter graphiquement la transformation du quarré en un cercle de même contour.

En effet, si l'on construit sur la figure 9, le quarré qui a pour côté A′B′, on fera successivement :
$$O'O'' = O'A'' = \frac{O'A'}{2}; \; O''O''' = O''A''' = \frac{O''A''}{2}; \; O'''O^{iv} = O'''A^{iv} = \frac{O'''A'''}{2}$$

et l'on aura par ce moyen les centres O″, O‴, O^iv, et les côtés A″Б″, A‴B‴ et A^iv B^iv des polygones de 8, 16 et 32 *côtés* ayant le même contour que le quarré donné.

848. On peut prendre pour point de départ le diamètre AB, qui serait alors considéré comme un polygone régulier inscrit de *deux côtés*, ayant pour centre le point O, et pour sommets les points A et B.

Le périmètre, égal à 2AB, vaudrait quatre fois A′B′ et serait par conséquent égal à 4. La surface de ce polygone serait *zéro*, le rayon du cercle inscrit serait également *zéro*, le rayon AO du cercle circonscrit vaudrait A′B′, et sera par conséquent égal à l'*unité*.

849. Ainsi, en doublant toujours le nombre des côtés depuis le polygone AB, qui n'a que deux côtés, jusqu'au cercle qui en a un nombre infini, les rayons des cercles inscrits et circonscrits aux différents polygones que l'on obtiendra seront successivement exprimés par les formules

$$r = 0$$
$$R = 1$$
$$r' = \frac{R + r}{2}$$
$$R' = \sqrt{Rr'}$$
$$r'' = \frac{R' + r'}{2}$$
$$R'' = \sqrt{R'r''}$$
$$r''' = \frac{R'' + r''}{2}$$
$$R''' = \sqrt{R''r'''}$$
$$\text{etc.} \ldots \ldots$$

et l'on peut faire cette remarque assez curieuse, qu'à partir du troisième, un terme quelconque de cette série est toujours alternativement, et suivant le rang qu'il occupe, *moyen par différence* ou *par quotient* entre les deux termes qui le précèdent.

FIN DE LA GÉOMÉTRIE PLANE.

GÉOMÉTRIE DE L'ESPACE.

LIVRE PREMIER.

CHAPITRE PREMIER.

Notions préliminaires.

850. Dans les quatre premiers livres de cet ouvrage, nous avons étudié les relations géométriques des figures que l'on peut tracer dans un plan. Il nous reste encore à rechercher les rapports de grandeur et de position de toutes les parties de l'étendue. C'est ce que nous nommerons la *Géométrie de l'espace*.

Nous avons dit, qu'une question appartient à la géométrie plane, lorsque toutes les quantités que l'on compare sont situées dans un même plan.

Les corps ayant de l'épaisseur, la recherche des principes au moyen desquels on peut déterminer leur forme ou leur étendue, dépendra de la géométrie de l'espace. On doit considérer aussi comme appartenant à cette partie de la géométrie, toutes les questions dans lesquelles on combine des points situés dans des plans différents.

Le *plan* étant la plus simple de toutes les surfaces, nous devons commencer par étudier avec le plus grand soin les propriétés qui résultent de la combinaison des plans entre eux, et de leur position relative.

Nous rappellerons d'abord (*Géom. plane*, 26), que *le plan est le lieu qui contient toutes les positions que peut prendre une droite mobile assujettie à s'appuyer constamment sur deux droites immobiles qui se rencontrent.*

Or toute droite, en général, devant être considérée comme infinie, il s'ensuit que *tous les plans sont infinis.*

De là résulte une difficulté qui paraît devoir nous arrêter dès les premiers pas. En effet, **comment pourrons-nous représenter les plans par des figures?**

---

851. On a dû reconnaître, en commençant l'étude de la géométrie, qu'il y a en général deux sortes de questions, savoir :

1° *Les questions de grandeur;*

2° *Les questions de position.*

Si, par exemple, je demande à quelqu'un, combien je dois parcourir de kilomètres pour atteindre un lieu déterminé, il est évident que ce sera une question de grandeur; mais si je demande quelle est la route qu'il faut suivre pour arriver au but de mon voyage, ce sera une question de position.

Or, les plans étant infinis, il ne peut jamais être question de leur grandeur, et par conséquent il nous suffit de trouver les moyens de rendre sensible leur position dans l'espace. Nous verrons plus tard comment cette position peut être déterminée d'une manière rigoureuse; mais les moyens adoptés pour atteindre ce but dépendant de principes qui ne sont pas encore démontrés, nous devons pour le moment nous contenter de figures de convention.

Supposons donc, qu'après avoir dessiné un quarré ou un cercle sur une feuille de carton, on incline cette figure dans tous les sens, on verra la forme changer pour chaque position du dessin. Ainsi, la figure *que l'on verra* lorsque la feuille sera placée horizontalement ne sera pas la même que si elle était verticale ou inclinée; et la forme apparente de cette figure étant une conséquence nécessaire de la position du plan qui la contient, il s'ensuit que nous pouvons souvent juger de la position de ce plan par la déformation des dessins que l'on y aura tracés, pourvu que nous connaissions la forme réelle de ces dessins.

Ainsi, lorsqu'une figure rectangulaire est placée horizontalement, à quelque distance de nos yeux et dans une position telle, que le rayon visuel soit perpendiculaire à l'un de ses côtés, la forme apparente diffère peu d'un parallélogramme dont deux côtés seraient horizontaux ; tandis que si la même figure était placée verticalement, nous verrions un quadrilatère dont deux côtés seraient verticaux.

Or, la vue d'un grand nombre d'objets rectangulaires tels que des tables, des livres, des ouvertures de portes ou de fenêtres, *fig. 2, 3, 4, pl. 25*, nous a familiarisés dès l'enfance avec leur forme réelle, et nous a habitués à reconnaître, par la forme apparente de leurs faces, quelle est la position des plans qui les contiennent; c'est pourquoi, dans les traités de géométrie, on est convenu de figurer les plans par des quadrilatères. Mais il ne faut pas oublier que ces figures ont seulement pour but de faire concevoir la position des plans dont on parle, et qu'elles ne doivent jamais être considérées comme des limites de ces plans qui sont *toujours essentiellement infinis*.

J'ai cru devoir entrer dans ces détails, parce que les commençants confondent souvent les faces planes et *limitées des corps*, avec les plans *infinis* qui contiennent ces faces, et qui ne sont que des conceptions géométriques nécessaires pour la démonstration des principes.

Le plan, la ligne droite et le point.

852. Définitions. Un point peut être situé dans un plan ou en dehors de ce plan.

853. Lorsqu'une droite AB, *fig. 1*, traverse un plan P, elle n'a qu'un point de commun avec ce plan.

854. *L'intersection* C *d'une ligne droite avec un plan* est le point suivant lequel ce plan est percé par la droite.

855. *Lorsqu'une droite* AB, *fig.* 5, *a deux points de communs avec un plan* P, *elle y est située tout entière*, car elle peut toujours être considérée comme la génératrice de ce plan, dont les directrices AC, BC, passeraient par les points donnés A et B.

856. *Par un point* A, *fig.* 6, *pris à volonté dans l'espace, on peut faire passer une infinité de plans* P, P', P", *dirigés dans toutes les directions.*

857. *Par deux points* A *et* B, *fig.* 7, *on peut faire passer une infinité de plans*, la droite qui joint ces deux points est située tout entière dans tous ces plans, puisqu'elle a deux points de communs avec chacun d'eux (855). On peut considérer ces plans comme les diverses positions d'un plan mobile, que l'on aurait fait tourner autour de la droite AB; d'où il résulte que *par une droite on peut faire passer une infinité de plans.*

---

858. Théorème. *Fig.* 8. *Par trois points donnés* A, B, C, *on ne peut faire passer qu'un plan.*

Démonstration. Concevons un plan qui contiendrait les points A et B, on pourra faire tourner ce plan autour de la droite AB, jusqu'à ce qu'il contienne le point C, et lorsqu'il sera parvenu dans cette position, il ne pourra plus se mouvoir sans abandonner l'un ou l'autre des trois points donnés; c'est pourquoi on dit que *trois points déterminent la position d'un plan.*

Remarque. Il est essentiel que les trois points dont il s'agit ne soient pas en ligne droite, car dans ce cas le plan pourrait tourner autour de cette ligne, et sa position serait indéterminée (857).

859. Corollaire I. Il résulte de ce qui précède, que *l'intersection de deux plans ne peut être qu'une ligne droite;* car s'ils avaient trois points communs, non en ligne droite, ils auraient la même position dans l'espace et se confondraient.

860. Cor. II. *Deux droites* AB, BC, *qui se coupent déterminent la position d'un plan*, car on peut faire tourner le plan P autour de la droite AB; mais, lorsqu'il contiendra la droite BC, sa position sera évidemment déterminée.

861. cor. III. Il est facile de voir que la position du plan P″ sera encore déterminée s'il doit contenir deux droites parallèles AB, CD.

---

862. Théorème. *Fig. 8. La position d'une droite AB est déterminée dans l'espace lorsque l'on connaît deux plans P et P″ qui la contiennent.*

Démonstration. Il est évident que la droite AB ne pourrait changer de position qu'en abandonnant l'un ou l'autre des plans P ou P″ ou tous les deux. Elle ne peut donc pas changer de place, et par conséquent sa position est déterminée.

---

863. Théorème. *Fig. 6. La position d'un point A est déterminée lorsque l'on connaît trois plans P, P′, P″, qui contiennent ce point.*

Démonstration. Le point dont il s'agit étant situé dans les deux plans P et P′, il doit appartenir à leur intersection MN. Ce même point devant être situé dans les plans P′ et P″, appartient à leur intersection VU. Or, puisqu'il appartient en même temps aux deux droites MN et VU, il ne peut être situé qu'au point A, suivant lequel ces deux droites se coupent.

864. Corollaire. La droite AS provenant de l'intersection des plans P et P″, doit également passer par le point A.

CHAPITRE II.

Plans et lignes droites; parallèles et perpendiculaires.

865. Définitions. Une ligne droite est parallèle à un plan, lorsqu'elle n'a aucun point de commun avec ce plan; on dit alors qu'elle ne le rencontre pas.

866. Deux plans sont parallèles lorsqu'ils n'ont aucun point commun, ou qu'ils ne se rencontrent pas.

---

867. Théorème. *Fig.* **9.** *Une droite* AB *est parallèle à un plan* P *lorsqu'elle est parallèle à une autre droite située dans ce plan.*

Démonstration. Par les deux parallèles AB, CD, on peut toujours concevoir un plan P'; or, la droite AB ne pouvant pas quitter le plan P', il est évident que si elle rencontrait le plan P, ce ne pourrait être que dans le prolongement de CD; ce qui est impossible, puisque les deux droites AB, CD sont parallèles. On peut dire que *la droite* AB *rencontre le plan* P *à l'infini.*

868 Corollaire Si les droites AB, CD sont parallèles, tout plan P qui contiendra la droite CD sera parallèle à AB.

---

869. Théorème. *Fig.* **9.** *Si deux plans* P *et* P" *sont parallèles, toute droite telle que* MN *située dans l'un de ces plans, est parallèle à l'autre.*

Démonstration. Il est évident que si la droite MN rencontrait le plan P, les deux plans P' et P" se rencontreraient; ce qui est impossible, puisqu'ils sont parallèles.

---

870. Théorème. *Fig.* **10.** *Les intersections* AB, CD *de deux plans parallèles* P *et* P' *par un troisième plan* P" *sont deux droites parallèles.*

Démonstration. Si les droites AB, CD se rencontraient, les deux plans P et P' se rencontreraient: ce qui est impossible, puisque ces plans sont parallèles; ainsi les deux lignes AB, CD ne se rencontreront pas et sont par conséquent parallèles.

871. Corollaire I. Si l'on fait tourner le plan P" autour de la droite AB, l'intersection CD deviendra successivement C'D', C"D" en s'éloignant de sa position primitive CD sans cesser d'être parallèle à la droite AB. Et, lorsque le plan mobile P''' sera venu prendre la position du plan P, la droite suivant laquelle il coupera le plan P′ sera infiniment éloignée de AB ; c'est pourquoi l'on dit que *deux plans parallèles se rencontrent à l'infini.*

872. cor. II. Par une droite AB, parallèle à un plan P′, on ne peut faire passer qu'un seul plan parallèle au plan P′.

873. cor. III. Deux plans sont parallèles, lorsque leurs intersections par un plan *quelconque* sont deux lignes parallèles, car il est évident alors qu'ils ne se rencontrent dans aucune direction.

---

874. Théorème. *Fig.* **11.** *Si plusieurs droites* M, N, V *sont parallèles, les parties de ces lignes comprises entre deux plans parallèles sont égales.*

Démonstration. Le plan qui contient les deux droites M et N, coupe les plans P et P′, suivant deux droites AC, BD, qui sont parallèles (870). Par conséquent, le quadrilatère ABCD est un parallélogramme, et les côtés opposés AB, CD sont égaux.

On démontrera de même que HK est égal à AB.

875. Corollaire. *Fig.* **11.** Par un point A on ne peut mener qu'un seul plan P parallèle à P′, car tout autre plan mené par le point A couperait les droites M, N, V ailleurs qu'aux points C ou H, et les parties interceptées ne seraient plus égales, ce qui serait contraire au principe qui vient d'être démontré.

---

876. Théorème. *Fig.* **12.** *Lorsque des droites* M *et* N *sont coupées par des plans parallèles, les parties interceptées sont proportionnelles.*

Démonstration. Supposons que A, B, C soient les points suivant lesquels la droite M perce les trois plans P, P′, P″, et que V, U, S soient les intersections de la droite N avec les mêmes plans. Concevons la droite AS qui perce le plan P′ au point H.

Le plan qui contient les trois points A, C, S coupera les plans P′ et P″ suivant les droites parallèles CS et BH, ce qui donnera la proportion AB : BC = AH : HS.

Le plan des trois points A, S, V coupera les plans P et P' suivant les parallèles AV, UH, ce qui donnera

$$AH : HS = VU : US.$$

Multipliant l'une des proportions par l'autre, et réduisant, on aura

$$AB : BC = VU : US.$$

---

877. Théorème. *Fig. 15. Si deux angles BAC, DOH, ont leurs côtés parallèles chacun à chacun, ces angles seront égaux et leurs plans seront parallèles.*

Démonstration. Si l'on fait AC=OH, le quadrilatère ACOH sera un parallélogramme et l'on aura CH égale et parallèle à AO.

Si l'on fait ensuite AB égale à OD, le quadrilatère ABDO sera aussi un parallélogramme, et l'on aura BD égale et parallèle à AO.

Or, les deux droites CH et BD étant égales et parallèles à la droite AO, elles seront égales et parallèles entre elles. De sorte que si l'on trace les deux droites BC et DH, le quadrilatère BCDH sera un parallélogramme, et l'on aura

$$BC = DH.$$

Le triangle ABC sera donc égal au triangle ODH, comme ayant leurs trois côtés égaux chacun à chacun, ce qui donnera

$$\textit{angle } BAC = \textit{angle } DOH.$$

878. Corollaire. Le quadrilatère BCDH étant un parallélogramme, il s'ensuit que les droites CB, HD seront parallèles; or, les points C, H et les points B, D pouvant être pris partout ailleurs sur les côtés des angles donnés, ou sur leurs prolongements, il s'ensuit que les droites CB, HD pourraient être dirigées dans tout autre sens; ainsi, les plans P et P' ne se rencontreront nulle part, donc ils seront parallèles.

---

879. Théorème. *Fig. 14. Si trois droites AO, CD, BH sont égales et parallèles; les triangles CAB, DOH seront égaux et leurs plans seront parallèles.*

Démonstration. Les droites AO, CD étant égales et parallèles, le quadrilatère ACDO est un parallélogramme, et l'on a AC égale et parallèle à OD.

Les droites AO, BH étant égales et parallèles, le quadrilatère ABHO est un parallélogramme, et l'on a AB égale et parallèle à OH.

Or, les deux côtés de l'angle CAB étant égaux et parallèles aux côtés de l'angle DOH; il résulte du théorème précédent, que les triangles ABC, DOH sont égaux et que leurs plans sont parallèles.

---

880. Définitions. Une droite AB, *fig.* **1**, *pl.* **26**, est perpendiculaire à un plan P, lorsqu'elle ne penche d'aucun côté par rapport à ce plan; il faut, pour cela, qu'elle soit perpendiculaire à toutes les droites BC, BH, BD, etc., que l'on peut tracer par son pied dans le plan.

881. *Le pied de la perpendiculaire* est le point où elle perce le plan.

882. Lorsqu'une droite AK est perpendiculaire à un plan P, réciproquement le plan P est perpendiculaire sur la droite AK.

---

883. Théorème. *Fig.* **1.** *Toutes les fois qu'une droite* AB *est perpendiculaire sur deux autres droites* BC, BD, *elle est perpendiculaire au plan* P *qui les contient.*

Démonstration. Faisons BK = AB, concevons une droite quelconque CD, tracée comme l'on voudra dans le plan P, et traçons les droites AC, AH, AD, CK, HK, DK. Les droites BC, BD seront perpendiculaires au milieu de AK, ce qui donnera AC = CK et AD = DK. De plus, le côté CD sera commun aux deux triangles ACD, CDK, qui alors seront égaux. Il s'ensuit que l'angle ACH = HCK, donc le triangle AHC = CHK, et l'on a AH = HK. Ainsi, le point H étant à égale distance des deux points A et K, la droite HB est perpendiculaire sur AK; mais on aurait pu tracer la droite DH dans toute autre direction; par conséquent la droite AK est perpendiculaire sur *toutes les* *droites* qui passent par son pied dans le plan P; donc elle est perpendiculaire au plan P.

884. Corollaire I. Le plan P est le lieu qui contient tous les points à égale distance des points A et K. Ce même plan contient aussi toutes les droites que l'on peut mener par le point B perpendiculairement à AK.

885. Cor. II. Si l'on fait tourner un angle droit ABH autour de l'un de ses côtés AB, le second côté BH engendrera le plan P perpendiculaire sur AB.

─────────

886. Théorème. *Fig. 2. Par un point donné A on ne peut abaisser qu'une seule droite perpendiculaire à un plan.*

Démonstration. Si les deux droites AB, AC, étaient perpendiculaires au plan P, elles seraient perpendiculaires à la droite MN, suivant laquelle le plan P serait coupé par le plan P' qui contient les deux droites AB, AC; le triangle ABC aurait alors deux angles droits, ce qui est impossible.

887. Corollaire. *Par un point B, situé dans le plan P, on ne peut élever qu'une seule perpendiculaire à ce plan.*

En effet, si les droites BA, BD, étaient perpendiculaires au plan P, elles seraient toutes deux perpendiculaires sur la droite MN, ce qui est impossible.

─────────

888. Théorème. *Fig. 3. La droite AB, perpendiculaire au plan P, est plus courte que l'oblique AC, menée du point A à un point quelconque du même plan.*

Démonstration. Dans le triangle rectangle ABC le côté AB est évidemment plus court que l'hypoténuse AC.

889. Corollaire. La perpendiculaire AB étant la plus courte ligne que l'on puisse mener du point A au plan P, est ce que l'on appelle *la distance du point au plan.*

─────────

890. Théorème. *Fig. 3. Les obliques telles que AC, AD,*

AO, *qui s'écartent également de la perpendiculaire* AB, *sont égales.*

Démonstration. Les droites BC, BD, BO sont égales comme rayons d'un même cercle; donc les triangles rectangles ABC, ABD, ABO sont égaux, et les hypoténuses AC, AD, AO sont égales.

891. Corollaire. L'oblique AH, qui s'écarte le plus de la perpendiculaire, est la plus longue. En effet, on a (137) AH > AO; mais AO = AC = AD. Donc AH est plus grande que AC ou AD.

---

892. Théorème. *Fig. 4. Si plusieurs droites sont parallèles, et que l'une d'elles* AB *soit perpendiculaire à un plan* P, *les autres droites* CD, OH *seront aussi perpendiculaires sur le plan* P.

Démonstration. Traçons, dans le plan P, les droites BI, DS, HK parallèles entre elles. Les angles ABI, CDS, OHK seront égaux (877), et puisque le premier de ces angles est droit par l'énoncé, les deux autres angles CDS, OHK seront également droits. Or, la direction des trois parallèles BI, DS, HK étant arbitraire, il s'ensuit que les lignes CD, OH sont perpendiculaires à toutes les droites que l'on peut tracer par leurs pieds dans le plan P, et que par conséquent elles sont perpendiculaires à ce plan.

893. Corollaire I. Si plusieurs droites sont parallèles, tout plan perpendiculaire à l'une d'elles est perpendiculaire à toutes les autres.

894. Cor. II. Si plusieurs droites sont perpendiculaires à un même plan, elles seront parallèles.

En effet, le plan qui contient les deux droites AB, CD coupera le plan P suivant la droite BD. Or les deux droites AB, CD seront perpendiculaires sur BD. Donc, elles seront parallèles. On démontrera de même que la droite OH est parallèle à CD, et par conséquent à AB.

---

895. Théorème. *Fig. 5. Si les deux plans* P *et* P' *sont* *parallèles, toute ligne droite* AK, *perpendiculaire sur le plan* P, *sera perpendiculaire sur* P'.

Démonstration. Concevons par la droite AK un plan quelconque P''. Les intersections de P'' avec les plans P et P' seront deux droites parallèles BC, DH (870). Or, la droite AK étant perpendiculaire sur le plan P, sera perpendiculaire sur BC, elle sera donc aussi perpendiculaire sur sa parallèle DH, et par conséquent sur le plan P', puisque la direction du plan P'' est arbitraire.

896. Corollaire I. Quel que soit le nombre des plans parallèles que l'on aura, il est évident qu'une droite quelconque, perpendiculaire sur l'un d'eux, sera perpendiculaire sur tous les autres.

897. cor. II. Les droites BC, DH étant parallèles, quelle que soit la direction du plan P'', il s'ensuit que les plans P et P' ne se rencontreront nulle part. Ainsi, *tous les plans perpendiculaires à une même droite sont parallèles.*

898. cor. III. La droite BD, comprise entre les deux plans P et P', représente *leur distance*, parce qu'elle est plus courte que toute oblique BO comprise entre les mêmes plans.

---

899. Théorème. Fig. 6. *Deux droites* AB, CD *étant placées d'une manière quelconque dans l'espace, concevons la droite* KS *parallèle à* AB, *et passant par un point* H, *pris à volonté sur* CD; *le plan* P, *qui contiendra les lignes* CD *et* KS, *sera parallèle à la droite* AB (868). *Si actuellement, par un point quelconque de* AB *on conçoit* MN *perpendiculaire au plan* P, *et que par le point* N *suivant lequel la droite* MN *rencontre ce plan, on trace* NO *parallèle à* KS, *je dis que la droite* OI *parallèle à* MN, *sera perpendiculaire en même temps sur les deux droites* AB *et* CD.

Démonstration. La droite OI étant parallèle à MN, sera perpendiculaire au plan P, et par conséquent à la droite CD, qui passe par son pied dans le plan P.

Par la même raison, elle est perpendiculaire sur NO; donc

elle est perpendiculaire sur la droite AB, qui est parallèle à NO.

900. **Corollaire**. La droite OI est plus courte que toute autre ligne BD, qui joindrait un point de AB avec un point de CD. En effet, dans le plan des deux parallèles AB, NU, concevons BP parallèle à la droite IO, et par conséquent perpendiculaire au plan P, le triangle BPD sera rectangle en P, et l'on aura $$BD > BP. \tag{136}$$

Mais on a $$BP = IO.$$

Ajoutant et réduisant, on obtient $$BD > IO.$$

La droite IO *sera donc la plus courte distance des deux lignes* AB *et* CD.

---

901. **Définitions**. Si par un point quelconque A, *fig.* **7**, on conçoit une droite AB perpendiculaire sur le plan P, le point B, suivant lequel cette perpendiculaire perce le plan P, se nomme la *projection* du point A sur ce plan.

902. La droite AB se nomme *perpendiculaire projetante*, et le plan P prend alors le nom de *plan de projection*.

903. Le point B est la projection commune de tous les points de la droite AA', quelle que soit la distance de ces points au plan P.

904. La droite AB étant la seule perpendiculaire que l'on puisse abaisser du point A sur le plan P, il s'ensuit que toute ligne telle que AC est une *oblique*.

905. Si par les deux droites AB, AC, on conçoit un plan P', ce plan, nécessairement perpendiculaire au plan P, le coupera suivant la droite CB, qui sera la *projection* de AC sur le plan P.

906. Le plan P' est le *plan projetant* de la droite AC.

907. Toutes les droites situées dans le plan P', ont pour projection commune la droite MN, suivant laquelle le plan P' rencontre le plan P.

---

908. Théorème. Fig. 7. *Si par un point* D, *pris à volonté dans le plan* P, *on construit la droite* DC *perpendiculaire sur* MN, *cette droite* DC *sera également perpendiculaire sur toute autre droite* CA, *qui joindrait le point* C *avec un point quelconque de la perpendiculaire* AB.

Démonstration. La droite AB, perpendiculaire sur le plan P, est perpendiculaire sur les droites BC et BD, qui passent par son pied dans ce plan. Ainsi, les triangles ABD, ABC, sont tous deux rectangles en B, ce qui donne

$$\overline{AD}^2 = \overline{AB}^2 + \overline{BD}^2.$$
$$\overline{AB}^2 + \overline{BC}^2 = \overline{AC}^2.$$

Mais la droite CD étant perpendiculaire sur BC, le triangle BCD est rectangle en C, et l'on a

$$\overline{BD}^2 = \overline{CD}^2 + \overline{BC}^2.$$

Ajoutant les trois équations, et réduisant, on obtient

$$\overline{AD}^2 = \overline{AC}^2 + \overline{CD}^2;$$

d'où l'on peut conclure que le triangle ACD est rectangle en C, et que par conséquent la droite CD est perpendiculaire sur AC.

909. La droite BC, perpendiculaire en même temps sur les droites AB, CD, mesure leur distance (900).

CHAPITRE III.

Angles.

910. Définition. *L'inclinaison d'une ligne droite sur un plan se mesure par l'angle que cette ligne fait avec sa projection sur le plan.*

Ainsi, l'angle ACB, *fig.* **7**, mesure l'inclinaison de la droite AC sur le plan P.

---

911. Théorème. Fig. **7**. *L'angle* ACB, *qu'une droite* AC *fait avec sa projection sur un plan* P, *est plus petit que tout autre angle formé par la droite* AC *avec une autre droite* CD, *que nous supposerons tracée d'une manière quelconque dans le plan* P.

Démonstration. Prenons CD = CB, et concevons les droites AD et DB, nous aurons AB < AD (888) ; mais les deux triangles ACB, ACD, ont le côté AC commun ; de plus, on a fait CB = CD, et, puisque le côté AB est plus court que AD, on doit avoir l'angle ACB < ACD (134).

912. Corollaire. L'angle ACN, supplément de ACB, est plus grand que tout autre angle formé par la droite AC avec une ligne quelconque tracée par le point C dans le plan P.

Angles des plans.

913. Définitions. L'angle de deux plans *p* et *p′*, *fig.* **9**, est la quantité dont un de ces plans s'est écarté de l'autre en tournant autour d'une droite commune *ab*, qui devient alors *leur intersection*.

914. L'angle formé par deux plans se nomme *angle dièdre*, tandis que l'angle formé par deux droites se nomme *angle plan*.

915. L'espace compris entre deux plans qui se coupent se nomme *coin*.

---

916. Mesure de l'angle dièdre. *Fig.* **8** et **9**. La mesure directe consisterait à chercher, par la superposition, combien de fois l'angle que l'on veut mesurer A contient un autre angle dièdre *a*, que l'on prendrait pour unité ; mais cette opération serait souvent impraticable, et, dans tous les cas, peu commode. Nous allons chercher quelque autre moyen de parvenir au même but.

Concevons les deux droites *ap*, *ap'*, perpendiculaires sur *ab*; transportons ensuite le plan *pab* sur le plan PAB, en faisant coïncider la droite *ab* avec la droite AB, le côté *ap'*, perpendiculaire sur *ab*, prendra la position A*p''*, perpendiculaire sur AB, et le plan *p'ab* deviendra *p''*AB.

Or, il devient évident alors que l'angle dièdre *a*, que nous avons choisi pour unité, sera compris dans l'angle dièdre A, dont on veut obtenir la mesure, autant de fois que l'angle formé par les droites AP, AP', perpendiculaires sur la ligne AB, contiendra l'angle formé par les droites *ap*, *ap'*, perpendiculaires sur *ab*, et l'on conçoit qu'il en sera toujours ainsi, quel que soit le rapport numérique des deux angles PAP', *pap'*; c'est pourquoi on prendra l'angle PAP' pour la mesure de l'inclinaison du plan P sur le plan P'.

917. Les plans étant infinis, le sommet de l'angle PAP' peut être pris, partout où l'on voudra, sur la droite AB ou sur son prolongement. Ainsi, en général,

918. *Pour mesurer l'angle dièdre formé par deux plans P et P', on mesurera l'angle formé par deux droites AP, AP', menées dans ces plans perpendiculairement à leur intersection commune, et par un point quelconque de cette ligne.*

919. **Corollaire** I. On retrouve dans les angles dièdres toutes les relations analogues à celles qui résultent de la rencontre des lignes droites. Ainsi, lorsque deux plans P et P', *fig.* 12, se coupent d'une manière quelconque, la somme des deux angles adjacents COH, COB, vaut toujours deux angles droits. L'un de ces deux angles est le supplément de l'autre, et si l'un d'eux est droit, le second l'est également.

920. **Cor.** II. Lorsque deux plans parallèles P et P', *fig.* 10, Pl. 25, sont coupés par un troisième plan P'', les angles formés par ces plans sont *internes - externes, alternes - internes* ou *alternes-externes,* lorsqu'ils sont placés comme les angles analogues formés par la rencontre d'une sécante avec deux droites parallèles.

921. Théorème. *Si la droite* AB, fig. **10**, Pl. **26**, *est per-pendiculaire sur le plan* P, *tout plan tel que* P′, *qui contiendra la droite* AB, *sera perpendiculaire sur le plan* P.

Démonstration. Concevons AC, perpendiculaire sur la droite MN, intersection des deux plans P et P′, l'angle BAC sera un angle droit (880), et par conséquent le plan P′ sera perpendiculaire sur le plan P (918).

922. Corollaire I. Si le plan P′ est perpendiculaire sur CD, il sera perpendiculaire sur tout plan tel que P, contenant la droite CD, car si l'on construit AB perpendiculaire sur MN, on aura CA perpendiculaire sur AB (880), et le plan P′ perpendiculaire sur P.

923. cor. II. Si le plan P′ est perpendiculaire sur P, la droite AB, tracée dans le plan P′, perpendiculairement à MN, sera perpendiculaire sur le plan P, car l'angle BAC sera droit, et la ligne AB sera perpendiculaire sur deux droites AM, AC, passant par son pied dans le plan (883).

924. cor. III. Si le plan P′ est perpendiculaire sur P, et que par un point A, de l'intersection MN, on trace une perpendiculaire sur le plan P, cette droite sera située dans le plan P′; car si la perpendiculaire au plan P était AB′, située en dehors du plan P, on pourrait tracer dans le plan P′ une droite AB, perpendiculaire sur MN, et par conséquent perpendiculaire sur le plan P (923); ce qui ferait deux droites AB′ et AB, perpendiculaires sur un même plan.

925. cor. IV. *Fig.* **11.** Si par un point B on conçoit plusieurs plans P′, P″, P‴, etc., perpendiculaires sur un plan P, tous ces plans se couperont suivant une même ligne BA, perpendiculaire au plan P; car il résulte du corollaire précédent que cette droite sera située tout entière dans chacun des plans P′, P″, P‴.

926. cor. V. *Fig.* **11.** Tout plan P, perpendiculaire sur deux autres plans P′ et P″, est perpendiculaire sur leur intersection BA.

927. cor. VI. La droite AB étant perpendiculaire au plan P, si l'on fait tourner un plan P′ autour de la droite AB, toutes les positions P', P'', P''' du plan mobile seront perpendiculaires au plan P (925).

928. cor. VII. Par une droite AB, perpendiculaire à un plan P, on peut faire passer une infinité d'autres plans perpendiculaires au premier.

929. cor. VIII. Par un point quelconque A on peut faire passer une infinité de plans perpendiculaires à un plan donné P.

---

950. Théorème. Fig. **12.** *Si par un point* A, *pris à volonté dans l'espace, on construit la droite* AB, *perpendiculaire sur le plan* P, *et la droite* AC, *perpendiculaire sur le plan* P', *les angles-plans* SAB, BAC, *que les deux droites* AB, SC *feront entre elles seront égaux aux angles dièdres* COB, COH *formés par les plans* P *et* P'.

Démonstration. Le plan qui contiendra les deux droites AB, AC sera perpendiculaire aux plans P et P' (921), et par conséquent à leur intersection MN (926); les deux droites CO, OB seront donc perpendiculaires sur MN, et l'angle COB sera la mesure de l'angle dièdre formé par les plans P et P'.

Or, dans le quadrilatère ABOC la somme des angles vaut quatre angles droits, et si l'on retranche les deux angles droits ACO, ABO, il restera les angles

$$COB + CAB = 2;$$

mais on a $\qquad 2 = CAB + SAB.$

Ajoutant et réduisant, on aura

$$COB = SAB.$$

On démontrerait de la même manière que l'angle dièdre COH est égal à l'angle-plan CAB.

951. Corollaire. Il résulte encore de ce qui précède que l'angle-plan CAB est le supplément de l'angle dièdre COB, et que l'angle dièdre COH est le supplément de l'angle-plan BAS.

---

952. Remarque. Lorsque deux plans sont parallèles, ils

comprennent entre eux *une tranche* de l'espace qui est partout d'égale épaisseur.

933. Nous avons nommé *coin* ou *angle dièdre* l'espace compris entre deux plans qui se rencontrent, *fig.* **9**.

934. Lorsque deux plans P et P' se coupent suivant une droite MN, *fig.* **12**, ils forment quatre angles dièdres : deux de ces angles sont aigus, et les deux autres sont obtus, excepté dans le cas où les plans se couperaient à angles droits.

935. Lorsque trois plans P', P'', P''', *fig.* **11**, passent par la même droite AB, ils forment six angles dièdres, et l'on conçoit qu'en général lorsque des plans passeront par une droite commune, le nombre des angles dièdres sera le double du nombre des plans.

Angles trièdres.

936. Définitions. L'*angle trièdre* est l'espace compris entre trois plans qui n'ont qu'un seul point commun.

937. Lorsque trois plans P, P', P'', *fig.* **6**, *pl.* **25**, n'ont qu'un point commun A, ils forment dans l'espace *huit* angles trièdres qui ont le point A pour sommet commun. Quatre de ces angles sont situés au-dessus du plan P, et les quatre autres sont situés au-dessous.

938. Pour simplifier la question, nous supposerons un seul des huit angles trièdres formés par trois plans quelconques. Ainsi, par exemple, les trois droites SA, SB, SC, *fig.* **13**, *pl.* **26**, aboutissant à un même point S, nous pourrons toujours concevoir le plan qui contient les droites SA et SB; puis le plan qui contient les droites SA et SC; enfin, le plan qui contient les droites SB et SC; et négligeant les *sept* angles dièdres formés par les prolongements de ces plans, nous aurons celui qui est représenté sur la figure.

939. Lorsque l'on considère ainsi un angle trièdre indépendamment de ceux qui seraient formés par les prolongements des mêmes plans, on donne à ces plans le nom de *faces*. Ainsi ASB, ASC, BSC, sont les trois faces de l'angle trièdre. Les droites SA, SB, SC, en sont les *arêtes*, et le point S en est le *sommet*.

940. Tout angle trièdre, en général, contient neuf angles de différentes espèces, savoir :

1° Les trois *faces* ou *angles plans* ASB, ASC, BSC, formés par les arêtes combinées deux à deux;

2° Les trois *angles dièdres* que les faces font entre elles;

3° Enfin les trois *angles d'inclinaison* que chacune des trois arêtes fait avec la face qui lui est opposée.

Nous allons étudier les relations générales qui existent entre ces quantités.

---

941. Théorème. Fig. **15.** *Dans tout angle trièdre, l'un quelconque des trois angles plans, formés par les arêtes, est plus petit que la somme des deux autres.*

Démonstration. Supposons que l'on ait fait tourner la face BSC autour de l'arête SB, jusqu'à ce que le point C soit arrivé en C' sur le plan de l'angle ASB, que nous pouvons toujours supposer la plus grande des trois faces.

Concevons ensuite par les deux points C et C' un plan quelconque qui couperait les faces de l'angle trièdre suivant les trois droites AB, AC et BC, nous aurons évidemment

$$AB < AC + BC.$$

Mais les deux triangles C'SB, CSB sont égaux, puisque le premier n'est autre chose que le second rabattu sur le plan ASB; ainsi on aura $\qquad BC' = BC.$

Retranchant cette équation de l'inégalité précédente, on obtient $\qquad AB - BC' < AC + BC - BC,$
d'où, après réductions, $\quad AC' < AC.$

Or on a le côté AS commun aux deux triangles ASC', ASC. De plus SC' est égal à SC, par construction, et le troisième côté AC' étant plus petit que AC, il résulte d'un théorème de la géométrie plane que $\qquad$ *l'angle* ASC' < *l'angle* ASC;

mais par suite de l'égalité des deux triangles SBC', SBC, on a

$$\text{l'}angle\ C'SB = \text{l'}angle\ CSB\ ;$$

ajoutant, on obtient

$$ASC' + C'SB < ASC + CSB,$$

d'où, après réductions,

$$ASB < ASC + CSB,$$

et puisque nous avons supposé que l'angle ASB était le plus grand des trois, il est évident que le principe est démontré à l'égard des deux autres.

942. Théorème. *Si les trois faces qui forment un angle trièdre*, fig. 15, *sont égales à chacune des trois faces qui composent un autre angle trièdre*, fig. 17, *les angles dièdres, formés par ces faces, sont égaux de part et d'autre.*

Démonstration. Faisons S'B' = SB ; traçons ensuite les droites BA, BC perpendiculaires sur SB, et les droites B'A', B'C' perpendiculaires sur S'B'. Il faut démontrer que l'angle ABC qui mesure l'inclinaison des deux faces ASB, BSC (918), est égal à l'angle A'B'C' qui mesure l'inclinaison des faces A'S'B' et B'S'C'.

Nous avons le triangle SBA = S'B'A' ; car ils sont rectangles en B et B', ils ont SB = S'B' par construction, et l'angle ASB = A'S'B' par l'énoncé ; par conséquent on aura

$$AB = A'B'\ \text{et}\ SA = S'A'.$$

les deux triangles CSB, C'S'B' sont aussi égaux, parce qu'ils sont rectangles en B et B', qu'ils ont le côté SB = S'B' et l'angle CSB = C'S'B', ce qui donne

$$BC = B'C'\ \text{et}\ SC = S'C'.$$

Si nous concevons actuellement les deux droites AC, A'C', les triangles ASC, A'S'C' seront égaux, puisque l'on vient de démontrer que SA = S'A', que SC = S'C', et qu'en outre on a l'angle ASC = A'S'C' par l'énoncé. Ainsi, on aura AC = A'C', et les deux triangles ABC, A'B'C' ayant les trois côtés égaux, seront égaux, ce qui donne l'angle

$$ABC = A'B'C';$$

on démontrerait de la même manière l'égalité des autres angles dièdres.

------

943. Théorème. *Si les deux faces* ASB, CSB, *fig.* **15**, *sont égales aux deux faces* A'S'B', C'S'B', *fig.* **17**, *et que l'angle dièdre* ABC *soit égal à l'angle dièdre* A'B'C', *les deux angles trièdres seront égaux.*

Démonstration. On peut transporter la face ASB sur A'S'B' et faire coïncider les arêtes SA, SB avec les arêtes S'A', S'B'; mais l'angle dièdre ABC étant égal à l'angle A'B'C', il est évident que le plan SBC s'appliquera sur le plan S'B'C', et puisque les angles CSB, C'S'B' sont égaux, l'arête SC deviendra S'C', et la coïncidence sera complète.

944. Corollaire. Les deux angles trièdres seront encore égaux lorsqu'ils auront un angle ASB = A'S'B et que les angles dièdres que les deux faces ASC, CSB font avec ASB, seront égaux aux angles dièdres que les faces A'S'C', C'S'B' font avec A'S'B. En effet, on pourra, comme précédemment, faire coïncider l'angle ASB avec A'S'B', et les deux autres faces du premier angle coïncideront évidemment avec les deux faces correspondantes du second.

------

945. Symétrie. Dans les deux théorèmes qui précèdent nous avons supposé que les faces des deux angles trièdres étaient disposées dans le même ordre. Mais cela ne sera pas toujours ainsi; il arrivera souvent, *fig.* **13** et **15**, que deux angles trièdres seront composés de faces égales disposées dans un ordre inverse, c'est-à-dire que la plus petite face ASC, qui est à droite dans l'angle trièdre, *fig.* **13**, serait au contraire placée à gauche de l'angle trièdre, *fig.* **15**.

On conçoit, dans ce cas, que la coïncidence par superposition ne serait plus possible, et l'on ne pourrait pas dire alors que les deux angles trièdres sont *égaux* d'une manière absolue, quoique cependant ils soient *égaux dans toutes leurs parties.*

C'est pour exprimer cette espèce d'égalité que l'on est convenu d'employer le mot de *symétrie*. En général, deux objets, deux corps, deux figures quelconques sont symétriques lorsqu'elles sont composées de parties égales disposées dans un un ordre inverse.

On rencontre dans les applications un grand nombre d'exemples de la symétrie. Ainsi, les deux parties d'un monument, les deux moitiés d'un meuble, tel qu'une table, un fauteuil, une chaise; les parties correspondantes du corps humain, comme les yeux, les oreilles, les bras, etc., sont des objets symétriques.

Nous n'avons pas jusqu'à présent parlé de cette espèce d'égalité parce qu'elle n'existe pas pour les figures planes. En effet, si l'on regarde la *fig. 5, pl. 6 (Géom. plane)*, on sera tenté de considérer les deux polygones BCDHK, B'C'D'H'K' comme symétriques puisqu'ils sont composés de parties égales disposées dans un ordre inverse. Mais si l'on plie la feuille de papier suivant la droite AY que l'on nomme un *axe de symétrie*, il est évident que l'on pourra faire coïncider les deux figures; d'où il résulte que leur symétrie n'était qu'apparente, et qu'il n'y avait là qu'une *symétrie de position*. Enfin, on peut dire que les deux polygones dont il s'agit sont deux figures égales placées *symétriquement*. Or il est évident que les deux angles trièdres des figures 13 et 15, Pl. 26, ne pourraient coïncider d'aucune manière, et qu'il y a par conséquent ici une symétrie réelle, différente de celle qui peut exister entre les figures planes.

Il est d'ailleurs utile de distinguer la *symétrie de forme* de la *symétrie de position*. Ainsi, l'on dira que les deux points A et K, *fig. 1*, sont placés *symétriquement* par rapport au plan P, que l'on nomme leur *plan de symétrie*, et, en général, deux objets *symétriques* sont placés *symétriquement* lorsque leurs points homologues, considérés deux à deux, sont situés sur une même droite perpendiculaire au plan de symétrie et à égale distance de ce plan, tandis que deux objets symétriques ne sont pas placés symétriquement lorsque la condition que nous venons d'énoncer n'a pas lieu.

946. Théorème. Fig. 15 et 17. *Si deux angles trièdres sont égaux ou symétriques, les inclinaisons de deux arêtes correspondantes sur les faces qui leur sont opposées seront égales.*

Démonstration. Les droites AB, BC étant perpendiculaires sur l'arête SB, il s'ensuit que le plan du triangle ABC est perpendiculaire sur l'arête SB, et par conséquent sur le plan de la face ASB (922). Donc la droite CD, perpendiculaire sur AB, sera perpendiculaire sur le plan ASB (923), et l'angle DSC sera l'inclinaison de l'arête SC sur la face opposée ASB (910).

Si l'on suppose les mêmes opérations sur la figure 17, l'angle D'S'C' sera l'inclinaison de S'C' sur le plan A'S'B', et l'on n'aura plus qu'à prouver l'égalité des deux angles DSC, D'S'C'.

Or les triangles DBC, D'B'C', rectangles en D et D', sont égaux; car ils ont l'angle DBC = D'B'C' (942) et les hypoténuses BC, B'C' sont égales. On aura donc

$$CD = C'D'.$$

De plus, les triangles SDC, S'D'C' sont rectangles en D et D'. Ils ont CD = C'D', et l'hypoténuse SC = S'C' (942), donc l'angle aigu $\qquad$ CSD = C'S'D'.

On démontrera de même que les arêtes SA, SB sont inclinées sur les faces CSB, CSA comme les arêtes S'A', S'B' sur les faces C'S'B', C'S'A'.

---

947. Théorème. Fig. 16. *Concevons l'angle trièdre formé par les plans ASB, ASC, BSC. Si par un point S', pris où l'on voudra dans l'espace, on abaisse une perpendiculaire sur chacun de ces plans, ces trois droites seront les arêtes d'un second angle trièdre, dont les faces seront A'S'B', A'S'C', B'S'C'. Cela étant admis, chacun des angles plans de ce deuxième angle trièdre sera le supplément de l'angle dièdre qui lui est opposé dans le premier, et chacun des angles plans du premier sera le supplément de l'angle dièdre qui lui est opposé dans le second.*

Démonstration. Les droites S'A', S'B' étant perpendiculaires sur les plans CSB, CSA, il résulte du corollaire (931) que l'angle A'S'B' est le supplément de l'angle dièdre formé par les deux plans ASC, CSB.

Ensuite, le plan qui contient les arêtes S'A', S'B' sera perpendiculaire en même temps sur les plans ASC, CSB. Il sera donc perpendiculaire à leur intersection SC ; par la même raison, l'arête SB sera perpendiculaire sur le plan A'S'C', et l'arête SA sur le plan B'S'C'. Par conséquent (931) l'angle plan formé par les deux arêtes SA, SB sera le supplément de l'angle dièdre IOH formé par les plans B'S'C', C'S'A, etc.

On dit alors que l'angle trièdre qui a le point S' pour sommet est *supplémentaire* de celui qui a pour sommet le point S, et réciproquement.

Angles polyèdres.

948. Définitions. Si par un point S, *fig.* **14**, on conçoit un nombre quelconque de plans, on nommera *angle polyèdre* l'espace compris entre tous ces plans.

949. Nous ne considérons ici que l'espace limité par les faces angulaires qui se réunissent au point S, et nous négligerons, comme précédemment (938), tous les angles polyèdres qui seraient formés par les prolongements des mêmes plans.

950. Un angle polyèdre est *convexe* quand une ligne droite ne peut pas percer plus de deux faces. On dit alors que tous ses angles dièdres sont *saillants*.

Si quelques-uns de ces angles étaient rentrants, on pourrait concevoir des plans passant par les arêtes correspondantes, et l'on décomposerait alors l'angle polyèdre donné en d'autres angles plus simples et qui n'auraient que des angles rentrants. Il est donc inutile d'embarrasser la théorie par cette difficulté que l'on peut toujours éviter dans la pratique, et nous supposerons par conséquent que les angles polyèdres sont toujours convexes.

---

951. Théorème. Fig. 14. *La somme de tous les angles plans qui forment un angle polyèdre est toujours plus petite que quatre angles droits.*

Démonstration. Supposons que toutes les faces de l'angle donné soient coupées par un plan quelconque, on aura le polygone ABCDE. Concevons un point O, pris à volonté dans le plan de ce polygone, et traçons les droites AO, BO, CO, DO, EO. On formera dans le plan ABCDE autant de triangles qu'il y a de faces dans l'angle polyèdre donné, et la somme des angles de tous les triangles formés dans le polygone de section sera égale à la somme des angles de tous les triangles qui forment les faces de l'angle polyèdre.

Mais par le théorème du n° 941 on a

$$ABC < ABS + CBS$$
$$BCD < BCS + DCS$$
$$CDE < CDS + EDS,$$
$$\text{etc.}$$

Par conséquent la somme des angles du polygone ABCDE sera plus petite que la somme des angles à la base des triangles qui ont le point S pour sommet commun. Donc, par compensation, la somme des angles autour du point O sera plus grande que la somme des angles autour du point S, mais la somme des angles autour du point O étant égale à quatre angles droits, il s'ensuit que la somme des angles du point S est plus petite que quatre angles droits.

---

952. Remarque. Dans la géométrie plane on a pu exprimer exactement par des figures les relations de grandeur et de forme qui existaient entre les quantités qu'il s'agissait de comparer. Ainsi, on a pu faire un angle droit ou tracer une circonférence lorsque la solution du problème exigeait la construction d'une perpendiculaire ou d'un cercle.

Il n'en est plus de même dans la géométrie de l'espace. En effet, lorsque le plan qui contient une figure est placé obliquement par rapport au rayon visuel, toutes les parties de cette figure sont déformées; les angles paraissent plus petits ou plus

grands, suivant leurs positions. Les lignes droites sont plus ou
moins raccourcies, par suite de leur éloignement ou de leur direction dans l'espace. La loi de toutes ces déformations sera
étudiée plus tard, lorsque nous traiterons de la PERSPECTIVE.
Mais dans un grand nombre de questions pratiques il est nécessaire de conserver les rapports de forme et de position des objets que l'on dessine.

Pour déterminer la position d'un point, il faut le rapporter à
des points, à des lignes ou à des plans connus.

Ainsi, par exemple, la position d'une ville, sur une carte de
géographie, peut être indiquée par sa distance à d'autres villes.
La position d'un point dans une chambre, peut être indiquée
avec exactitude, par la distance de ce point aux murs qui
forment les limites de cette chambre.

Les positions d'un point ou d'une ligne dans l'espace, seront
déterminées par leurs projections sur deux plans choisis à
volonté et que l'on nomme *plans de projection*. (901, 902)
un plan n'ayant pas de limites on ne peut pas le projeter. Mais,
sa position pourra être déterminée par les droites suivant lesquelles il coupe les plans de projection. Ces droites se nomment les *traces du plan*. Ainsi en considérant les plans P et P',
fig. **6**, *pl.* **25**. Comme des plans de projections les droites AV
et AS seront les traces du plan P''.

Les applications de ces principes forment ce que l'on est
convenu de nommer la GÉOMÉTRIE DESCRIPTIVE, à laquelle nous
renverrons pour la solution GRAPHIQUE des problèmes qui dépendent de la géométrie à trois dimensions.

LIVRE DEUXIÈME.

ESPACES LIMITÉS.

CHAPITRE PREMIER.

Les corps ou solides.

953. Définitions. Jusqu'ici nous n'avons considéré l'espace que d'une manière générale, et sans lui supposer des limites; mais, dans les applications, on a souvent besoin de comparer entre elles, des portions d'étendue terminées de toutes parts.

954. Les limites de l'étendue peuvent être des plans ou des surfaces courbes.

955. Tout espace compris et limité par un certain nombre de plans se nomme *polyèdre. Fig.* **1, 8, 16,** etc., planche **27.**

956. Il faut au moins quatre plans pour limiter un polyèdre. En effet, si deux plans sont parallèles, *fig.* **11,** *pl.* **25,** ils comprendront entre eux une tranche qui sera partout d'égale épaisseur; mais qui s'étendra infiniment en tous sens, entre les deux plans donnés.

Si deux plans se rencontrent, *fig.* **2,** le *coin* ou *encognure* compris entre ces plans s'amincira auprès de l'intersection; mais cet espace sera infiniment étendu, du côté où les deux plans s'écarteront.

Si trois plans passent par un même point, de manière à former un angle trièdre, *fig.* **13**, *pl.* **26**, il est encore évident que l'espace compris augmentera jusqu'à l'infini, à mesure que l'on s'éloignera du sommet.

Mais si l'on coupe cet angle trièdre par un plan, l'espace compris entre ce quatrième plan et les trois faces primitives sera limité de toutes parts, *fig.* **13**, *pl.* **27**.

957. Les plans, en général, sont infinis; mais souvent on ne considère que les *parties de ces plans* qui forment la limite du polyèdre, et ces parties prennent alors le nom de *faces*.

958. Les plans qui déterminent la limite d'un polyèdre se coupent suivant des lignes droites que l'on nomme *arêtes*, et qui forment le contour des faces.

959. Ainsi, on ne doit pas oublier qu'une face de polyèdre est limitée en tous sens par les arêtes, mais que *le plan de cette face est infini*.

960. La somme de toutes les faces du polyèdre, compose ce que l'on appelle sa *surface*. Les points où les arêtes viennent aboutir sont les *sommets* du polyèdre.

961. Les polyèdres se désignent souvent par le nombre de leurs faces; ainsi, les mots *tétraèdre*, *pentaèdre*, *octaèdre*, *dodécaèdre*, signifient des polyèdres de 4, 5, 8 et 12 faces.

Prismes, cylindres.

962. Définitions. On distingue souvent les polyèdres par quelques-unes des propriétés de leur surface. Ainsi, on donne le nom de *prisme*, *fig.* **1**, à tout polyèdre compris entre deux polygones égaux et parallèles que l'on nomme *bases;* les autres faces du prisme sont les parallélogrammes formés par les plans qui contiennent les côtés correspondants des deux bases.

963. *La hauteur du prisme* est la perpendiculaire AB qui mesure la distance des plans dans lesquels sont situées les bases.

Il ne faut pas confondre la hauteur AB avec les arêtes telles que AC, qui peuvent être très-inclinées sur le plan de la base.

964. Les prismes se distinguent par le nombre des côtés de leurs bases ; ainsi, un prisme est *triangulaire, quadrangulaire*, ou *pentagonal*, selon que la base est un triangle, un quadrilatère ou un pentagone. La *fig.* **1** est un prisme pentagonal.

965. Quelquefois on considère la surface latérale indépendamment des deux bases, et dans ce cas on lui donne le nom de *surface prismatique.*

966. On suppose souvent aussi, que cette surface est infiniment prolongée dans le sens de la longueur du prisme.

967. Les surfaces prismatiques se distinguent par la nature de leurs *sections droites ;* on nomme ainsi toute section telle que MNOVU qui serait perpendiculaire aux arêtes.

968. Si le contour de la base d'un prisme est remplacé par une ligne courbe, *fig.* **2**, on aura un cylindre.

Ainsi, un cylindre peut être considéré comme un prisme dont la base aurait un nombre infini de côtés.

969. On nomme *surface cylindrique*, celle que l'on obtiendrait en faisant abstraction des deux bases du cylindre.

On considère ordinairement toute surface cylindrique comme engendrée par une droite MN que l'on ferait mouvoir parallèlement à elle-même, de manière qu'elle s'appuie constamment sur une courbe immobile CD, que l'on nomme *la directrice du cylindre.*

Lorsque cette courbe est perpendiculaire à la direction du cylindre, on lui donne le nom de *section droite.*

La droite MN est la *génératrice* de la surface du cylindre. On la suppose souvent *infinie.*

970. La directrice CD d'une surface cylindrique peut être une courbe quelconque, et n'est pas toujours fermée (*fig.* 3).

971. Lorsque les arêtes d'un prisme, *fig.* **4**, sont perpendiculaires sur les bases, on lui donne le nom de *prisme droit.* Dans ce cas, la base devient la section droite, et la hauteur est égale à chacune des arêtes latérales.

972. Un cylindre est *droit, fig.* **5**, lorsque la surface latérale est perpendiculaire sur le plan de la base, qui alors devient la section droite.

973. Lorsque cette courbe est une circonférence de cercle, on dit que le cylindre est *circulaire*.

974. Lorsque les bases d'un prisme sont des parallélogrammes, *fig.* **6**, toutes les faces sont alors des parallélogrammes, et le prisme prend le nom de *parallélipipède*.

975. Lorsque les bases et les faces latérales sont des rectangles, on donne au prisme le nom de *parallélipipède rectangle*, *fig.* **7**.

976. Enfin le prisme se nomme un *cube*, *fig.* **14**, lorsque toutes ses faces sont des quarrés.

---

977. Théorème. *Les sections d'un prisme par des plans parallèles, sont des polygones égaux.*

Démonstration, *fig.* **1.** Supposons que les plans des polygones MNOVU, M'N'O'V'U' soient parallèles entre eux, nous aurons MN parallèle à M'N' (870), mais les droites MM', NN' étant parallèles par la définition du prisme, on aura MN = M'N'. Par la même raison, NO = N'O'; OV = O'V', etc.

Ainsi, les côtés du premier polygone sont égaux aux côtés correspondants du second.

De plus, les angles sont égaux chacun à chacun, puisque leurs côtés sont parallèles; ainsi les deux polygones MNOVU, M'N'O'V'U' ayant leurs côtés et leurs angles égaux, sont égaux.

978. Corollaire. Le cylindre pouvant être considéré comme un prisme qui aurait un nombre infini de faces, il s'ensuit que les sections parallèles CD, C'D' d'un cylindre, *fig.* **2**, seront des figures égales.

---

979. Théorème. *Un prisme quelconque peut toujours être décomposé par des plans en prismes triangulaires.*

Démonstration, *fig.* **4.** Les deux polygones ABCDH, A'B'C'D'H', étant égaux et parallèles, les triangles que l'on obtiendra en construisant des diagonales par le point A, seront égaux aux triangles formés par les diagonales qui aboutissent au point A'.

D'où il résulte que les plans qui contiendraient ces diagonales, et l'arête AA', détermineront autant de prismes triangulaires qu'il y a de triangles dans chacune des bases du prisme donné.

On pourrait faire passer les plans coupants par toute autre droite parallèle aux arêtes du prisme.

980. Corollaire, *fig.* 6. Le plan qui contient deux arêtes opposées BB', DD' du parallélipipède, le décompose évidemment en deux prismes triangulaires.

———

981. Théorème. *Les diagonales d'un parallélipipède se coupent en parties égales.*

Démonstration. *Fig.* 6. On a AB égal et parallèle à A'B', comme côtés opposés d'un parallélogramme. On a également A'B' égal et parallèle à D'C'; donc, AB est égal et parallèle à D'C', d'où il résulte, que le quadrilatère ABD'C' est un parallélogramme dont les diagonales AC',BD' se coupent au point O en deux parties égales.

On démontrerait de la même manière que le point O est le milieu des diagonales A'C,B'D.

———

982. Théorème. *Les faces opposées d'un parallélipipède sont égales.*

Démonstration. *Fig.* 6. Les arêtes AA', BB' sont égales et parallèles, comme côtés opposés d'un parallélogramme. On a également AD égal et parallèle à BC; par conséquent, le parallélogramme AA'D'D sera égal et parallèle à la face opposée BB'C'C (877).

983. Corollaire. De l'égalité des parallélogrammes qui forment les faces opposées du parallélipipède, il résulte évidemment que les trois angles plans de l'angle trièdre A sont égaux chacun à chacun aux trois angles plans de l'angle trièdre C'; par conséquent, les inclinaisons de ces plans sont égales de part et d'autre (942).

984. Il faut remarquer cependant que les angles plans ou faces de l'angle trièdre A ne sont pas disposés dans le même ordre que les faces correspondantes de l'angle trièdre C'. En effet, si l'on regarde le premier angle trièdre en dehors, et que l'on compte les angles plans en commençant par celui de la base supérieure du solide, on aura, en allant de gauche à droite, les angles BAD, DAA', A'AB; tandis que, si l'on renverse le solide et que l'on regarde, toujours en dehors, l'angle trièdre C', il faudra, en commençant par l'angle de la base inférieure, tourner de droite à gauche pour retrouver les angles D'C'B', B'C'C, CC'D', égaux chacun à chacun, à ceux de l'angle trièdre A. Il résulte de ce renversement dans l'ordre des faces que les deux angles trièdres A et C' sont *symétriques* (945).

Pyramides, cônes.

985. Définitions. Une *pyramide* (*fig.* **8**) est l'espace compris entre les faces d'un angle polyèdre S et un polygone ABCDE, que l'on nomme *la base de la pyramide.*

986. Le point S où se réunissent tous les triangles qui forment la surface latérale, se nomme le *sommet de la pyramide.*

987. La *hauteur* SO est la perpendiculaire abaissée du sommet sur le plan qui contient la base.

988. Une pyramide est *triangulaire, quadrangulaire* ou *pentagonale,* selon que sa base est un triangle, un quadrilatère ou un pentagone.

989. Si le contour de la base est remplacé par une ligne courbe AB (*fig.* **9**), on aura un *cône.*

990. Ainsi un cône peut être considéré comme une pyramide dont la base aurait un nombre *infini* de côtés.

991. La surface latérale d'un cône se nomme *surface conique;* on la suppose souvent *infinie,* et, dans ce cas, on la considère comme engendrée par le mouvement d'une droite

mobile SA, assujettie à passer constamment par un point fixe,
que l'on nomme le *sommet* ou le *centre* du cône.

992. Chaque surface conique est déterminée par la nature de
la courbe *directrice* AB sur laquelle s'appuie la droite mobile,
que l'on nomme *la génératrice du cône*.

993. Les surfaces coniques ne sont pas toujours fermées,
comme on peut le voir par l'exemple représenté *fig.* **10.**

Souvent aussi on suppose la surface conique prolongée au
delà du sommet, et le prolongement SA'B' se nomme *la seconde
nappe du cône.*

994. On dit qu'une pyramide est *régulière* (*fig.* **11**) lorsque
sa base est un polygone régulier, et que le sommet appartient à
la perpendiculaire élevée par le centre de la base.

995. Lorsque la base du cône est un cercle (*fig.* **12**) et que
le sommet est situé sur la perpendiculaire élevée par le centre,
on dit que le cône est *circulaire.*

---

996. Théorème. *Si l'on coupe une pyramide par un plan
parallèle à sa base, les arêtes seront partagées par ce plan en parties proportionnelles.*

Démonstration. *Fig.* **8.** Les côtés AB, *ab* étant parallèles
(870), on aura $\qquad$ SA : Sa = SB : Sb,
mais les côtés BC, *bc* sont également parallèles, ce qui donne
$$SB : Sb = SC : Sc,$$
on aura donc $\quad$ SA : Sa = SB : Sb = SC : Sc, etc.

997. Corollaire. I. *La hauteur de la pyramide est coupée
dans le même rapport que les arêtes.*

En effet, si par le sommet et l'une des arêtes SA, on conçoit
un plan perpendiculaire à la base, ce plan contiendra la hauteur SO, et coupera les plans de la base et de la section suivant
les droites parallèles AO, *ao* (870), ce qui donnera :
$$SO : So = SA : Sa = SB : Sb, \text{ etc.}$$

998. Cor. II. *Le polygone de section* abcde *est semblable à la
base* ABCDE.

En effet, les droites AB, ab étant parallèles, les deux triangles SAB, Sab sont semblables, et l'on a

$$AB : ab = SB : Sb ;$$

mais les triangles semblables SBC, Sbc donneront

$$SB : Sb = BC : bc,$$

négligeant le rapport commun, on aura

$$AB : ab = BC : bc,$$

et continuant de la même manière

$$= CD : cd = DE : de, \text{ etc.}$$

Ainsi, les côtés des deux polygones sont proportionnels. De plus, leurs angles sont égaux, chacun à chacun, puisque les côtés sont parallèles; donc, ces polygones sont semblables (371).

999. cor. III. Nous venons de trouver

$$AB : ab = SA : Sa,$$

mais par le corollaire (360), nous avons

$$SA : Sa = SO : So.$$

Négligeant le rapport commun, on aura

$$AB : ab = SO : So,$$

élevant au quarré, on obtient

$$\overline{AB}^2 : \overline{ab}^2 = \overline{SO}^2 : \overline{So}^2.$$

Or, les deux polygones ABCDE, $abcde$ étant semblables, leurs surfaces sont entre elles comme les quarrés des côtés homologues, ce qui donne

$$ABCDE : abcde = \overline{AB}^2 : \overline{ab}^2.$$

Cette proportion et la précédente ayant un rapport commun, on en conclut $$ABCDE : abcde = \overline{SO}^2 : \overline{So}^2.$$

1000. Ainsi, *les sections, parallèles dans une pyramide, sont entre elles comme les carrés de leurs distances au sommet.*

1001. cor. IV. En considérant le cône comme une pyramide dont le nombre des faces serait infini, nous admettrons également que, *dans le cône, les sections parallèles* AB, ab (*fig.* **9**) *sont des figures semblables, et que les surfaces de ces figures sont entre elles comme les quarrés de leurs distances au sommet.*

1002. Théorème. *Toute pyramide peut être décomposée en pyramides triangulaires par des plans passant par le sommet.*

Démonstration. Il est évident qu'il suffit de faire passer les plans coupants par l'une des arêtes et par les diagonales de la base quel que soit leur nombre.

1003. Corollaire I. On peut aussi faire passer les plans coupants par la hauteur (*fig.* **11**), ou par toute autre droite qui contiendrait le sommet.

1004. Cor. II. Si par un point pris où l'on voudra dans l'intérieur d'un polyèdre, et par chacune des arêtes, on conçoit un plan, il est évident que le polyèdre sera décomposé en autant de pyramides qu'il y a de faces. Chacune de ces faces sera la base de la pyramide correspondante, et toutes ces pyramides auront pour sommet commun le point par lequel on aura fait passer tous les plans coupants. Or, chacune de ces pyramides pouvant elle-même se décomposer en pyramides triangulaires (1002), il s'ensuit qu'*un polyèdre quelconque peut toujours se décomposer en autant de pyramides triangulaires qu'il y a de triangles dans tous les polygones qui composent la surface.*

1005. Cor. III. Au lieu de prendre le sommet commun dans l'intérieur, on peut faire passer les plans coupants par l'un quelconque des sommets du polyèdre. Dans ce cas, *on aura autant de pyramides triangulaires qu'il y a de triangles dans toutes les faces, excepté celles qui aboutissent au sommet par lequel on a fait passer les plans coupants.*

Polyèdres réguliers.

1006. Définitions. On dit qu'un polyèdre est régulier lorsque toutes ses faces sont des polygones réguliers égaux. *Fig.* **13, 14, 15, 16** et **17**.

1007. Théorème. Il ne peut exister que *cinq* polyèdres réguliers.

Démonstration. On peut former des angles polyèdres, en combinant des triangles équilatéraux, *trois à trois, quatre à quatre,* ou *cinq à cinq,* ce qui donnera :

1° *Le tétraèdre régulier* (fig. **15**), qui a *quatre faces* et *quatre sommets;*

2° *L'octaèdre régulier* (fig. **15**), qui a *huit faces* et *six sommets;*

3° *L'isosaèdre régulier* (fig. **17**), qui a *vingt faces* et *douze sommets.*

Mais l'angle du triangle équilatéral étant égal à $\frac{2}{3}$ d'angles droits, il s'ensuit que si l'on réunissait autour d'un point six angles de triangles équilatéraux, on aurait $6 \times \frac{2}{3} = 4$; ce qui ne pourrait pas former un angle polyèdre (951).

A plus forte raison il sera impossible de former un angle polyèdre avec plus de six angles de triangles équilatéraux.

1008. Si l'on combine des quarrés trois à trois, on aura (*fig.* **14**), *l'hexaèdre régulier* ou *cube,* qui a *six faces* et *huit sommets.*

Mais si l'on réunissait quatre angles de quarrés autour d'un même point, ces angles seraient dans un même plan et ne pourraient pas former un angle polyèdre (951).

Ainsi l'hexaèdre régulier est le seul polyèdre que l'on puisse former avec des quarrés.

1009. En combinant des *pentagones réguliers* trois à trois, on aura le *dodécaèdre régulier* (fig. **16**), qui a *douze faces* et *vingt sommets.*

On ne peut pas former d'autres polyèdres avec des pentagones réguliers, puisque l'angle de chacun de ces pentagones vaut $\frac{6}{5}$ d'angles droits; d'où il résulte que quatre angles de pentagones réguliers voudraient $4 \times \frac{6}{5} = \frac{24}{5} = 4 + \frac{4}{5}$, ce qui ne pourrait pas former un angle polyèdre (951).

1010. Enfin, chaque angle de l'hexagone régulier étant égal à $\frac{8}{6} = \frac{4}{3}$ d'angles droits, il s'ensuit que 3 de ces angles vaudraient $3 \times \frac{4}{3} = 4$, et ne pourraient pas former d'angle polyèdre.

1011. Les seuls polyèdres réguliers possibles sont donc :

1° *Le tétraèdre régulier*   (fig. **13**);
2° *L'hexaèdre régulier*   (fig. **14**);
3° *L'octaèdre régulier*   (fig. **15**);
4° *Le dodécaèdre régulier* (fig. **16**);
5° *L'icosaèdre régulier*   (fig. **17**).

1012. **Théorème.** *Dans tout polyèdre régulier il existe un point à égale distance de toutes les faces.*

Démonstration (*fig.* **16**). Si par le point m, milieu d'une arête **1-2**, on conçoit un plan perpendiculaire à cette arête, ce plan passera par les centres o et o' des deux faces adjacentes, puisque ces faces sont des polygones réguliers (1006); les droites oc, $o'c$ perpendiculaires sur les faces qui se coupent suivant l'arête **1-2**, se rencontreront, puisqu'elles seront toutes les deux situées dans le plan des trois points o, m, o'.

Or, si l'on conçoit la droite cm, les deux triangles com, $co'm$ seront égaux. En effet, ils seront rectangles en o et o'. L'hypoténuse cm sera commune, et les deux côtés om, $o'm$ seront égaux, comme rayons des cercles inscrits dans deux polygones réguliers égaux; ainsi, on aura $co = co'$.

Si actuellement on joint le point c avec le point n, milieu de l'arête **3-4**, les deux triangles $co'm$, $co'n$ seront évidemment égaux, puisque les points m et n sont à égale distance du point o', on aura donc l'angle $cno' = cmo'$; mais cmo' vaut la moitié de l'angle dièdre omo' formé par deux faces du polyèdre donné; donc, l'angle cno' sera également la moitié de l'angle dièdre formé par les deux faces qui se coupent suivant l'arête **3-4**, de sorte que, si on abaisse la perpendiculaire co'', les deux triangles rectangles $co'n$, $co''n$ seront égaux puisqu'ils auront l'hypoténuse cn commune, et l'angle aigu $cno' = cno''$. Ainsi, on aura $co' = co''$, et par conséquent

$$co = co' = co'', \text{ etc.}$$

1013. **Corollaire I.** Les droites qui joindraient le point o, avec les sommets, seraient égales, comme obliques s'écartant également des perpendiculaires co, co', co'', etc.

Il résulte de là que le point *c* est à égale distance de tous les sommets.

1014. Ce point se nomme le *centre* du polyèdre.

En raisonnant de la même manière on démontrera qu'il existe un point analogue dans l'intérieur de chacun des autres polyèdres réguliers.

1015. cor. II. Si par le centre et chacune des arêtes d'un polyèdre régulier on fait passer un plan, le polyèdre sera décomposé en autant de pyramides régulières qu'il y a de faces. Toutes ces pyramides auront pour sommet le centre du polyèdre et pour base l'une de ses faces.

Les hauteurs seront toutes égales à la distance du centre à l'une des faces, et les arêtes latérales de ces pyramides seront les droites menées du centre aux sommets du polyèdre.

Sphère.

1016. Définitions. La sphère (*fig.* **18**) est l'espace limité par une surface dont tous les points sont à égale distance d'un point intérieur que l'on nomme *centre*.

1017. Lorsque l'on considère la surface de la sphère, indépendamment de l'espace qu'elle renferme, on lui donne le nom de *surface sphérique*.

1018. On peut considérer la sphère comme un polyèdre qui aurait un nombre infini de faces.

Dans ce cas, chaque face doit être supposée infiniment petite.

1019. Toute ligne droite OA (*fig.* **1**, *pl.* **28**) qui joint le centre de la sphère avec un point de la surface, se nomme un *rayon*.

Tous les rayons de la sphère sont égaux, puisque tous les points de la surface sont à égale distance du centre.

1020. Toute droite AB, qui joint deux points de la surface en passant par le centre de la sphère, est un *diamètre*.

Tous les diamètres de la sphère sont égaux, puisque chacun d'eux se compose de deux rayons.

1021. Lorsqu'un plan P (*fig. 3*) ne touche la sphère qu'en un seul point U, on dit qu'il est *tangent*.

1022. Le plan P' est un plan *coupant*.

1023. Les droites OA, OB, OC étant égales comme rayons d'une même sphère, il s'ensuit qu'elles s'écartent également de la perpendiculaire OI, abaissée du centre de la sphère sur le plan P'. Donc les points A, B, C sont à égale distance d'un point I, situé dans le plan P', et la courbe ABC est par conséquent une circonférence de cercle.

1024. Le triangle rectangle AOI donne l'équation :

$$\overline{AI}^2 = \overline{AO}^2 - \overline{OI}^2.$$

En exprimant AI par r, AO par R, et OI par d, on obtient :

$$r^2 = R^2 - d^2,$$

d'où l'on voit que le rayon de la section augmente ou diminue suivant que le plan coupant se rapproche ou s'éloigne du centre.

1025. Si le plan coupant passait par le centre de la sphère, on aurait $d = 0$, ce qui donnerait $r = R$.

Le rayon de la section serait par conséquent égal au rayon de la sphère, et, dans ce cas, la section serait *un grand cercle de la sphère*.

1026. Lorsque $d = R$, on a $r = 0$, c'est-à-dire que la section est réduite à un point U, et que le plan P est tangent à la sphère.

Le point de tangence U peut donc être considéré comme un cercle infiniment petit, et dont tous les points sont tellement rapprochés qu'ils n'occupent pas plus de place qu'un seul.

1027. Le point U est plus près du centre de la sphère que tout autre point M, situé dans le plan P, d'où il faut conclure que *le plan tangent P est perpendiculaire à l'extrémité du rayon* OU.

1028. Toute section par un plan P' qui ne contient pas le centre O, se nomme un *petit cercle* de la sphère.

1029. Les pôles d'un grand ou d'un petit cercle sont les deux points suivant lesquels la surface de la sphère est percée par une droite perpendiculaire au plan du cercle dont il s'agit, et passant par son centre.

Ainsi, les deux points U et V (*fig.* **1**) sont les pôles du grand cercle AB, et de tous les petits cercles tels que *ab*, qui lui seraient parallèles sur la surface de la sphère.

1030. Il ne faut pas confondre le centre d'un cercle avec son pôle. Ainsi le cercle *ab* a pour centre le point suivant lequel son plan est percé par la droite UV, tandis que les pôles U et V appartiennent à la surface de la sphère.

La distance du pôle d'un grand cercle à son centre est égale au rayon de la sphère.

1031. En plaçant une des pointes d'un compas au pôle d'un cercle, on peut décrire la circonférence sur la sphère comme on le ferait sur un plan.

1032. Pour décrire un grand cercle de la sphère, il faut ouvrir le compas d'une quantité AU égale à la corde qui sous-tend un arc de 90°.

1033. L'angle formé par deux arcs de grand cercle est le même que l'angle formé par les droites qui touchent les deux arcs donnés au point où ils se rencontrent.

1034. Ainsi l'angle formé par les arcs UB, UC (*fig.* **6**) aura pour mesure l'angle B'UC', ou son égal BOC; mais cet angle, formé par les rayons BO et OC, a pour mesure l'arc de grand cercle BC. Par conséquent, *l'angle formé par deux arcs de grands cercles* UB, UC *a pour mesure l'arc de grand cercle* BC, *compris entre ses côtés, et décrit du point* U *comme pôle.*

1035. L'angle formé par deux arcs de grands cercles est évidemment le même que l'angle dièdre formé par les plans P et P' qui contiennent ces arcs.

1036. Les plans des grands cercles de la sphère devant passer par le centre, les intersections de ces plans ne peuvent être que des diamètres. Ainsi UV (*fig.* **6**) sera un diamètre, et chacun des arcs UBV, UCV sera un *demi-cercle.*

1037. La portion de surface de la sphère, comprise entre deux demi-cercles UBV, UKV (*fig.* **1**), se nomme un *fuseau.*

1038. L'espace compris entre le fuseau et les plans des deux demi-cercles UBVO, UKVO, se nomme *coin* ou *onglet sphérique.*

1039. La partie de la surface de la sphère comprise entre trois arcs de grands cercles AB, AC, BC (*fig.* **2**), se nomme *triangle sphérique*.

1040. La portion MN de surface de la sphère, limitée par un nombre quelconque d'arcs de grands cercles, se nomme *polygone sphérique*.

1041. Les polygones sphériques se distinguent par le nombre des arcs de grands cercles qui en forment le contour. Ainsi le polygone MN est un *hexagone sphérique*.

1042. L'espace compris entre un polygone sphérique et les plans des arcs de grands cercles qui en forment le contour, se nomme *pyramide sphérique*.

1043. La pyramide OMN est *hexagonale*; tandis que OABC est une *pyramide triangulaire sphérique*.

1044. La portion de surface sphérique comprise entre deux cercles parallèles AB, CD (*fig.* **4**), se nomme une *zone*.

1045. L'espace compris entre la zone et les plans des deux cercles parallèles qui en forment les *bases* se nomme *segment sphérique*.

1046. Quelquefois le segment n'a qu'une base EF; dans ce cas, la zone EVF prend le nom de *calotte sphérique*.

1047. Toute la portion de sphère située au-dessous du plan P' (*fig.* **5**) est un segment à une base plus petit que la demi-sphère.

1048. Le segment à une base, compris entre les deux plans P et P', est plus grand que la demi-sphère.

1049. La hauteur d'une zone ou d'un segment sphérique, est la distance des deux plans parallèles qui contiennent ses bases.

1050. Lorsqu'un segment n'a qu'une base, la *hauteur* est la perpendiculaire abaissée du pôle sur le plan P' de la base; on lui donne aussi le nom de *flèche*.

1051. L'espace limité par la calotte AUB et le cône circulaire OAB (*fig.* **5**), se nomme *secteur sphérique*.

C'est une pyramide sphérique dont la base a une infinité de côtés.

1052. L'espace compris entre la calotte sphérique CVD et la surface du cône creux OCD, est encore un secteur sphérique.

1053. Théorème. Fig. **10.** *Si des trois points* A, B, C, *comme pôles, on décrit trois arcs de grands cercles* B'C', A'C', A'B', *on formera un nouveau triangle sphérique* A'B'C', *dont les sommets seront les pôles des côtés du premier triangle.*

Démonstration. Le point A étant le pôle du côté B'C', il s'ensuit que la distance C'A vaut 90°.

Le point B étant le pôle du côté A'C', on a C'B = 90°; donc le point C', étant à 90° de chacun des deux points A et B, est le pôle de l'arc AB.

On démontrera de même que le point B' est le pôle de AC, et que A' est le pôle de BC.

1054. Corollaire. Un côté quelconque de l'un des deux triangles ABC, A'B'C' est le supplément de l'angle qui lui est opposé dans l'autre triangle. Ainsi, BC est le supplément de A', et B'C' est le supplément de A.

En effet, puisque le point B est le pôle du côté A'C', on a
$$Bn = 90°.$$

Puisque le point C est le pôle du côté A'B', on a
$$mB + BC = 90°.$$

De plus, l'arc mn est la mesure de l'angle A' (1034), ce qui donne
$$A' = mB + Bn.$$

Ajoutant les trois équations et réduisant, on obtient
$$A' + BC = 180°.$$

Donc le côté BC est le supplément de A'.

Le point B' étant le pôle de AC, on a
$$B'u = 90°;$$

mais le point C' étant le pôle de AB, on a
$$vu + uC' = 90°.$$

On a de plus, par le théorème 1034,
$$A = vu.$$

Ajoutant et réduisant, on obtient

$$A + B'C' = 180°.$$

On démontrerait de même que AC est le supplément de B', que A'C' est le supplément de B, etc.

1055. Les propriétés que nous venons de démontrer ont fait donner aux triangles ABC, A'B'C', les noms de triangles *polaires* ou *supplémentaires*. Ainsi le triangle A'B'C' est supplémentaire de ABC, et réciproquement.

1056. **Théorème**. *La somme de tous les côtés d'un polygone sphérique est plus petite que 360°.*

Démonstration. *Fig.* 2. Les côtés du polygone MN servent de mesure aux angles plans de la pyramide sphérique OMN; or on sait (951) que la somme de tous les angles plans qui forment un angle polyèdre est moindre que quatre angles droits; donc, la somme des arcs de cercles qui leur servent de mesure est moindre que 360°.

Il est bien entendu que s'il y avait des angles rentrants, il faudrait, avant d'appliquer le théorème, décomposer le polygone donné en d'autres polygones, dans lesquels tous les angles seraient saillants (950).

1057. **Corollaire**. I. Il résulte évidemment du théorème qui précède, que *la somme des trois côtés d'un triangle sphérique est toujours plus petite que 360°.*

1058. **Cor.** II. Le cercle passant par les trois sommets d'un triangle sphérique est nécessairement un petit cercle de la sphère, car si les trois sommets du triangle étaient situés sur la circonférence d'un grand cercle, les côtés se confondraient avec la circonférence de ce grand cercle et le triangle cesserait d'exister.

1059. **Théorème**. *La somme des angles d'un triangle sphérique est plus grande que deux et plus petite que six angles droits.*

Démonstration. *Fig.* 10. Soit ABC, un triangle sphérique quelconque, dans lequel nous exprimerons par a, b, c, les côtés opposés aux angles A, B et C.

Concevons le triangle supplémentaire A'B'C', et désignons par a', b', c', les côtés de ce triangle, qui sont opposés aux angles A', B' et C'.

On a par le corollaire du numéro 1053 :

$$A = 180° — a'$$
$$B = 180 — b'$$
$$C = 180 — c'$$

Ajoutant ces trois équations, on aura :

$$A + B + C = 540° — (a' + b' + c') = 6 \times 90° — (a' + b' + c').$$

Quantité évidemment plus petite que *six angles droits*.

1060. Si l'on remarque ensuite que $540° = 2 \times 90° + 360°$, l'équation précédente deviendra :

$$A + B + C = 2 \times 90° + 360° — (a' + b' + c');$$

mais le théorème 1057 donne :

$$360° > a' + b' + c';$$

ajoutant et réduisant, on obtient :

$$A + B + C > 2 \times 90°.$$

Donc la somme des trois angles est plus grande que *deux droits*.

1061. Corollaire I. Il résulte du théorème précédent qu'un triangle sphérique peut avoir deux et mêmes trois angles droits.

1062. Lorsqu'il n'y aura qu'un seul angle droit, on dira que le triangle est *rectangle*.

1063. Si le triangle a deux angles droits UCI, UIC, *fig.* 6, il sera *bi-rectangle*; dans ce cas, il est nécessairement isocèle, et chacun des côtés UC, UI vaut 90°.

1064. Enfin, le triangle UBC sera *tri-rectangle*, si tous ses angles sont droits. Il suffit pour cela que le plan de chaque côté soit perpendiculaire à l'intersection des deux autres.

1065. Le triangle tri-rectangle est toujours *équilatéral*.

1066. cor. II. La surface entière de la sphère se compose de *huit triangles tri-rectangles*.

En effet, si l'on conçoit les plans des deux cercles UHVB, UCV, *fig.* **6**, perpendiculaires entre eux, et que par le centre de la sphère on fasse passer un troisième plan BCKH, perpendiculaire à l'intersection UV des deux premiers, on aura formé au centre de la sphère *huit angles trièdres* égaux entre eux.

Ces huit angles trièdres partageront la sphère en autant de pyramides dont les bases seront les huit triangles tri-rectangles formés par les trois grands cercles UHVB, UCV, BCKH.

Corps ou solides de révolution.

1067. Définitions. *Un corps ou solide de révolution* est le lieu qui contient toutes les positions d'une figure quelconque tournant autour d'une droite immobile, que l'on nomme l'axe du solide engendré.

1068. La figure mobile se nomme *génératrice*.

1069. La surface du corps engendré se nomme *surface de révolution;* elle a pour génératrice le contour de la figure mobile.

Les surfaces et solides de révolution se distinguent par la nature de leurs génératrices.

1070. *Le cylindre circulaire ou de révolution, fig.* **5**, *pl.* **27**, serait engendré par le rectangle ABCD tournant autour du côté AB, qui sera l'axe ou la hauteur du cylindre.

Dans ce mouvement, les deux côtés AD, BC engendrent les cercles égaux et parallèles qui forment les deux bases du cylindre, et la surface convexe ou latérale est engendrée par le côté CD.

1071. *Le cône circulaire ou de révolution, fig.* **12**, *pl.* **27**, peut être considéré comme engendré par le triangle rectangle SAB tournant autour du côté SA, qui sera l'axe ou la hauteur du cône.

Le côté AB engendre la surface du cercle qui forme la base

du cône, et la surface convexe est engendrée par l'hypoténuse SB.

1072. Les sphères, les segments et les secteurs sphériques sont des corps ou solides de révolution.

1073. La surface de la sphère, *fig.* **1,** *pl.* **28,** serait évidemment engendrée par la demi-circonférence UAV tournant autour du diamètre UV.

1074. Si le trapèze rectangle ABCD, *fig.* **7,** tourne autour du côté AB, perpendiculaire sur les bases BC, AD, le solide engendré sera *un tronc de cône circulaire à bases parallèles.*

1075. Si l'on fait tourner la figure **1, 2, 3, 4,** etc., *fig.* **9,** autour de la droite AB, chacun des côtés de la ligne polygonale qui forme le contour de la génératrice, engendrera un tronc de cône, et l'ensemble de tous ces troncs de cônes composera le solide dont la moitié est représentée à gauche de la figure. Le côté droit de la même figure est le solide que l'on obtiendrait en remplaçant la ligne polygonale **1-2-3-4,** etc., par la courbe CDEF.

1076. La figure **8** représente deux surfaces de révolutions ayant un axe commun ; l'une d'elles est engendrée par la courbe IK, et la deuxième, que l'on nomme *surface annulaire,* a pour génératrice la circonférence d'un cercle *a* tournant autour de la droite BC située dans son plan.

1077. Toute section d'une surface ou d'un solide de révolution par un plan qui contient son axe se nomme *section méridienne* ou simplement *méridien.*

1078. On donne le nom de *parallèles* aux cercles que l'on obtiendrait en coupant la surface par des plans perpendiculaires à son axe.

1079. Le plus petit de tous les parallèles se nomme le *cercle de gorge* ou *collier.*

1080. La portion de surface comprise entre deux méridiens se nomme un *fuseau.*

1081. Celle qui est comprise entre deux parallèles se nomme une *zone.*

1082. Lorsque deux surfaces de révolution ont le même axe, elles se coupent suivant un ou plusieurs cercles perpendiculaires à l'axe, et que l'on nomme alors parallèles communs; ainsi, la sphère et le cône de révolution, qui comprennent le secteur OAUB, *fig.* 5, se coupent suivant le parallèle commun AB.

Égalité, symétrie, similitude.

1083. Définitions. Deux corps ou solides sont *égaux*, lorsqu'ils ont des limites égales. Ainsi, deux polyèdres seront égaux, lorsque leurs surfaces seront composées de faces égales, également inclinées entre elles, et disposées dans le même ordre.

1084. Toutes les fois que l'on pourra faire coïncider les surfaces de deux polyèdres, leur égalité sera évidente.

1085. Définitions. Deux corps ou solides sont *symétriques* lorsqu'ils sont composés de parties égales, disposées dans un ordre inverse.

1086. La symétrie devient évidente lorsque les deux corps sont placés comme on le voit sur la figure 14.

La droite S″P est la trace d'un plan P que nous supposons perpendiculaire à la surface du dessin.

Les sommets *homologues* des deux polyèdres sont situés à égale distance du plan P, et sur une perpendiculaire à ce plan, que l'on nomme *plan de symétrie*.

1087. On dit alors que les deux polyèdres sont placés *symétriquement.* Dans ce cas, il y a en même temps symétrie de forme et de position.

1088. Si les mêmes polyèdres étaient placés autrement, la symétrie de position n'existerait plus, mais il y aurait encore symétrie de forme.

1089. Les deux pyramides sphériques OABC, OA'B'C', *fig.* 2, sont symétriques et placées symétriquement.

Il en est de même des deux triangles sphériques qui leur servent de bases.

1090. Théorème. *Les arêtes, ainsi que les faces homologues de deux polyèdres symétriques, sont égales.*

Démonstration. Plaçons les deux polyèdres symétriquemement, *fig.* **14**, et supposons que l'on fasse tourner le trapèze SCS''C'' autour du côté commun S''C'', pour le renverser sur le trapèze S'C'S''C''; les deux droites SS'',CC'' perpendiculaires au plan de symétrie S''P, viendront évidemment coïncider avec les droites S''S', C''C', et l'on en conclura que *dans deux polyèdres symétriques, les arêtes homologues SC, S'C' sont égales.*

On démontrerait de la même manière l'égalité des autres arêtes, et par conséquent, *l'égalité des faces triangulaires.*

Quant aux *faces polygonales,* on les décomposera en triangles, et l'on conclura encore de ce qui précède, que les triangles qui composent l'une des faces du premier polyèdre, sont égaux chacun à chacun aux triangles qui composent la face correspondante du second; d'où il résulte que les surfaces de ces deux polygones sont équivalentes.

1091. Corollaire I. Le principe précédent peut être étendu à deux *surfaces courbes symétriques;* ainsi, par exemple, s'il s'agissait des deux triangles sphériques symétriques BAC, B'A'C', *fig.* **2**, on les supposerait composés d'une infinité de petites facettes *planes* symétriquement placées. Ces facettes, *réduites à des points,* seraient équivalentes, chacune à chacune (1090), et leurs sommes de part et d'autre seraient égales.

1092. Cor. II. On arriverait à la même conséquence en raisonnant de la manière suivante :

Soient les deux triangles sphériques symétriques BAC, B'A'C', *fig.* **13** et **15**, les trois arcs de grands cercles qui forment les côtés du premier triangle, étant égaux aux trois arcs de cercle du second, les cordes qui sous-tendent ces arcs sont égales de part et d'autre; les triangles rectilignes, formés par ces cordes, sont égaux, ainsi que les petits cercles BACM, B'A'C'M', circonscrits à ces triangles.

Or, ces deux cercles égaux appartenant à la même sphère ou à des sphères égales, leurs pôles O et O' sont également éloignés des circonférences, et les six arcs de grands cercles OA, OB, OC, O'A', O'B', O'C' sont égaux.

Mais les deux triangles AOB, A'O'B' ont les trois côtés égaux, chacun à chacun. De plus, on peut les faire coïncider parce qu'ils sont isocèles; donc leurs surfaces sont équivalentes.

Il en est de même des triangles BOC, B'O'C' et des triangles AOC, A'O'C'; ainsi on aura

$$\text{surf. triangle AOB} = \text{surf. triangle A'O'B'},$$
$$\text{surf. ——— BOC} = \text{surf. ——— B'O'C'},$$
$$\text{surf. ——— AOC} = \text{surf. ——— A'O'C'};$$

ajoutant et réduisant, on obtient

$$\text{Surf. triangle ABC} = \text{surf. triangle A'B'C'}.$$

1093. cor. III. Si les pôles O et O' étaient situés à l'extérieur des triangles donnés, on retrancherait une équation de la somme des deux autres, et l'on arriverait au même résultat.

———

1094. Théorème. *Deux triangles sphériques symétriques sont égaux dans toutes leurs parties.*

Démonstration. *Fig. 2.* Il résulte du théorème (1090) que les trois angles plans de la pyramide sphérique ABCO, sont égaux, chacun à chacun, aux angles correspondants de la pyramide A'B'C'O; donc, les côtés du triangle ABC sont égaux aux côtés du triangle A'B'C'; de plus, les angles plans étant les mêmes dans les deux angles trièdres, les inclinaisons des faces correspondantes sont égales (942) et les angles des deux triangles sont par conséquent égaux.

———

1095. Théorèmes. Les triangles sphériques jouissent de propriétés analogues à celles que nous avons reconnues pour les triangles rectilignes.

Ainsi, *deux triangles sphériques ont toutes leurs parties égales :*
1° *Lorsqu'ils ont les trois côtés égaux chacun à chacun;*

2° *Lorsqu'ils ont un angle égal compris entre deux côtés égaux chacun à chacun;*

3° *Lorsqu'ils ont un côté égal adjacent à deux angles égaux chacun à chacun.*

Démonstration, Si les parties des deux triangles comparés sont disposées dans le même ordre de part et d'autre, on démontrera les principes précédents par la superposition, comme on le ferait pour des triangles rectilignes; mais, si les deux triangles sont symétriques, on démontrera que les parties du premier sont égales chacune à chacune aux parties correspondantes d'un triangle auxiliaire symétrique du second.

Il suffit d'indiquer ces démonstrations comme sujets d'exercices.

1096. Théorème. *Si deux triangles sphériques ont les trois angles égaux chacun à chacun, ils auront également leurs côtés égaux.*

Démonstration. Si les deux triangles donnés ont les angles égaux chacun à chacun, leurs triangles supplémentaires auront les côtés égaux (1053), et par conséquent ils auront les angles égaux chacun à chacun (1095). Or, ces derniers triangles ayant les angles égaux, leurs suppléments, qui sont les côtés des triangles primitifs, seront égaux.

1097. Corollaire. Si les deux triangles comparés étaient situés sur des sphères de rayons différents, leurs côtés ne seraient plus égaux d'une manière absolue, c'est-à-dire qu'ils auraient seulement le même nombre de degrés, et, dans ce cas, ils seraient proportionnels aux rayons des sphères sur lesquelles ils auraient été tracés.

1098. Remarque. Les côtés du triangle sphérique ABC, *fig.* **2**, sont les mesures des trois angles plans de la pyramide sphérique ABCO, et les angles dièdres formés par ces mêmes plans sont égaux aux trois angles du triangle ABC.

1099. Définitions. Deux corps ou solides sont *semblables* lorsque leurs surfaces sont composées de faces semblables inclinées entre elles de la même quantité, et placées dans le même ordre.

1100. La méthode des projections permet d'énoncer d'une manière très-simple les conditions de la similitude; ainsi, par exemple, les deux polyèdres, *fig.* 11 et 12, seront semblables s'ils ont deux faces ABCDE, *abcde* semblables entre elles, si les sommets homologues S et *s* se projettent sur ces deux faces par des points homologues, S' et *s'*, c'est-à-dire par des points semblablement placés par rapport à ces faces; et si les perpendiculaires projetantes SS' et *ss'* sont proportionnelles aux arêtes des bases; de sorte que les deux triangles rectangles SS'C, *ss'c* seraient semblables.

1101. Pour que les deux cylindres (*fig.* 16 et 17) soient semblables, il faut :

1° Que les bases soient semblables;

2° Que les points homologues S et *s* soient projetés sur les plans des bases par des points homologues S', *s'*, et que les triangles SCS', *scs'* soient semblables.

1102. Deux cônes seront semblables lorsqu'ils auront des bases semblables, que les projections des sommets sur ces bases seront des points homologues, et que les hauteurs seront entre elles comme des lignes homologues quelconques des bases.

1103. Deux cylindres ou deux cônes circulaires droits sont semblables lorsque les hauteurs sont entre elles comme les rayons des bases.

1104. Les sphères sont des figures semblables.

1105. Les zones, fuseaux, segments, secteurs de sphères, sont semblables lorsqu'ils correspondent à des arcs semblables.

1106. Les corps ou solides de révolution sont semblables lorsque les génératrices de leurs surfaces sont semblables et proportionnelles aux rayons des parallèles décrits par deux quelconques de leurs points homologues.

1107. Théorème. *Deux polyèdres semblables peuvent être décomposés en pyramides triangulaires semblables chacune à chacune.*

Démonstration. Si l'on fait passer les plans coupants par les sommets homologues des deux polyèdres donnés, il est évident que les faces des pyramides composantes seront semblables, egalement inclinées et disposées dans le même ordre; donc ces pyramides seront semblables.

1108. Corollaire. En général, des solides semblables pourront toujours être partagés en parties semblables, pourvu que la position des plans coupants soit déterminée par des points ou des lignes semblablement placées dans les deux corps.

CHAPITRE II.

Surface des corps.

1109. surfaces des polyèdres. *Pour obtenir la surface d'un polyèdre, on calculera chacune de ses faces, et l'on fera la somme des résultats.*

Ce principe est sans doute suffisant pour toutes les applications; mais, dans la pratique, on ne doit pas se contenter ainsi d'un principe général. Il faut, au contraire, s'exercer à profiter des circonstances particulières de la question proposée, pour ramener toutes les opérations à leur forme la plus simple.

Nous allons donc chercher un principe particulier pour chacun des cas que l'on rencontre le plus souvent dans les applications.

1110. Surface du prisme. La surface entière d'un prisme se compose des surfaces de ses deux bases et de tous les parallélogrammes qui forment la surface latérale.

Nous avons vu dans la géométrie plane comment on peut calculer la surface des polygones qui forment les bases du prisme. Nous n'avons donc plus qu'à nous occuper de la surface latérale.

Or, si nous prenons les côtés du polygone ABCD, *fig*. **1**, *pl*. **29**, pour bases des parallélogrammes qui composent cette surface, et si nous exprimons les hauteurs de ces parallélogrammes par h, h', h'', nous aurons :

$$\text{\textit{parallélogramme}} \quad \text{ABA'B'} = \text{AB} \times h,$$
$$\text{\textit{paral}.} \qquad\qquad \text{BCB'C'} = \text{BC} \times h',$$
$$\text{\textit{paral}.} \qquad\qquad \text{CDC'D'} = \text{CD} \times h'',$$
$$\text{etc. ;}$$

d'où, en ajoutant et désignant par S la surface latérale,

$$\text{S} = \text{AB} \times h + \text{BC} \times h' + \text{CD} \times h'' + \text{etc.}$$

1111. Il est évident qu'en remplaçant dans la formule précédente chaque facteur par le nombre d'unités qui exprime sa valeur, il n'y aura plus qu'à effectuer les multiplications et faire la somme de tous les produits.

Mais il faut prévoir le cas où les nombres qui doivent entrer dans le calcul seraient très-grands, et chercher par conséquent tous les moyens d'abréger le travail.

Or nous avons dit ailleurs que, dans la recherche des formules, on devait surtout préférer celles qui se prêtent le mieux à l'emploi des logarithmes ; et l'on sait que cette condition ne peut être remplie que si la formule dont il s'agit peut se décomposer en facteurs du premier degré.

Il faut donc tâcher de remplacer la formule précédente par une autre dont les termes contiendraient un facteur commun.

1112. Si, par exemple, au lieu de prendre les côtés du polygone ABCD pour bases des parallélogrammes qui composent la surface latérale du prisme, nous prenons les arêtes de cette surface, et si nous concevons le polygone A″B″C″D″E″ perpendiculaire à la direction du prisme, nous aurons, en exprimant par a chacune des arêtes,

$$\text{parallélogramme } ABA'B' = a \times A''B'',$$
$$\text{paral.} \qquad BCB'C' = a \times B''C'',$$
$$\text{paral.} \qquad CDC'D' = a \times C''D'',$$
etc.;

d'où, en ajoutant, et mettant a en facteur commun,

$$S = a (A''B'' + B''C'' + C''D'' + \text{etc.})$$

1113. C'est-à-dire que *la surface latérale d'un prisme est égale au produit de l'une de ses arêtes par le périmètre de la section droite* (967).

1114. surface du cylindre. Le principe précédent peut être appliqué au cylindre oblique, *fig.* **17**, *pl.* **28**; dans ce cas, il faut remplacer l'arête par la droite SC, que l'on nomme la *génératrice* du cylindre.

1115. Corollaire I. S'il s'agit d'un *cylindre droit à base circulaire*, *fig.* **2**, *pl.* **29**, la génératrice sera égale à la hauteur, la base sera la section droite, et l'on obtiendra la surface latérale en *multipliant la hauteur par la circonférence de la base.*

En exprimant la hauteur par H et le rayon de la base par R, on aura $\qquad S = H \times 2\pi R = 2\pi RH.$

1116. cor. II. Si l'on veut avoir la surface totale du cylindre, on ajoutera les surfaces des deux bases avec la surface latérale, de sorte que, en exprimant par S' la surface totale, on aura $\qquad S' = 2\pi RH + 2\pi R^2 = 2\pi R (H + R).$

1117. surface de la pyramide. Pour une pyramide quelconque on calculera toutes les faces, et l'on fera leur somme; mais si la pyramide est régulière, *fig.* **3**, on pourra introduire dans le calcul une simplification remarquable.

1118. En effet, les arêtes obliques d'une pyramide régulière sont toutes égales, puisqu'elles s'écartent également de la perpendiculaire abaissée du sommet. Par conséquent la surface latérale se composera de triangles isocèles égaux entre eux. Or, si nous exprimons le côté AB par c, et l'*apothème* SD par a, nous aurons *surf. triangle* $\text{SAB} = \dfrac{ca}{2}$; mais en désignant par S la surface latérale, et par n le nombre des triangles isocèles qui la composent, nous aurons évidemment

$$S = \frac{ca}{2} \times n = \frac{nca}{2} = nc \times \frac{a}{2}.$$

Or nc est le *périmètre* de la base; d'où l'on peut conclure que

1119. *Pour obtenir la surface latérale d'une pyramide régulière, il faut multiplier le périmètre de la base par la moitié de l'apothème.*

1120. On donne le nom d'*apothème* à la droite SD qui joint le sommet avec le milieu d'un des côtés de la base. Cette droite est la hauteur du triangle isocèle correspondant, et ne doit pas être confondue avec la hauteur SC de la pyramide.

1121. corollaire. L'apothème est la droite suivant laquelle chacune des faces obliques de la pyramide serait touchée par la surface du cône circulaire inscrit.

1122. surface du cône. Si l'on considère le cône droit ou de révolution, *fig. 4*, comme une pyramide régulière dont la base aurait un nombre infini de côtés, on obtiendra la surface convexe ou latérale en multipliant *la circonférence de la base par la moitié de l'apothème*, que l'on nomme aussi le *côté du cône*. Ainsi, en exprimant comme ci-dessus la surface latérale par S et le côté SB par a, on aura

$$S = 2\pi R \times \frac{a}{2} = \pi R a.$$

1123. corollaire. Si l'on veut avoir *la surface totale* que nous désignerons par S', on ajoutera πR^2 pour la surface de la base, et l'on obtiendra

$$S' = \pi R a + \pi R^2 = \pi R (a + R).$$

1124. Surface du tronc de pyramide régulière à bases parallèles. Soit, *fig.* 5, ce qui resterait d'une pyramide régulière dont on aurait enlevé toute la partie située au-dessus de la section produite par un plan parallèle à la base.

Si VU est un des côtés de cette base, il est évident que la surface latérale se composera de trapèzes VU*vu* qui seront tous égaux entre eux.

Or, si nous exprimons par b la base inférieure VU de l'un de ces trapèzes, par c la base supérieure *vu*, et par a la droite *o*O, qui joint les milieux de ces deux bases, nous aurons

$$surf.\ \mathrm{VU}vu = \frac{a(b+c)}{2}.$$

Multiplions par n, et nommons S la somme de tous les trapèzes qui composent la surface latérale; nous aurons

$$\mathrm{S} = \frac{na(b+c)}{2} = a\left(\frac{nb+nc}{2}\right).$$

1125. C'est-à-dire que *la surface latérale est égale à l'apothème multipliée par la demi-somme des périmètres des deux bases.*

1126. Corollaire. Si l'on conçoit la section *v'u'* faite à égale distance des deux bases VU, *vu*, on sait (578) que

$$v'u' = \frac{\mathrm{VU} + vu}{2} = \frac{b+c}{2};$$

exprimant *v'u'* par d, et substituant sa valeur dans la formule précédente, on aura $\mathrm{S} = nad = a \times nd$.

1127. C'est-à-dire que l'on obtiendra encore la surface latérale, *en multipliant l'apothème par le périmètre de la section parallèle à égale distance des deux bases.*

1128. Surface du tronc de cône droit à bases parallèles. *Fig.* 6. Le tronc de cône à bases parallèles peut être considéré comme un tronc de pyramide régulière qui aurait un nombre infini de faces, d'où l'on peut conclure qu'on obtiendra la surface latérale *en multipliant l'apothème ou côté b*B *du tronc de cône, par la demi-somme des circonférences des deux bases.*

1129. Ainsi, en exprimant l'apothème par a, le rayon de la plus grande base par R, et le rayon de la petite base par r,

on aura $\qquad$ $S = a \left(\dfrac{2\pi R + 2\pi r}{2} \right) = \pi a (R + r).$

1150. IIe *Méthode.* Soit, *fig.* **7**, le tronc de cône dont on veut calculer la surface.

Concevons la droite BC perpendiculaire sur le *côté* SB, et supposons que BC soit égale à la circonférence du cercle qui a pour rayon BO = R, on aura

$$\text{\textit{surf. triangle} SBC} = \text{BC} \times \frac{\text{SB}}{2} = 2\pi\text{R} \times \frac{\text{SB}}{2};$$

mais, par le théorème 1122, on a

$$\text{\textit{surf. cône} SBA} = \text{\textit{circ.} BO} \times \frac{\text{SB}}{2} = 2\pi\text{R} \times \frac{\text{SB}}{2}.$$

Il s'ensuit que

(1) $\qquad$ *surf. cône* SBA = *surf. triangle* SBC.

Concevons actuellement la droite *bc* perpendiculaire sur SB et par conséquent parallèle à BC, on aura

$$bc : \text{BC} = \text{S}b : \text{SB} = bo : \text{BO} = r : \text{R};$$

d'où $\qquad$ $bc : \text{BC} = r : \text{R};$

remplaçant BC par sa valeur 2πR, on obtient

$$bc : 2\pi\text{R} = r : \text{R},$$

ce qui donne $\qquad$ $bc = \dfrac{2\pi\text{R}r}{\text{R}} = 2\pi r.$

Ainsi, on aura

$$\text{\textit{surf. triangle} S}bc = bc \times \frac{\text{S}b}{2} = 2\pi r \times \frac{\text{S}b}{2};$$

mais, par le théorème 1122, on a

$$\text{\textit{surf. cône} S}ba = \text{\textit{circ.} o}b \times \frac{\text{S}b}{2} = 2\pi r \times \frac{\text{S}b}{2}.$$

Il s'ensuit que

(2) $\qquad$ *surf. cône* S*ba* = *surf. triangle* S*bc*;

retranchant l'équation (2) de (1), on obtient

(3)   *surf. tronc de cône ab*AB = *surf. trapèze bc*BC;

mais on a (576)

(4) $surf.\ trapèze\ bc\text{BC} = b\text{B}\left(\dfrac{\text{BC}+bc}{2}\right).$

Ajoutant les équations (3) et (4), et réduisant, il vient

$$surf.\ tronc\ de\ cône\ ab\text{AB} = b\text{B}\left(\dfrac{\text{BC}+bc}{2}\right);$$

exprimant bB par a et remplaçant les termes BC et bc par leurs valeurs 2πR et $2\pi r$, on obtient comme ci-dessus

$$\text{S} = a\left(\dfrac{2\pi\text{R}+2\pi r}{2}\right) = \pi a(\text{R}+r).$$

1131. Corollaire. En exprimant par R′ le rayon IN de la section parallèle à égale distance des deux bases, on aura

$$\text{R}' = \dfrac{\text{OB}+ob}{2} = \dfrac{\text{R}+r}{2};\qquad (578)$$

d'où $\text{R}+r = 2\text{R}';$

substituant dans la valeur de S, on obtient

$$\text{S} = \pi a \times 2\text{R}' = a \times 2\pi\text{R}'.$$

1132. C'est-à-dire que la surface latérale du tronc de cône est égale *au côté multiplié par la circonférence de la section parallèle, à égale distance des deux bases.*

1133. Théorème. *Fig. 6. La surface du tronc de cône est égale à la hauteur du tronc, multipliée par la circonférence du cercle qui aurait pour rayon la perpendiculaire élevée sur le milieu du côté, et terminée à l'axe du cône.*

Démonstration. Le corollaire précédent nous a donné

(1)   *surf. tronc de cône ab*AB = bB $\times 2\pi$IN.

Concevons IO perpendiculaire sur le milieu du côté bB, et bK perpendiculaire sur BC, les deux triangles bBK, INO seront

25

semblables, comme ayant leurs côtés perpendiculaires chacun
à chacun, et l'on aura par conséquent

$$bB : IO = bK : IN,$$

d'où $$bB \times IN = bK \times IO. \tag{2}$$

Multipliant l'équation (1) par (2) et réduisant, on obtient

$$surf. \; tronc \; de \; cône \; abAB = bK \times 2\pi IO = cC \times 2\pi IO.$$

1154. corollaire I. Le principe qui vient d'être démontré
pour le tronc de cône, s'applique également au cône total,
fig. **4.**

En effet, par le théorème 1122, on a

$$(1) \qquad surf. \; cône \; SAB = \frac{SB}{2} \times 2\pi BC \; ;$$

mais les triangles rectangles SBC, SIO sont évidemment semblables, puisqu'ils ont un angle aigu commun. Ainsi, on aura

$$SI : SC = IO : BC,$$

ou, ce qui est la même chose

$$\frac{SB}{2} : SC = IO : BC,$$

d'où $$\frac{SB}{2} \times BC = SC \times IO. \tag{2}$$

Multipliant l'équation (1) par (2) et réduisant, on obtient

$$surf. \; cône \; SAB = SC \times 2\pi IO.$$

1155. cor. II. Le théorème 1115 donne (*fig.* **2**)

$$surf. \; cylindrique \; abAB = cC \times 2\pi AC = cC \times 2\pi IO.$$

1156. cor. III. Ainsi, le principe du numéro 1133 est également applicable au tronc de cône, au cône entier et au cylindre, ce que que l'on pouvait facilement prévoir, parce que le
cône entier, *fig.* **4,** peut être considéré comme un tronc de
cône compris entre deux plans parallèles, dont un passe par le
sommet, ce qui réduit à zéro l'une des bases du tronc, tandis
que le cylindre (*fig.* **2**) appartiendrait à un cône dont le sommet serait infiniment éloigné de la base.

1137. Définition. *Fig.* **9.** Si plusieurs *côtés égaux* BC, CD, DH, etc., font entre eux des *angles égaux*, BCD, CDH, etc., l'ensemble de tous ces côtés formera ce que l'on nomme *une ligne polygonale régulière.*

Ces sortes de lignes jouissent des mêmes propriétés que les périmètres des polygones réguliers; c'est-à-dire que tous leurs sommets sont à égale distance d'un point O que l'on nomme *le centre*, et qui, par conséquent, est à égale distance de tous les côtés; d'où il résulte que l'on peut toujours concevoir deux circonférences concentriques, dont l'une serait tangente à tous les côtés de la ligne polygonale, tandis que la seconde passerait par tous les sommets.

1158. Ces deux circonférences et la ligne polygonale auraient le point O pour centre commun.

———————

1139. Théorème. *Fig.* **9.** *Si l'on fait tourner une ligne polygonale régulière* BCDH, *etc., autour d'une droite* AK *passant par le centre* O, *on obtiendra la surface engendrée, en multipliant la hauteur un par la circonférence du cercle inscrit.*

Démonstration. Chacun des côtés BC, CD, DH, etc., engendre la surface convexe d'un tronc de cône ou d'un cylindre dont la surface peut toujours être calculée par l'un des principes démontrés aux numéros 1133 et 1136. Ainsi, on aura

$$\text{surf. engendrée par } BC = uv \times 2\pi OI, \qquad (1133)$$
$$\text{surf. engendrée par } CD = vx \times 2\pi OI, \qquad (1136)$$
$$\text{surf. engendrée par } DH = xn \times 2\pi OI; \qquad (1133)$$

ajoutant, on aura

$$\text{surf. engendrée par } BCDH = un \times 2\pi OI.$$

1140. Corollaire. Si la courbe est terminée de part et d'autre à l'*axe de rotation*, on aura

$$\text{surf. engendrée par } ABCDHK = AK \times 2\pi OI.$$

———————

1141. Surface de la sphère. La demi circonférence AIK, *fig.* 10, peut être considérée comme une ligne polygonale régulière qui aurait un nombre infini de côtés. Par conséquent, si l'on fait tourner ce demi-cercle autour de son diamètre AK, on aura (1139)

$$\text{surf. engendrée par AIK} = \text{AK} \times 2\pi\text{OI.}$$

1142. Ainsi, *la surface d'une sphère est égale à son diamètre multiplié par la circonférence d'un grand cercle.*

Remplaçant le diamètre AK par 2R, et le rayon OI par R, on obtient la formule

$$\text{Surf. sphère} = 2\text{R} \times 2\pi\text{R} = 4\pi\text{R}^2.$$

1143. Corollaire I. On sait (589) que la surface d'un grand cercle est égale à πR^2, d'où il résulte que *la surface de la sphère est égale à quatre fois celle d'un de ses grands cercles.*

1144. cor. II. Si l'on exprime le diamètre de la sphère par D, on aura $\text{R} = \dfrac{\text{D}}{2}$, d'où $\text{R}^2 = \dfrac{\text{D}^2}{4}$, et, par conséquent, $4\pi\text{R}^2 = \dfrac{4\pi\text{D}^2}{4} = \pi\text{D}^2$ qui exprime la surface de la sphère *en fonction de son diamètre.*

1145. cor. III. *Fig.* **11.** *La surface de la sphère est égale à la surface convexe du cylindre circonscrit.*

En effet, le principe du n° 1142 nous donne

(1) $$\text{surf. sphère AIKU} = 4\pi\text{R}^2,$$

mais on a (1115)

$$\text{surf. cylindre BCDH} = \text{AK} \times 2\pi\text{DK} = 2\text{R} \times 2\pi\text{R},$$

par conséquent

(2) $$4\pi\text{R}^2 = \text{surf. cylindre BCDH.}$$

Multipliant l'équation (1) par (2), on aura

$$\text{surf. sphère AIKU} = \text{surf. cylindre BCDH.}$$

1146. cor. IV. Si l'on ajoute les deux bases à la surface convexe du cylindre, et si l'on exprime la surface totale par S', on aura

(3) $$\text{S'. Cylindre} = 4\pi\text{R}^2 + 2\pi\text{R}^2 = 6\pi\text{R}^2.$$

Divisant l'équation (1) par (3), on obtiendra

$$\frac{\text{S. Sphère}}{\text{S'. Cylindre}} = \frac{4\pi\text{R}^2}{6\pi\text{R}^2} = \frac{2}{3}.$$

Ainsi, *la surface de la sphère vaut exactement les deux tiers de la surface totale du cylindre circonscrit.*

1147. Surface des zones et calottes sphériques. L'arc BC, *fig.* 10, pouvant être considéré comme une ligne polygonale régulière d'un nombre infini de côtés, le principe du numéro 1139 donnera

$$\text{surf. engendrée par } BC = un \times 2\pi OI.$$

Ainsi, *la surface d'une zone sphérique est égale à sa hauteur multipliée par la circonférence d'un grand cercle.*

En exprimant la surface de la zone par Z et la hauteur par h, on aura $\qquad Z = h \times 2\pi R = 2\pi R h.$

1148. Corollaire I. Le principe précédent est également applicable à la calotte sphérique, que l'on peut considérer comme une zone dans laquelle une des bases serait réduite à zéro.

Par conséquent, *fig.* 10, si nous nommons Z′ la surface de la calotte engendrée par le mouvement de l'arc AD autour du diamètre AK, et si nous exprimons par h la hauteur, ou la flèche AV de cette calotte, nous aurons

$$Z' = h \times 2\pi R = 2\pi R h.$$

1149. Cor. II. Si nous exprimons les surfaces de deux zones par Z et Z′, et les hauteurs de ces zones par h et h', nous aurons $\qquad Z = 2\pi R h, \quad Z' = 2\pi R h';$

d'où $\qquad \dfrac{Z}{Z'} = \dfrac{2\pi R h}{2\pi R h'} = \dfrac{h}{h'}.$

Ainsi, *deux zones quelconques d'une même sphère sont entre elles comme leurs hauteurs.*

1150. Cor. III. *Fig.* 8. La formule $h \times 2\pi R$ (1147, 1148) nous apprend que *la surface d'une zone ou d'une calotte sphérique est équivalente à celle d'un cylindre de même hauteur et qui aurait pour base un grand cercle de la sphère.*

1151. Cor. IV. *Fig.* **10.** Le corollaire 1148 nous donne

(1) $\qquad \text{surf. calotte } ADS = AV \times 2\pi AO;$

mais on a (405)

$$AK : AD = AD : AV,$$

d'où
$$AV = \frac{\overline{AD}^2}{AK} = \frac{\overline{AD}^2}{2AO}. \tag{2}$$

Multipliant les équations (1) et (2) et réduisant, on obtient

$$surf.\ calotte\ ADS = \pi\overline{AD}^2.$$

Ainsi, *la surface d'une calotte sphérique est égale à celle d'un cercle qui aurait pour rayon la corde de l'arc générateur.* De sorte que, si l'on exprime la surface par Z et la corde AD par c, on aura
$$Z = \pi c^2.$$

1152. Surface du fuseau sphérique. Si les deux arcs HK, KI, *fig.* 6, *pl.* 28, sont égaux entre eux, l'angle formé au point U par les deux grands cercles UHV, UKV, est égal à l'angle formé par les deux cercles UKV, UIV, de sorte que si l'on amenait le demi grand cercle UHV à la place occupée par UKV, ce dernier viendrait prendre la place UIV. Les deux fuseaux UHVK, UKVI, coïncideraient et seraient par conséquent égaux.

On peut conclure de là que *le fuseau UHVK est contenu dans la surface de la sphère autant de fois que l'arc HK dans la circonférence d'un grand cercle*, ou, ce qui est la même chose, comme *l'angle HOK du fuseau HVK est contenu dans quatre angles droits.* Ainsi, en exprimant par U l'angle du fuseau et par F sa surface, on aura
$$F : 4\pi R^2 = U : 4,$$

d'où
$$F = \frac{4\pi R^2 U}{4} = \pi R^2 U.$$

De sorte que, pour avoir la surface d'un fuseau, il suffit de multiplier la surface πR^2 d'un grand cercle par le nombre U qui exprime le rapport numérique entre l'angle du fuseau et l'angle droit.

Si, par exemple, l'angle U valait 72 degrés, on aurait

$$F = \pi R^2 \times \frac{72}{90} = \pi R^2 \times \frac{4}{5} = \frac{4\pi R^2}{5}.$$

1153. Théorème. *Fig.* **12,** *pl.* **29.** *Lorsque deux demi grands cercles* C'UC, B'UB, *se coupent dans un même hémisphère, ils déterminent deux triangles sphériques* UBC, UB'C', *dont la somme est égale à la surface du fuseau compris entre les deux demi-cercles* UBU', UCU'.

Démonstration. On a (1036)

$$C'U + UC = 180°;$$

on a également $\qquad 180° = UC + CU';$

ajoutant et réduisant, on obtient

$$C'U = CU'.$$

On a ensuite $\qquad B'U + UB = 180°;$

on a, de plus $\qquad 180° = UB + BU';$

ajoutant, on obtient $\qquad B'U = BU'.$

Enfin, on a $\qquad B'C' + C'B = 180°;$

on a également $\qquad 180° = C'B + BC;$

d'où, en ajoutant $\qquad B'C' = BC.$

Ainsi, les trois côtés du triangle UB'C' sont égaux chacun à chacun aux trois côtés du triangle U'BC, d'où il résulte que les angles de ces triangles sont égaux (1095).

Malgré l'égalité qui existe entre les parties correspondantes de ces deux triangles, on ne peut pas les faire coïncider parce qu'ils sont *symétriques;* mais on sait (1091 et 1092) que leurs surfaces sont équivalentes, et l'on peut en conclure, par conséquent, que la somme des deux triangles UB'C' plus UBC est égale à la surface du fuseau UBU'C, ce qui donne (1152)

$$surfaces \; UB'C' + UBC = \pi R^2 U.$$

1154. Surface du triangle sphérique. *Fig.* **17.** Le cercle qui contient les trois points A, B, C, étant un petit cercle de la sphère (1058), on peut toujours concevoir le triangle ABC compris tout entier dans un hémisphère qui aurait pour limite le grand cercle MUNV.

Supposons actuellement que les trois côtés AB, AC, et BC

soient prolongés jusqu'à leur rencontre avec le grand cercle MUNV, et nommons T, a, b, c, d, e, f, les quatre triangles et les trois quadrilatères sphériques formés par la rencontre de tous ces arcs de grands cercles.

Le théorème 1153 donnera

$$T + a + f = \pi R^2 A,$$
$$T + b + d = \pi R^2 B,$$
$$T + c + e = \pi R^2 C;$$

ajoutant ces trois équations, et remarquant que $T + a + b + c + d + e + f$, est égal à la moitié de la surface de la sphère ou $2\pi R^2$, on obtient $2T + 2\pi R^2 = \pi R^2 (A + B + C);$

d'où $$surface\ T = \frac{\pi R^2 (A + B + C - 2)}{2}.$$

Il ne faut pas oublier que dans cette formule, A, B, C, sont les rapports numériques qui existent entre les angles du triangle et l'angle droit, pris pour unité; de sorte que dans l'application il faudrait remplacer chaque *unité* par 90°. Ainsi, pour le cas où l'on aurait

$$A = 168°; \quad B = 120°; \quad C = 100°,$$

la formule précédente donnerait

$$surface\ T = \frac{\pi R^2 (168 + 120 + 100 - 180)}{180} =$$
$$= \frac{208 \pi R^2}{180} = \frac{52 \pi R^2}{45}.$$

1155. Il résulte de ce qui précède, que *la surface du triangle sphérique est égale à la moitié d'un grand cercle de la sphère, multipliée par l'excès de la somme des trois angles du triangle donné sur deux angles droits.*

Si l'on exprime par s la somme des trois angles du triangle, on aura $$surface\ T = \frac{\pi R^2 (s - 2)}{2}.$$

1156. Corollaire I. Pour le triangle *tri-rectangle* (1064), on aura $$surface\ T = \frac{\pi R^2 (3 - 2)}{2} = \frac{\pi R^2}{2} = \frac{4 \pi R^2}{8};$$

ce qui devait être, puisque le triangle tri-rectangle vaut la *huitième partie de la sphère* (1066).

1157. cor. II. Si l'on suppose un polygone sphérique décomposé en triangles, et que l'on désigne par T, T', T'', les surfaces de ces triangles, et par s, s', s'', les sommes des angles pour chacun d'eux, on aura

$$T = \frac{\pi R^2 (s - 2)}{2},$$

$$T' = \frac{\pi R^2 (s' - 2)}{2},$$

$$T'' = \frac{\pi R^2 (s'' - 2)}{2},$$

etc.;

ajoutant, puis désignant par P la somme de tous ces triangles, et par n le nombre des côtés, on aura

$$P = \frac{\pi R^2 [s + s' + s'' - 2(n - 2)]}{2};$$

mais $s + s' + s''$ est la somme des angles du polygone donné, de sorte que si l'on exprime cette somme par S, on aura pour la surface

$$P = \frac{\pi R^2 [S - 2(n - 2)]}{2}.$$

1158. surfaces de révolution. *Fig. 13.* Supposons que la génératrice soit une ligne polygonale ABCDE, on calculera la surface du tronc de cône engendré par chacun des côtés AB, BC, CD, etc. (1131), puis on fera la somme des résultats obtenus.

Ainsi, en exprimant par mo, $m'o'$, $m''o''$, etc., les perpendiculaires abaissées du milieu de chaque côté sur l'axe de rotation, on aura pour l'expression de la surface

$$S = AB \times 2\pi mo + BC \times 2\pi m'o' + CD \times 2\pi m''o''.$$

1159. Corollaire I. Si tous les côtés AB, BC, CD, etc., sont égaux entre eux, on aura, en exprimant chacun d'eux par a, $S' = a \times 2\pi mo + a \times 2\pi m'o' + a \times 2\pi m''o''$, etc. $=$
$$= 2\pi a \,(mo + m'o' + m''o'' + \text{etc}.....);$$

multipliant et divisant par n, on aura

$$S = na \times 2\pi \left(\frac{mo + m'o' + m''o'' + \text{etc.}}{n} \right).$$

Le facteur qui est entre parenthèses est égal à la somme des perpendiculaires divisée par leur nombre ; nous lui donnerons le nom de *moyenne distance des côtés à l'axe de rotation*.

En désignant ce facteur par D, la formule précédente devient

$$S = na \times 2\pi D.$$

Or, na représente évidemment la somme des côtés égaux qui composent la génératrice, et par conséquent

La surface est égale à la génératrice, multipliée par la circonférence d'un cercle qui aurait pour rayon la moyenne distance des côtés à l'axe de rotation.

1160. cor. II. *Fig.* **16.** Pour appliquer ce principe au calcul de la surface de révolution engendrée par une ligne courbe, on partagera cette courbe en un assez grand nombre de parties *égales* pour qu'il soit permis de considérer, sans erreur sensible, chaque partie comme une ligne droite, et *l'on multipliera*, comme ci-dessus, *la longueur de la génératrice par la circonférence du cercle dont le rayon serait égal à la $n^{\text{ième}}$ partie de la somme de toutes les perpendiculaires abaissées sur l'axe de rotation, par le milieu de chacune des parties égales de la génératrice.*

En exprimant par G la longueur de cette courbe, on aura

$$S = G \times 2\pi D.$$

On pourra obtenir la somme des perpendiculaires par le moyen indiqué au numéro 585.

1161. cor. III. Pour certaines surfaces de révolution, dont les génératrices sont des courbes symétriques, on connaît exactement la moyenne distance de tous les points à l'axe de rotation.

Ainsi, par exemple, *fig.* **14,** si la génératrice était un cercle, il est évident que la moyenne distance pour les deux points m et m' serait

$$\frac{om + om'}{2} = \frac{om + om + mm''}{2} = \frac{2om + 2mm''}{2} =$$
$$= om + mm'' = om'';$$

et comme il en serait de même à toutes les hauteurs, on aurait évidemment OC pour la *moyenne distance* de tous les points de la circonférence génératrice, à l'axe de rotation.

Si nous exprimons par r le rayon du cercle générateur, et par R la distance du centre C à l'axe de rotation, nous aurons pour l'expression de *la surface annulaire* (1076)

$$S = 2\pi r \times 2\pi R = 4\pi^2 r R.$$

1162. cor. IV. Si la courbe $mm''m'$, *fig.* **15**, est symétrique par rapport à une droite sm'' parallèle à l'axe de rotation, on aura, en exprimant par G la longueur de $mm''m'$, et par R la distance moyenne Om'' $S = G \times 2\pi R$.

1163. cor. V. Dans le cylindre circulaire, *fig.* **2**, la génératrice est égale à la hauteur H, et la distance moyenne est le rayon R de la base, de sorte que la formule du numéro 1160 devient $S = H \times 2\pi R = 2\pi R H.$ (1115)

1164. cor. IV. Dans le cône circulaire, *fig.* **4**, la génératrice est égale au côté a, et la moyenne distance vaut la moitié du rayon de la base, ce qui donne

$$S = a \times 2\pi \frac{R}{2} = a \times \pi R = \pi R a.$$ (1122)

1165. cor. VII. Dans le tronc de cône circulaire, à bases parallèles, la moyenne distance est égale à la demi-somme des rayons des deux bases, et le côté a du cône étant la génératrice, on a $S = a \times 2\pi \left(\dfrac{R + r}{2} \right) = \pi a (R + r).$

1166. cor. VIII. Nous venons de voir que si l'on connaît la longueur de la génératrice et la distance moyenne, on peut calculer la surface. Réciproquement, lorsque l'on connaît la surface et la génératrice, on peut calculer la distance moyenne.

Ainsi, la surface de la sphère étant engendrée par la révolution de la demi-circonférence d'un grand cercle, la formule du numéro 1160 donnera $4\pi R^2 = \pi R \times 2\pi D$;

d'où $D = \dfrac{4\pi R^2}{2\pi^2 R} = \dfrac{2R}{\pi}.$

1167. Cor. IX. Si l'on exprime par a la valeur absolue de l'arc générateur de la zone sphérique, on aura

$$2\pi Rh = a \times 2\pi D;$$

d'où
$$D = \frac{2\pi Rh}{2\pi a} = \frac{Rh}{a}.$$

CHAPITRE III.

Volume des corps.

1168. Définition. Le volume d'un corps est la quantité plus ou moins grande d'espace qu'il occupe. Cet espace a pour limite la surface du corps; nous allons voir par quel moyen on peut en calculer l'étendue.

1169. Théorème. *Deux parallélipipèdes rectangles de mêmes bases sont entre eux comme leurs hauteurs.*

Démonstration. *Fig.* 1 et 2, *pl.* 30. Supposons, pour fixer les idées, qu'il existe une commune mesure ao comprise sept fois dans AB et quatre fois dans CD, on aura la proportion

$$AB : CD = 7 : 4.$$

Concevons, ensuite, par chacun des points de division de AB, un plan parallèle à la base du premier parallélipipède, que nous nommerons, pour abréger, *paral.* AU.

Concevons également, par chacun des points de division de CD, un plan parallèle à la base du second parallélipipède que nous nommerons *paral.* CV.

Les deux solides seront décomposés en parallélipipèdes rectangles, qui seront tous égaux au parallélipipède *as*.

Or, si nous prenons ce dernier solide pour terme de comparaison, et si nous exprimons son volume par m, nous aurons évidemment :   *paral.* AU $= 7m$.

paral. CV $= 4m$.

Divisant la première équation par la seconde, on a :

$$\frac{paral.\ \text{AU}}{paral.\ \text{CV}} = \frac{7m}{4m} = \frac{7}{4},$$

et par conséquent,

paral. AU : *paral.* CV $= 7 : 4$.

Comparant cette proportion à la première, on obtient à cause du rapport commun :

paral. AU : *paral.* CV $=$ AB : CD.

La lettre m ayant disparu, nous devons en conclure que le principe est indépendant de la grandeur de ce facteur et qu'il serait également vrai si les tranches solides étaient *infiniment minces*.

1170. Théorème. *Deux parallélipipèdes rectangles de même hauteur sont entre eux comme leurs bases.*

Démonstration. *Fig. 5.* Les deux bases étant placées dans un même plan, supposons qu'elles soient rapprochées jusqu'à ce que leurs angles DAH, CAB soient opposés par le sommet.

Le côté AH sera le prolongement de BA, le côté AC sera le prolongement de DA, et les deux parallélipipèdes auront une arête commune AO.

Concevons actuellement que l'on prolonge les deux arêtes UM, VN jusqu'à leur rencontre au point S; on formera dans le plan des bases supérieures un rectangle MONS, que nous prendrons pour base d'un parallélipipède rectangle auxiliaire AS, qui aura encore même hauteur que les deux autres.

Or, dans un parallélipipède, on peut prendre pour base la face que l'on veut, et quand le parallélipipède est rectangle, la hauteur est toujours l'une des arêtes perpendiculaires à la face que l'on a choisie pour base.

D'après cela, il est évident que les deux parallélipipèdes AU,

AS ont une face commune AOMC, et si nous prenons pour base, cette face suivant laquelle ils se touchent, les hauteurs seront les deux arêtes AB, AH, et le théorème précédent donnera :

$$\text{paral. AU} : \text{paral. AS} = \text{AB} : \text{AH}.$$

Mais les deux parallélipipèdes AS, AV ont aussi une face commune AONH, et si l'on prend cette face pour base, les hauteurs seront les deux arêtes AD, AC, ce qui donnera :

$$\text{paral. AS} : \text{paral. AV} = \text{AC} : \text{AD};$$

multipliant cette proportion par la précédente et réduisant, on aura $\text{paral. AU} : \text{paral. AV} = \text{AB} \times \text{AC} : \text{AH} \times \text{AD}.$

Or, les deux produits $\text{AB} \times \text{AC}$, $\text{AH} \times \text{AD}$ sont les surfaces des bases des parallélipipèdes donnés, ce qui est conforme à l'énoncé du théorème.

1171. volume du parallélipipède rectangle. *Fig. 4* et 5. Soit AU le parallélipipède dont on veut calculer le volume, supposons que l'on ait choisi pour unité un second parallélipipède *au*; il s'agit d'avoir le rapport numérique de ces deux quantités.

Pour y parvenir, exprimons par B la base et par H la hauteur du parallélipipède AU; par *b* la base et par *h* la hauteur du parallélipipède *au*. Supposons ensuite que l'on ait prolongé les arêtes latérales de ce dernier parallélipipède, jusqu'à ce qu'il ait la hauteur H du premier parallélipipède AU, le théorème 1170 donnera : $\text{paral. AU} : \text{paral. } a\text{U}' = \text{B} : b.$

Mais les deux parallélipipèdes $a\text{U}'$ et *au* ayant la même base sont entre eux comme leurs hauteurs, ce qui donnera (1169)

$$\text{paral. } a\text{U}' : \text{paral. } au = \text{H} : h;$$

multipliant cette proportion par la précédente et réduisant, on aura : $\text{paral. AU} : \text{paral. } au = \text{B} \times \text{H} : b \times h.$

La proportion que nous venons d'obtenir peut être écrite de la manière suivante :

$$(1) \qquad \frac{paral.\ \text{AU}}{paral.\ au} = \frac{\text{B} \times \text{H}}{b \times h} = \frac{\text{B}}{b} \times \frac{\text{H}}{h},$$

c'est-à-dire que pour avoir le rapport numérique des volumes des deux parallélipipèdes comparés, il faudra *multiplier le rapport numérique des bases par le rapport numérique des hauteurs.*

Supposons, par exemple, que l'on ait :

$$\frac{B}{b} = 10; \frac{H}{h} = 2;$$

l'équation précédente deviendrait :

$$\frac{paral.\ AU}{paral.\ au} = 10 \times 2 = 20,$$

et, par conséquent,

$$paral.\ AU = 20\ paral.\ au.$$

1172. Au lieu de prendre pour unité un parallélipipède quelconque *au*, on préfère, dans la pratique, employer pour terme de comparaison *l'hexaèdre régulier* ou le *cube a'u', fig. 4*, et, pour simplifier les calculs, on choisit de préférence un cube dont chaque arête est égale à l'unité de longueur.

Ainsi, par exemple, si l'on emploie le mètre pour unité de longueur, on aura $h = 1$ *mètre*, $b = 1$ *mètre quarré*, et le parallélipipède *a'u'* employé pour unité sera 1 *mètre cube*, que nous désignerons par *mc*.

Par suite de cette convention, l'équation (1) deviendra :

$$(2) \qquad \frac{paral.\ AU}{1\ mètre\ cube} = \frac{B}{1\ mètre\ quarré} \times \frac{H}{1\ mètre}.$$

C'est-à-dire que l'on cherchera d'abord combien de fois la base B du parallélipipède donné contient l'unité de surface, ce qui donnera un *premier nombre ;* on cherchera ensuite combien de fois la hauteur H du parallélipipède donné contient l'unité de longueur, ce qui donnera un *second nombre*, et le produit de ce deuxième nombre par le premier sera un *troisième nombre* qui exprimera combien de fois le parallélipipède rectangle donné contient l'hexaèdre régulier ou le cube employé comme unité de volume.

Il est évident que l'équation (2) peut alors s'écrire de la manière suivante :

$$\frac{paral.\ AU}{1^3} = \frac{B}{1^2} \times \frac{H}{1};$$

et si l'on sous-entend les diviseurs 1^3, 1^2, 1, on obtient :

$$paral.\ AU = B \times H.$$

C'est pourquoi on dit ordinairement, par *abréviation*, que,

1173. *Pour obtenir le volume d'un parallélipipède rectangle, il faut multiplier sa base par sa hauteur*

1174. La base étant un rectangle, le nombre qui en exprime la surface s'obtient en faisant le produit des deux nombres qui expriment les longueurs des côtés adjacents ; ainsi pour le parallélipipède AU, on aura :

$$B = AD \times AE,$$

mais on a : $$H = AS ;$$

multipliant, on obtient :

$$vol.\ AU = B \times H = AD \times AE \times AS.$$

C'est-à-dire que *le volume du parallélipipède rectangle s'obtient en faisant le produit des nombres qui expriment les longueurs des trois arêtes qui aboutissent à un même sommet.*

Supposons, par exemple, AD = 2 *mètres*, AE = 5 *mètres*, AS = 4 *mètres*, on aura :

$$vol.\ AU = 2 \times 5 \times 4 = 40\ \text{mètres cubes} = 40^{mc.}$$

Si les trois arêtes étaient 48 mètres, 53 mètres et 129 mètres, le volume du parallélipipède vaudrait $48 \times 53 \times 129 = 328176$ *mètres cubes* $= 328176^{mc.}$

Si chacune des arêtes valait 15 *mètres*, on aurait :

$$V = 15 \times 15 \times 15 = (15)^3 = 3375^{mc.}$$

1175. En général, si les arêtes sont égales et que l'on exprime l'une d'elles par a, on aura :

$$V = a^3,$$

c'est-à-dire que dans ce cas le volume s'obtient en calculant le *cube* de l'arête.

———

1176. Subdivisions du mètre cube. Si chacune des arêtes d'un cube vaut **1** *décimètre*, on aura pour l'expression du volume : $V = (0,1)^3 = 0^{mc.},001 = 1$ *décimètre cube,* c'est-à-dire que le *décimètre cube* vaut la millième partie d'un *mètre cube*.

Cette relation, très-essentielle, est facile à comprendre ; en effet, le mètre cube est un hexaèdre régulier dont chaque arête vaut un *mètre* ou dix *décimètres*, la base est donc égale à 100 *décimètres quarrés*, par conséquent si l'on plaçait un décimètre cube sur chacun des décimètres quarrés de cette base, on formerait une tranche solide qui aurait un mètre quarré de base, et dont la hauteur vaudrait un décimètre.

Or il est évident qu'en plaçant dix tranches de cette espèce au-dessus les unes des autres, on formerait l'hexaèdre régulier qui aurait un mètre pour côté.

D'où l'on peut conclure que 1 *mètre cube* = 1000 *décimètres cubes*.

1177. En raisonnant de la même manière, on reconnaîtra que　　1 *décimètre cube* = 1000 *centimètres cubes ;*
　　　1 *centimètre cube* = 1000 *millimètres cubes.*

Ainsi,

1 *mètre cube* = 1000 *décimètres cubes* = 1000000 *centimètres cubes* = 1000000000 *millimètres cubes.*

Réciproquement, on aura

$$0^{mc},001 = \frac{1}{1000} \text{ de mètre cube} = 1 \text{ } décimètre \text{ } cube.$$

$$0^{mc},000001 = \frac{1}{1000000} \text{ de mètre cube} = 1 \text{ } centimètre \text{ } cube.$$

$$0^{mc},000000001 = \frac{1}{1000000000} \text{ de mètre cube} = 1 \text{ } millimètre \text{ } cube.$$

Ainsi le nombre $42^{mc},563284 = 42$ *mètres cubes*, 563 *décimètres cubes*, 284 *centimètres cubes*.

Si l'on avait $4^{mc},7452418$, on placerait deux zéros à droite, et l'on aurait alors $4^{mc},745241800 = 4$ *mètres cubes*, 745 *décimètres cubes*, 241 *centimètres cubes*, 800 *millimètres cubes*.

Par la même raison, on dira : $2^{mc},7 = 2^{mc},700 = 2$ *mètres cubes* **700** *décimètres cubes*.

$0^{mc},03 = 0^{mc},030 = 30$ *décimètres cubes*.

$0^{mc},0006 = 0^{mc},000600 = 600$ *centimètres cubes*.

26

1178. Pour éviter les virgules dans les calculs composés, on peut exprimer toutes les dimensions en fonctions de la plus petite unité décimale, et replacer ensuite la virgule lorsque le calcul est entièrement terminé.

Ainsi, par exemple, si l'on voulait calculer le volume d'un parallélipipède rectangle dont les trois arêtes seraient $3^m,51$, $2^m,8$ et $5^m,723$, on prendrait le *millimètre* pour unité, et l'on aurait alors

$V = 3510 \times 2800 \times 5723 = 56245644000$ *millimètres cubes* $=$ $56^{mc},245644 = 56$ *mètres cubes*, 245 *décimètres cubes*, 644 *centimètres cubes*.

1179. Théorème. Fig. 6. *Si deux parallélipipèdes* AU, AV *ont une base commune,* ABCD, *et que leurs bases supérieures soient dans un même plan, et comprises entre les mêmes parallèles, ces deux parallélipipèdes sont équivalents.*

Démonstration. Si l'on remplissait l'espace vide, compris entre les deux parallélipipèdes, la figure entière formerait un prisme dont les deux trapèzes ADIP, BCUM seraient les bases; ce prisme est composé du parallélipipède AU, auquel on aurait ajouté le prisme triangulaire qui a pour bases les triangles BKM, AHP.

Mais la figure entière peut encore être considérée comme composée du parallélipipède AV, auquel on aurait ajouté le prisme triangulaire qui a pour bases les triangles CUV, DIS.

Les deux prismes DISCUV, AHPBKM sont égaux, car, si l'on fait avancer le premier prisme vers la droite, d'une quantité égale à DA, sans changer la direction des faces ni des arêtes, il est évident que tous les sommets devront parcourir une droite égale et parallèle à DA; de sorte que le point C viendra se placer en B, le point S en P, le point I en H, etc., et tous les sommets du premier prisme coïncidant avec tous les sommets du second, on peut en conclure que les deux solides sont égaux.

Par conséquent, le *parallélipipède* AU que l'on obtiendrait

en retranchant le prisme AHPBKM de la figure totale, est équivalent au *parallélipipède* AV qui resterait si l'on retranchait
prisme DISCUV.

1180. Théorème. *Tout parallélipipède est équivalent à un
parallélipipède rectangle de même hauteur et qui aurait une base
équivalente.*

Démonstration. *Fig. 7.* Soit donné le parallélipipède AU,
concevons par chacun des sommets de la base ABCD, une droite,
perpendiculaire au plan de cette base et terminée au point où
elle vient percer le plan de la base supérieure du parallélipipède donné.

Nous aurons un nouveau parallélipipède AU″ qui sera droit,
puisque les arêtes latérales seront perpendiculaires au plan de
la base, mais qui ne sera pas rectangle, parce que, d'après
l'énoncé, la base ABCD est un parallélogramme.

Or le parallélipipède AU est équivalent au parallélipipède
AU″.

Pour le prouver, prolongeons les arêtes des bases supérieures;
ces lignes, parallèles deux à deux, formeront en se coupant un
parallélogramme U′I, égal et parallèle à la base ABCD des deux
parallélipipèdes AU, AU″.

On pourra donc prendre le parallélogramme U′I pour base
supérieure d'un troisième parallélipipède AU′, qui aura encore
ABCD pour base inférieure.

Mais, par le théorème précédent, on aura

$$paral. \ AU = paral. \ AU',$$
$$paral. \ AU' = paral. \ AU'';$$

multipliant et réduisant, on obtient

$$paral. \ AU = paral. \ AU''.$$

Supposons actuellement que ce dernier parallélipipède AU″ soit
transporté ailleurs, *fig. 8*, prenons pour base la face ASKC, et
concevons les quatre droites AB′, CD′, SM′, KU‴ perpendiculaires sur le plan de ASKC; ces droites seront situées dans les
plans des faces ABCD, SMKU″ (924) et rencontreront par con-

séquent les droites DB, U''M, de sorte qu'en traçant les arêtes
D'U''' et B'M', on aura formé un parallélipipède *rectangle* AU'''
qui sera équivalent au parallélipipède AU'', puisqu'ils ont une
base commune ASKC et que les faces B'M'U'''D', BMU''D opposées à cette base commune sont situées dans un même plan et
comprises entre les mêmes parallèles DB', U''M' (1179).

Ainsi, en résumant, on a, *fig.* **7** et **8**,

$$paral.\ AU = paral.\ AU',$$
$$paral.\ AU' = paral.\ AU'',$$
$$paral.\ AU'' = paral.\ AU''';$$

ajoutant et réduisant, on obtient

$$par.\ oblique\ AU = par.\ rectangle\ AU'''.$$

Dans toutes ces transformations le parallélipipède primitif
n'a pas changé de hauteur, et sa base ABCD, *fig.* **7**, est remplacée par le rectangle *équivalent* AB'CD', *fig.* **8**, ce qui est
conforme à l'énoncé du théorème.

———————

1181. volume du parallélipipède oblique. On vient de
démontrer que

(1) $$paral.\ AU = paral.\ AU''';$$

mais, par le théorème 1173, on a

(2) $$paral.\ AU''' = AB'CD' \times U'''D';$$

or, les deux parallélipipèdes AU'', AU''', ayant même hauteur et
des bases équivalentes, on a

(3) $$AB'CD' = ABCD,$$ de plus

(4) $$U'''D' = UV;$$

multipliant les quatre équations, et réduisant, on obtient

$$paral.\ AU = ABCD \times UV.$$

1182. Ainsi, *pour obtenir le volume d'un parallélipipède
quelconque, on multipliera la base par la hauteur.*

Supposons, par exemple, que le parallélogramme choisi
pour la base d'un parallélipipède soit égal à 42 *mètres quarrés*,
et que la hauteur du solide soit 15 *mètres*, on aura pour le
volume $$V = 42 \times 15 = 630\ mètres\ cubes = 630^{mc.}$$

1183. Théorème. *Tout prisme triangulaire oblique* ABCA'B'C', *fig.* 9, *est équivalent à un prisme triangulaire droit* ADHA'D'A', *qui aurait pour hauteur l'une des arêtes latérales* AA', *et pour base la section droite* ADH *du prisme primitif.*

Démonstration. Si par les points A et A' on conçoit deux plans perpendiculaires sur l'arête AA', les deux sections ADH, A'D'H' seront égales (977). Le triangle ADH sera l'une des faces d'une pyramide quadrangulaire qui a pour base le trapèze BCHD et pour sommet le point A.

Or on a BB' = AA' comme arêtes du prisme donné.

On a également AA' = DD',

parce que ces deux droites parallèles sont comprises entre des plans parallèles (874).

Ajoutant et réduisant, on aura

$$BB' = DD',$$

ou, ce qui revient au même,

$$BD + DB' = DB' + B'D';$$

d'où BD = B'D'.

on démontrera de même que

$$CH = C'H'.$$

Par conséquent, si l'on fait glisser la petite pyramide ABCHD, jusqu'à ce que la face ADH coïncide avec A'D'H', les sommets B et C coïncideront avec B' et C', d'où il résulte que les deux pyramides sont égales; ainsi, on aura

$$pyram.\ ABCHD = pyram.\ A'B'C'H'D';$$

ajoutant de part et d'autre le solide ADHA'B'C', on aura

$$ABCHD + ADHA'B'C' = ADHA'B'C' + A'B'C'H'D';$$

d'où, en réduisant

$$prisme\ ABCA'B'C' = prisme\ ADHA'D'H'.$$

1184. Théorème. *Fig.* **10** et **11.** *Le plan qui contient deux arêtes opposées d'un parallélipipède, le décompose en deux prismes triangulaires équivalents.*

Démonstration. Par suite du théorème précédent, le prisme oblique ABCA'B'C', *fig.* **10**, est équivalent à un prisme droit P, *fig.* **11**, dont la hauteur *b*S serait égale à l'arête BB', et qui aurait pour base *a'b'c'* égale à la section droite *abc*.

Le prisme oblique ACDA'C'D' est équivalent à un second prisme droit P', qui aurait pour hauteur *d*'K égale à BB' et pour base *a'c'd'* égale à la section droite *acd ;* mais on a, *fig.* **10**, *abc = acd* comme moitiés du parallélogramme *abcd*, par conséquent *fig.* **11**, on aura, *a'b'c' = a'c'd'*.

Or, si l'on fait coïncider la base *a'c'b'* avec son égale *a'c'd'*, les arêtes latérales du prisme P coïncideront avec celles du prisme P', puisqu'elles sont perpendiculaires aux plans des bases, et l'égalité des deux prismes P et P' sera évidente.

Ainsi, on aura

(1) $$prisme \ P = prisme \ P';$$

mais on avait

(2) $$prisme \ P' = prisme \ ACDA'C'D';$$
(3) $$prisme \ ABCA'B'C' = prisme \ P;$$

ajoutant les trois équations et réduisant, on obtiendra

$$prisme \ ABCA'B'C' = prisme \ ACDA'C'D'.$$

1185. volume des prismes. Puisque les deux prismes triangulaires ABCA'B'C', ACDA'C'D', *fig.* **10**, sont équivalents, il est évident que chacun d'eux vaudra la moitié du parallélipipède entier ; ainsi, on aura

$$prisme \ ABCA'B'C' = \frac{paral. \ A'C}{2};$$

mais en admettant que BU soit la hauteur du parallélipipède, le théorème 1173 donne

$$paral. \ A'C = ABCD \times BU;$$

on a de plus $$ABCD = 2ABC;$$

multipliant les trois équations et réduisant, on aura

$$prisme \ ABCA'B'C' = ABC \times BU.$$

1186. Ainsi, *on obtiendra le volume d'un prisme triangulaire en multipliant sa base par sa hauteur.*

Si l'on exprime la base par B, la hauteur par H, et le volume par V, on aura la formule. V = BH.

1187. corollaire I. *Fig.* **12.** Si par l'une des arêtes latérales AM, et par les diagonales MC, MV, on conçoit des plans, le prisme ACV sera décomposé en prismes triangulaires, qui auront tous la même hauteur UK, et dont les bases seront les triangles MIC, MCV, MCU, de sorte que si nous exprimons les surfaces de ces triangles par b, b', b'', et la hauteur UK par H, nous aurons pour les volumes correspondants :

$$1^{er} \, prisme = b\text{H},$$
$$2^e \, prisme = b'\text{H},$$
$$3^e \, prisme = b''\text{H};$$

ajoutant ces trois équations, on aura, pour le volume du prisme total $\quad \mathbf{V} = (b + b' + b'')\text{H}.$

En exprimant par B la somme des triangles b, b' et b'', on a

$$V = BH.$$

1188. C'est-à-dire que *l'on obtiendra le volume d'un prisme quelconque, en multipliant la base par la hauteur, quel que soit le nombre des faces latérales.*

1189. cor. II. Il résulte de ce qui précède, que deux prismes seront équivalents toutes les fois qu'ils auront la même hauteur, et que leurs bases seront équivalentes.

1190. volume du cylindre. Si l'on considère le cylindre comme un prisme dont le nombre des faces latérales est infini, *on obtiendra le volume en multipliant la base par la hauteur.*

1191. corollaire. S'il s'agit du cylindre droit ou de révolution, *fig.* **2,** *pl.* **29,** la base sera un cercle dont nous exprimerons le rayon par R, la surface par πR^2; et si nous désignons par H, le côté bB ou la hauteur du cylindre, le volume sera $\quad V = \pi R^2 H.$

1192. Théorème. *Le produit de la base d'un prisme par sa hauteur est égal au produit de la section droite par l'arête.*

Démonstration. *Fig.* 9. On a par le théorème 1183

(1) $prisme\ ABCA'B'C' = prisme\ ADHA'D'H'$;

le théorème 1186 donne

(2) $ABC \times BU = prisme\ ABCA'B'C'$;

mais, si l'on prend le triangle ADH pour base du prisme droit ADHA'D'H', la hauteur de ce prisme sera l'arête AA' et le théorème 1186 donnera encore

(3) $prisme\ ADHA'D'H' = ADH \times AA'$;

multipliant les trois équations et réduisant, on aura

$$ABC \times BU = ADH \times AA'.$$

1193. Corollaire I. *Fig.* 10. Le théorème précédent donne $ABC \times BU = abc \times AA'$,

$$ADC \times BU = adc \times AA';$$

ajoutant les deux équations, on obtient

$$(ABC + ACD) \times BU = (abc + acd) \times AA';$$

d'où $ABCD \times BU = abcd \times AA$.

On raisonnerait de la même manière, quel que soit le nombre des prismes triangulaires composant le prisme donné, *fig.* 12.

1194. Cor. II. Le principe précédent étant appliqué au cylindre, permet de calculer la section droite lorsque l'on connaît la base ou section oblique; et réciproquement on peut calculer la base ou section oblique, lorsque l'on connaît la section droite.

En effet, exprimons (*fig.* 13) la section oblique AO par B et la section droite CD par B', l'arête AA' par c et la hauteur A'P par h, nous aurons (1193) $Bh = B'c$;

d'où l'on pourra conclure B en fonction de B', et réciproquement.

Si, par exemple, on connaissait la section droite CD, on aurait pour la section oblique AO

$$B = \frac{B'c}{h}.$$

1195. Dans le cas où la section droite B′ serait un cercle, on aurait pour la surface de la base AO

$$B = \frac{\pi R^2 c}{h}.$$

1196. Théorème. *Fig.* **1**, *pl.* **31.** *Si deux pyramides de même hauteur ont leurs bases dans un même plan, et que l'on coupe ces deux pyramides par un plan parallèle à celui qui contient leurs bases, les sections que l'on obtiendra seront entre elles comme les bases.*

Démonstration. Exprimons par B et b la base et la section de la pyramide qui a son sommet en S, par B′ et b' la base et la section de la pyramide qui a son sommet en S′, par MN la hauteur commune aux deux pyramides données, et par mn la distance de leurs sommets au plan qui contient les sections b et b'.

Le corollaire du numéro 1000 donnera

$$B : b :: \overline{MN}^2 : \overline{mn}^2 = B' : b';$$

d'où $\qquad\qquad B : b = B' : b',$

et, par conséquent $\qquad B : B' = b : b'.$

1197. Corollaire. Si les bases des deux pyramides sont équivalentes, les sections b et b' le seront aussi.

1198. Théorème. *Fig.* **2** et **3.** *Deux pyramides* SABC, S′A′B′C′ *de même hauteur, ont le même volume lorsque leurs bases* ABC, A′B′C′ *sont équivalentes.*

Démonstration. Concevons la hauteur MN partagée en un nombre quelconque de parties égales, en *cinq*, par exemple, et supposons que, par chaque point de division, on fasse passer un plan parallèle aux bases; ces plans détermineront dans les deux pyramides données une suite de sections qui seront équivalentes chacune à chacune par le corollaire précédent (1197).

Sur chacune de ces sections, prise pour base, construisons un prisme dont la hauteur soit égale à la cinquième partie de MN et dont les arêtes soient parallèles à l'une de celles de la pyramide correspondante, c'est-à-dire que les arêtes des prismes construits sur les sections de la pyramide SABC seraient parallèles à l'arête SA, tandis que les arêtes des prismes construits sur les sections de la pyramide S'A'B'C' seraient parallèles à l'arête S'A'.

Il est évident que ces prismes seront équivalents chacun à chacun, puisqu'ils auront tous pour hauteur commune la *cinquième* partie de MN et que les sections qui servent de bases aux prismes correspondants sont égales par le corollaire 1197.

Ainsi donc, si en partant des bases on désigne par a, b, c, d, e, les prismes de la *fig.* 2, et par a', b', c', d', e' les prismes de la *fig.* 5, on aura $a = a'$, $b = b'$, $c = c'$, etc., et la première somme de prismes sera équivalente à la seconde.

Or il est évident que ce résultat est indépendant du nombre de parties égales, suivant lequel on aura partagé la hauteur MN, et qu'il sera également vrai, si l'on suppose que le nombre de ces parties soit infini. Mais alors, les deux sommes de prismes ne différeraient plus des deux pyramides données, d'où l'on peut conclure que *les volumes de ces pyramides sont équivalents.*

1199. Théorème. *Toute pyramide triangulaire* SABC, *fig.* 5, *vaut le tiers d'un prisme* ABCDSH, *fig.* 4, *de même base et de même hauteur.*

Démonstration. Le plan qui contient les trois points SAC, *fig.* 4, décompose le prisme en deux pyramides, savoir :

La pyramide triangulaire SABC, que l'on a transportée, *fig.* 5, et la pyramide quadrangulaire SACHD, *fig.* 6.

Or le plan qui contient les trois points D, S, C partage la pyramide SACHD en deux pyramides triangulaires SACD, SDCH, de sorte que le prisme ABCDSH se trouve décomposé en trois pyramides triangulaires SABC, SACD, SDCH.

Les deux pyramides SACD, SDCH, *fig.* 6, sont équivalentes, car elles ont toutes deux pour hauteur la distance du point S au plan qui contient leurs bases ACD, DCH. De plus, ces bases sont égales puisque chacune d'elles vaut la moitié du parallélogramme ACHD; ainsi, par le théorème 1197, on aura

$$pyram. \; SDCH = pyram. \; SACD.$$

Mais, lorsqu'une pyramide est triangulaire, on peut prendre pour base la face que l'on veut; et l'on pourra dire alors que la pyramide SDCH, *fig.* **6,** est équivalente à la pyramide SABC, *fig. 4,* puisqu'elles ont pour bases les deux triangles égaux ABC, DSH, et qu'elles ont toutes deux la même hauteur que le prisme dont elles faisaient partie. Ainsi, on a

$$pyram.\ SABC = pyram.\ CDSH\,;$$

nous avons trouvé précédemment que

$$pyram.\ CDSH = pyram.\ SADC\,;$$

il s'ensuit que les trois pyramides SABC, SACD, SDCH sont équivalentes, et que par conséquent chacune d'elles vaut le tiers du prisme ABCDSH.

───────

1200. Volume de la pyramide. Nous venons de trouver

$$pyram.\ SABC = \frac{prisme\ ABCDSH}{3}\,;$$

mais, par le théorème 1186, on a

$$prisme\ ABCDSH = ABC \times hauteur.$$

Multipliant l'une des équations par l'autre, et réduisant, on aura

$$pyram.\ SABC = \frac{ABC \times hauteur}{3}.$$

1201. C'est-à-dire que *pour obtenir le volume d'une pyramide triangulaire, on fera le produit de la base par la hauteur, et l'on divisera par trois.*

Si nous exprimons par B la base, et par H la hauteur, nous aurons pour le volume

$$V = \frac{B.H}{3}.$$

1202. IIe Démonstration. *Fig.* **7.** Soit la pyramide triangulaire SABC, dont il s'agit de calculer le volume.

Concevons les points D, E, N, I, K, O, qui partagent les arêtes en parties égales, et supposons que par ces points on ait fait passer les trois plans DEN, ENKI, EIO.

La pyramide donnée sera décomposée en deux prismes triangulaires DENAIK, EIONKC, et deux pyramides SDEN, EIBO.

Je dis que les deux prismes sont équivalents, et que les deux pyramides sont égales.

Pour rendre cette relation plus évidente, transportons les deux prismes, *fig.* **8** et **9**, et concevons les deux parallélipipèdes UN, IF.

On sait que le prisme AIKDEN vaut la moitié du parallélipipède UN (1184).

On sait également que le prisme EIONKC vaut la moitié du parallélipipède IF. Mais les deux parallélipipèdes UN, IF sont égaux comme ayant même base et même hauteur ; donc les prismes triangulaires AIKDEN, EIONKC sont équivalents.

Quant aux pyramides SDEN, EIBO, leur égalité peut être facilement mise en évidence par la superposition.

Ces relations étant reconnues, si nous exprimons par b le triangle DEN qui forme la base du *prisme* AIKDEN, et par h la hauteur de ce même prisme, nous aurons bh pour l'expression de son volume.

Mais les deux prismes étant équivalents, nous aurons aussi bh pour le volume du second, et leur somme sera $2bh$.

Si nous exprimons ensuite par p chacune des deux pyramides SDEN, EIBO, et par P le volume de la pyramide totale, nous aurons l'équation

(1) $$P = 2bh + 2p.$$

Supposons actuellement que l'on fasse passer des plans par les milieux des arêtes de la pyramide SDEN, on la décomposera, comme la pyramide totale, en deux prismes équivalents et deux pyramides égales ; la base de l'un des deux prismes sera le triangle *den* que nous nommerons b', et la hauteur h' sera la distance des plans des sections DEN, *den* ; de sorte que si nous exprimons par p' le volume de la pyramide S*den*, nous aurons l'équation

(2) $$p = 2b'h' + 2p'.$$

Si l'on recommence encore les mêmes constructions pour la pyramide S*den*, et si l'on nomme b'' la section par le milieu de l'arête S*d*, et h'' la distance des plans des sections b' et b'', on aura :

(3) $$p' = 2b''h'' + 2p''.$$

Or, si l'on suppose que l'on continue ainsi jusqu'à l'infini, en coupant toujours en parties égales les arêtes de la pyramide précédente, on aura les équations successives :

(4)
$$p'' = 2b'''h''' + 2p''',$$

(5)
$$p''' = 2b^{\text{IV}}h^{\text{IV}} + 2p^{\text{IV}},$$

(6)
$$p^{\text{IV}} = 2b^{\text{V}}h^{\text{V}} + 2p^{\text{V}};$$

et ainsi de suite.

Si, dans l'équation (1), nous remplaçons *successivement* p, p', p'', etc., par leurs valeurs, nous aurons

(7)
$$P = 2bh + 4b'h' + 8b''h'' + 16b'''h''' +, \text{ etc.}$$

Mais les hauteurs des pyramides P, p, p', p'', ont été partagées en parties égales, ce qui donne

$$h = \frac{H}{2}; \; h' = \frac{h}{2}; \; h'' = \frac{h'}{2}, \text{ etc.}$$

Par la même raison, et par le théorème 999, on doit avoir

$$b = \frac{B}{4}; \; b' = \frac{b}{4}; \; b'' = \frac{b'}{4}, \text{ etc.}$$

Ainsi, on aura
$$bh = \frac{B}{4} \times \frac{H}{2} = \frac{BH}{8},$$

$$b'h' = \frac{b}{4} \times \frac{h}{2} = \frac{bh}{8} = \frac{BH}{64},$$

$$b''h'' = \frac{b'}{4} \times \frac{h'}{2} = \frac{b'h'}{8} = \frac{BH}{512}$$

etc.

Substituant toutes ces valeurs dans l'équation (7) on obtient :

(8)
$$P = \frac{BH}{4} + \frac{BH}{16} + \frac{BH}{64} + \dots =$$
$$= BH \left(\frac{1}{4} + \frac{1}{16} + \frac{1}{64} + \dots \right).$$

Le facteur compris dans les parenthèses est la somme des termes d'une progression par quotient, décroissante jusqu'à l'infini, et dans laquelle le premier terme vaut $\frac{1}{4}$, et le dernier 0, ce qui donne, en employant la formule connue,

$$S = \frac{uq - a}{q - 1} = \frac{0 \times \frac{1}{4} - \frac{1}{4}}{\frac{1}{4} - 1} = \frac{1}{3};$$

d'où, par conséquent,

$$P = BH \times \frac{1}{3} = \frac{BH}{3};$$

ce qui est conforme au principe démontré au numéro 1200.

1205. Corollaire. Si par l'une des arêtes latérales d'une pyramide quelconque, et par les diagonales de la base, on conçoit des plans, on obtiendra une suite de pyramides triangulaires dont la somme sera égale à la pyramide donnée.

Or, si l'on exprime par b, b', b'', etc., les bases triangulaires de ces pyramides, et par H leur hauteur commune, on aura

$$1^{re} \ pyram. = \frac{bH}{3},$$

$$2^e \ pyram. = \frac{b'H}{3},$$

$$3^e \ pyram. = \frac{b''H}{3},$$

$$etc........$$

Ajoutant ces équations et désignant la pyramide totale par P,

on aura
$$P = \frac{(b + b' + b'' + etc.....)}{3} \times H;$$

enfin, en exprimant la base polygonale par B, on a
$$b + b' + b'' + etc., = B;$$

d'où l'on déduit
$$P = \frac{BH}{3}.$$

1204. C'est-à-dire que *pour obtenir le volume d'une pyramide, il faut toujours prendre le tiers du produit de la base par la hauteur*, quel que soit le nombre des côtés de la base.

1205. volume du cône. En considérant le cône comme une pyramide dont la base aurait un nombre infini de côtés, *on obtiendra le volume, en prenant le tiers du produit de la base par la hauteur.*

1206. corollaire. Si la base est un cercle, et que l'on exprime le rayon par R, on aura $B = \pi R^2$;

d'où
$$V = \frac{\pi R^2 H}{3}.$$

1207. volume des polyèdres. Nous avons admis (1004) que l'on pouvait toujours décomposer un polyèdre en pyramides; ainsi *on calculera séparément les volumes de ces pyramides, et leur somme sera le volume du polyèdre donné.*

1208. corollaire. Si la forme du polyèdre était telle qu'il fût possible de le décomposer en prismes, cela serait plus simple que la décomposition en pyramides. Mais, soit que l'on décompose en prismes ou en pyramides, on doit toujours chercher à profiter des propriétés particulières du polyèdre donné pour abréger le travail. On peut souvent aussi arriver, par des transformations de figures ou de formules, à des données plus faciles à retenir ou plus commodes pour le calcul; nous allons étudier quelques exemples de ce genre.

1209. volume d'un tronc de prisme triangulaire, compris entre deux plans non parallèles. *Fig.* **10.** Concevons deux plans, dont l'un passerait par les trois points S, A, C, et le second par les points S, D, C; le solide sera décomposé en trois pyramides triangulaires dont l'une est transportée, *fig.* **11,** et les deux autres, *fig.* **12.**

Ces trois pyramides ont le point S pour sommet commun, et pour bases les triangles ABC, CAD et DCU.

Nous laisserons la première telle qu'elle est, et nous allons nous occuper de la seconde.

Nous rappellerons d'abord que le volume d'une pyramide

étant égal au tiers du produit de la base par la hauteur, ce volume ne sera pas changé tant que la base et la hauteur seront les mêmes; ainsi, la pyramide qui a pour base le triangle ACD et le sommet en S, *fig.* **10**, peut être remplacée par une autre pyramide qui aurait encore la même base ACD, mais qui aurait le point B pour sommet; car ces deux pyramides auraient même hauteur, puisque leurs sommets S et B seraient situés sur une même droite SB parallèle au plan de leur base commune ACD.

Ainsi, la pyramide qui avait pour sommets les quatre points A, C, D, S, est équivalente à celle qui aurait pour sommets les points A, C, D, B, et qui par conséquent aurait pour base le triangle ABC, et pour sommet le point D.

La troisième pyramide, qui a pour base le triangle CDU et pour sommet le point S, peut être remplacée par la pyramide de même base et de même hauteur qui aurait pour sommets les quatre points C, D, U, B.

Mais si l'on prend le triangle BCU pour base de cette dernière pyramide, elle aura pour sommet le point D, et l'on pourra la remplacer par une autre pyramide qui aurait encore pour base le triangle BCU, mais dont le sommet serait en A; puisque les deux points D et A sont situés sur une même droite DA, parallèle à la base commune BCU. Ainsi, la pyramide qui avait pour sommets les quatre points C, D, U, S est équivalente à celle qui aurait pour sommets les points B, C, U, A, et qui par conséquent aurait pour base le triangle ABC, et pour sommet le point U.

1210. Il résulte de ce qui précède que, si l'on considère le triangle ABC comme la base du prisme, *le solide qui reste après la section par un plan oblique à cette base, est équivalent à trois pyramides triangulaires qui auraient pour base le triangle ABC, et dont les sommets S, D, U coïncideraient avec les angles de la section oblique.*

1211. Si nous exprimons par B la base ABC du prisme, et par h, h', h'' les perpendiculaires abaissées sur le plan de cette base, par les trois sommets de la section oblique, on aura

$$V = \frac{Bh}{3} + \frac{Bh'}{3} + \frac{Bh''}{3} = \frac{B(h + h' + h'')}{3}.$$

1212. Corollaire. Si les arêtes étaient perpendiculaires au plan du triangle ABC, elles représenteraient les hauteurs des trois sommets de la section oblique, et l'on obtiendrait alors le volume, *en multipliant la base du prisme par le tiers de la somme des trois arêtes.*

1213. Volume d'un solide terminé par une surface courbe quelconque. Il y a beaucoup d'analogie entre le principe que nous venons de démontrer, et le théorème qui donne la surface du trapèze, que l'on peut considérer comme un parallélogramme tronqué obliquement. L'analogie est encore plus frappante dans les applications que l'on fait des deux théorèmes.

Ainsi, nous avons vu (582) que pour avoir la surface d'une figure quelconque on la décompose souvent en trapèzes qui ont pour bases parallèles les ordonnées des différents sommets de la figure donnée, et pour hauteur les distances de ces ordonnées.

De même, pour avoir le volume d'un corps terminé par une surface quelconque, on peut la décomposer en prismes triangulaires tronqués obliquement.

Supposons, par exemple, qu'il s'agisse de calculer le volume du solide qui est représenté, *fig.* **13**, on pourra toujours concevoir le corps dont il s'agit, coupé par des plans assez rapprochés pour qu'il soit permis de faire abstraction de la courbure des petits quadrilatères dans lesquels se trouve décomposée la surface supérieure.

Par cette opération le solide sera partagé en prismes quadrangulaires droits tronqués obliquement; et chacun de ces prismes quadrangulaires pourra lui-même être décomposé en deux prismes triangulaires dont on obtiendra le volume par le principe précédent.

1214. Corollaire I. *Fig.* **14.** Supposons, pour deuxième exemple, que l'on veut avoir le volume d'une pyramide triangulaire ABCD, inclinée d'une manière quelconque dans l'espace, on projettera les quatre sommets sur un plan P, ce qui

donnera le quadrilatère A'B'C'D'; on tracera les diagonales
A'B', C'D' et l'on mesurera :

    1° Les quatre côtés du quadrilatère A'B'C'D';

    2° Les deux diagonales A'B' et C'D';

    3° Les quatre perpendiculaires projetantes des points A,B,C,D.

Il sera facile alors de calculer les volumes des quatre prismes
triangulaires tronqués ACDA'C'D', BCDB'C'D', ADBA'D'B' et
ABCA'B'C'.

Or il est évident que *la somme des deux premiers prismes*,
moins la somme des deux derniers, sera le volume occupé dans
l'espace par le tétraèdre ABCD.

1215. cor. II. On peut calculer de la même manière toutes
les pyramides qui composent le volume d'un polyèdre quelconque.

**1216. Volume d'un tronc de pyramide triangulaire
compris entre deux plans parallèles.** *Fig. 1, pl. 32.*
Si nous concevons deux plans, dont l'un passerait par les trois
points S, A, C, et l'autre par les points S, D, C; le solide sera
décomposé en trois pyramides triangulaires, dont l'une est
transportée, *fig. 2*, et les deux autres, *fig. 3*.

Ces trois pyramides ont le point S pour sommet commun, et
pour bases les triangles ABC, CDC, CDA.

Le triangle ABC qui forme la base de la première pyramide
est en même temps la base inférieure du solide dont on
demande le volume, et la hauteur de cette première pyramide
est égale à la distance des deux plans parallèles qui contiennent les triangles ABC, DSU.

La seconde pyramide a pour sommets les quatre points
S, D, U, C. Si l'on prend le triangle SDU pour base, elle aura
pour sommet le point C, et sa hauteur, égale à celle de la première pyramide, sera encore la distance des deux plans parallèles ABC, DSU.

Quant à la troisième pyramide, elle a pour base le triangle
CDA, et pour sommet le point S; mais si nous traçons, *fig. 1*,
la droite SO parallèle à l'arête AD, et par conséquent au plan

du triangle CDA, nous pourrons remplacer la pyramide SCDA par celle qui aurait pour sommet les quatre points C, D, A, O, et qui sera équivalente à la pyramide SCDA, puisqu'elles auront la même base CDA, et que les sommets S et O seront situés sur une même droite SO, parallèle au plan de leur base commune.

Mais si l'on prend le triangle ACO pour base de la pyramide CDAO, elle aura le point D pour sommet, et sa hauteur sera encore égale à la distance des plans parallèles ABC, DSU. Quant à sa base AOC, on peut lui donner une expression géométrique très-simple.

En effet, les deux triangles ABC, AOC ayant un sommet commun C, et leurs bases AB, AO étant sur la même droite, ils sont entre eux comme leurs bases (595), ce qui donne la proportion

$$ABC : AOC = AB : AO.$$

Or, par l'énoncé, on a AO parallèle à DS; ensuite la droite SO étant parallèle par construction à l'arête DA, le quadrilatère ADSO est un parallélogramme; de sorte que l'on a AO = DS, et la proportion précédente devient

(1) $$ADC : AOC = AB : DS;$$

mais les deux triangles ABC, DSU étant semblables, on a la proportion

(2) $$AB : DS = AC : DU;$$

de plus, les triangles AOC, DSU, ayant un angle égal en A et en D, sont entre eux comme les rectangles des côtés qui comprennent ces angles, ce qui donne.

$$AO \times AC : DS \times DU = AOC : DSU;$$

débarrassant les deux premiers termes, des facteurs AO et DS qui sont égaux, on a

(3) $$AC : DU = AOC : DSU;$$

faisant le produit des proportions (1) (2) et (3), et négligeant les rapports communs, on obtient

$$ABC : AOC = AOC : DSU,$$

c'est-à-dire que la base AOC de la troisième pyramide est une *moyenne proportionnelle* entre les bases ABC, DSU des deux premières.

Ainsi, en résumant, on dira que

1217. *Le tronc de pyramide triangulaire à bases parallèles est équivalent à trois pyramides qui auraient toutes trois pour hauteur la hauteur du tronc et dont les bases seraient, la base inférieure du tronc, sa base supérieure, et la moyenne proportionnelle entre ces bases.*

1218. Si l'on exprime la hauteur du tronc par h, la plus grande des deux bases par B et la plus petite par b, on aura

$$V = \frac{Bh}{3} + \frac{bh}{3} \times \frac{h\sqrt{Bb}}{3} = \frac{h\left(B + b + \sqrt{Bb}\right)}{3}.$$

1219. Corollaire I. *Fig.* 4 et 5. Le principe qui vient d'être démontré peut s'appliquer à tous les troncs de pyramides à bases parallèles, quel que soit le nombre de côtés de ces bases.

En effet, exprimons par B et b les sections faites dans une pyramide quelconque, *fig.* 4, par deux plans parallèles; désignons par h la distance des plans coupants, et supposons que le point S soit le sommet de la pyramide totale.

Concevons, *fig.* 5, une pyramide triangulaire de même base et de même hauteur que la première, et supposons que les bases B et B' soient dans un même plan. Le plan de la section b déterminera dans la seconde pyramide une section b' équivalente à b par le corollaire du numéro 1197.

Or, les deux pyramides totales ayant mêmes bases et même hauteur seront équivalentes; mais il en sera de même des pyramides retranchées, et par conséquent les restes de part et d'autre seront égaux; donc si nous exprimons par V le volume du solide représenté, *fig.* 4, et par V' le volume du solide auxiliaire, *fig.* 5, nous aurons $V = V'$;

mais, par les théorèmes 1217 et 1218, on a

$$V' = \frac{h\left(B' + b' + \sqrt{B'b'}\right)}{3};$$

multipliant cette équation par la précédente, et réduisant, on a

$$V = \frac{h(B' + b' + \sqrt{B'b'})}{3};$$

mais on a $\qquad B' = B,\ b' = b',\qquad$ par conséquent on aura

$$V = \frac{h(B + b + \sqrt{Bb})}{3};$$

ce qu'il fallait démontrer.

1220. IIe *Méthode.* On peut arriver au même résultat en raisonnant de la manière suivante :

Soit P la pyramide totale, *fig. 4*, et p la pyramide retranchée, H la hauteur de la pyramide totale, et $(H - h)$ la hauteur de la pyramide retranchée, on aura

$$P = \frac{BH}{3},$$

$$p = \frac{b(H - h)}{3},$$

et par conséquent

$$(1)\qquad P - p = \frac{BH - b(H - h)}{3} = \frac{BH - bH + bh}{3} =$$

$$= \frac{(B - b)H + bh}{3};$$

mais le corollaire 1000 donne

$$(2)\qquad B : b = H^2 : (H - h)^2;$$

prenant la racine de chaque terme, on ramènera l'inconnue H au premier degré, et l'on aura

$$\sqrt{B} : \sqrt{b} = H : (H - h);$$

d'où $\qquad (H - h)\sqrt{B} = H\sqrt{b}.$

Cette équation étant résolue donne

$$H = \frac{h\sqrt{B}}{\sqrt{B} - \sqrt{b}}.$$

Substituant cette valeur dans l'équation (1), et désignant volume cherché par V, on obtient

$$V = P - p = \frac{\dfrac{(B - b)\,h\sqrt{B}}{\sqrt{B} - \sqrt{b}} + bh}{3},$$

Considérant le binôme $B - b$ comme la différence de deux quarrés, on peut le décomposer en facteurs, et l'on aura

$$V = \frac{\dfrac{(\sqrt{B} + \sqrt{b})(\sqrt{B} - \sqrt{b})\, h \sqrt{B}}{\sqrt{B} - \sqrt{b}} + bh}{3} =$$

$$= \frac{(\sqrt{B} + \sqrt{b})\, h \sqrt{B} + bh}{3} = \frac{Bh + h\sqrt{Bb} + bh}{3} =$$

$$= \frac{h(B + b + \sqrt{Bb})}{3};$$

résultat conforme au précédent.

1221. Corollaire. Si l'on n'avait pas extrait la racine quarrée de la proportion (2), on aurait obtenu une équation complète du second degré de laquelle on aurait pu tirer deux valeurs différentes pour la hauteur B, savoir

$$H' = \frac{h \sqrt{B}}{\sqrt{B} - \sqrt{b}} \quad \text{et} \quad H'' = \frac{h \sqrt{B}}{\sqrt{B} + \sqrt{b}}.$$

La première aurait exprimé la hauteur du sommet S, *fig.* **4**, et la seconde aurait donné la hauteur de S', *fig.* **6**.

Il est facile de comprendre comment on obtient ici deux sommets différents; en effet, on connaît par l'énoncé les valeurs de deux sections parallèles dans une pyramide et la distance des plans coupants; mais il est évident que ces données peuvent également convenir aux deux solides représentés sur les figures **4** et **6**.

La seconde valeur de H étant substituée dans l'équation (1),

on obtient $\qquad V' = \dfrac{h(B + b - \sqrt{Bb})}{3},$

pour le volume du solide représenté, *fig.* **6**, de sorte que la différence des solides 4 et 6 serait égale à

$$\frac{2h \sqrt{Bb}}{3}.$$

1222. Volume du tronc de cône à bases parallèles.
Pour appliquer le principe du numéro 1219 au tronc de cône,
il suffit de supposer que les bases ont un nombre infini de
côtés, et l'on pourra conclure de là, qu'*un tronc de cône à
bases parallèles est équivalent à trois cônes qui auraient pour
hauteur commune la hauteur du tronc, et dont les bases
seraient, la base inférieure du tronc, sa base supérieure, et la
moyenne proportionnelle entre ces deux bases.*

On peut démontrer ce principe en raisonnant comme nous
l'avons fait au numéro 1220.

1223. Corollaire I. Si la base du cône dont il s'agit est un
cercle, la section sera également circulaire (1001), de sorte
qu'en exprimant le cône total par C, le cône retranché par c et
les rayons des bases par R et r, on aura pour l'expression du
volume

$$(1) \qquad V = C - c = \frac{\pi R^2 H}{3} - \frac{\pi r^2 (H-h)}{3} =$$

$$= \frac{\pi R^2 H - \pi r^2 H + \pi r^2 h}{3} = \frac{\pi (R^2 - r^2) H + \pi r^2 h}{3} ;$$

mais on a évidemment

$$R : r = H : (H - h),$$

d'où

$$R(H - h) = rH,$$

qui, étant résolue, donne

$$H = \frac{Rh}{R - r}.$$

Substituant cette valeur dans l'équation (1), on obtient

$$V = \frac{\dfrac{\pi (R^2 - r^2) Rh}{R - r} + \pi r^2 h}{3} =$$

$$= \frac{\dfrac{\pi (R + r)(R - r) Rh}{R - r} + \pi r^2 h}{3} = \frac{\pi (R + r) Rh + \pi r^2 h}{3} =$$

$$= \frac{\pi R^2 h + \pi R r h + \pi r^2 h}{3} = \frac{\pi h (R^2 + r^2 + Rr)}{3}.$$

1224. cor. II. *Fig.* **9**, *pl.* **27.** Si le sommet était situé entre les plans des deux bases, on aurait (1221)

$$V = \frac{\pi h(R^2 + r^2 - Rr)}{3}.$$

1225. volume des polyèdres réguliers. On pourra toujours décomposer un polyèdre régulier en pyramides qui auraient pour bases les faces, et pour sommet commun le centre du polyèdre donné (1014); ainsi, en exprimant par b l'une des faces d'un polyèdre régulier quelconque, et par R la distance du centre à cette face, on aura pour l'expression du volume (1200)

$$\text{tétraèdre régulier} \quad V = \frac{4bR}{3},$$

$$\text{hexaèdre} \quad V = \frac{6bR}{3},$$

$$\text{octaèdre} \quad V = \frac{8bR}{3},$$

$$\text{dodécaèdre} \quad V = \frac{12bR}{3},$$

$$\text{icosaèdre} \quad V = \frac{20bR}{3},$$

$$\text{et, en général,} \quad V = \frac{nbR}{3} = nb \times \frac{R}{3}.$$

C'est-à-dire que *le volume d'un polyèdre régulier est égal au tiers du produit de la surface par le rayon de la sphère inscrite.*

1226. corollaire. Le principe que nous venons d'énoncer n'est pas seulement applicable aux polyèdres réguliers; il est évident qu'il convient également à tout polyèdre dont les faces seraient tangentes à une sphère. On doit cependant remarquer que toutes ces faces ne seraient plus des polygones réguliers (1007), et pour avoir la surface du polyèdre il faudrait alors faire la somme des faces, après avoir calculé chacune d'elles séparément.

1227. Volume de la sphère. On peut considérer la sphère comme un polyèdre qui aurait un nombre infini de faces également éloignées d'un point intérieur nommé *centre*. Si nous exprimons par S la somme de toutes ces faces, et par R la distance de chacune d'elles au centre, nous aurons par le corollaire 1226
$$V = \frac{SR}{3};$$

mais si le nombre des faces est infini, la surface du polyèdre ne différera plus de celle de la sphère inscrite, or par le théorème 1142, on a
$$S = 4\pi R^2;$$
multipliant cette équation par la précédente, on obtient

(1)
$$V = 4\pi R^2 \times \frac{R}{3} = \frac{4\pi R^3}{3}.$$

1228. C'est-à-dire, que *pour obtenir le volume de la sphère, il faut multiplier la surface par le tiers du rayon.*

1229. corollaire I. Si l'on exprime le diamètre par D, on aura
$$R = \frac{D}{2}, \qquad \text{d'où}$$

(2)
$$R^3 = \frac{D^3}{8};$$

multipliant l'équation (2) par (1), et réduisant, on aura
$$V = \frac{\pi D^3}{6},$$

pour *l'expression du volume de la sphère en fonction de son diamètre.*

1230. cor. II. *Fig.* 5, *pl.* **28.** Si l'on suppose que la zone AUB soit composée d'une infinité de petites facettes à égale distance du point O ; le secteur sphérique AUBO sera la somme d'un nombre infini de pyramides, qui auront toutes pour hauteur commune le rayon R de la sphère, et dont la somme des bases sera la calotte sphérique AUB.

Ce qui donnera pour le volume du secteur
$$V = \frac{\text{\textit{calotte} AUB} \times R}{3};$$

mais, par le corollaire 1148, on a

$$calotte\ AUB = 2\pi Rh;$$

multipliant et réduisant, on obtient

$$V = \frac{2\pi R^2 h}{3} = \frac{2\pi R^2}{3} \times h.$$

1251. C'est-à-dire que *le volume d'un secteur sphérique est égal aux deux tiers de la surface d'un grand cercle, multipliés par la hauteur ou la flèche de la calotte sphérique qui forme la base du secteur.*

1252. **cor.** III. La pyramide sphérique, *fig. 2, pl. 28*, et le coin, *fig. 1*, peuvent être considérés comme composés d'un nombre infini de pyramides, qui auraient leurs sommets au centre de la sphère, et pour hauteur commune le rayon. De sorte que l'on obtiendra les volumes de ces deux solides, en multipliant le tiers du rayon par la surface du triangle sphérique, ou par celles du fuseau, qui pourront être calculées à l'aide des formules 1154 ou 1152.

1253. **cor.** IV. *Fig. 11, pl. 29.* Concevons le cylindre circulaire BCHD tangent, et par conséquent circonscrit à la sphère AIKU, nous avons par le corollaire 1191

$$vol.\ cylindre = B \times H = \pi R^2 \times 2R = 2\pi R^3;$$

mais le théorème 1227 donne

$$vol.\ sphère = \frac{4\pi R^2}{3};$$

divisant cette dernière équation par la précédente, on aura

$$\frac{vol.\ sphère}{vol.\ cylindre} = \frac{4\pi R^3}{3} : 2\pi R^3 = \frac{4\pi R^3}{6\pi R^3} = \frac{2}{3}.$$

1254. Ainsi, *le volume de la sphère vaut les deux tiers du volume du cylindre circonscrit.*

1255. On doit remarquer que ce rapport est exactement le même que celui qui existe entre les surfaces de ces deux corps (1146).

Solides de révolution.

1236. Théorème. *Le solide engendré par la révolution d'un triangle quelconque autour de l'un de ses côtés, est égal au produit de ce côté par le tiers de la surface du cercle qui aurait pour rayon la distance du troisième sommet du triangle à l'axe de rotation.*

Démonstration. *Fig.* **7,** *pl.* **32.** Le volume engendré par le triangle ABC, est la somme des cônes engendrés par les deux triangles rectangles ABD, DBC.

Or, par le corollaire 1205, on aura

$$\text{V. } engendré \ par \ \text{ABD} = \frac{\text{AD} \times \pi \overline{\text{BD}}^2}{3},$$

$$\text{V. } engendré \ par \ \text{BDC} = \frac{\text{DC} \times \pi \overline{\text{BD}}^2}{3};$$

ajoutant et réduisant, on obtient

$$\text{V. } engendré \ par \ \text{ABC} = \text{AC} \times \frac{\pi \overline{\text{BD}}^2}{3}.$$

1237. Corollaire. Si la perpendiculaire BC tombait en dehors du triangle ABC, on aurait la différence des deux cônes au lieu de leur somme.

1238. Théorème. *Le volume engendré par un triangle isocèle qui tournerait autour d'une droite quelconque, située dans son plan et passant par son sommet, est égal à la projection de la base du triangle sur l'axe de rotation, multipliée par les deux tiers de la surface du cercle qui aurait pour rayon la hauteur du triangle.*

Démonstration. *Fig.* **8.** Soit le triangle isocèle AOB, traçons la hauteur OI, puis les droites AV, IH, BU perpendiculaires sur l'axe de rotation OS; traçons également la droite AK parallèle à OS, et prolongeons AB jusqu'au point S.

On a par le théorème précédent

$$V. \text{ engendré par } SBO = SO \times \frac{\pi\overline{BU}^2}{3},$$

$$V. \text{ engendré par } SAO = SO \times \frac{\pi\overline{AV}^2}{3};$$

retranchant la seconde équation de la première, et réduisant, on obtient successivement

$$V. \text{ engendré par } AOB = \frac{\pi SO(\overline{BU}^2 - \overline{AV}^2)}{3} =$$

$$= \frac{\pi SO(BU + AV)(BU - AV)}{3} = \frac{\pi SO \times 2IH \times BK}{3},$$

et par conséquent

(1) $$V. \text{ engendré par } AOB = \frac{2\pi SO \times IH \times BK}{3}.$$

Mais les deux triangles rectangles SOI, ABK sont semblables, parce que les angles aigus OSI, BAK sont égaux comme correspondants, ainsi on aura

$$SO : AB = OI : BK,$$ d'où

(2) $$SO \times BK = AB \times OI.$$

Les deux triangles OIH, ABK sont semblables, comme ayant leurs côtés perpendiculaires chacun à chacun, ce qui donne

$$OI : AB = IH : AK,$$

d'où $$AB \times IH = AK \times OI;$$

remplaçant AK par son égal VU on a

(3) $$AB \times IH = VU \times OI;$$

faisant le produit des équations (1), (2) et (3), et réduisant, on

obtient $$V. \text{ engendré par } AOB = VU \times \frac{2\pi\overline{OI}^2}{3}.$$

1259. Corollaire. Par un raisonnement analogue, on démontrera facilement que le même principe est applicable au cas où le triangle tournerait autour de l'un de ses côtés, ainsi qu'au cas où la base AB serait parallèle à l'axe de rotation.

1240. Théorème. Fig. 9. *Si plusieurs triangles isocèles AOB, BOC, COD, etc., égaux entre eux et contigus, tournent ensemble autour d'une droite SK, située dans leur plan et passant par le sommet commun, l'expression du volume engendré s'obtiendra en multipliant la projection* ux *de la ligne polygonale ABCDEH sur l'axe de rotation, par les deux tiers de la surface du cercle qui aurait pour rayon la droite* OI, *hauteur commune des triangles isocèles donnés.*

Démonstration. Par le théorème précédent on a

$$\text{V. } engendré \; par \; \text{AOB} = un \times \frac{2\pi\overline{\text{OI}}^2}{3},$$

$$\text{V. } engendré \; par \; \text{BOC} = nv \times \frac{2\pi\overline{\text{OI}}^2}{3},$$

$$\text{V. } engendré \; par \; \text{COD} = v0 \times \frac{2\pi\overline{\text{OI}}^2}{3},$$

etc. ;

ajoutant et réduisant, on obtient

$$\text{V. } engendré \; par \; \text{ADHO} = ux \times \frac{2\pi\overline{\text{OI}}^2}{3}.$$

1241. Corollaire I. Si la ligne polygonale se terminait aux points S et K, la surface génératrice serait la moitié d'un polygone régulier d'un nombre de côtés pair ; et dans ce cas, l'expression du volume engendré s'obtiendrait *en multipliant le diamètre* SK *du cercle circonscrit, par les deux tiers de la surface du cercle inscrit.*

En exprimant le rayon du premier cercle par R et le rayon du second par r, on aurait la formule

$$\text{V} = 2\text{R} \times \frac{2\pi r^2}{3} = \frac{4\pi \text{R} r^2}{3}.$$

1242. cor. II. Si le nombre des côtés était infini, la surface génératrice serait un demi-cercle ; le solide engendré serait une sphère ; les deux rayons r et R seraient égaux et la formule précédente deviendrait alors

$$\text{V} = \frac{4\pi \text{R}^3}{3};$$

ce qui est conforme au résultat que nous avons obtenu au numéro 1227.

1243. Cor. III. Si nous considérons le secteur de cercle SOM comme composé d'un nombre infini de triangles isocèles égaux entre eux et contigus, le théorème 1240 donnera

$$V. \text{ engendré par SOM} = SV \times \frac{2\pi \overline{OS}^2}{3}.$$

Si l'on exprime SV par h et SO par R, on obtient

$$V = h \times \frac{2\pi R^2}{3} = \frac{2\pi R^2 h}{3};$$

formule que nous avons déjà obtenue au numéro 1230.

1244. Cor. IV. Si du secteur sphérique engendré par OFK, on retranche le cône circulaire engendré par le triangle rectangle OFX, on aura le segment à une base (1146), engendré par le demi-segment de cercle XFK.

1245. Cor. V. Si du segment à une base engendré par XFK on retranche le segment engendré par YTK, il restera le segment à deux bases (1045), engendré par XFTY.

1246. Théorème. *Fig. 10. Si l'on fait tourner le segment de cercle AIBM autour d'un diamètre, le volume engendré sera égal à sa hauteur VU multipliée par le sixième de la surface du cercle qui aurait pour rayon la corde AB.*

Démonstration. Par le corollaire 1243, on a

$$V. \text{ engendré par SAMBO} = SU \times \frac{2\pi \overline{AO}^2}{3},$$

$$V. \text{ engendré par SAO} = SV \times \frac{2\pi \overline{AO}^2}{3};$$

retranchant et réduisant, on obtient

$$V. \text{ engendré par AMBO} = VU \times \frac{2\pi \overline{AO}^2}{3};$$

mais, le théorème 1238 nous a donné

$$V. \text{ engendré par ABO} = VU \times \frac{2\pi \overline{OI}^2}{3};$$

retranchant cette dernière équation de la précédente, et transformant on aura successivement

$$V. \textit{ engendré par } AMBI = VU \times \frac{2\pi\left(\overline{AO}^2 - \overline{OI}^2\right)}{3} =$$

$$= VU \times \frac{2\pi\overline{AI}^2}{3} = VU \times \frac{4\pi\overline{AI}^2}{6};$$

remplaçant $4\overline{AI}^2$ par $\overline{AB}^2$, on obtient

$$V. \textit{ engendré par } AMBI = VU \times \frac{\pi\overline{AB}^2}{6}.$$

1247. volume du segment de la sphère. *Fig. 11.* Le segment sphérique compris entre deux plans parallèles AV, BU, serait évidemment engendré par la révolution de la figure AMBUV. Par conséquent, il se compose du volume engendré par le segment de cercle AMBI, auquel on ajouterait le tronc de cône engendré par le trapèze ABUV.

Or le théorème 1246 vient de nous donner

$$V. \textit{ engendré par } AMBI = VU \times \frac{\pi\overline{AB}^2}{6};$$

mais le corollaire 1223 donne

$$V. \textit{ engendré par } ABUV = \frac{\pi VU\left(\overline{BU}^2 + \overline{AV}^2 + BU \times AV\right)}{3};$$

ajoutant ces deux équations, et réduisant au même dénominateur, on obtient

(1)
$$V. \textit{ engendré par } AMBUV =$$

$$= \frac{\pi VU\left(2\overline{BU}^2 + 2\overline{AV}^2 + 2BU \times AV + \overline{AB}^2\right)}{6}.$$

Si nous traçons AD perpendiculaire sur BU, nous aurons

(2)
$$\overline{AB}^2 = \overline{AD}^2 + \overline{BD}^2;$$

mais
$$BD = BU - DU = BU - AV, \qquad \text{d'où}$$

(3)
$$\overline{BD}^2 = \overline{BU}^2 + \overline{AV}^2 - 2BU \times AV;$$

ajoutant cette dernière équation avec (2), et réduisant, on

obtient $\overline{AB}^2 = \overline{AD}^2 + \overline{BU}^2 + \overline{AV}^2 - 2BU \times AV$.

Substituant cette valeur de $\overline{AB}^2$ dans l'équation (1) et rempla-çant $\overline{AD}^2$ par son égale $\overline{VU}^2$ on obtient, après réduction

$$V \; engendré \; par \; AMBUV = \frac{\pi VU(3\overline{BU}^2 + 3\overline{AV}^2 + \overline{VU}^2)}{6} =$$

$$= \frac{\pi VU(3\overline{BU}^2 + 3\overline{AV}^2)}{6} + \frac{\pi \overline{VU}^3}{6} =$$

$$= VU \left(\frac{\pi \overline{BU}^2 + \pi \overline{AV}^2}{2} \right) + \frac{\pi \overline{VU}^3}{6}.$$

Or $\dfrac{\pi \overline{VU}^3}{6}$ est le volume d'une sphère qui aurait VU pour dia-mètre (1229), par conséquent, *fig.* **12**.

1248. *Le volume du segment de sphère, compris entre deux plans parallèles, est égal au produit de sa hauteur par la demi-somme des deux bases, plus le volume de la sphère qui serait tangente aux plans de ces bases.*

1249. Corollaire I. Si l'un des plans était tangent à la sphère, l'une des bases se réduirait à zéro; et *le volume du segment serait égal à sa hauteur multipliée par la moitié de la base, plus la sphère inscrite.*

1250. Cor. II. Si les deux plans étaient tangents, le pre-mier terme de la formule disparaîtrait, et le tout se réduirait au volume de la sphère donnée, qui alors serait inscrite entre les deux plans.

1251. Cor. III. Le principe qui vient d'être démontré est beaucoup plus commode dans l'application que ceux des numéros 1244 et 1245.

1252. Theorème. *Fig.* **13**. *Si l'on fait tourner un rec-tangle ABCD autour d'une droite MN, située dans son plan et parallèle à l'un de ses côtés, le solide engendré sera égal à la*

surface du rectangle générateur, multipliée par la circonfé-
rence du cercle décrit par le centre de ce rectangle.

Démonstration. Le solide dont il s'agit de calculer le
volume, est évidemment la différence entre le cylindre engendré par le rectangle ACIO et le rectangle BDIO. Or le théorème 1191 donne

$$V \text{ } engendré \text{ } par \text{ } ACIO = AC \times \pi\overline{CI}^2,$$

$$V \text{ } engendré \text{ } par \text{ } BDIO = AC \times \pi\overline{BO}^2;$$

retranchant et réduisant, on aura

$$V \text{ } engendré \text{ } par \text{ } ABCD = \pi AC(\overline{CI}^2 - \overline{BO}^2) =$$
$$= \pi AC(CI + BO)(CI - BO).$$

Mais le quadrilatère BOCI étant un trapèze, on a (578)

$$CI + BO = 2SU,$$

ensuite $\quad\quad\quad CI - BO = CD.$

Substituant ces valeurs dans l'équation précédente, on obtient

$$V \text{ } engendré \text{ } par \text{ } ABCD = \pi AC \times 2SU \times CD =$$
$$= AC \times CD \times 2\pi SU = surf. \text{ } ABCD \times 2\pi SU.$$

1253. **Corollaire** I. Il est évident que le principe sera le
même si ABCD est un quarré.

1254. **cor**. II. Les solides de révolutions peuvent être engendrés par des figures quelconques; on peut décomposer ces
figures en triangles ou en trapèzes, mais la méthode la plus
générale consiste à les considérer comme composées de rectangles ou de quarrés égaux.

Chaque quarré engendre une couronne semblable à celle qui
est représentée, *fig.* **15,** et l'ensemble de toutes ces couronnes
forme le solide proposé. Nous allons voir comment on doit
opérer dans cette hypothèse.

————

1255. **Théorème**. *Fig.* **14.** *Si plusieurs rectangles ou*
quarrés égaux situés dans le même plan, tournent ensemble
autour d'un axe commun MN, le solide engendré sera égal à la
somme des surfaces des rectangles générateurs, multipliée par

28

la circonférence du cercle qui aurait pour rayon la distance moyenne (1159) des centres de tous ces rectangles à l'axe de rotation.

Démonstration. Soit s, s', s'', les surfaces des rectangles ou quarrés donnés, désignons par d, d', d'', les distances de leurs centres à l'axe de rotation, on aura par le théorème précédent

$$\text{V engendré par } s = s \times 2\pi d,$$
$$\text{V} \ldots \ldots \ldots s' = s' \times 2\pi d',$$
$$\text{V} \ldots \ldots \ldots s'' = s'' \times 2\pi d'',$$
$$\text{etc.}$$

Ajoutant et désignant par V le volume total, on aura

$$\text{V} = s \times 2\pi d + s' \times 2\pi d' + s'' \times 2\pi d'' + \ldots;$$

mais, puisque les rectangles ou quarrés donnés sont égaux, on aura $\quad s = s' = s''$, etc. ; $\quad$ d'où

$$\text{V} = s(2\pi d + 2\pi d' + 2\pi d'' + \ldots) = 2\pi s(d + d' + d'' + d''' + \ldots).$$

Exprimant par n le nombre des rectangles, et remplaçant $d + d' + d'' \ldots$ par $\dfrac{n(d + d' + d'' + \ldots)}{n}$.

on aura

$$\text{V} = 2\pi s \times n \left(\frac{d + d' + d'' + \ldots}{n} \right) = ns \times 2\pi \left(\frac{d + d' + d'' + \ldots}{n} \right).$$

Le facteur $\dfrac{d + d' + d'' + \ldots}{n}$ s'obtiendra en faisant la somme des distances de l'axe aux centres des rectangles générateurs, et divisant par le nombre de ces rectangles. Si nous exprimons le quotient par D et la somme ns des rectangles par S, nous aurons $\quad \text{V} = \text{S} \times 2\pi\text{D}.$

Résultat conforme à l'énoncé du théorème.

***

1256. Volume du solide de révolution engendré par une figure plane quelconque. Il est évident que pour appliquer le principe précédent à la mesure du solide de révolution engendré par une surface quelconque, *fig.* **19**, il suffit de concevoir cette figure, partagée en un assez grand nombre de rectangles ou de quarrés égaux, pour que la somme de tous ces rectangles diffère aussi peu que l'on voudra de la surface donnée.

Supposons pour exemple, que la surface soit partagée en quarrés égaux qui auraient *deux centimètres* de côté, les sommes des distances des centres de ces quarrés à l'axe de rotation seront pour la

$$1^{re} \text{ colonne . } 10 \times 1 = 10 \text{ centimètres,}$$
$$2^{e} . . . . . . 10 \times 3 = 30$$
$$3^{e} . . . . . . 10 \times 5 = 50$$
$$4^{e} . . . . . . 7 \times 7 = 49$$
$$5^{e} . . . . . . 4 \times 9 = 36$$
$$6^{e} . . . . . . 2 \times 11 = 22$$
$$\overline{43} \qquad \overline{197}$$

Distance moyenne $\qquad D = \dfrac{197}{43}.$

De plus, la surface de chaque quarré étant *4 centimètres quarrés*, la surface totale S sera 43×4, et l'on aura par conséquent le volume du solide engendré

$$V = 43 \times 4 \times 2\pi \frac{197}{43} = 4948,64 \text{ } centimètres \text{ } cubes =$$
$$= 4 \text{ } décimètres \text{ } cubes, \text{ } 948 \text{ } centimètres,$$
$$640 \text{ } millimètres \text{ } cubes.$$

1257. corollaire I. Il est évident que le principe dont nous venons de faire l'application ne serait rigoureusement exact que dans le cas où les quarrés seraient infiniment petits; mais dans la pratique, on peut toujours obtenir une approximation suffisante en augmentant le nombre des carreaux.

1258. cor. II. Dans quelques cas particuliers, on connait exactement la distance moyenne; ainsi, par exemple, supposons qu'il s'agisse de calculer le volume engendré par le cercle C, *fig.* **16**, on exprimera par *r* le rayon du cercle générateur, et par R la droite CO, qui sera la distance moyenne de tous les points de la surface du cercle à l'axe de rotation ; puis, le théorème 1255 donnera

$$V = \pi r^2 \times 2\pi R = 2\pi^2 R r^2.$$

1259. cor. III. La figure 18 représente la moitié du solide qui serait engendré par la révolution de la couronne comprise entre les deux cercles concentriques de la figure 17.

Si l'on exprime par r et r' les rayons de ces deux cercles et par R la distance OU, on aura pour le volume du solide engendré par le plus grand cercle

$$V = \pi r^2 \times 2\pi R.$$

Le volume engendré par le petit cercle sera

$$V' = \pi r'^2 \times 2\pi R.$$

Retranchant cette équation de la précédente, le volume engendré par la couronne sera

$$V'' = \pi r^2 \times 2\pi R - \pi r'^2 \times 2\pi R = 2\pi^2 R\, (r^2 - r'^2) =$$
$$= 2\pi^2 R\, (r + r')\,(r - r').$$

1260. cor. IV. Si nous exprimons par r'' le rayon de la circonférence qui serait à égale distance des deux autres cercles donnés, et par d la différence des rayons r et r', nous

aurons
$$r = r'' + \frac{d}{2},$$

$$r' = r'' - \frac{d}{2},$$

d'où
$$r + r' = 2r'',$$

et par conséquent

$$V'' = 2\pi^2 R \times 2r'' \times d = 2\pi r'' d \times 2\pi R ;$$

c'est-à-dire, *la surface de la couronne, multipliée par la circonférence du cercle décrit par le centre*, résultat conforme à celui que nous avons dit au numéro 1254.

1261. cor. V. Lorsque l'on connaît le volume et la surface génératrice, on peut calculer la distance moyenne ; ainsi, par exemple, la sphère étant évidemment engendrée par la révolution demi-grand cercle, on aura

$$vol.\ sphère = \frac{\pi R^2}{2} \times 2\pi D.$$

Remplaçant le volume de la sphère par sa valeur $\dfrac{4\pi R^3}{3}$, on

obtient l'équation $\dfrac{4\pi R^3}{3} = \dfrac{\pi R^2}{2} \times 2\pi D$,

qui, étant résolue, donne $D = \dfrac{4R}{3\pi}$ pour la distance moyenne
de tous les points de la surface d'un demi-cercle à son diamètre.

Rapport des solides semblables.

1262. Théorème. *Deux pyramides triangulaires semblables*, fig. **7** et **9**, pl. **10**, *sont entre elles, comme les cubes
de deux arêtes homologues quelconques.*

En effet, les bases ABC, IBO étant semblables (1099), sont
entre elles comme les quarrés des côtés homologues; ainsi, en
exprimant ces bases par B et b, on aura

(1) $\qquad\qquad B : b = \overline{AB}^2 : \overline{IB}^2$;

les triangles semblables SAB, EIB donnent

(2) $\qquad\qquad SA : EI = AB : IB.$

Exprimant les hauteurs des deux pyramides par H et h, le
principe du numéro 1100 donne

$$H : h = SA : EI,$$

et par conséquent

(3) $\qquad\qquad \dfrac{H}{3} : \dfrac{h}{3} = SA : EI;$

faisant le produit des trois proportions, et négligeant le rapport
commun SA : EI, on obtient

$$\dfrac{BH}{3} : \dfrac{bh}{3} = \overline{AB}^3 : \overline{IB}^3.$$

1265. Théorème. *Deux polyèdres semblables sont entre eux comme les cubes de deux arêtes ou lignes homologues quelconques.*

Démonstration. Nous avons admis (1107) que deux polyèdres semblables pouvaient être décomposés en un même nombre de pyramides triangulaires, semblables chacune à chacune et semblablement placées.

D'après cela, exprimons par P, P', P″, etc., les pyramides composantes du premier polyèdre, dont nous désignerons le volume par V.

Exprimons ensuite par p, p', p'', etc., les pyramides composantes du second polyèdre dont nous désignerons le volume par v.

Soient C, C', C″, les arêtes du premier polyèdre et c, c', c'', les arêtes homologues du second. On a par la similitude des faces

$$C : c = C' : c' = C'' : c'', \text{ etc.},$$

d'où

$$C^3 : c^3 = (C')^3 : (c')^3 = (C'')^3 : (c'')^3, \text{ etc.}$$

Mais la similitude des pyramides composantes donne

$$P : p = C^3 : c^3,$$
$$P' : p' = (C')^3 : (c')^3 = C^3 : c^3,$$
$$P'' : p'' = (C'')^3 : (c'')^3 = C^3 : c^3,$$

d'où, à cause du rapport commun,

$$P : p = P' : p' :: P'' : p''..... = C^3 : c^3;$$

composant, on obtient

$$(P + P' + P'', \text{ etc.}) : (p + p' + p'', \text{ etc.}) = C^3 : c^3,$$

et par conséquent　　　$V : v = C^3 : c^3.$

1264. Corollaire. Le principe précédent peut s'appliquer aux solides terminés par des surfaces courbes, en considérant ces corps comme des polyèdres semblables dont le nombre des faces serait infini.

Ainsi les cylindres ou les cônes semblables, sont entre eux comme les cubes des rayons des bases, lorsque ces bases sont circulaires.

Les sphères sont entre elles comme les cubes de leurs rayons ou de leurs diamètres.

Par conséquent, si l'on doublait le rayon d'une sphère, le volume deviendrait 8 fois aussi grand.

Si l'on multipliait le rayon par 10, le volume serait multiplié par 1000.

Problèmes.

1265. cubature des terrasses. L'exécution des grands travaux de construction nécessite presque toujours le déplacement de masses de terres considérables. Lorsque l'on enlève les terres du lieu qu'elles occupaient primitivement cela s'appelle un *déblai ;* tandis que si l'on apporte des terres, là où il n'y en avait pas, cela s'appelle un *remblai.* Mais quel que soit le nom que l'on donne à la masse que l'on veut déplacer, les principes que l'on doit appliquer pour en calculer le volume, sont toujours les mêmes.

On conçoit la surface supérieure du terrain partagée en triangles ou quadrilatères, et les plans projetant des différents côtés de ces figures décomposent la masse en prismes tronqués dont on calcule le volume par les principes que nous avons donnés aux numéros 1210 et 1213.

1266. Lorsque le prisme que l'on veut calculer est triangulaire, on emploie la formule du n° 1210, et lorsqu'il s'agit d'un prisme quadrangulaire, *fig.* **1**, *pl.* **33**, on le décompose en deux prismes triangulaires, que l'on ajoute après avoir calculé leur volume séparément.

Ainsi, par exemple, si nous exprimons par b et b' les deux triangles ABC, BCD, et par H, H', H″ et H‴, les arêtes verticales qui aboutissent aux points A, B, C, D, nous aurons

$$\text{prisme ABCOUS} = \frac{b(H + H' + H'')}{3},$$

$$\text{prisme BCDSUV} = \frac{b'(H' + H'' + H''')}{3}.$$

ajoutant, et désignant le volume total par V, on aura

$$V = \frac{b(H + H' + H'') + b'(H' + H'' + H''')}{3}.$$

Cette formule ne donne qu'une approximation presque toujours suffisante pour la pratique.

On conçoit cependant que si la surface supérieure du prisme quadrangulaire dont on veut calculer le volume avait beaucoup de courbure, il ne serait plus permis de la considérer comme formée par les plans des deux triangles SOU, SUV.

1267. On sera plus près de la vérité, en supposant que la surface supérieure du terrain est engendrée par une droite IK, *fig.* **2,** qui glisserait sur deux autres droites SO, RU, en partageant toujours ces lignes en parties proportionnelles de manière, par exemple, que l'on ait la proportion

$$SI : IO = RK \; KU$$

quelle que soit la position de la génératrice IK sur les deux directrices SO, VU.

1268. Pour calculer le volume du solide limité par cette espèce de surface, nous supposerons d'abord, *fig.* **3,** que la base ABCD est un trapèze dont les deux côtés AB et DC sont parallèles.

Faisons   SD' = CR,

puis   DS = RC';

nous aurons, en ajoutant ces deux équations, et réduisant,

                              DD' = CC'.

Faisons ensuite   OA' = BU,

                              AO = UB',

on aura, en ajoutant,   AA' = BB'.

Il résultera de ce qui précède que les droites A'B' et D'C' seront parallèles aux droites AB, DC; donc elles seront parallèles entre elles, et le quadrilatère A'B'C'D' sera un plan.

Puisque le quadrilatère A'B'C'D' est un plan, nous pourrons calculer exactement (1266) le volume du prisme quadrangulaire tronqué ABCDA'B'C'D' que nous désignerons pour abréger par AC'.

Concevons actuellement une section MNM'N' perpendiculaire à la base ABCD et parallèle aux deux faces ABA'B', DCD'C'.

La droite D'C' sera parallèle à M'N' suivant laquelle le plan MNM'N' coupe le plan A'B'C'D', donc M'N' sera égal à MN, comme comprises entre les parallèles MM', NN'.

Traçons la droite Od parallèle à AD, et la droite Uc parallèle à B'C'. Nous aurons par les triangles semblables OIm, OSd

$$m\text{I} : d\text{S} = \text{OI} : \text{OS};$$

mais, par la définition de la surface OURS (1267),

on a $$\text{OI} : \text{OS} = \text{UK} : \text{UR}.$$

De plus, les triangles semblables UKn, URc donnent

$$\text{UK} : \text{UR} = n\text{K} : c\text{R}.$$

Multipliant les trois proportions et négligeant les rapports communs, on aura $m\text{I} : d\text{S} = n\text{K} : c\text{R},$ d'où

$$(1) \qquad m\text{I} \times c\text{R} = d\text{S} \times n\text{K},$$

mais on a par construction,

$$\text{DS} = \text{C'R},$$

ou, ce qui revient au même,

$$\text{D}d + d\text{S} = \text{C'}c + c\text{R}.$$

On a également $$\text{C'}c = \text{B'U},$$
$$\text{B'U} = \text{AO},$$
$$\text{AO} = \text{D}d.$$

Ajoutant et réduisant, on obtient

$$(2) \qquad d\text{S} = c\text{R};$$

multipliant par l'équation (1), et réduisant, on a

$$(3) \qquad m\text{I} = n\text{K}.$$

Or, on a par construction

$$\text{M}m = \text{AO},$$
$$\text{AO} = \text{B'U},$$
$$\text{B'U} = \text{N'}n,$$

ajoutant et réduisant, on obtient l'équation

$$(4) \qquad \text{M}m = \text{N'}n,$$

qui, ajoutée avec (3), donne

$$MI = N'K,$$

et par conséquent,

$$MM' - MI = NN' - N'K,$$

d'où
$$M'I = NK.$$

Ainsi en résumant, on a

$$MN = M'N',$$
$$MI = N'K,$$
$$M'I = NK;$$

de plus, IK est commun aux deux quadrilatères MNIK, M'N'IK, qui par conséquent sont égaux, puisqu'ils ont les angles et les côtés égaux.

Il résulte de là, que la section rectangulaire MNM'N' est exactement le double de la section MNIK.

Cela est indépendant de la position du plan MNM'N': par conséquent, cela sera vrai pour toutes les sections parallèles aux faces ABA'B', et DCD'C'.

Or, si l'on conçoit deux plans extrêmement rapprochés, ils comprendront dans le corps AC, une tranche infiniment mince, qui sera le double de la tranche comprise par les mêmes plans dans le solide donné. De sorte que l'on pourra considérer le solide total comme composé d'une infinité de tranches, dont chacune sera double de la tranche correspondante du solide donné, d'où l'on pourra conclure que ce dernier corps vaut exactement la moitié du solide AC'. Ainsi, on aura en désignant chaque volume par la lettre V

$$V.\ AR = V.\ \frac{AC'}{2};$$

Mais par le principe du numéro 1266, on a

$$V.\ AC' = \frac{ABC(AA' + BB' + CC') + ACD(AA' + CC' + DD')}{3},$$

On aura donc

$$V.\ AR = \frac{ABC(AA' + BB' + CC') + ACD(AA' + CC' + DD')}{6}.$$

Exprimons actuellement le triangle ABC par b, le triangle

ACD par b' et les arêtes AO, BU, CR et DS par H, H', H″ et H‴, nous aurons

$$AA' = AO + OA' = AO + BU = H\ + H',$$
$$BB' = BU + UB' = BU + AO = H'\ + H,$$
$$CC' = CR + RC' = CR + DS = H'' + H''',$$
$$DD' = DS + SD' = DS + CR = H''' + H''.$$

Substituant ces quantités dans la formule précédente, et réduisant, on obtient

$$V.\ AR = \frac{b(2H + 2H' + H'' + H''') + b'(H + H' + 2H'' + 2H''')}{6}.$$

1269. Corollaire I. Il faut s'exercer à calculer cette formule dans tous les cas, et reconnaître ce qu'elle devient lorsqu'une ou plusieurs des arêtes verticales sont réduites à *zéro*.

Si, par exemple, trois arêtes H', H″ et H‴ étaient égales à *zéro*, on aurait $V.\ AR = \dfrac{b \times 2H + b' \times H}{6} = \dfrac{(2b + b') \times H}{6}.$

1270. cor. II. Si l'un des côtés DC de la base était *zéro*, le triangle b' vaudrait *zéro*, l'arête H‴ se confondrait avec H″, et la formule deviendrait

$$V.\ AR = \frac{b(2H + 2H' + H'' + H'')}{6} =$$
$$= \frac{b(2H + 2H' + 2H'')}{6} = \frac{b(H + H' + H'')}{3};$$

ce qui donne le tronc de prisme triangulaire qui aurait pour base le triangle ABC, et pour section oblique le triangle A'B'C'.

1271. cor. III. Si le quadrilatère ABCD était un parallélogramme, on aurait $b = b'$, et la formule deviendrait alors

$$V.\ AR = \frac{b(2H + 2H' + H'' + H''') + b(H + H' + 2H'' + 2H''')}{6} =$$
$$= \frac{b(3H + 3H' + 3H'' + 3H''')}{6} = \frac{b(H + H' + H'' + H''')}{2} =$$
$$= \frac{2b(H + H' + H'' + H''')}{4};$$

mais dans ce cas, $2b$ sera la base du solide, et si l'on exprime cette base par B, on aura

$$V. AR = \frac{B(H + H' + H'' + H''')}{4};$$

c'est-à-dire que *l'on multipliera la base par le quart de la somme des quatre arêtes.*

1272. cor. IV. *Fig. 4.* Si la base du solide que l'on veut mesurer n'est pas un trapèze, on fera passer par l'une des arêtes, un plan ABUO parallèle à l'une des faces DCRS, et le solide proposé sera décomposé en deux autres qu'il sera facile de calculer, puisque l'un d'eux a pour base le triangle ABE (1211), et que la base du second est le trapèze ABCD (1268).

1273. cor. V. Nous avons supposé dans les articles précédents, que la base inférieure du solide était horizontale, mais cela n'arrivera presque jamais.

Ainsi, par exemple, *fig. 5*, si l'on avait à calculer la tranche solide comprise entre les deux quadrilatères OURS, O'U'R'S', qui ont pour projection horizontale commune le trapèze ABCD, il est évident qu'il faudrait prendre la différence entre le volume AR' et le volume AR.

Or la formule que nous venons de démontrer donne

$$V.AR' = \frac{b(2AO'+2BU'+CR'+DS')+b'(AO'+BU'+2CR'+2SD')}{6}.$$

$$V.AR = \frac{b(2AO+2BU+CR+DS)+b'(AO+BU+2CR+2SD)}{6}.$$

Retranchant cette dernière équation de la précédente, et réduisant, on aura pour le volume OURSO'U'R'S', que nous désignerons par OR'

$$V.OR' = \frac{b(2OO'+2UU'+RR'+SS')+b'(OO'+UU'+2RR'+2SS')}{6}.$$

Si nous exprimons les arêtes OO', UU', RR', SS' par a, a', a'', a''', nous aurons

$$V.OR' = \frac{b(2a + 2a' + a'' + a''')+b'(a + a' + 2a'' + 2a''')}{6}.$$

Il ne faut pas oublier que, dans cette formule, les lettres b et *b'* expriment les surfaces des deux triangles ABC, ACD dans lesquels se décompose le trapèze ABCD, qui est la projection commune des quadrilatères OURS, O'U'R'S'.

1274. cor. VI. Si ABCD était un parallélogramme B, on aurait comme au numéro 1271

$$V.OR' = \frac{B(a + a' + a'' + a''')}{4}.$$

1275. Cylindre circulaire tronqué obliquement. Supposons que le cylindre circulaire, représenté, *fig.* **6**, soit coupé par un plan oblique, la section sera une courbe AA', à laquelle on donne le nom *d'ellipse* et dont les propriétés générales seront étudiées ailleurs.

Nous allons nous borner pour l'instant, à rechercher le volume et la surface du solide compris entre la section droite DD', et la section oblique AA'.

Soit BB' l'intersection du plan qui contient la section droite CC', avec le plan de la section oblique AA'.

Par un point *e*, pris où l'on voudra sur BB', concevons un plan perpendiculaire à cette droite. Ce plan coupera la surface du cylindre suivant les deux génératrices *vm*, *su*; le plan du cercle CC' suivant la corde *vs* perpendiculaire sur BB'; et le plan de l'ellipse AA', suivant la corde *mu*, les deux triangles rectangles *evm*, *esu* seront égaux, parce qu'ils auront l'angle *vem = ues*, et le côté *ve = es* comme moitiés de la corde *vs*.

Il résulte de là que la droite *su = vm*. Or, si l'on fait tourner le solide BB'C'A' autour de la droite BB', il est évident que le point *s* viendra prendre la place du point *v*; la droite *us* perpendiculaire au plan du cercle CC', prendra la place de son égale *vm* et le point *u* viendra coïncider avec le point *m*.

On démontrera de la même manière que tous les points de la courbe BA'B' doivent coïncider avec ceux de la courbe BAB', et l'on pourra conclure de là que le solide BB'A'C' est égal au solide BB'AC.

Par conséquent, le tronc de cylindre compris entre les plans

DD' et AA' est équivalent à la portion de cylindre droit comprise entre les deux cercles DD' et CC'.

Or, en exprimant le rayon du cylindre par R et la perpendiculaire OP par H, on a pour le cylindre droit, que nous nommerons C $$volume\ C = \pi R^2 H;$$

mais, en désignant par C' le cylindre tronqué, nous venons d'obtenir $$volume\ C' = volume\ C;$$

multipliant cette équation par la précédente, et réduisant, nous aurons $$volume\ C' = \pi R^2 H.$$

C'est-à-dire, que *l'on multipliera la surface de la section droite. par la distance du plan de cette courbe au centre de la section oblique.*

1276. Corollaire I. Il résulte évidemment de la démonstration précédente, que les surfaces convexes des deux solides DD'CC' et DD'AA' sont équivalentes ; par conséquent (1115), on aura la surface convexe du cylindre circulaire tronqué obliquement, en *multipliant la circonférence de la section droite par la distance du plan de cette courbe au centre de la section oblique ;* ce qui donnera la formule

$$surface\ C' = 2\pi RH.$$

1277. cor. II. La surface de l'ellipse peut se calculer par le principe du numéro 1194 ; mais on peut donner à l'expression de cette surface une forme extrêmement simple.

Concevons la droite A'O perpendiculaire sur BB' et la droite A'K perpendiculaire sur le plan d'une seconde section oblique UU' parallèle à la section AA'.

Le corollaire 1194 nous a donné pour la surface de l'ellipse, que nous nommerons E ; $surf.\ E = \dfrac{\pi R^2 c}{h}$,

qui, dans le cas actuel, devient

$$(1) \qquad surf.\ E = \frac{\pi \overline{OB}^2 \times A'U'}{A'K};$$

mais les deux triangles *rectangles* A'KU', et A'OC' sont semblables, parce que les angles U'A'K, A'OC' ont les côtés perpendiculaires chacun à chacun, ainsi on aura la proportion

$$A'U' : A'O = A'K : OC',$$ d'où

(2) $$A'U' \times OC' = A'O \times A'K;$$

on a de plus

(3) $$OB = OC',$$

comme rayon d'un même cercle. Faisant le produit des équations (1) (2) (3), et réduisant, on obtient

$$surf. \; E = \pi OB \times A'O.$$

Les droites AA' et BB' se nomment les *axes de l'ellipse*. On est convenu d'exprimer le premier par $2a$ et le second par $2b$.

On aura par conséquent $A'O = a$, $OB = b$ et la formule précédente deviendra $$surf. \; E = \pi ab.$$

1278. cor. III. Si dans la formule qui précède on remplace b par R, on aura $surf. \; E = \pi a R$,

mais on a pour la section droite

$$surf. \; DD' = \pi R^2;$$

le corollaire 1276 donne

$$surf. \; ADA'D' = 2\pi RH;$$

on aura donc pour la surface totale du cylindre tronqué

$$S = \pi R \left(a + R + 2H \right).$$

1279. cor. IV. Il est facile d'appliquer les principes précédents au calcul du volume ou de la surface d'un solide compris entre deux sections non parallèles du cylindre circulaire.

Il est évident qu'il suffira de calculer la différence des volumes ou surfaces comprises entre les deux sections données et une section droite quelconque du même cylindre.

1280. surfaces et volumes des voûtes. Concevons, *fig.* 7, un quart de cylindre circulaire coupé obliquement par le plan qui contient les droites AO, BO, et cherchons l'expression de la portion de surface cylindrique qui resterait après la suppression de la partie BDA qui est marquée par des points sur la figure.

La surface qu'il s'agit de calculer, est limitée par la droite AC qui est une génératrice du cylindre, par le quart de cercle BC qui fait partie de la section droite, et par le quart d'ellipse BA situé dans le plan coupant.

Pour plus de clarté, transportons, *fig.* **8,** le solide dont nous voulons obtenir la surface courbe; concevons sur l'arc BC deux points quelconques D et H, traçons ensuite la corde DH; la perpendiculaire OI abaissée du centre sur cette corde; les droites DE, EF, génératrices de la surface convexe du cylindre; la droite IS, parallèle aux deux lignes précédentes, et située dans le plan du trapèze DHEF; les trois droites DM, IV, HN, parallèles au rayon CO; enfin, la droite VS qui sera parallèle à la droite OA, comme intersections du plan BOA par les plans parallèles des deux triangles OCA, VIS.

La géométrie plane nous donne (579)

(1)   *surf. trapèze* $DHEF = DH \times IS.$

Les triangles OIV, DHK semblables, comme ayant leurs côtés perpendiculaires chacun à chacun, donnent la proportion

$$DH : OI = DK : VI,$$

d'où $DH \times VI = DK \times OI.$

Remplaçant DK par son égal MN, on obtient

(2) $DH \times VI = MN \times OI.$

Les triangles OCA, VIS semblables, comme ayant leurs côtés parallèles chacun à chacun, donnent la proportion

$$IS : CA = VI : OC, \qquad \text{d'où}$$

(3) $IS \times OC = CA \times VI;$

faisant le produit des équations (1) (2) et (3), on aura

$$surf.\ DHEF = MN \times \frac{CA \times OI}{OC}.$$

Si l'on exprime par OI' la perpendiculaire abaissée du point O sur le milieu de la corde BD, on aura, en raisonnant de la même manière *surf.* $BDE = BM \times \dfrac{CA \times OI'}{OC}.$

1281. Passons actuellement à la figure **9**, et supposons l'arc BC partagé en un nombre quelconque de parties égales ; traçons les cordes BD, DU, UH, etc. ; exprimons par OI la perpendiculaire abaissée du point O sur chacune de ces cordes ; traçons ensuite les génératrices DD', UU', HH', etc., et les droites D*m*, U*n*, H*v*, etc., parallèles au rayon OC.

On aura par le théorème précédent

$$surf. \text{ BDD}' = \text{B}m \times \frac{\text{CA} \times \text{OI}}{\text{OC}},$$

$$surf. \text{ DD'UU}' = mn \times \frac{\text{CA} \times \text{OI}}{\text{OC}},$$

$$surf. \text{ UU'HH}' = nv \times \frac{\text{CA} \times \text{OI}}{\text{OC}};$$

ajoutant et réduisant, on aura

$$surf. \text{ BCA} = \text{BO} \times \frac{\text{CA} \times \text{OI}}{\text{OC}};$$

mais on a $$\text{BO} = \text{OC};$$

multipliant et réduisant, on obtient

$$surf. \text{ BCA} = \text{OI} \times \text{CA}.$$

1282. Tout ce qui précède est indépendant du nombre des parties de l'arc BC ; il est donc évident que cela peut s'appliquer au cas où le nombre de ces parties serait infini. Or, dans ce cas, on aurait OI = OC, et la formule précédente deviendrait *surf.* BCA = OC × CA = 2 *surf.* OCA. Par conséquent, *la surface de la portion de cylindre* ABC, *est égale au double de sa projection sur le plan* OCA, *perpendiculaire au rayon* BO, *suivant lequel le plan coupant* BOA *rencontre le plan de section droite* BOC.

1283. corollaire. On peut considérer la surface courbe BAC, comme la somme des bases d'une infinité de pyramides, qui auraient pour sommet commun le point O.

Toutes ces pyramides auraient le rayon OC pour hauteur commune, et leur somme composerait évidemment le volume du solide OBCA ; de sorte que l'on aura, pour l'expression de ce volume

$$V.OBCA = \frac{surf. \; BCA \times OC}{3} = \frac{2.surf. \; OCA \times OC}{3},$$

et remplaçant OC par son égal OB, on a

$$V.OBCA = \frac{2}{3} \; surf. \; OCA \times OB = \frac{2}{3} \; prisme \; OCABXY.$$

C'est-à-dire que *le volume du solide* OBCA, *vaut exactement les deux tiers du prisme triangulaire circonscrit.*

1284. Les principes qui précèdent nous donnent les moyens de calculer la surface convexe et le volume du petit solide compris entre la demi circonférence BC'B', *fig.* **6**, et la demi-ellipse BA'B'.

En effet, par le théorème qui vient d'être démontré, on a

$$surf. \; BA'C' = 2 \; triangles \; A'C'O,$$
$$surf. \; B'A'C' = 2.triangles \; A'C'O ;$$

ajoutant ces deux équations, on aura

$$surf. \; BA'C'B' = 4.triangles \; A'C'O ;$$

pour le volume, on aura

$$vol. \; BA'C'B' = \frac{2}{3} \; A'C'O \times BB'.$$

Si le plan du cercle et de l'ellipse se coupaient suivant un angle de 45° on aurait A'C' = OC', de sorte qu'en exprimant le rayon du cylindre par R, le triangle OA'C' vaudrait $\frac{R^2}{2}$, d'où par conséquent

$$surf. \; BA'C'B' = 4 \times \frac{R^2}{2} = 2R^2,$$

$$vol. \; BA'C'B' = \frac{2}{3} \times \frac{R^2}{2} \times 2R = \frac{2R^3}{3}.$$

1285. Voûtes en arc de cloître. Cette espèce de voûte représentée, *fig.* **11**, se compose des parties de cylindres comprises entre les deux plans verticaux, qui contiennent les diagonales du quarré ABCD.

Les deux *pans de voûte* SBC, SAD appartiennent à un même cylindre circulaire, dont la section droite est le demi-cercle *m*S*n*, et les deux autres *pans* SAB, SDC font partie de la surface d'un second cylindre, égal et perpendiculaire au premier, mais dont la section droite est le demi-cercle *u*S*v*.

Les ellipses ASC, DSB qui résultent de la rencontre de ces deux surfaces cylindriques, forment ce que l'on nomme les *arétiers* de la voûte.

Les quatre droites AB, BC, CD et DA sont les lignes de *naissance*.

Pour calculer la surface de cette voûte, il suffit de remarquer qu'elle se compose de huit fois l'espace compris entre le quart de cercle S*n*, et le quart d'ellipse SC.

Or le principe du numéro 1282 nous donne

$$surf. \ SnC = 2. \ triangles \ OnC ;$$

multipliant de part et d'autre par 8, on aura

$$surf. \ voûte \ SABCD = 16. \ triangles \ OnC = 2. \ quarrés \ ABCD.$$

1286. Ainsi *la surface entière de la voûte est égale au double de sa projection.*

1287. Corollaire I. Le résultat que nous venons d'obtenir est indépendant du nombre des côtés de la voûte, il suffit que chacun de ses pans soit formé par une portion de cylindre circulaire.

Ainsi, par exemple, *fig.* **12**, si la voûte avait six pans, elle se composerait de douze parties cylindriques égales à S*u*B, mais le théorème 1282 donne

$$surf. \ SuB = 2. \ triangles \ OuB ;$$

multipliant par 12, on aura

$$surf. \ SuB = 24. \ triangles \ OuB = 2. \ polygones \ ABCDHI.$$

1288. cor. II. Si l'on étend ce principe au cas où le nombre des côtés serait infini, on en pourra conclure, que *la surface de la voûte sphérique*, fig. **13**, *est égale à deux fois celle du grand cercle qui en forme la projection.*

Résultat conforme au principe du numéro 1143.

1289. cor. III. En exprimant par R le rayon de l'un des cylindres, on aura pour la voûte quarrée, *fig.* **11**

$$S = 2 \times 4R^2 = 8R^2;$$

pour la voûte hexagonale, *fig.* **12**

$$S = 2 \times \frac{6R^2}{\sqrt{3}} = 4R^2\sqrt{3};$$

pour la voûte sphérique, *fig.* **13**

$$S = 2 \times \pi R^2 = 2\pi R^2.$$

1290. cor. IV. *Fig.* **11**. Le corollaire 1283 donne

$$volume \; SOnC = \frac{2}{3} \; surf. \; OnC \times OS;$$

multipliant par 8, on trouvera que *la capacité intérieure de la voûte est égale aux deux tiers du volume du prisme quadrangulaire circonscrit.*

On arrivera au même résultat, pour la voûte hexagonale, *fig.* **12**, et pour la voûte sphérique, *fig.* **13**.

Ainsi, on aura pour la voûte quarrée

$$V = \frac{2}{3} \times 4R^3 = \frac{8R^3}{3};$$

pour la voûte hexagonale

$$V = \frac{2}{3} \times 2R^3\sqrt{3} = \frac{4R^3\sqrt{3}}{3};$$

pour la voûte sphérique

$$V = \frac{2}{3} \times \pi R^3 = \frac{2\pi R^3}{3}.$$

Cette dernière formule confirme le principe du numéro 1227.

1291. cor. V. Puisque le volume du tronc de cylindre OBCA, *fig.* **9**, vaut les deux tiers du prisme triangulaire circonscrit, il est évident, que le volume BCAXY étant la différence entre le tronc de cylindre et le prisme, ne vaudra que le tiers du prisme ou la moitié du tronc de cylindre.

Par la même raison, l'espace compris entre la surface intérieure, ou l'*intrados* d'une voûte en arc de cloître, à pans circulaires, ou *plein cintre*, et les faces du prisme circonscrit de même hauteur, *fig.* **14**, est exactement égal à la moitié de la capacité intérieure de la voûte.

1292. voûtes d'arêtes. La figure **10** représente ce qui resterait du quart de cylindre circulaire de la figure **7**, si l'on en retranchait le tronc de cylindre OBCA.

Par conséquent, la surface BDA, *fig.* **7**, doit être égale à la surface cylindrique BCAD, moins la surface BCA ; or le théorème **1115** donne

$$\text{surf. BCAD} = \frac{2\pi OC \times CA}{4} ;$$

le principe du n° **1282**, donne

$$\text{surf. BCA} = OC \times CA ;$$

retranchant cette dernière équation de la précédente, et réduisant, on aura

$$\text{surf. BDA} = OC \times CA \left(\frac{\pi}{2} - 1 \right) =$$

$$= 2 \; \text{triangl. OCA} \left(\frac{\pi - 2}{2} \right) = \text{triangl. OUA} \; (\pi - 2).$$

C'est-à-dire, que *la portion de surface cylindrique* BDA, *fig.* **7** *et* **10**, *est égale à sa projection multipliée par le facteur* $(\pi - 2)$.

1293. corollaire I. La surface intérieure ou l'intrados de la *voûte d'arête* représentée, *fig.* **15**, se compose de huit parties de surfaces cylindriques égales à SHA ; or le principe qui vient d'être démontré donnera

$$\text{surf. SHA} = \text{triangle OUA} \; (\pi - 2) ;$$

multipliant tout par 8, on aura évidemment

$$\text{surf. voûte SABCD} = \text{surf. ABCD} \; (\pi - 2).$$

1294. C'est-à-dire, que *la surface de la voûte d'arête est égale à sa projection multipliée par le facteur* $(\pi - 2)$.

1295. cor. II. Le principe précédent est applicable à toutes les voûtes d'arêtes, pourvu qu'elles soient formées par des cylindres circulaires, dont les diamètres seront les côtés de la base.

1296. cor. III. Si le rayon des cylindres qui forment la voûte est exprimé par R, les surfaces seront, pour la voûte quarrée, *fig.* **15** $S = 4R^2(\pi - 2)$;

pour une voûte hexagonale

$$S = 2R^2 \sqrt{3} \, (\pi - 2).$$

1297. cor. IV. Il résulte des principes 1286 et 1292, que si une voûte d'arête et une voûte en arc de cloître ont la même projection horizontal·, la somme de leurs surfaces sera égale au nombre π, multiplié par la surface de la projection commune.

1298. cor. V Le volume du solide représenté, *fig.* **10**, est égal au quart de cylindre BOCDUA, *fig.* **7**, moins le solide BOCA.

Or, par le corollaire 1191, on a

$$vol. \ \mathrm{BOCDUA} = \frac{\pi \overline{\mathrm{OC}}^2 \times \mathrm{CA}}{4};$$

mais le corollaire 1283, donne

$$vol. \ \mathrm{BOCA} = \frac{2}{3} \, surf. \ \mathrm{OCA} \times \mathrm{OB};$$

retranchant cette équation de la précédente, et transformant, on obtient, *fig.* **7** et **10**

$$vol. \ \mathrm{BODUA} = \frac{\pi \overline{\mathrm{OC}}^2 \times \mathrm{CA}}{4} - \frac{2. \ surf. \ \mathrm{OCA} \times \mathrm{OB}}{3} =$$

$$= \frac{\pi \mathrm{OB} \times \mathrm{OC} \times \mathrm{CA}}{4} - \frac{2 \, surf. \ \mathrm{OCA} \times \mathrm{OB}}{3} =$$

$$= \frac{surf. \ \mathrm{OCA} \times \mathrm{OB} \times \pi}{2} - \frac{surf. \ \mathrm{OCA} \times \mathrm{OB} \times 2}{3} =$$

$$= surf. \ \mathrm{OCA} \times \mathrm{OB} \left(\frac{\pi}{2} - \frac{2}{3} \right).$$

Les deux triangles OCA, OUA, *fig.* **7** et **10**, sont égaux, comme ayant même base et même hauteur; de sorte qu'en remplaçant le triangle OCA par son égal OUA, la formule précédente devient, *fig.* 10

$$vol.\ \text{BODUA} = surf.\ \text{OUA} \times \text{OB} \left(\frac{\pi}{2} - \frac{2}{3} \right);$$

mais, par le théorème 1185, on a

$$surf.\ \text{OUA} \times \text{OB} = prisme\ \text{OUABDY};$$

multipliant et réduisant, on obtient

$$vol.\ \text{BODUA} = prisme\ \text{OUABDY} \left(\frac{\pi}{2} - \frac{2}{3} \right).$$

1299. C'est-à-dire, que *le volume du tronc de cylindre* BODUA, *est égal au prisme triangulaire circonscrit, multiplié par* $\left(\dfrac{\pi}{2} - \dfrac{2}{3} \right).$

1300. cor. VI. *Fig.* 15. Le principe précédent donne

$$vol.\ \text{SOAUH} = surf.\ \text{AUO} \times \text{SO} \left(\frac{\pi}{2} - \frac{2}{3} \right);$$

multipliant le tout par 8, et réduisant, on trouvera

$$vol.\ \text{SABCD} = 8\ surf.\ \text{AUO} \times \text{SO} \left(\frac{\pi}{2} - \frac{2}{3} \right);$$

c'est-à-dire, que *la capacité intérieure de la voûte d'arête, en la supposant fermée par les plans verticaux, élevés sur les côtés de sa projection, est égale au volume du prisme circonscrit multiplié par le facteur* $\left(\dfrac{\pi}{2} - \dfrac{2}{3} \right).$

1301. On arriverait au même résultat, quel que soit le nombre des côtés de la base.

Ainsi, lorsque la base est un quarré, on aura pour la capacité intérieure

$$V = 4R^3 \left(\frac{\pi}{2} - \frac{2}{3} \right);$$

si la base est un hexagone régulier, on obtient

$$V = 2R^3 \sqrt{3} \left(\frac{\pi}{2} - \frac{2}{3} \right).$$

Dans chacune de ces deux formules, R exprime la moitié du côté de la base.

1302. Problème. *Fig.* 16. *Le trapèze* ABCD *est isocèle; sa base* AB *vaut* 2 *mètres; la base* CD *en vaut* 4; *la hauteur* BI *est égale à* 3: *on demande le volume du solide engendré par la révolution du trapèze autour du côté* BD.

solution. Si nous traçons les droites AU, CV perpendiculaires sur l'axe de rotation, il est évident que le volume demandé sera égal au tronc de cône engendré par le trapèze AUCV; plus le cône engendré par le triangle rectangle CVD; moins le cône engendré par le triangle rectangle AUB. Il faut donc commencer par calculer toutes ces valeurs.

Pour y parvenir, traçons la droite AO perpendiculaire sur CD, nous aurons évidemment

$$DI = CO;$$

mais
$$DI + CO = CD - AB,$$

$$CD - AB = 2;$$

ajoutant et réduisant, on obtient

$$2DI = 2, \quad \text{d'où} \quad DI = 1.$$

Le triangle rectangle BID, donne par conséquent

$$\overline{BD}^2 = \overline{BI}^2 + \overline{DI}^2,$$

qui devient
$$\overline{BD}^2 = 9 + 1 = 10,$$

d'où
$$BD = \sqrt{10}.$$

Les triangles rectangles BID, CVD sont semblables, puisqu'ils ont un angle égal en D; ce qui donne la proportion

$$BD : CD = BI : CV;$$

remplaçant chaque terme par sa valeur, on obtient

$$\sqrt{10} : 4 = 3 : CV,$$

d'où
$$CV = \frac{12}{\sqrt{10}} = \frac{12\sqrt{10}}{10} = \frac{6\sqrt{10}}{5}.$$

Les mêmes triangles BID, CVD donnent la proportion

$$BD : CD = DI : VD,$$

qui devient
$$\sqrt{10} : 4 = 1 : VD,$$

d'où $$VD = \frac{4}{\sqrt{10}} = \frac{4\sqrt{10}}{10} = \frac{2\sqrt{10}}{5}.$$

Les triangles rectangles BID, AUB sont semblables, parce que l'angle aigu BDI est égal à UBA, comme internes externes. Ainsi, on aura la proportion

$$BD : AB = BI : AU,$$

qui devient $$\sqrt{10} : 2 = 3 : AU,$$

d'où $$AU = \frac{6}{\sqrt{10}} = \frac{6\sqrt{10}}{10} = \frac{3\sqrt{10}}{5}.$$

Les mêmes triangles donnent la proportion

$$BD : AB = DI : UB,$$

qui devient $$\sqrt{10} : 2 = 1 : UB,$$

d'où $$UB = \frac{2}{\sqrt{10}} = \frac{2\sqrt{10}}{10} = \frac{\sqrt{10}}{5};$$

mais $$UV = BD + UB - VD,$$
par conséquent

$$UV = \sqrt{10} + \frac{\sqrt{10}}{5} - \frac{2\sqrt{10}}{5} = \frac{4\sqrt{10}}{5}.$$

Nous pouvons actuellement calculer le volume demandé. En effet, le théorème 1223 donne

(1) V. *engend. par* AUCV $$= \frac{\pi UV(\overline{CV}^2 + \overline{AU}^2 + CV \times AU)}{3} =$$

$$= \frac{\pi \times \frac{4\sqrt{10}}{5} \left(\frac{72}{5} + \frac{18}{5} + \frac{36}{5} \right)}{3} =$$

$$= \frac{\pi \times 4\sqrt{10} \times 126}{5 \times 5 \times 3} = \frac{168\pi\sqrt{10}}{25};$$

le corollaire 1206 donne

(2) V. *engend. par* CVD $$= \frac{\pi \overline{CV}^2 \times VD}{3} =$$

$$= \frac{\pi \times \frac{72}{5} \times \frac{2\sqrt{10}}{5}}{3} = \frac{\pi \times 72 \times 2\sqrt{10}}{5 \times 5 \times 3} = \frac{48\pi\sqrt{10}}{25};$$

enfin, le corollaire 1206 donne

(3) $V.\ engendr.\ par\ AUB = \dfrac{\pi \overline{AU}^2 \times UB}{3} =$

$$= \dfrac{\pi \times \dfrac{18}{5} \times \dfrac{\sqrt{10}}{5}}{3} = \dfrac{\pi \times 18 \times \sqrt{10}}{5 \times 5 \times 3} = \dfrac{6\pi\sqrt{10}}{25};$$

ajoutant l'équation (1) avec (2) et retranchant l'équation (3), on obtient

$$V.\ eng.\ par\ ABCD = \dfrac{168\pi\sqrt{10}}{25} + \dfrac{48\pi\sqrt{10}}{25} - \dfrac{6\pi\sqrt{10}}{25} =$$

$$= \dfrac{210\pi\sqrt{10}}{25} = \dfrac{42\pi\sqrt{10}}{5} = 83^{\text{mc}},450 =$$

$$= 83\ \textit{mètres cubes } 450\ \textit{décimètres cubes.}$$

1503. corollaire. Si l'on veut avoir la surface du solide, on a,outera la surface du tronc de cône engendrée par la droite AC, avec les deux surfaces coniques engendrées par les côtés CD et AB.

Or le théorème 1122 donne

$$\textit{surf. engend. par}\ AC = \pi AC(CV + AU);$$

mais on a $AC = BD = \sqrt{10};$

par conséquent on aura

(1) $surf.\ engend.\ par\ AC = \pi\sqrt{10}\left(\dfrac{6\sqrt{10}}{5} + \dfrac{3\sqrt{10}}{5}\right) =$

$$= \dfrac{\pi\sqrt{10} \times 9\sqrt{10}}{5} = \dfrac{90\pi}{5} = 18\pi.$$

Le théorème 1122 donne

(2) $surf.\ engend.\ par\ CD = \pi CD \times CV =$

$$= \pi \times 4 \times \dfrac{6\sqrt{10}}{5} = \dfrac{24\pi\sqrt{10}}{5};$$

enfin le théorème 1122 donne

(3) $surf.\ engend.\ par\ AB = \pi AB \times AU =$

$$= \pi \times 2 \times \dfrac{3\sqrt{10}}{5} = \dfrac{6\pi\sqrt{10}}{5}.$$

Faisant la somme des trois équations et réduisant, on aura

$$surf.\ engend.\ par\ BACD = 18\pi + \frac{24\pi\sqrt{10}}{5} + \frac{6\pi\sqrt{10}}{5} =$$

$$= 6\pi(3 + \sqrt{10}) = 116^{mq}.15 = 116\ mètres\ quarrés$$
$$45\ décimètres\ quarrés.$$

1304. problème. *Fig. 17. Le triangle équilatéral SAC est la section méridienne d'un cône creux. Le côté* SA *vaut 6 centimètres, le rayon* AO *de la base vaut 3 centimètres et l'épaisseur* ab *est partout égale à 1 centimètre, on demande le volume de l'espace compris entre les deux cônes.*

solution. Pour calculer le cône total, il faut d'abord chercher la hauteur SO.

Or le triangle rectangle SOA donne la proportion

$$\overline{SO}^2 = \overline{SA}^2 - \overline{AO}^2;$$

remplaçant chaque terme par sa valeur, on aura

$$\overline{SO}^2 = 36 - 9 = 27,$$

d'où $\qquad\qquad SO = \sqrt{27} = 3\sqrt{3}.$

Le corollaire 1206 donne alors

(1)   V. *cône* SAC $= \dfrac{\pi\overline{AC}^2 \times SO}{3} = \dfrac{\pi \times 9 \times 3\sqrt{3}}{3} = 9\pi\sqrt{3}.$

La droite *ob* étant perpendiculaire sur SA, le triangle *ab*A sera semblable au triangle SOA, ce qui donnera la proportion

$$SO : ab = SA : Aa,$$

qui devient $\qquad\qquad 3\sqrt{3} : 1 = 6 : Aa,$

d'où $\qquad\qquad Aa = \dfrac{6}{3\sqrt{3}} = \dfrac{2}{\sqrt{3}} = \dfrac{2\sqrt{3}}{3};$

on déduira de là

$$aO = AO - Aa = 3 - \frac{2\sqrt{3}}{3} = \frac{9 - 2\sqrt{3}}{3}.$$

Mais les deux cônes étant semblables, leurs volumes sont comme les cubes des rayons de leurs bases (1264), ce qui donnera

nera $\qquad$ V. *cône. sac* : V. *cône.* SAC $= \overline{aO}^3 : \overline{AO}^3;$

remplaçant chaque terme par sa valeur, on obtient

$$\text{V. cône. sac} : 9\pi\sqrt{3} = \left(\frac{9 - 2\sqrt{3}}{3}\right)^3 : 3^3, \quad \text{d'où}$$

(2) $\quad \text{V. cône. sac} = \dfrac{9\pi\sqrt{3}(9 - 2\sqrt{3})^3}{3^3 \times 3^3} = \dfrac{\pi(-170 + 117\sqrt{3})}{9}.$

Retranchant cette dernière valeur de l'équation (1) on obtient

$$\text{V. engend. par } SAas = \text{V. cône. } SAC - \text{V. cône. } sac =$$

$$9\pi\sqrt{3} - \frac{\pi(-170 + 117\sqrt{3})}{9} = \frac{81\pi\sqrt{3} - \pi(-170 + 117\sqrt{3})}{9} =$$

$$= \frac{\pi(170 - 36\sqrt{3})}{9} = 37^{cc},574 = 37 \text{ centimètres cubes}$$

574 millimètres cubes.

1305. Problème. *Fig. 18. Le rayon de la sphère* ABCD *vaut* 0^m,2, *celui de la sphère* abcd *vaut* 0^m,15, *on demande le volume compris entre les deux sphères.*

solution. Prenons le centimètre pour unité, désignons les deux sphères par S et s et leurs rayons par R et r, le théorème

1227 donnera d'abord $\quad \text{vol. } S = \dfrac{4\pi R^3}{3};$

mais, par le même théorème, on aura

$$\text{vol. } s = \frac{4\pi r^3}{3};$$

retranchant cette équation de la précédente, on aura

$$\text{vol. } (S - s) = \frac{4\pi R^3 - 4\pi r^3}{3} = \frac{4\pi(R^3 - r^3)}{3} =$$

$$= \frac{4\pi(R - r)(R^2 + Rr + r^2)}{3} = \frac{4\pi \times 5(400 + 300 + 225)}{3} =$$

$$= \frac{18500\pi}{3} = 19373 \text{ centimètres cubes} =$$

$$= 19 \text{ décimètres cubes } 373 \text{ centimètres cubes.}$$

1306. Problème. *Fig.* **19.** *La sphère* AFDE *a* 3 *mètres de rayon; le rayon du cylindre* MNVH *vaut* 2 *mètres et sa longueur* MV *est égale à* 10, *on demande la surface extérieure du solide qui résulterait de l'assemblage des deux corps en admettant que l'axe du cylindre passe par le centre de la sphère.*

solution. Le théorème 403 donne la proportion

$$AC : CB = CB : CD.$$

Si nous exprimons par x la distance du centre au cercle BI, la proportion précédente deviendra

$$(3 - x) : 2 = 2 : (3 + x),$$

d'où $\qquad\qquad (3 + x)(3 - x) = 4,$

équation qui, étant résolue, donnera

$$x = \sqrt{5},$$

et par conséquent $\qquad CU = 2\sqrt{5}.$

Mais la surface demandée se compose de la zone IBFSKE, plus le cylindre MNVH, moins le cylindre IBKS.

Or le théorème 1147 donne

$$zone\ \text{IBFSKE} = CU \times 2\pi OI,$$

qui devient

(1) $\qquad surf.\ Z = 2\sqrt{5} \times 2\pi \times 3 = 12\pi\sqrt{5};$

on a pour le cylindre MNVH

(2) $\qquad surf.\ C = 2\pi CI \times H = 2\pi \times 2 \times 10 = 40\pi;$

exprimant le cylindre IBSK par C′, on aura

(3) $\qquad surf.\ C' = 2\pi CI \times CU = 2\pi \times 2 \times 2\sqrt{5} = 8\pi\sqrt{5};$

ajoutant l'équation (1) avec (2) et retranchant l'équation (3), on aura $\qquad surf.\ \text{MNFHVE} = 12\pi\sqrt{5} + 40\pi - 8\pi\sqrt{5} =$

$$= 4\pi\left(10 + \sqrt{5}\right) = 153^{mc},76 = 153\ mètres\ cubes$$

$$760\ décimètres\ cubes.$$

1507. Problème. *Calculer le volume du solide représenté,* fig. **20**; *on sait que le rayon* R *de la grande sphère vaut* 5 *mètres, que le rayon* r *de la petite sphère en vaut* 4, *et que la distance des centres est égale à* 6.

Solution. Le volume cherché se compose de la somme des deux segments BNI, BMI.

Pour calculer leurs volumes il faut avoir 1° le rayon du cercle qui forme leur base commune; 2° la hauteur ND du premier segment; 3° la hauteur MD du second segment.

Or on a par le théorème 650

$$\overline{AB}^2 = \overline{AC}^2 + \overline{CB}^2 - 2AC \times CD;$$

remplaçant par les nombres donnés, on aura

$$25 = 36 + 16 - 2 \times 6CD;$$

d'où $\qquad\qquad\qquad 12CD = 27,$

et par conséquent $\qquad CD = \dfrac{27}{12} = \dfrac{9}{4}.$

On déduira de là

$$ND = NC + CD = 4 + \frac{9}{4} = \frac{25}{4},$$

$$MD = MA + AC - CD = 5 + 6 - \frac{9}{4} = \frac{35}{4};$$

mais le triangle rectangle BCD donnera la relation

$$\overline{BD}^2 = \overline{CB}^2 - \overline{CD}^2,$$

qui devient $\qquad \overline{BD}^2 = 16 - \dfrac{81}{16} = \dfrac{175}{16}.$

Or le corollaire 1249 donnera

$$\text{vol. segment BNI} = \frac{ND \times \overline{\pi BD}^2}{2} + \frac{\pi\overline{ND}^3}{6};$$

le même corollaire donne

$$\text{vol. segment BMI} = \frac{MD \times \overline{\pi BD}^2}{2} + \frac{\pi\overline{MD}^3}{6};$$

ajoutant et réduisant, on aura

$$V.BMIN = \frac{(ND + MD) \times \pi \overline{BD}^2}{2} + \frac{\pi \left(\overline{ND}^3 + \overline{MD}^3\right)}{6} =$$

$$= \frac{3(ND+MD) \times \pi \overline{BD}^2}{6} + \frac{\pi(ND+MD)\left(\overline{ND}^2 - ND \times MD + \overline{MD}^2\right)}{6} =$$

$$= \frac{\pi(ND + MD)\left(3\overline{BD}^2 + \overline{ND}^2 + \overline{MD}^2 - ND \times MD\right)}{6} =$$

$$= \frac{\pi\left(\dfrac{25}{4} + \dfrac{35}{4}\right)\left(\dfrac{3 \times 175}{16} + \dfrac{625}{16} + \dfrac{1225}{16} - \dfrac{875}{16}\right)}{6} =$$

$$= \frac{\pi \times 60 \times 1500}{6 \times 4 \times 16} = \frac{1875\pi}{8} = 736^{mc},31$$

736 *mètres cubes* 310 *décimètres cubes.*

FIN DE LA GÉOMÉTRIE DE L'ESPACE.

LIVRE TROISIÈME.

TRIGONOMÉTRIE.

CHAPITRE PREMIER.

Définitions et formules.

1508. Nous avons vu, dans les études précédentes, combien les notations algébriques sont utiles ; soit pour faciliter la démonstration d'un théorème, soit pour résoudre un problème. Mais on a pu remarquer cependant que les formules ou les équations employées jusqu'ici n'exprimaient que des relations de perpendicularité ou de parallélisme. En effet, toutes les fois que des droites AB, CD, perpendiculaires l'une sur l'autre, *fig.* **1**, *pl.* **34**, sont coupées par une troisième droite BC, cela donne lieu à un triangle rectangle BAC, dans lequel les relations de grandeur entre les côtés a, b, c, sont exprimées par l'équation $a^2 = b^2 + c^2$.

Si les droites parallèles AB, CD, *fig.* **2**, sont rencontrées par des obliques SH, SK, on obtient des triangles semblables SVU, SHK, et les rapports qui existent entre les côtés homologues de ces triangles peuvent toujours être exprimés par des proportions ; c'est pourquoi les cinq formules données au n° (677) suffisent pour résoudre toutes les questions qui ne dépendent que de la perpendicularité ou du parallélisme.

1509. Mais il arrivera souvent par la suite, que l'on aura besoin d'évaluer l'inclinaison d'une ligne par rapport à une autre, et pour cela, il faut trouver le moyen d'introduire les angles dans le calcul. Nous allons voir comment on y est parvenu.

1310. Lignes trigonométriques. Un angle MOX, *fig.* 3, peut toujours être considéré comme provenant du mouvement d'une droite MO, qui se serait écartée d'une autre droite OX, en tournant autour d'un point commun, et, dans ce cas, il faut distinguer le *côté mobile* de celui qui est resté en place.

Par la même raison, l'arc XM qui sert de mesure à l'angle XOM, sera engendré par un *point mobile* qui se meut en partant du point X pour arriver en M. Nous dirons donc que le point X est le commencement ou *l'origine* de l'arc XM, tandis que le point M en est *l'extrémité.*

1311. Il résulte de là qu'un angle peut passer par tous les états de grandeur.

Ainsi l'angle XOM, *fig.* 3, est aigu; tandis que XOM' est *un angle droit.*

L'angle XOM", *fig.* 4, est obtus, et lorsque le rayon mobile sera parvenu dans la position OM''', l'angle XOM''' vaudra 2 *angles droits* dont la mesure est alors égale à 180°.

L'angle XOM^{IV}, *fig.* 5, est plus grand que 180°, il a pour mesure l'arc XUM^{IV}, et l'angle XOM^{V}, égal à trois angles droits, vaut par conséquent 270°.

Enfin, l'angle XOM^{VI}, *fig.* 6, vaut plus de trois *angles droits;* il a pour mesure l'arc XUM^{VI}, et l'angle XOM^{VII} a pour mesure la circonférence entière et vaut par conséquent 360°. Si le rayon mobile continuait à tourner, on obtiendrait successivement des angles égaux à

$$5 \text{ } \textit{angles droits} = 450°,$$
$$6 \text{ } \textit{angles droits} = 540°, \text{ et ainsi de suite.}$$

1312. Cela étant admis, concevons, *fig.* 7, un cercle partagé en quatre parties égales par les deux diamètres XX', YY'

Nous pourrons toujours supposer que la circonférence est engendrée par le mouvement d'un point qui, en partant du point X, aurait tourné dans le sens indiqué par la flèche.

Nous avons dit que le point X serait *l'origine des arcs.*

30

Le point Y sera *l'origine des compléments*, parce que le complément d'un arc est sa différence avec un *quadrant* ou un quart de circonférence (57).

Ainsi, par exemple, si nous supposons que le point générateur soit arrivé en M, *fig.* 7, il aura décrit un arc XM qui aura pour complément YM.

Le point M sera *l'extrémité* commune à l'arc XM et à son complément YM.

Lorsque le point générateur sera parvenu en M', *fig.* 8, l'arc parcouru sera XYM', son complément sera YM'.

Enfin, si le point générateur était arrivé en M", *fig.* 9, l'arc serait XYX'M", et son complément YX'M", ainsi de suite.

Les conventions précédentes étant admises, on comprendra facilement les définitions des lignes trigonométriques.

Concevons, *fig.* 7, la circonférence qui a pour centre le point O.

Nous donnerons à cette circonférence le nom de *cercle trigonométrique*, et nous pourrons toujours supposer que le sommet de l'angle donné XOM, a été transporté au centre O du cercle, ou que l'on a transporté le centre du cercle sur le sommet de l'angle donné.

On doit toujours admettre aussi, que l'on a fait passer l'un des côtés de l'angle donné par le point qui représente l'origine des arcs, de sorte que le second côté contient le point M, qui est l'extrémité de l'arc XM.

Cela revient à considérer l'angle XOM comme produit par le mouvement du côté OM, qui se serait écarté du côté immobile OX. D'après cela nous dirons

1313. *Le sinus* d'un angle ou de l'arc trigonométrique compris entre les côtés de cet angle, est la *perpendiculaire abaissée de l'extrémité de cet arc, sur le diamètre qui passe par l'origine.*

Ainsi, la perpendiculaire MP sera le sinus de l'angle XOM ou de l'arc XM.

1314. *La* **tangente** d'un angle ou d'un arc doit toucher cet arc à l'origine, et se compte depuis ce point jusqu'à celui où elle rencontre le prolongement du rayon mobile OM.

Ainsi la droite XU sera la tangente de l'angle XOM, ou de l'arc XM.

1315. Il est très-important de remarquer que toutes les tangentes *trigonométriques* doivent toucher la circonférence à l'origine des arcs, et qu'elles diffèrent essentiellement des tangentes *géométriques,* que nous avons toujours considérées comme infinies.

1316. *La* **sécante** *d'un angle ou d'un arc se compte sur le rayon mobile, depuis le centre jusqu'au point où le rayon prolongé rencontre la tangente.*

Ainsi la droite OU est la sécante de l'angle XOM ou de l'arc XM.

1317. On remarquera encore que la sécante *trigonométrique* est une droite déterminée quant à sa longueur, et qu'elle aboutit toujours au centre, tandis que les sécantes *géométriques* sont infinies et peuvent traverser le cercle de toutes les manières.

1318. Notation. Pour simplifier l'expression des formules, nous désignerons par une seule lettre, l'angle ou l'arc *trigonométrique* compris entre ses côtés, ainsi nous dirons

$$\text{angle XOM} = \text{arc XM} = a,$$
$$\text{angle YOM} = \text{arc YM} = b.$$

Enfin, au lieu de *sinus, tangente, sécante,* on écrit *sin. tang. séc.*, ainsi on aura

$$MP = \text{sin. XOM} = \text{sin. XM} = \text{sin. } a,$$
$$XU = \text{tang. XOM} = \text{tang. XM} = \text{tang. } a,$$
$$OU = \text{séc. XOM} = \text{séc. XM} = \text{séc. } a.$$

Si nous appliquons les définitions précédentes à l'angle **YOM**, en prenant Y pour origine de l'arc YM, nous aurons

$$MQ = \text{sin. YOM} = \text{sin. YM} = \text{sin. } b,$$
$$YV = \text{tang. YOM} = \text{tang. YM} = \text{tang. } b,$$
$$OV = \text{séc. YOM} = \text{séc. YM} = \text{séc. } b.$$

Or, l'angle *b* étant le complément de l'angle *a*, on a

$$MQ = \text{sinus } b = \text{sinus du complément de } a,$$
$$YV = \text{tangente } b = \text{tangente du complément de } a,$$
$$OV = \text{sécante } b = \text{sécante du complément de } a;$$

mais, pour abréger on est convenu de dire

$$MQ = \text{cosinus } a = \text{cos. } a,$$
$$YV = \text{cotangente } a = \text{cot. } a,$$
$$OV = \text{cosécante } a = \text{coséc. } a.$$

Ainsi en résumant, on aura

$$MP = \sin. a. \qquad MQ = \cos. a.$$
$$XU = \tang. a. \qquad YV = \cot. a.$$
$$OU = \séc. a. \qquad OV = \coséc. a.$$

Pour exprimer le quarré du sinus, du cosinus ou de la tangente de a, on écrit $\sin.^2 a$, $\cos^2 a$, $\tang.^2 a$.

1319. Remarque. Souvent, pour ne pas tracer la droite MQ, on compte le cosinus depuis le centre jusqu'au pied du sinus, ainsi on aura $OP = QM = \cos. a.$

Par la même raison, on pourra dire

$$QO = MP = \sin a.$$

————————

1320. signes. Les définitions précédentes s'appliquent à ous les arcs quelle que soit leur grandeur ; il faut seulement remarquer que les sinus et les tangentes seront positives toutes les fois qu'elles seront au-dessus du diamètre XX', et négatives, lorsqu'elles seront au-dessous. Les cosinus et cotangentes seront positives à droite du diamètre YY', et négatives, lorsqu'elles seront à gauche.

Il résulte de cette convention, que pour l'arc XM, *fig.* **7**, toutes les lignes trigonométriques seront positives.

Mais s'il s'agissait de l'arc XYM', *fig.* **8**, son complément serait YM', et l'on aurait alors

sinus M'P' *positif*, cosinus M'Q' *négatif*,

tangente XU' *négative*, cotangente YV' *négative*.

Pour l'arc XYX'M'', *fig.* **9**, le complément sera YX'M'' et l'on aura sinus M''P'' *négatif*, cosinus M''Q'' *négatif*,

tangente XU'' *positive*, cotangente YV'' *positive*.

Enfin, l'arc XYX'Y'M''', *fig.* **10**, aura pour complément YX'Y'M''', et l'on aura sinus M'''P''' *négatif*, cosinus M'''Q''' *positif*,

tangente XU''' *négative*, cotangente YV''' *négative*.

1321. Quant à la sécante elle est toujours formée par le rayon mobile ou par son prolongement. Dans le premier cas, elle sera *positive*, et dans le second, *négative*. Ainsi, lorsque l'extrémté de l'arc sera située dans le premier ou le quatrième quadrant, la sécante sera positive; dans le second et le troisième quadrant, elle sera négative.

Par la même raison, la cosécante sera *positive* dans le premier et le second quadrant, tandis qu'elle sera *négative* dans le troisième et dans le quatrième.

On remarquera encore que si l'angle que l'on considère était réduit à zéro, on aurait

$$\sin. = 0 \; ; \; \cos. = R \; ; \; \tang. = 0 \; ; \; \cot. = \infty.$$

Si l'angle $= 90°$, on aura

$$\sin. = R \; ; \; \cos. = 0 \; ; \; \tang. = \infty \; ; \; \cot. = 0.$$

Pour $180°$, on aura

$$\sin. = 0 \; ; \; \cos. = -R \; ; \; \tang. = -0 \; ; \; \cot. = -\infty.$$

Enfin, pour $270°$, on aura

$$\sin. = -R \; ; \; \cos. = -0 \; ; \; \tang. = \infty \; ; \; \cot. = 0.$$

Formules trigonométriques.

1322. problème. *Exprimer le sinus d'un arc en fonction du cosinus, et réciproquement.*

solution. *Fig. 7.* Le triangle rectangle OPM donne

$$\overline{MP}^2 + \overline{OP}^2 = \overline{OM}^2.$$

Si nous exprimons par a l'angle XOM ou l'arc XM, l'équation précédente deviendra

(1) $$\sin.^2 a + \cos.^2 a = R^2 ;$$

on en déduit

(2) $\sin. a = \sqrt{R^2 - \cos.^2 a} = \sqrt{(R + \cos. a)(R - \cos. a)},$

(3) $\cos. a = \sqrt{R^2 - \sin.^2 a} = \sqrt{(R + \sin. a)(R - \sin. a)}.$

1523. Problème. *Exprimer les relations qui existent entre les lignes trigonométriques d'un angle ou d'un arc* a.

Solution. *Fig. 7.* Les deux triangles rectangles OPM, OXU étant semblables, on a la proportion

$$OP : PM = OX : XU,$$

qui devient $\quad$ cos. a : sin. a = R : tang. a, $\quad\quad$ d'où

(4) $$\text{tang. } a = \frac{R \sin. a}{\cos. a}.$$

Les mêmes triangles donneront

$$OP : OM = OX : OU,$$

qui devient $\quad$ cos. a : R = R : séc. a, $\quad\quad$ d'où

(5) $$\text{séc. } a = \frac{R^2}{\cos. a}.$$

Les triangles semblables OQM, OYV donneront

$$OQ : QM = OY : YV,$$

qui devient $\quad$ sin. a : cos. a = R : cot. a, $\quad\quad$ d'où

(6) $$\text{cot. } a = \frac{R \cos. a}{\sin. a}.$$

La comparaison des mêmes triangles donnera

$$OQ : OM = OY : OV,$$

qui devient $\quad$ sin. a : R = R : coséc. a, $\quad\quad$ d'où

(7) $$\text{coséc. } a = \frac{R^2}{\sin. a}.$$

1324. Corollaire. Il résulte des formules précédentes que toutes les fois que le sinus et le cosinus auront le même signe, la tangente et la cotangente auront le signe +, tandis que ces deux lignes auront le signe — quand le sinus et le cosinus auront des signes contraires.

Quant à la sécante, elle aura toujours le signe du cosinus, et la cosécante aura le signe du sinus. Ces résultats sont conformes à ceux que nous avons exposés au numéro 1320.

———

1325. Problème. *Connaissant les sinus et les cosinus de* *deux arcs, on demande les sinus et les cosinus de leur somme et de leur différence.*

Solution. *Fig.* **11**. Nous remarquerons d'abord que pour ajouter deux arcs il faut placer l'un d'eux à la suite de l'autre, de sorte que si nous exprimons XM par a et MN par b, nous aurons $XN = a + b$.

Pour retrancher un arc d'un autre, au contraire, il faut supposer que le point générateur, après avoir engendré le premier, est revenu sur ses pas, jusqu'à ce qu'il ait parcouru la valeur du second arc. Ainsi, en traçant la corde NN′ perpendiculaire sur le rayon OM, nous aurons $XN' = XM - MN' = XM - MN = a - b$.

Ces principes étant admis, traçons les droites NH, IV, MP et N'H′ perpendiculaires sur OX, et les droites IK, N'S, perpendiculaires sur OY.

Les triangles OVI, OPM, seront semblables, et donneront la proportion $\qquad$ OM : OI = MP : IV,

qui devient $\qquad$ R : cos.b = sin a : IV,

d'où $\qquad$ $$IV = \frac{\sin.\ a \cos.\ b}{R}.$$

Les triangles OMP, NIK seront semblables, comme ayant les côtés perpendiculaires, chacun à chacun, et l'on aura la proportion $\qquad$ OM : NI = OP : NK,

qui devient $\qquad$ R : sin b = cos a : NK,

d'ou $\qquad$ $$NK = \frac{\sin.\ b \cos.\ a}{R}.$$

Mais, puisque l'arc $XN = (a + b)$, on a
$$\sin.\ (a + b) = NH = NK + KH = NK + IV;$$
remplaçant NK et IV par leurs valeurs trouvées précédemment, on obtient

(8) $\qquad$ $$\sin.\ (a + b) = \frac{\sin.\ a \cos.\ b + \sin.\ b \cos.\ a}{R}.$$

Le parallélisme des droites KI, SN′, donne
$$IU = KS = NK;$$
on aura pareillement
$$VH' = VH = N'U = IK.$$

Mais l'arc XN' étant égal à $(a - b)$, on aura
$$\sin. (a - b) = \text{N'H'} = \text{UV} = \text{IV} - \text{IU} = \text{IV} - \text{NK};$$
remplaçant IV et NK par leurs valeurs on obtient

$$(9) \qquad \sin. (a - b) = \frac{\sin. a \cos. b - \sin. b \cos. a}{R}.$$

Les triangles semblables OVI, OPM, donnent la proportion
$$\text{OM} : \text{OI} = \text{OP} : \text{OV},$$
qui devient $\qquad \text{R} : \cos. b = \cos. a : \text{OV},$

d'où $\qquad\qquad \text{OV} = \frac{\cos. a \cos. b}{R}.$

Les triangles semblables OPM, NIK, donneront
$$\text{OM} : \text{NI} = \text{MP} : \text{IK},$$
qui devient $\qquad \text{R} : \sin. b = \sin. a : \text{IK},$

d'où $\qquad\qquad \text{IK} = \frac{\sin a \sin. b}{R}.$

Mais on a $\cos. (a + b) = \text{OH} = \text{OV} - \text{VH} = \text{OV} - \text{IK};$
remplaçant OV et IK par leurs valeurs, on obtient

$$(10) \qquad \cos. (a + b) = \frac{\cos. a \cos. b - \sin. a \sin. b}{R}.$$

Enfin on a $\cos. (a - b) = \text{OH'} = \text{OV} + \text{VH'} = \text{OV} + \text{IK},$
et par conséquent

$$(11) \qquad \cos. (a - b) = \frac{\cos. a \cos. b + \sin. a \sin. b}{R}.$$

1526. Problème. *Le sinus et le cosinus d'un arc étant donnés, trouver le sinus et le cosinus de l'arc double.*

solution. Les formules (8) et (10) étant indépendantes des valeurs particulières de a et de b, doivent satisfaire au cas particulier où ces deux arcs seraient égaux; ce qui donnerait alors

$$\sin. (a + a) = \frac{\sin. a \cos. a + \sin. a \cos. a}{R},$$

$$\cos. (a + a) = \frac{\cos. a \cos. a - \sin. a \sin. a}{R},$$

d'où, en réduisant

$$(12) \qquad \sin. 2a = \frac{2 \sin. a \cos. a}{R},$$

$$(13) \qquad \cos. 2a = \frac{\cos.^2 a - \sin.^2 a}{R}.$$

1327. Problème. *Le sinus et le cosinus d'un arc étant donnés, trouver le sinus et le cosinus de l'arc moitié.*

solution. L'équation (13) étant multipliée par R et renversée, devient $\cos.^2 a - \sin.^2 a = R \cos. 2a.$

L'équation (1) nous donne

$$\cos.^2 a + \sin.^2 a = R^2.$$

Retranchons la première équation de la deuxième, nous aurons

$$2 \sin.^2 a = R^2 - R \cos. 2a.$$

Si au contraire nous faisons la somme, nous obtenons

$$2 \cos.^2 a = R^2 + R \cos. 2a.$$

Ces équations, vraies pour l'arc a, seront également vraies pour tout autre arc a', ce qui donne

$$2 \sin.^2 a' = R^2 - R \cos. 2a',$$
$$2 \cos.^2 a' = R^2 + R \cos. 2a'.$$

Enfin il est permis de supposer que a est égal à $2a'$, d'où

$$a' = \frac{a}{2},$$

ce qui donnera $\quad 2 \sin.^2 \frac{a}{2} = R^2 - R \cos. a,$

$$2 \cos.^2 \frac{a}{2} = R^2 + R \cos. a,$$

et par conséquent

$$(14) \qquad \sin. \frac{a}{2} = \sqrt{\frac{R^2 - R \cos. a}{2}},$$

$$(15) \qquad \cos. \frac{a}{2} = \sqrt{\frac{R^2 + R \cos. a}{2}}.$$

1528. Sinus et cosinus du supplément d'un arc. Le supplément d'un angle ou d'un arc trigonométrique n'est pas la même chose qu'en géométrie. Ainsi, par exemple, si l'on ne considérait que la grandeur absolue, on pourrait dire que l'arc X'M'; *fig.* **15**, est le supplément de XM. Mais lorsqu'on exprime une relation de position, il faut avoir égard au sens de la génération de l'arc. Or, pour que deux angles a et b soient suppléments l'un de l'autre, on doit avoir

$$a + b = 180°,$$

d'où
$$b = 180° - a.$$

Ainsi le supplément de XM sera $180 - XM$. C'est-à-dire qu'après avoir compté 180 à partir du point X, il faudra retrancher $X'M' = XM$, ce qui donnera

Supplém. $XM = 180° - XM = 180 - X'M' = XM'$.

Donc le supplément de XM sera XM'. Or, on a

$$MP = M'P',$$

d'où l'on conclura que deux arcs suppléments l'un de l'autre ont des sinus égaux et de même signe; mais on a

$$\cos. XM = MQ.$$
$$\cos. XM' = M'Q.$$

Donc, lorsque deux arcs sont suppléments l'un de l'autre, leurs cosinus sont égaux, mais de signes contraires.

Les formules des numéros (9) et (11) conduisent au même résultat. En effet, si dans la première on fait $a = 180°$, on aura $\sin.(180° - b) = \dfrac{\sin. 180 \cos. b - \sin. b \cos. 180°}{R} =$

$$= \frac{0 \times \cos. b - \sin. b \times (-R)}{R} = \sin. b,$$

d'où $\qquad$ *sin. supplém. de* $b = \sin. b$.

La seconde formule donne

$$\cos. (180° - b) = \frac{\cos. 180 \cos. b + \sin. 180 \sin. b}{R} =$$

$$= \frac{-R \cos. b + 0 \sin. b}{R} = -\cos. b,$$

d'où $\qquad$ *cos. supplém. de* $b = -\cos. b$.

1329. Remarque. Nous pourrions continuer ainsi à exprimer les relations de toute espèce qui existent entre les lignes trigonométriques ; mais, quelque attrayante que soit cette étude, nous dépasserions le but de cet ouvrage si nous donnions trop d'extension à la recherche des formules. Celles qui précèdent suffisent pour faire comprendre ce qui nous reste à dire, et je craindrais qu'un plus grand nombre de combinaisons ne détournât l'esprit du lecteur de principes plus essentiellement utiles dans la pratique.

CHAPITRE II.

Construction des tables.

1330. Tables des lignes trigonométriques. Nous rappellerons d'abord que l'on est convenu de partager la circonférence du cercle en 360 *degrés*, chaque degré en 60 *minutes*, et chaque minute en 60 *secondes*.

D'après cela, supposons que dans un cercle dont le rayon serait pris pour unité, on soit parvenu à calculer très-exactement le sinus d'une *minute;* on portera le nombre obtenu dans la formule (3), ce qui donnera

$$\cos. 1' = \sqrt{R^2 - \sin.^2 1'}.$$

et puisque nous supposons que le rayon $= 1$, nous aurons

$$\cos. 1' = \sqrt{1 - \sin.^2 1'}.$$

Cette valeur etant calculée, les formules (12) et (13) donneront

$$\sin. 2' = 2 \sin. 1' \cos. 1',$$
$$\cos. 2' = \cos.^2 1' - \sin.^2 1'.$$

Faisant ensuite $a = 2'$ et $b = 1'$, les formules (8) et (10) donneront

$$\sin. 3' = \sin. (2' + 1') = \sin. 2' \cos. 1' + \sin. 1' \cos. 2',$$
$$\cos. 3' = \cos. (2' + 1') = \cos. 2' \cos. 1' - \sin. 2' \sin. 1'.$$

Les formules (12) et (13) donneront ensuite

$$\sin. 4' = \sin. (2 \times 2') = 2 \sin. 2' \cos. 2',$$
$$\cos. 4' = \cos. (2 \times 2') = \cos.{}^2 2' - \sin.{}^2 2'.$$

Enfin les formules (12) et (13) donneront

$$\sin. 5' = \sin. (3' + 2') = \sin. 3' \cos. 2' + \sin. 2' \cos. 3',$$
$$\cos. 5' = \cos. (3' + 2') = \cos. 3' \cos. 2' - \sin. 3' \sin. 2',$$

et ainsi de suite.

Lorsque tous les sinus et cosinus seront calculés, les formules (4), (5), (6) et (7) donneront les tangentes, cotangentes, sécantes et cosécantes des arcs correspondants, et tous ces nombres, placés en colonnes, formeront les *tables des lignes trigonométriques*.

On voit donc qu'il suffira de connaître une seule ligne trigonométrique pour être en état de calculer toutes les autres, et que le reste est une affaire de temps.

La seule difficulté sera d'obtenir le sinus d'une minute que nous avons supposé connu ; or, le sinus d'un arc étant évidemment la moitié de la corde qui sous-tend un arc double, on pourra toujours obtenir un premier sinus en divisant par deux l'une des formules du numéro 832.

Ainsi, par exemple, le côté de l'hexagone ou la corde de 60 degrés étant égale à R, on aura

$$\sin. 30° = \frac{R}{2} = \frac{1}{2} = 0,50000.$$

Le sinus de 30° étant connu, la formule (3) donne le cosinus de 30°. Les formules (14) et (15) donneront les sinus et cosinus de 15°. Ces dernières lignes étant connues, on emploiera les mêmes formules pour déterminer les sinus et cosinus de 7°30'. Ensuite on cherchera les sinus et cosinus de 3°45', et ainsi de suite. Or, en calculant toujours ainsi les sinus et cosinus des arcs moitiés, on finira par arriver au sinus de 1'45",46875;

mais lorsque les sinus deviennent très-petits, ils sont sensiblement proportionnels aux arcs correspondants, et comme l'on connaît exactement tous les arcs de cercles, puisque le nombre π est calculé jusqu'au delà du cent quarantième chiffre décimal, on pourra établir cette proportion

arc 1'45'',46875 : arc 1' :: sin. 1'45'',46875 : sin. 1'.

L'erreur commise dans ce cas sera tout à fait insignifiante pour la pratique, et rien n'empêche d'ailleurs de continuer les calculs jusqu'à un degré d'approximation déterminé.

Au surplus, les tables trigonométriques sont tellement utiles dans les applications, que les géomètres ont dû chercher les moyens d'en perfectionner la théorie. On a trouvé des formules qui permettent d'accélérer considérablement le travail, et ce qui précède a seulement pour but de faire comprendre comment les lignes trigonométriques peuvent être déduites les unes des autres.

Je renverrai donc aux ouvrages spéciaux pour tous les détails de ces travaux importants, et je me bornerai pour le moment à expliquer la disposition et l'usage des tables, ce qui suffit pour les praticiens.

————

1331. Tables de logarithmes des lignes trigonométriques. Dans la plus grande partie des applications, on n'emploie pas les nombres qui expriment les valeurs des lignes trigonométriques; ces quantités représentant presque toujours les côtés de triangles semblables à ceux que l'on cherche, se combinent dans le calcul par multiplication ou division, et, dans ce cas, il est beaucoup plus simple d'employer leurs logarithmes. Pour éviter alors la double recherche du nombre qui exprime la longueur de la ligne, et du logarithme de ce nombre, on n'écrit ordinairement que le logarithme. Ainsi, par exemple, dans une table usuelle, si l'on jette un coup d'œil sur la colonne en tête de laquelle est placé le mot sinus, on ne trouvera pas les nombres qui expriment les valeurs de ces lignes, mais seulement leurs logarithmes. Il en est de même des cosinus, tangentes et cotangentes.

1552. Disposition des tables. Lorsque l'on eut calculé les longueurs de tous les sinus et cosinus, depuis 0 jusqu'à 45 degrés, il n'a pas été nécessaire de continuer. En effet, les lignes trigonométriques de tous les arcs au-dessus de 45°, sont évidemment les mêmes que les lignes trigonométriques des arcs au-dessous. Il suffit de se rappeler que le sinus d'un arc est le cosinus de son complément, et que le sinus du complément est égal au cosinus de l'arc.

Cette remarque a fait imaginer une disposition extrêmement simple. Ainsi, lorsqu'on est arrivé, dans la table, à l'arc de 45 *degrés*, on a rétrogradé, en plaçant au bas des pages les nombres de degrés que l'on avait mis en haut, pour tous les arcs au-dessous de 45 degrés. Il faut donc se rappeler qu'au-dessous de 45°, le nombre de degrés de l'arc dont on cherche le logarithme, est placé en tête de la page, et les minutes dans la première colonne à gauche, et en descendant ; tandis que pour les arcs au-dessus de 45°, le nombre de degrés est placé en bas de la page, et les minutes dans la dernière colonne à droite et en montant.

Par suite de cette convention, on trouvera le même nombre lorsque l'on cherchera, par exemple, le sinus d'un arc ou le cosinus de son complément, ou bien lorsque l'on cherchera la tangente d'un arc ou la cotangente de son complément.

Ainsi, par exemple, l'arc 37° 18' ayant pour complément 52° 42', on trouverait le nombre 9,78246, en cherchant sin. 37° en tête de la page, et les 18' dans la première colonne à gauche ; et l'on trouverait encore le même nombre en cherchant cos. 52 au bas de la page, et 42' dans la dernière colonne à droite.

1553. Rayon des tables. Tous les sinus et les cosinus étant plus petits que le rayon, chacune de ces lignes ne peut être exprimée que par une fraction dont le logarithme est toujours négatif. Pour éviter l'embarras qui résulterait pour les calculs d'un si grand nombre de signes —, on a multiplié tous les nombres obtenus par 10 000 000 000, ce qui revient à supposer que le rayon du cercle trigonométrique est égal à 10 000 000 000 d'unités. Par suite de cette convention les sinus et les cosinus des angles employés dans la pratique, ne seront jamais plus petits que l'unité, et leurs logarithmes seront toujours positifs.

Ainsi, lorsqu'une formule de trigonométrie est employée comme faisant partie du langage algébrique, le rayon = 1; mais, dans les calculs par logarithmes, le rayon = 10 000 000 000, et par conséquent son logarithme = 10.

Le rayon des tables est donc un rayon d'une grandeur quelconque, mais que l'on suppose toujours partagé en 10 000 000 000 de parties égales.

Ainsi les nombres qui représentent les lignes trigonométriques ne sont autre chose que les *rapports numériques* qui existent entre ces lignes et et le rayon dont la *longueur absolue* est tout à fait arbitraire.

1354. Tangente de 45°. Si l'angle XOM, *fig.* **16**, vaut 45°, ou un demi-angle droit, le triangle OXU sera isocèle, et l'on aura XU = OX, ou, ce qui revient au même

$$tang.\ 45° = R\ ;$$

d'où $$log.\ tang.\ 45° = log.\ R = 10.$$

Par conséquent, toutes les fois qu'un angle ou un arc sera plus grand que 45°, sa tangente sera plus grande que R, et le logarithme de cette tangente sera plus grand que 10.

Il est utile de se rappeler cette remarque, parce que, pour ménager la place dans les tables de logarithmes, on n'écrit pas ordinairement les dizaines d'unités pour les caractéristiques des logarithmes des tangentes au dessus de 45°, ou des cotangentes au-dessous. Ainsi lorsque l'on trouve dans la table

$$log.\ tang.\ (87°14') =\ 1,31583,$$

il faut lire $$log.\ tang.\ (87°14') = 11,31583.$$

Par la même raison on aura

$$log.\ cot.\ (12°18') = 10,66147.$$

Je suppose que le lecteur a entre les mains les tables de logarithmes de Lalande, à cinq décimales. S'il veut plus d'exactitude, il prendra les tables de Callet.

1355. Logarithme du sinus du supplément. Nous

avons dit que deux angles ou deux arcs supplémentaires ont le même sinus; par conséquent, pour trouver dans la table le logarithme du sinus d'un angle obtus, il faut d'abord calculer son supplément, ainsi on aura

$$log. \, sin. \, 138° = log. \, sin. \, (180° - 138°) = log. \, sin. \, 42.$$

CHAPITRE III.

Calcul des triangles.

L'une des applications les plus utiles de la trigonométrie a pour but le calcul des triangles. Ce problème dépend de quelques principes que nous allons exposer.

1336. Théorème. *Dans tout triangle rectangle, le rayon est au sinus de l'un des angles aigus, comme l'hypoténuse est au côté opposé à cet angle aigu.*

Démonstration. *Fig.* **12.** Du point B, comme centre, avec un rayon quelconque BX, que nous pouvons toujours considérer comme le rayon des tables (1333), décrivons l'arc XM, et traçons la perpendiculaire MP, nous aurons

$$BM : MP = BC : CA,$$

qui devient, en adoptant la notation ordinaire

$$R : sin. \, B = a : b.$$

Si nous supposons, ce qui est permis, que l'on remplace la lettre B par C, le côté b devra être remplacé par c, et l'on aura par conséquent $R : sin. \, C = a : c.$

Ainsi le théorème sera exprimé complétement par les deux proportions

(1) $\qquad$ $\text{R} : \sin. \text{B} = a : b,$

(2) $\qquad$ $\text{R} : \sin. \text{C} = a : c.$

1337. Théorème. *Dans tout triangle rectangle le rayon est à la tangente d'un angle aigu, comme le côté d'angle droit adjacent à cet angle, est au côté qui lui est opposé.*

Démonstration. *Fig.* **13.** Si nous traçons la perpendiculaire XU, les deux triangles BXU, BAC seront semblables et l'on aura la proportion BX : XU = BA : AC,

qui devient $\qquad$ $\text{R} : \text{tang. B} = c : b$

remplaçant B par C et b par c, on aura

$$\text{R} : \text{tang. C} = b : c,$$

et le théorème sera exprimé par les proportions

(3) $\qquad$ $\text{R} : \text{tang. B} = c : b,$

(4) $\qquad$ $\text{R} : \text{tang. C} = b : c.$

Calcul des triangles rectangles.

1338. Triangles rectangles. Les deux théorèmes précédents suffisent pour calculer tous les triangles rectangles ; pour cela, on choisit dans chaque cas, parmi les formules (1), (2), (3) et (4), la proportion dans laquelle la quantité demandée est la seule inconnue. Nous allons éclaircir cela par quelques développements. Nous rappellerons d'abord que pour déterminer un triangle il faut donner trois de ses parties, parmi lesquelles il doit y avoir au moins un côté (250). Or, dans un triangle rectangle, l'angle A étant toujours connu il ne reste plus que deux données arbitraires, ce qui réduit la question à deux cas principaux, savoir : lorsque l'on connaît

1° *Un angle avec un côté ;*

2° *Deux côtés.*

Le premier cas donne lieu à trois problèmes, dans lesquels on a pour données :

1° *Un angle aigu et l'hypoténuse ;*

2° *Un angle aigu et le côté opposé ;*

3° *Un angle aigu et le côté adjacent.*

Le second cas donne lieu à deux problèmes, dans lesquels les données sont :

1° *L'hypoténuse et l'un des côtés de l'angle droit ;*

2° *Les deux côtés de l'angle droit.*

Cela fait donc en tout *cinq* problèmes.

1559. Premier problème. *Étant donnés un angle aigu et l'hypoténuse, calculer toutes les autres parties du triangle.*

Nous disposerons les quantités données et les résultats de la manière suivante :

QUANTITÉS DONNÉES.	QUANTITÉS OBTENUES.
$A = 90°.$	$C = 51° 18'.$
$B = 38° 42'.$	$b = 5272^m,05.$
$a = 8432^m.$	$c = 6580^m,51.$

solution. Dans tout calcul de triangle, il faut commencer par les angles ; ainsi nous dirons

$$C = 90° - (38° 42') = 51° 18'.$$

Le théorème 1336 donne ensuite

$$R : \sin. B = a : b,$$

qui devient $R : \sin. (38° 42') = 8432^m : b,$

d'où $$b = \frac{8432 \times \sin. (38° 42')}{R}.$$

et par conséquent

$$\log. b = \log. 8432 + \log. \sin. (38° 42') - \log. R.$$

Calcul.

$$\log. 8432 = 3,92593$$
$$\log. \sin. (38° 42') = 9,79605$$
$$\overline{ \; 13,72198}$$
$$\log. R = 10$$
$$\log. b = \overline{3,72198} = \log. 5272,05.$$

Donc $b = 5272^m,05.$

Le même théorème donne ensuite

$$R : \sin. C = a : c,$$

qui devient $R : \sin. (51° 18') = 8432 : c.$

d'où $c = \dfrac{8432 \times \sin. (51° 18')}{R},$

et par conséquent

$$\log. c = \log. 8432 + \log. \sin. (51° 18') - \log. R.$$

Calcul.

$$\log. 8432 = 3,92593$$
$$\log. \sin. (51° 18') = 9,89233$$
$$\overline{ \; 13,81826}$$
$$\log. R = 10$$
$$\log. c = \overline{3,81826} = \log. 6580,51.$$

Donc $c = 6580^m,51.$

1340. Remarque. Dans cet exemple et dans ceux qui suivent, les côtés des triangles ont été calculés jusqu'aux centimètres au moyen de la proportion des différences. Mais ce travail peut toujours être évité dans la pratique, en faisant usage des tables de Callet, dans lesquelles les différences sont calculées d'avance.

1341. Deuxième problème. *Étant donné un angle aigu avec le côté opposé.*

Nous prendrons pour données les parties du triangle précédent, afin que chaque problème puisse servir de vérification à tous les autres.

QUANTITÉS DONNÉES.	QUANTITÉS OBTENUES.
$A = 90°$.	$C = 51° 18'$.
$B = 38° 42'$.	$a = 8432^m$.
$b = 5272^m,05$.	$c = 6580^m,51$.

solution. On aura d'abord

$$C = 90° - (38° 42') = 51° 18'.$$

Le théorème 1336 donnera ensuite

$$R : \sin. B = a : b,$$

qui devient $R : \sin. (38° 42') = a : 5272,05$,

d'où $$a = \frac{5272,05 \times R}{\sin. (38° 42')}.$$

et par conséquent

$$\log. a = \log. 5272,05 + \log. R - \log. \sin. (38° 42').$$

Calcul.

$$\log. 5272,05 = 3,72198$$
$$\log. R = 10$$
$$\overline{13,72198}$$
$$\log. \sin. (38° 42') = 9,79605$$
$$\log. a = \overline{3,92593} = \log. 8432$$

Donc $a = 8432$ *mètres*.

On calculera c en opérant comme pour le problème précédent, ou bien on emploiera l'une des proportions données par le théorème 1336.

1342. Troisième problème. *Étant donnés un angle aigu et le côté adjacent.*

QUANTITÉS DONNÉES.	QUANTITÉS OBTENUES,
A = 90°.	C = 51° 18'.
B = 38° 42'.	a = 8432ᵐ.
c = 6580ᵐ,51.	b = 5272ᵐ,05.

solution. On aura

$$C = 90° — (38° 42') = 51° 18'.$$

On calculera ensuite le côté c avec la proportion (2), et le côté b avec l'une des proportions (1), (3) ou (4).

1343. quatrième problème. *Étant donnés l'hypoténuse et l'un des côtés de l'angle droit.*

QUANTITÉS DONNÉES.	QUANTITÉS OBTENUES.
A = 90°.	B = 38° 42'.
a = 8432ᵐ.	C = 51° 18'.
b = 5272ᵐ,05.	c = 6580ᵐ,51.

solution. Le théorème 1336 donnera d'abord

$$R : \sin. B = a : b$$

qui devient $\qquad R : \sin. B = 8432 : 5272,05,$

d'où $\qquad \sin. B = \dfrac{5272,05 \times R}{8432},$

et par conséquent

$$\log. \sin. B = \log. 5272,05 + \log. R — \log. 8432.$$

Calcul.

$$\log. 5272,05 = 3,72198$$
$$\log. R = 10$$
$$\overline{13,72198}$$
$$\log. 8432 = 3,92593$$
$$\overline{\log. \sin. B = 9,79605} = \log. \sin. (38° 42').$$

Donc $\qquad\qquad B = 38° 42'.$

On fera ensuite

$$C = 90° - (38° 42') = 51° 18',$$

et l'on calculera c comme dans les problèmes précédents.

1344. Cinquième problème. *Étant donnés les deux côtés de l'angle droit.*

QUANTITÉS DONNÉES.	QUANTITÉS OBTENUES.
A $= 90°$.	B $= 38° 42'$.
$b = 5272^m,05$.	C $= 51° 18'$.
$c = 6580^m,51$.	$a = 8432^m$.

solution. Le théorème 1337 donnera

$$R : \tang. B = c : b,$$

qui devient

$$R : \tang. B = 6580,51 : 5272,05,$$

d'où

$$\tang. B = \frac{5272\ 05 \times R}{6580,51},$$

et par conséquent

$$\log. \tang. B = \log. 5272,05 + \log. R - \log. 6580,51.$$

Calcul.

$$\log. 5272,05 = \ \ 3,72198$$
$$\log. R. = 10$$
$$\overline{13,72198}$$
$$\log. 6580,51 = \ \ 3,81826$$
$$\log. \tang. B = \ \ 9,90372 = \log. \tang. (38° 42').$$

Donc $B = 38° 42'$.

On fera ensuite

$$C = 90° - (38° 42') = 51° 18',$$

et l'on calculera l'hypoténuse a par l'une des proportions du théorème 1336.

Calcul des triangles obliquangles.

1345. **Théorème.** *Dans un triangle quelconque, les sinus des angles sont entre eux comme les côtés opposés à ces angles.*

Démonstration. *Fig.* **14.** Si nous traçons la perpendiculaire CB, nous décomposerons le triangle donné en deux triangles rectangles CDA, CDB; or le théorème 1336 appliqué au triangle rectangle CDA donnera

$$R : \sin. \; CAD = AC : CD,$$

mais le côté AC n'est autre chose que b, puisqu'il est opposé à l'angle B; on aura donc $R : \sin. \; A = b : CD$,

d'où $\qquad\qquad b. \sin. \; A = R. \; CD.$

Le même théorème appliqué au triangle rectangle CDB donnera la proportion $\quad R : \sin. \; CBD = BC : CD,$

qui devient $\qquad R : \sin. \; B \; = a \; : CD,$

d'où $\qquad\qquad R. \; CD = a. \sin. \; B\,;$

multipliant cette équation par la précédente, et transformant on obtient la proportion

(5) $\qquad\qquad \sin. \; A : a = \sin. \; B : b.$

En abaissant la perpendiculaire du point B, on aurait

(6) $\qquad\qquad \sin. \; A : a = \sin. \; C : c.$

Enfin, en abaissant la perpendiculaire du point A, on aurait

(7) $\qquad\qquad \sin. \; B : b = \sin. \; C : c.$

1346. **Théorème.** *Dans tout triangle, la somme de deux côtés est à leur différence comme la tangente de la demi-somme des deux angles opposés à ces côtés est à la tangente de la demi-différence des mêmes angles.*

Démonstration. La proportion (5) donne

$$a : b = \sin. \; A : \sin. \; B,$$

d'où, en composant,

$$(a + b) : (a - b) = (\sin. \; A + \sin. \; B) : (\sin. \; A - \sin. \; B),$$

que l'on peut écrire de la manière suivante

$$(m) \qquad \frac{a+b}{a-b} = \frac{\sin.\,A + \sin.\,B}{\sin.\,A - \sin.\,B}.$$

Mais on peut toujours concevoir deux arcs ou deux angles x et y, dont la somme serait A et la différence B, ce qui donnera

$$x + y = A,$$
$$x - y = B.$$

Ajoutant ces deux équations, on aura

$$2x = A + B, \quad \text{d'où} \quad x = \frac{A+B}{2}.$$

Retranchant au contraire la seconde équation de la première,

$$2y = A - B, \quad \text{d'où} \quad y = \frac{A-B}{2}.$$

De plus, on aura

$$\frac{\sin.\,A + \sin.\,B}{\sin.\,A - \sin.\,B} = \frac{\sin.\,(x+y) + \sin.\,(x-y)}{\sin.\,(x+y) + \sin.\,(x-y)};$$

le second membre développé par les formules (8) et (9) du numéro 1325, devient

$$\frac{\dfrac{\sin.\,x\cos.\,y + \sin.\,y\cos.\,x}{R} + \dfrac{\sin.\,x\cos.\,y - \sin.\,y\cos.\,x}{R}}{\dfrac{\sin.\,x\cos.\,y + \sin.\,y\cos.\,x}{R} - \dfrac{\sin.\,x\cos.\,y - \sin.\,y\cos.\,x}{R}}$$

ou, après toutes les réductions,

$$\frac{\sin.\,x\cos.\,y}{\cos.\,x\sin.\,y} = \frac{R\sin.\,x\cos.\,y}{R\cos.\,x\sin.\,y} = \frac{R.\sin.\,x}{\cos.\,x} \times \frac{\cos.\,y}{R\sin.\,y} =$$

$$= \frac{R\sin.\,x}{\cos.\,x} : \frac{R\sin.\,y}{\cos.\,y} = \frac{\tan.\,x}{\tan.\,y}. \qquad (1323)$$

On aura par conséquent

$$(n) \qquad \frac{\sin.\,A + \sin.\,B}{\sin.\,A - \sin.\,B} = \frac{\tan.\,x}{\tan.\,y}.$$

Remplaçant x et y par leurs valeurs $\left(\dfrac{A+B}{2}\right)$ et $\left(\dfrac{A-B}{2}\right)$, on a l'équation

$$(u) \qquad \frac{\tan g.\, x}{\tan g.\, y} = \frac{\tan g.\left(\dfrac{A+B}{2}\right)}{\tan g.\left(\dfrac{A-B}{2}\right)},$$

Enfin, multipliant entre elles les trois équations (m), (n), (u), et réduisant, on obtient

$$(8) \qquad \frac{a+b}{a-b} = \frac{\tan g.\left(\dfrac{A+B}{2}\right)}{\tan g.\left(\dfrac{A-B}{2}\right)},$$

Changeant les lettres, on a

$$(9) \qquad \frac{a+c}{a-c} = \frac{\tan g.\left(\dfrac{A+C}{2}\right)}{\tan g.\left(\dfrac{A-C}{2}\right)},$$

$$(10) \qquad \frac{b+c}{b-c} = \frac{\tan g.\left(\dfrac{B+C}{2}\right)}{\tan g.\left(\dfrac{B-C}{2}\right)}.$$

1347. Théorème. *Dans tout triangle on a*

$$\cos.\,\frac{A}{2} = \sqrt{\frac{R^2 p(p-a)}{bc}}.$$

La lettre p représente le demi-périmètre (818).

Démonstration. Nous avons trouvé au numéro 1327

$$\cos.\,\frac{a}{2} = \sqrt{\frac{R^2 + R\cos.\,a}{2}}.$$

Remplaçant a par A, nous aurons

$$(m) \qquad \cos.\,\frac{A}{2} = \sqrt{\frac{R^2 + R\cos.\,A}{2}}.$$

Mais le théorème du numéro 650 étant appliqué au triangle BAC, *fig.* 14, donne

(*n*), $$a^2 = b^2 + c^2 - 2cx.$$

Le théorème 1336 étant appliqué au triangle rectangle CAD, donne   R : sin. ACD = AC : AD,

qui devient   R : sin. ACD = b : x,

d'où $$x = \frac{b \cdot \sin . \; ACD}{R};$$

mais l'angle ACD étant le complément de l'angle A, on a

$$\sin . \; ACD = \cos . A,$$

par conséquent $$x = \frac{b \cdot \cos . A}{R},$$

qui, étant substitué dans l'équation (*n*), donne

$$a^2 = b^2 + c^2 - \frac{2bc \cdot \cos . A}{R}.$$

Transformant cette dernière équation, on obtient successivement

$$\frac{2bc \cdot \cos . A}{R} = b^2 + c^2 - a^2,$$

$$\cos . A = \frac{R(b^2 + c^2 - a^2)}{2bc}.$$

Multipliant les deux membres par R, ajoutant R^2 de chaque côté, et divisant par 2, on a

$$\frac{R^2 + R \cos . A}{2} = \frac{R^2}{2} + \frac{R^2(b^2 + c^2 - a^2)}{4bc} =$$

$$= \frac{R^2(2bc + b^2 + c^2 - a^2)}{4bc} = \frac{R^2 \left[(b+c)^2 - a^2 \right]}{4bc} =$$

$$= \frac{R^2(b + c + a)(b + c - a)}{4bc} = \frac{R^2 \times 2p \times 2(p - a)}{4bc} =$$

$$= \frac{R^2 p(p - a)}{bc}.$$

Prenant la racine quarrée, on obtient

$$(u) \qquad \sqrt{\frac{R^2 + R\cos. A}{2}} = \sqrt{\frac{R^2 p(p-a)}{bc}}.$$

Enfin, multipliant par l'équation (*m*), et réduisant, on a

$$(11) \qquad \cos. \frac{A}{2} = \sqrt{\frac{R^2 p(p-a)}{bc}}.$$

Si l'on change les lettres, on obtiendra

$$(12) \qquad \cos. \frac{B}{2} = \sqrt{\frac{R^2 p(p-b)}{ac}},$$

$$(13) \qquad \cos. \frac{C}{2} = \sqrt{\frac{R^2 p(p-c)}{ab}}.$$

1348. Les trois théorèmes précédents suffisent pour calculer tous les triangles, y compris ceux qui sont rectangles; cependant, pour ces derniers, il sera plus simple d'employer les théorèmes 1336 et 1337 parce que l'un des facteurs étant égal au *rayon*, cela évite la recherche d'un logarithme.

La solution des triangles obliquangles se réduit à trois cas principaux, savoir, lorsque l'on connaît :

1° *Deux angles et un côté;*

2° *Un angle et deux côtés;*

3° *Les trois côtés.*

Le premier cas donne lieu à deux problèmes dans lesquels on a pour données :

1° *Deux angles et le côté opposé à l'un d'eux;*

2° *Deux angles et le côté qui leur est adjacent.*

Le second cas donne également lieu à deux problèmes dans lesquels les données sont :

1° *Un angle, le côté qui lui est opposé, et l'un des côtés adjacents;*

2° *Un angle et les deux côtés qui le comprennent.*

Enfin, le dernier cas ne donne lieu qu'à un seul problème dans lequel on connaît *les trois côtés*.

Cela fait par conséquent *cinq problèmes*.

1349. Premier problème. *Étant donnés deux angles et le côté opposé à l'un d'eux.*

QUANTITÉS DONNÉES.	QUANTITÉS OBTENUES.
A = 43° 35'.	C = 112° 18'.
B = 24° 7'.	b = 1456^m,19.
a = 2457^m.	c = 3297^m,38.

solution. La somme des trois angles d'un triangle étant égale à 180 degrés, on aura

$$C = 180° - (A + B) = 180° - (67° 42') = 112° 18'.$$

Le théorème 1345 donnera ensuite

$$\sin. A : a = \sin. B : b,$$

qui devient $\sin. (43°35') : 2457 = \sin. (24°7') : b,$

d'où $$b = \frac{2457 \times \sin. (24°7')}{\sin. (43°35')},$$

et par conséquent,

$$\log. b = \log. 2457 + \log. \sin. (24°7') - \log. \sin. (43°35')$$

Calcul.

$$
\begin{aligned}
\log. 2457 &= \quad 3,39041 \\
\log. \sin. (24°7') &= \quad 9,61129 \\
\hline
&\quad 13,00170 \\
\log. \sin. (43°35') &= \quad 9,83848 \\
\hline
\log. b &= \quad 3,16322 = \log. 1456,19
\end{aligned}
$$

Donc $b = 1456^m,19.$

Pour calculer le côté c, on emploiera la proportion

$$\sin. A : a = \sin. C : c,$$

qui devient   sin. $(43° 35')$: 2457 $=$ sin. $(112° 18')$: c,

d'où $$c = \frac{2457 \times \text{sin.} (112° 18')}{\text{sin.} (43° 35')},$$

et par conséquent

log. $c =$ log. 2457 $+$ log. sin. $(112° 18')$ — log. sin. $(43° 35')$.

Calcul.

On doit se rappeler d'abord que le sinus d'un nombre est le même que celui de son supplément, c'est pourquoi, au lieu de chercher le logarithme du sinus de $(112° 18')$, que l'on ne trouverait pas dans la table, on cherchera celui de $67° 42'$, ainsi on écrira

$$\begin{aligned}
\text{log. } 2357 &= \quad 3,39041 \\
\text{log. sin. } (67° 42') &= \quad 9,96624 = \text{log. sin. } (112° 18') \\
\hline
&\quad 13,35665 \\
\text{log. sin. } (43° 35') &= \quad 9,83848 \\
\hline
\text{log. } c &= \quad 3,51817 = \text{log. } 3297,38.
\end{aligned}$$

Donc $$c = 3297^m,38.$$

1350. Deuxième problème. *Étant donnés deux angles et le côté qui leur est adjacent.*

QUANTITÉS DONNÉES.	QUANTITÉS OBTENUES.
A $= 43° 35'$.	C $= 11° 18'$.
B $= 24° 7'$.	$a = 2457^m$.
$c = 3297^m,38$.	$b = 1456^m,19'$.

solution. On aura, comme précédemment,

C $= 180° - (A + B) = 180° - (67° 42') = 112° 18'$.

Le théorème 1345 donnera ensuite

$$\text{sin. C} : c = \text{sin. A} : a, \qquad \text{qui devient}$$

sin. $(112° 18')$: 3297,28 $=$ sin. $(43° 35')$: a,

d'où $$a = \frac{3297,38 \times \text{sin.} (43° 35')}{\text{sin.} (112° 18')},$$

et par conséquent

$$\log.\ a = \log.\ 3297,38 + \log.\ \sin.\ (43°\ 35')$$
$$- \log.\ \sin.\ (112°\ 18').$$

Calcul.

$$
\begin{aligned}
\log.\ 3297,38 &= 3,51817 \\
\log.\ \sin.\ (43°\ 35') &= 9,83848 \\
\hline
&\quad 13,35665 \\
\log.\ \sin.\ (67°\ 42') &= 9,96624 = \log.\ \sin.\ (112°\ 18') \\
\hline
\log.\ a &= 3,39041 = \log.\ 2457.
\end{aligned}
$$

Donc $a = 2457$ *mètres.*

1551. Troisième problème. *Étant donnés un angle, le côté qui lui est opposé, et l'un des côtés adjacents.*

QUANTITÉS DONNÉES.	QUANTITÉS OBTENUES.
$A = 43°\ 35'.$	$B = 24°\ 7'.$
$a = 2457^m,$	$C = 112°18'.$
$b = 1456^m,19.$	$c = 3297^m,38.$

solution. Le théorème 1345 donnera la proportion

$$\sin.\ A : a = \sin.\ B : b,$$

qui devient $\sin.\ (43°\ 35') : 2457 = \sin.\ B : 1456^m,19,$

d'où $\sin.\ B = \dfrac{1456.19 \times \sin.\ (43°\ 35')}{2457},$

et par conséquent

$$\log.\ \sin.\ B = \log.\ 1456,19 + \log.\ \sin.\ (43°\ 35') - \log.\ 2457.$$

Calcul.

$$
\begin{aligned}
\log.\ 1456,19 &= 3,16322 \\
\log.\ \sin.\ (43°\ 35') &= 9,83848 \\
\hline
&\quad 13,00170 \\
\log.\ 2457 &= 3,39041 \\
\hline
\log.\ \sin.\ B &= 9,61129 = \begin{cases} \log.\ \sin.\ (24°\ 7') \\ \log.\ \sin.\ (155°53') \end{cases}
\end{aligned}
$$

Il semble qu'il y ait incertitude puisque le sinus de 24° 7' convient également à son supplément qui vaut 155° 53'.

Mais le doute cesse aussitôt, parce que si l'angle B était obtus, le côté opposé b serait le plus grand des trois côtés du triangle.

Si le côté a était plus petit que b il y aurait deux solutions, à moins que a ne soit plus petit que la perpendiculaire abaissée sur b. Dans ce cas, le triangle ne serait pas possible, et l'impossibilité serait indiquée, parce que l'on obtiendrait

$$\text{log. sin. B} > 10,$$

ce qui donnerait $\qquad$ sin. B $>$ R.

Si l'on trouvait log. sin. B $= 10$, cela indiquerait que le triangle est rectangle en B.

———

1352. Quatrième problème. *Étant donnés un angle et les deux côtés qui le comprennent.*

QUANTITÉS DONNÉES.	QUANTITÉS OBTENUES.
C $=$ 112° 18'.	A $=$ 43° 35'.
$a = 2457^{m}$.	B $=$ 24° 7'.
$b = 1456^{m},19$.	$c = 3297^{m},38$.

solution. On a évidemment

$$(a + b) = 2457 + 1456,19 = 3913,19$$
$$(a - b) = 2457 - 1456,19 = 1000,81,$$

on a de plus

$$\text{A} + \text{B} = 180° - \text{C} = 180° - (112° \ 18') = 67° \ 42',$$

d'où l'on conclut

(m) $\qquad$ $$\frac{\text{A} + \text{B}}{2} = 33° \ 51'.$$

Le théorème 1346 donne la proportion

$$(a + b) : (a - b) = \text{tang.} \left(\frac{\text{A} + \text{B}}{2}\right) : \text{tang.} \left(\frac{\text{A} - \text{B}}{2}\right),$$

qui devient

$$3913,19 : 1000,81 = \text{tang. } (33° 51') : \text{tang. } \left(\frac{A - B}{2}\right),$$

d'où $\text{tang. } \left(\dfrac{A - B}{2}\right) = \dfrac{1000,81 \times \text{tang. } (33° 51')}{3913,19},$

et par conséquent

$$\log. \text{ tang. } \left(\frac{A - B}{2}\right) = \log. 1000,81 + \log. \text{tang. } (33° 51')$$
$$= \log. 3913,19.$$

Calcul.

$$
\begin{aligned}
\log. 1000,81 &= 3,00035 \\
\log. \text{tang. } (33° 51') &= 9,82653 \\
\hline
&\;\; 12,82688 \\
\log. 3913,19 &= 3,59252 \\
\hline
\log. \text{tang. } \left(\frac{A - B}{2}\right) &= 9,23436 = \log. \text{tang. } 9° 44',
\end{aligned}
$$

on aura par conséquent

(n) $\dfrac{A - B}{2} = 9° 44'$;

ajoutant les deux équations (m) et (n) on a

$$A = 43° 35';$$

retranchant au contraire l'équation (n) de (m) on a

$$B = 24° 7',$$

les angles A et B étant connus on calculera le côté c, par l'une des deux formules (6) ou (7) du théorème 1345.

1353. cinquième problème. *Étant donnés les trois côtés.*

QUANTITÉS DONNÉES.	QUANTITÉS OBTENUES.
$a = 2457^m$.	A = 43° 35'.
$b = 1456^m,19$.	B = 24° 7'.
$c = 3297^m,38$.	C = 112° 18'.

solution. On calculera d'abord

$$2p = 2457 + 1456,19 + 3297,38 = 7210,57$$

$$p = \frac{7210,57}{2} = 3605,285$$

$$p - a = 3605,285 - 2457 = 1148,285$$

Le théorème 1347 donnera ensuite

$$\cos. \frac{A}{2} = \sqrt{\frac{R^2.\; p(p-a)}{bc}},$$

qui devient

$$\cos. \frac{A}{2} = \sqrt{\frac{R^2 \times 3605,285 \times 1148,285}{1456,19 \times 3297,38}},$$

et par conséquent

$$\log. \cos. \frac{A}{2} = \frac{\left[\begin{array}{c} \log. R^2 + \log. 3605,285 + \log. 1148,285 \\ - \log. \ 1456,19 - \log. 3297,28 \end{array} \right]}{2}.$$

Calcul.

$$\log. R^2 = 20$$
$$\log. 3605,285 = 3,55694$$
$$\log. 1148,285 = 3,06005$$
$$\overline{26,61699} = 26,61699$$

$$\log. 1456,19 = 3,16322$$
$$\log. 3297,38 = 3,51817$$
$$\overline{6,68139} = 6,68139$$

$$26,61699 - 6,68139 = 19,93560$$

Ainsi, on aura

$$\log. \cos. \frac{A}{2} = \frac{19,93560}{2} = 9,96780 = \log. \cos. 21° \, 47' \, 30''.$$

donc
$$\frac{A}{2} = 21° \, 47' \, 30'',$$

et par conséquent l'angle A $= 43° \, 35'$.

On pourra calculer de la même manière les angles B et C; mais il sera plus simple d'employer l'une des formules du numéro 1345.

1534. En résumant, on voit que tous les calculs de triangles peuvent être effectuées par le moyen des cinq formules suivantes :

1° $$R : \sin B = a : b;$$

2° $$R : \tan B = c : b;$$

3° $$\frac{\sin A}{a} = \frac{\sin B}{b};$$

4° $$\frac{a+b}{a-c} = \frac{\tan\left(\dfrac{A+B}{2}\right);}{\tan\left(\dfrac{A-B}{2}\right);}$$

5° $$\cos\frac{A}{2} = \sqrt{\frac{R^2.\, p(p-a)}{bc}};$$

Il suffira évidemment de changer les A, a ou les B, b en C, c pour que ces formules soient applicables à tous les cas.

1535. Les deux premières formules suffisent pour résoudre tous les triangles *rectangles* et les trois dernières pour les triangles *obliquangles* ce qui fait en tout DIX PROBLÈMES.

1536. J'ai conservé la lettre R dans les première, seconde et cinquième formules, parce que dans l'application, R est égal à 10000000000, et ne doit pas être sous-entendu comme dans les formules théoriques dans lesquelles on suppose toujours que R = 1; dans tous les cas, si l'on n'écrit pas le facteur R il ne faudra pas oublier de le rétablir dans le calcul, sans quoi on obtiendrait des logarithmes négatifs.

CHAPITRE IV.

Calcul des distances inaccessibles.

1357. Considérations générales. Nous terminerons ce chapitre par l'application des principes précédents à la solution de quelques problèmes qui nous ont déjà occupés; nous avons vu, par exemple, aux numéros 527, 531, etc., comment on peut obtenir la mesure de lignes dont on ne peut pas approcher; mais les solutions que nous avons données alors, dépendant de la construction de figures semblables et proportionnelles à celles que l'on cherche, il s'ensuit que l'erreur inévitable résultant de l'imperfection des instruments ou de la maladresse de celui qui les emploie, est nécessairement multipliée par le rapport qui existe entre la figure demandée et celle que l'on construit, tandis que les lignes trigonométriques, calculées d'avance avec une grande exactitude, peuvent être considérées comme les parties homologues des quantités cherchées et sont par conséquent indépendantes de toute erreur de construction.

1358. Problème. *Fig. 1, pl. 15. Calculer la hauteur d'une tour.*

On mesurera d'abord la droite horizontale CA, qui est égale à MN, plus la demi-largeur de la tour; ainsi on aura

QUANTITÉS MESURÉES.	QUANTITÉS OBTENUES.
Côté CA = 36^m.	**Côté** BA = 47^m,28.
Angle BCA = 52° 43′.	

Solution. Le théorème 1337 donne

$$R : \tan. BCA = CA : BA,$$

qui devient

$$R : \tan. (52° 43') = 36 : CA.$$

d'où

$$BA = \frac{36 \times \tan. (52° 43')}{R},$$

et par conséquent

$$\log. BA = \log. 36 + \log. \tan. (52° 43') - \log. R.$$

Calcul.

$$\log. 36 = 1,55630$$
$$\log. \tan. (52° 43') = 10,11842$$
$$\overline{ 11,67472}$$
$$\log. R = 10$$
$$\overline{\log. BA = 1,67472 = \log. 47,28.}$$

Donc $$BA = 47^m,28.$$

1559. Problème. *Fig. 5, pl. 15. Calculer la hauteur d'une tour dont on ne peut pas approcher.*

Il faut d'abord mesurer la droite horizontale CB, l'angle ACP et l'angle ABC; puis on aura

QUANTITÉS MESURÉES.		QUANTITÉS OBTENUES.
Côté CB = 21^m.		*Angle.* BAC = 12°.
Angle ACP = 48°.		*Côté* AP = 44^m,12.
Angle ABC = 36°.		

Solution. La somme des angles BAC + ABC = ACP, d'où

$$BAC = ACP - ABC = 48° - 36° = 12°.$$

Mais le théorème 1336 donne la proportion

$$R : \sin. ACP = AC : AP.$$

Le théorème 1345 donne ensuite

$$\sin. BAC : CB = \sin. ABC : AC.$$

Multipliant la première proportion par la seconde, et réduisant, on obtient

$$R. \sin. BAC : CB \sin. ACP = \sin. ABC : AP,$$

qui devient

$$R \times \sin. 12° : 21 \times \sin. 48° = \sin. 36° : AP. \qquad \text{d'où}$$

$(m) \qquad AP = \dfrac{21 \times \sin. 48° \times \sin. 36°}{R \times \sin. 12°},$

et par conséquent

$$\log. AP = \left[\begin{array}{c} \log. 21 + \log. \sin. 48° + \log. \sin. 36° \\ - \log. R - \log. \sin. 12° \end{array} \right]$$

Calcul.

$$\log. 21 = 1,32222$$
$$\log. \sin. 48° = 9,87107$$
$$\log. \sin. 36° = 9,76922$$
$$\overline{\qquad 20,96251} = 20,96251$$

$$\log. R = 10$$
$$\log. \sin. 12° = 9,31788$$
$$\overline{\qquad 19,31788} = 19,31788$$

$$\log. AP \qquad = 1,64463 = \log. 44,12.$$

Donc $\qquad\qquad AP = 44^{m},12.$

1560. Problème. *Fig. 4, pl. 15. Calculer la largeur d'une rivière.*

Il faut mesurer d'abord la base BD, puis les trois angles ABD, CBD, CDB, ce qui donne

QUANTITÉS MESURÉES.	QUANTITÉS OBTENUES.
Côté BD = 60^m.	*Angle* A = 49°.
Angle ABD = 59°.	*Côté* AD = 68^m,14.
Angle CBD = 32°.	*Angle* BCD = 76°.
Angle CDB = 72°.	*Côté* CD = 32^m,77.
	Côté AC = 35^m,37.

solution. On a l'angle

$$A = 180° - (ABD + CDB) = 180° - (59° + 72°) =$$
$$= 180° - 131° = 49°.$$

Le théorème 1345 donnera la proportion

$$\sin. A : BD = \sin. ABD : AD,$$

qui devient　　　$\sin. 49° : 60 = \sin. 59 : AD,$

d'où　　　　　　$$AD = \frac{60 \times \sin. 59°}{\sin. 49°},$$

et par conséquent

$$\log. AD = \log. 60 + \log. \sin, 59° - \log. \sin. 49°.$$

Calcul.

$$\log. 60 = \quad 1,77815$$
$$\log. \sin. 59° = \quad 9,93307$$
$$\overline{\qquad\qquad 11,71122}$$
$$\log. \sin. 49° = \quad 9,87778$$
$$\overline{\log. AD = \quad 1,83344} = \log. 68,14.$$

Donc　　　　　　$AD = 68^m,14.$

On aura ensuite l'angle

$$BCD = 180° - (CBD + CDB) = 180° - (32° + 72°) =$$
$$= 180° - 104° = 76°.$$

Mais le théorème 1345 donne la proportion

$$\sin. BCD : BD = \sin. CBD : CD,$$

qui devient　　　$\sin. 76° : 60 = \sin. 32° : CD,$

d'où　　　　　　$$CD = \frac{60 \times \sin. 32°}{\sin. 76},$$

et par conséquent

$$\log. CD = \log. 60 + \log. \sin. 32° - \log. \sin. 76°.$$

Calcul.

$$
\begin{array}{rl}
\log.\,60 = & 1,77815 \\
\log.\sin.\,32° = & 9,72421 \\
\hline
& 11,50236 \\
\log.\sin.\,76° = & 9,98690 \\
\hline
\log.\,CD = & 1,51546 = \log.\,32,77.
\end{array}
$$

Donc $\qquad CD = 32^m,77,$

et par conséquent

$$AC = AD - CD = 68^m,14 - 32^m,77 = 35^m,37.$$

1361. Problème. *Fig. 5, pl. 15. Calculer la distance de deux points* C *et* D, *dont on ne peut approcher.*

Il faut d'abord mesurer avec beaucoup de soin une base AB et les quatre angles DAB, CAB, DBA, CBA; puis on a

QUANTITÉS DONNÉES.	QUANTITÉS OBTENUES.
Côté AB = 1728^m.	*Angle* ADB = 35°.
Angle DAB = 106°.	*Côté* DB = 2895^m,94.
Angle CAB = 48°.	*Angle* ACB = 40°.
Angle DBA = 39°.	*Côté* CB = 1997^m,73.
Angle CBA = 92°.	*Angle* DBC = 53°.
	Angle DCB = 83° 43′ 22″.
	Côté DC = 2326^m,74.

solution. On a évidemment l'angle

$$ADB = 180° - (DAB + DBA) = 180° - (106° + 39°) = 35°.$$

Le théorème 1345 donne la proportion

$$\sin.\,ADB : AB = \sin.\,DAB : DB;$$

qui devient $\qquad \sin.\,35° : 1728 = \sin.\,106° : DB,$

d'où $\qquad DB = \dfrac{1728 \times \sin.\,106°}{\sin.\,35°},$

et par conséquent

$$\log. DB = \log. 1728 + \log. \sin. 106° - \log. \sin. 35°.$$

Calcul.

$$\log. 1728 = 3,23754$$
$$\log. \sin. 74° = 9,98284 = \log. \sin. 106° \qquad (1335)$$
$$\overline{13,22038}$$
$$\log. \sin. 35° = 9,75859$$
$$\log. DB = 3,46179 = \log. 2895,94.$$

Ainsi $\qquad\qquad DB = 2895^m,94.$

On a ensuite l'angle

$$ACB = 180° - (CAB + CBA) = 180° - (48° + 92) = 40°.$$

Le théorème 1345 donne la proportion

$$\sin. ACB : AB = \sin. CAB : CB,$$

qui devient $\qquad \sin. 40° : 1728 = \sin. 48° : CB,$

d'où $\qquad\qquad CB = \dfrac{1728 \times \sin. 48°}{\sin. 40°},$

et par conséquent

$$\log. CB = \log. 1728 + \log. \sin. 48° - \log. \sin. 40°.$$

Calcul.

$$\log. 1728 = 3,23754$$
$$\log. \sin. 48° = 9,87107$$
$$\overline{13,10861}$$
$$\log. \sin. 40° = 9,80807$$
$$\log. CB = 3,30054 = \log. 1997,73.$$

Donc $\qquad\qquad CB = 1997^m,73.$

On a l'angle $\quad DBC = CBA - DBA = 92° - 39° = 53°.$

Par conséquent on aura

$$DCB + CDB = 180° - 53° = 127, \qquad\qquad\text{d'où}$$

(m) $\qquad\qquad \dfrac{DCB + CDB}{2} = 63° 30'.$

Le théorème 1346 donne la proportion

$$(DB+CB):(DB-CB)=\tan.\left(\frac{DCB+CDB}{2}\right):\tan.\left(\frac{DCB-CDB}{2}\right).$$

Remplaçant chaque terme par sa valeur, on a

$$4893,67 : 898,21 = \tan.(63°30') : \tan.\left(\frac{DCB-CDB}{2}\right),$$

d'où $\tan.\left(\dfrac{DCB-CDB}{2}\right)=\dfrac{898,21\times\tan.(63°30')}{4893,67},$

et par conséquent $\log.\tan.\left(\dfrac{DCB-CDB}{2}\right)=$

$$=\log.898,21+\log.\tan.(63°30')-\log.4893,67.$$

Calcul.

$$
\begin{aligned}
\log.898,21 &= 2,95338\\
\log.\tan. 63°30' &= 10,30226 \qquad (1334)\\
\hline
&\ \ 13,25564\\
\log.4893,67 &= 3,68963\\
\hline
\end{aligned}
$$

$$\log.\tan.\left(\frac{DCB-CDB}{2}\right)=9,56601=\log.\tan.(20°13'22'').$$

On a par conséquent

(n) $$\frac{DCB-CDB}{2}=20°13'22''.$$

Ajoutant les équations (m) et (n), on obtient

$$DCB = 83°43°22''.$$

Mais le théorème 1345 donne la proportion

$$\sin.DCB : DB = \sin.DBC : DC, \qquad \text{qui devient}$$

$$\sin.(83°43'22'') : 2895,94 = \sin.53° : DC,$$

d'où $$DC = \frac{2895,94\times\sin.53°}{\sin.(83°43'22'')},$$

et par conséquent

$$\log.DC=\log.2895,94+\log.\sin.53°-\log.\sin.(83°43'22'').$$

Calcul.

$$\log. 2893,94 = 3,46179$$
$$\log. \sin. 53° = 9,90235$$

$$\rule{3cm}{0.4pt}$$
$$13,36414$$
$$\log. \sin. (83° 43' 22'') = 9,99739$$

$$\rule{4cm}{0.4pt}$$
$$\log. DC = 3,36675 = \log. 2326,74.$$

Ainsi on aura $DC = 2326^m,74.$

$$\rule{3cm}{0.4pt}$$

Calcul de surfaces.

1562. Problème. *Fig. 17, pl. 34. Le côté* AB *est égal à 36 mètres, le côté* AC = 29 *mètres, et l'angle* CAB *vaut 62 degrés. On demande la surface du triangle.*

Solution. On aura

(1) $\qquad S = \dfrac{AB \times CD}{2} = \dfrac{36 \times CD}{2} = 18 \times CD;$

mais le théorème 1336 donne la proportion

$$R : \sin. A = AC : CD,$$

qui devient $R : \sin. 62° = 29 : CD,$ d'où

(2) $\qquad\qquad CD = \dfrac{29 \times \sin. 62°}{R}.$

Multipliant l'équation (1) par (2), et réduisant, on obtient

$$S = \dfrac{18 \times 29 \sin. 62°}{R},$$

d'où $\log. S = \log. 18 + \log. 29 + \log. \sin. 62° - \log. R.$

Effectuant les calculs, on trouvera

$$S = 460^{mq},89.$$

1563. Corollaire I. Si l'on exprime les deux côtés d'un

triangle par b et par c, et l'angle compris par A, on trouvera, en raisonnant comme ci-dessus

$$S = \frac{bc \sin. A}{2R} = \frac{bc \sin. A}{2}.$$

On sous-entend souvent le facteur R, jusqu'au moment où l'on fait le calcul par logarithme 1333.

1364. cor. II. Si le triangle est isocèle, on aura

$$S = \frac{b^2 \sin. A}{2}.$$

Dans cette formule, b est le côté oblique du triangle.

1565. cor. III. Tout parallélogramme étant égal à deux triangles égaux, on aura pour la surface

$$S = bc \sin. A.$$

1366. cor. IV. En exprimant par R le rayon du cercle circonscrit à un polygone régulier, chacun des triangles isocèles qui composent la surface sera

$$\frac{R^2 \sin. A}{2},$$

si l'on désigne par n le nombre des côtés du polygone, on aura

$$Surf. = \frac{n R^2 \sin. A}{2}.$$

Ainsi, par exemple, dans un polygone de 13 côtés, l'angle au centre $= \dfrac{360}{13} = 27° 41' 32''$, et l'on aura par conséquent

$$Surf. = \frac{n R^2 \sin. (27° 41' 32'')}{2}.$$

1367. Problème. *Fig.* **18.** *Le rayon d'un cercle vaut 18 mètres. On demande la surface du segment compris entre l'arc de 48° et sa corde.*

solution. On sait que la surface du secteur est à celle du cercle comme l'arc est à la circonférence entière. On aura donc

$$Sect.\ \text{OABC} : \pi R^2 = 48 : 360,$$

d'où $\qquad$ *Sect.* OABC $= \dfrac{48\pi R^2}{360} = 135^{mq},71.$

La formule du numéro 1364 donne

$$\text{*triangle* OAC} = \frac{R^2 \sin. 48°}{2} = 120^{mq},39.$$

On aura donc Seg^t. ABCD $=$ *sect.* OABC $-$ *tri.* OAC $=$

$$= 135^{mq},71 - 120^{mq},39 = 15^{mq},32.$$

1568. Corollaire. Si l'on exprime par a le nombre de degrés de l'arc, on aura *Sect.* : $\pi R^2 = a : 360$,

d'où $\qquad\qquad$ *Secteur* $= \dfrac{\pi R^2 a}{360}.$

On aura ensuite (1364) $Tri. = \dfrac{R^2 \sin. a}{2}.$

Retranchant cette équation de la précédente, on obtient

$$Segment = \frac{\pi R^2 a}{360} - \frac{R^2 \sin. a}{2} = \frac{R^2 (\pi a - 180. \sin. a)}{360}.$$

1569. Remarque. Les études précédentes font partie de la *Trigonométrie rectiligne*, parce qu'elles ont principalement pour but de calculer les triangles rectilignes.

Le calcul des triangles sphériques forme ce que l'on est convenu d'appeler la TRIGONOMÉTRIE SPHÉRIQUE. Mais on aurait tort de conclure de là qu'il existe deux trigonométries différentes, et ce que l'on désigne à tort par le mot de *Trigonométrie sphérique* n'est autre chose que l'application de la trigonométrie rectiligne au calcul des angles ou des côtés des triangles sphériques.

Nous reviendrons plus tard sur les solutions de ce problème qui intéresse surtout les astronomes et les navigateurs.

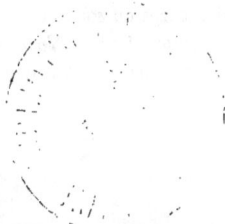

FIN DE LA TRIGONOMÉTRIE.

TABLE DES PRINCIPES.

GÉOMÉTRIE.

NOTA. — *Les chiffres à gauche sont les numéros d'ordre des articles; et les chiffres à droite sont ceux des pages correspondantes.*

INTRODUCTION.

GÉOMÉTRIE PLANE.

MESURE DE L'ÉTENDUE.

APPLICATION DE L'ALGÈBRE.

GÉOMÉTRIE DE L'ESPACE.

ESPACES LIMITÉS.

SURFACE DES CORPS.

VOLUME DES CORPS.

TRIGONOMÉTRIE.

1° $\qquad$ R : sin B $=$ a : b ;

2° $\qquad$ R : tang B $=$ c : b ;

3° $\qquad \dfrac{\sin A}{a} = \dfrac{\sin B}{b}$;

4° $\qquad \dfrac{a+b}{a-c} = \dfrac{\tang\left(\dfrac{A+B}{2}\right)}{\tang\left(\dfrac{A-B}{2}\right)}$;

5° $\qquad \cos\dfrac{A}{2} = \sqrt{\dfrac{R^2.\,p(p-a)}{bc}}$;

Il suffira évidemment de changer les A, a ; ou les B, b ; en C, c ; pour que ces formules soient applicables à tous les cas.

FIN DE LA TABLE DES PRINCIPES.

Paris. — Imprimé par E. Thunot et Cᵉ, rue Racine, 26, près de l'Odéon.